高等职业教育创新型人才培养系列教材

金属材料实验技术
——金相分析与检验
（第 2 版）

主　编　张　翔　万恒龙

副主编　孙　健　沈　琪

北京航空航天大学出版社

内 容 简 介

本书根据"国家职业标准"对材料物理性能检验工人的知识和技能要求,按照现代金相技术的特点和发展趋势,着重阐述金属材料在不同工艺条件下的组织特征及各种缺陷的诊断依据,注重金相分析与检验的通用性,并以二维码形式为读者提供了常用金相图谱、最新适用的国内外金相检验标准。全书共 8 章,内容包括金相显微镜及应用、显微硬度试验及应用、金相试样的制备、电子显微镜及应用、钢的宏观检验技术、钢的显微组织分析与评定、金属断口与失效分析,以及 15 个常用金属材料实验。

本书可作为高等职业学院、高等专科学校、成人高等学校及本科院校设置的二级职业技术学院、继续教育学院的制造类、材料类等专业的教材或工程材料、金属材料课程的配套实验教材,亦可作为理化检验人员的培训教材或参考用书。

图书在版编目(CIP)数据

金属材料实验技术 : 金相分析与检验 / 张翔, 万恒龙主编. -- 2 版. -- 北京 : 北京航空航天大学出版社, 2023.1

ISBN 978 - 7 - 5124 - 3970 - 2

Ⅰ. ①金… Ⅱ. ①张… ②万… Ⅲ. ①金属材料－金相分析－高等职业教育－教材 Ⅳ. ①TG14

中国版本图书馆 CIP 数据核字(2022)第 250931 号

金属材料实验技术——金相分析与检验
(第 2 版)
主 编 张 翔 万恒龙
副主编 孙 健 沈 琪
策划编辑 冯 颖 责任编辑 周世婷
*
北京航空航天大学出版社出版发行

北京市海淀区学院路 37 号(邮编 100191) http://www.buaapress.com.cn
发行部电话:(010)82317024 传真:(010)82328026
读者信箱:goodtextbook@126.com 邮购电话:(010)82316936
北京宏伟双华印刷有限公司印装 各地书店经销
*
开本:787×1 092 1/16 印张:20 字数:525 千字
2023 年 1 月第 2 版 2023 年 1 月第 1 次印刷 印数:3 000 册
ISBN 978 - 7 - 5124 - 3970 - 2 定价:59.00 元

第 2 版前言

近些年来,随着以信息化技术为标志的现代科学技术的突飞猛进,金相学范畴也发生了巨大变化并增加了新的内涵,从最初简单的形貌观察转向结合电子化、信息化手段对物质的变化进行细微、深入地分析和探究。相应地,金相分析技术与时俱进,分析方法有创新,检测手段有发展。同时,反映新材料、新工艺以及相应检测方法的新标准相继问世,相关标准也不断被修订,金相标准正逐步走向国际化。

本书坚持以科学性、实用性及可操作性为特色,所用工程案例大都来源于企业生产实际。本书是校企深度合作编写的教材,充分吸收行业发展的新知识、新方法,内容与企业金相分析检验岗位的工作要求高度一致,实现了教学内容与职业岗位要求的有机衔接。本书突出理论和实践一体化,选取案例真实,图片、表格丰富,注重职业核心技能的培养。教材内容富有针对性和实用性,力求体现职业教育特色。

本书重点介绍金相检验常用仪器设备及应用,金相试样的制备技术,钢材的宏观、微观组织分析与评定,常见金属断口与失效分析等,着重阐述钢材在不同工艺条件下的组织特征以及各种缺陷的诊断依据,同时也介绍了最新适用的国内外金相检测及评定标准,并给出常见金相实验和图谱等,以便于读者付诸实践。

全书共 8 章,由扬州市职业大学张翔副教授、扬州恒通精密机械有限公司万恒龙总经理担任主编,张翔副教授负责统稿并编写第 3、4、6、7 章,万恒龙总经理提供工程案例并负责编写第 5 章;扬州市职业大学孙健副教授、沈琪工程师担任副主编,孙健副教授负责编写第 1、2 章,沈琪工程师负责编写第 8 章及附录。

本书在编写过程中得到了扬州保来得科技实业有限公司徐同副总经理、扬州大学分析测试中心袁莉民博士、江阴兴澄特种钢铁有限公司钢铁研究总院窦胜涛高级工程师的大力支持和有益指导,在此一并表示衷心的感谢。本书是在总结前人研究成果的基础上完成的,书中的部分资料来自文献和出版的著作、手册等,尤其是一些图片、表格,其中有一部分在参考文献中未能一一注明,特此说明,并向原作者表示诚挚的感谢。

由于作者水平有限,书中难免存在不妥、疏漏或错误,恳请专家、学者和广大读者提出批评和建议,以利于今后修改完善。

编　者

2022 年 8 月

目　录

第1章 金相显微镜及应用

工业革命促进了人类文明的发展。很早以前人类就采用各种方法来研究金属与合金的性质、性能与组织之间的内在联系,以便找到保证金属与合金质量以及制造新型合金的方法。在显微镜问世以后,人们才具备了对金属材料深入研究的条件。人们在放大几百倍到上千倍的金相显微镜下观察金属材料内部组织,即金相结构,发现了金属的宏观性能与金相组织形态之间的密切关系,使得金相组织分析法成为最基本、最重要、应用最广泛的金相研究方法之一。

1.1 金相显微镜的分类及放大原理

1.1.1 金相显微镜的分类

金相显微镜有多种分类方法。

1. 按形式分类

从光路形式来看,金相显微镜可分为正置式和倒置式两大类。物镜在样品上方,由上向下观察试样被观察面的显微镜,被归为正置式金相显微镜(见图1-1);反之,物镜在样品下方,由下向上观察试样被观察面的显微镜,被归为倒置式金相显微镜(见图1-2)。

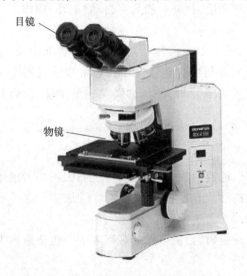

图1-1 正置式金相显微镜

图1-2 倒置式金相显微镜

(1)正置式金相显微镜的特点

① 试样被观察面向上放置;

② 试样被观察面需要与底面平行,以保证与物镜光轴垂直;

③ 试样被观察面向上,不易损伤;

④ 操作方便,适用于快速检验;

⑤ 试样受高度等因素的限制;

⑥ 照相时对整机的防震要求高。

（2）倒置式金相显微镜的特点

① 试样被观察面向下放置;

② 试样被观察面始终与物镜光轴垂直;

③ 试样被观察面向下放置,与载物台表面贴合,易损伤;

④ 手动转换物镜不方便,操作不迅速,不适宜快速检验;

⑤ 试样不受高度等因素的限制;

⑥ 影像装置一般与底座相连,防震性能好。

2. 按外形分类

传统金相显微镜按照其外形可分为台式、立式、卧式三类。现代金相显微镜的体积和外形都有所改进,除了便携式的简易显微镜外,基本上都属于原来的立式。

3. 按性能参数及用途分类

由于发展的需要,金相显微镜向着高质量、多性能、多用途方向发展,按其性能参数和用途可分为初级型、中级型、高级型三类。

（1）初级型金相显微镜

初级型金相显微镜可作明场观察和影像记录,结构简单、体积小,主要供工厂及学校金相实验室做一般金相组织分析实验,一般为纯手动操作。

（2）中级型金相显微镜

中级型金相显微镜能作明场、暗场、偏光观察和影像记录,主要供工厂及大专院校作金相分析用,有时要配置高温热台和显微硬度测试等附加功能,目前一般为半自动（电动）操作。

（3）高级型金相显微镜

高级型金相显微镜具有明场、暗场、偏光、相衬、微分干涉相衬等观察功能和影像记录、显微硬度测试等功能,供大中型工厂和高等院校及研究部门做金相研究用。通常在通过影像记录装置得到显微镜下的影像后,还要进行图像分析等定量分析工作,这就要求显微镜、数码照相和计算机等系统都通过软件来进行全自动操作。

1.1.2 显微镜的放大原理

利用透镜可将物体的像放大,但单个透镜或一组透镜的放大倍数是有限的,因而要考虑用另一透镜组将第一次放大的像再次放大,以得到更高放大倍数的像。显微镜就是基于这一要求设计的。

显微镜中装有两组放大透镜,靠近物体的一组透镜为"物镜",靠近观察者的一组透镜称为"目镜"。

显微镜是经过二次成像的光学仪器,图 1-3 为显微镜的放大原理简图。物体 AB 置于物镜的前焦点 F_1 外,在物镜的另一侧形成一个倒立放大实像 $A'B'$,当实像 $A'B'$ 位于目镜前焦点 F_2 以内时,目镜又使映像 $A'B'$ 放大,得到 $A'B'$ 的正立虚像 $A''B''$。

物体经物镜第一次放大的倍数计算如下:

$$M_物 = \frac{A'B'}{AB} = \frac{\Delta + f'_1}{f_1} \tag{1-1}$$

式中：$M_物$——物镜的放大倍数;

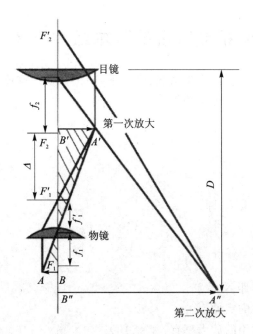

图 1 - 3　显微镜的放大原理

f_1——物镜的前焦距；

f_1'——物镜的后焦距；

Δ——显微镜的光学镜筒长度。

与 Δ 相比，物镜的后焦距 f_1' 很短，可忽略。故

$$M_{物} \approx \frac{\Delta}{f_1} \qquad (1-2)$$

像 $A'B'$ 经目镜第二次放大的倍数计算如下：

$$M_{目} = \frac{A''B''}{A'B'} \approx \frac{D}{f_2} \qquad (1-3)$$

式中：$M_{目}$——目镜的放大倍数；

D——人眼的明视距离（$D \approx 250$ mm）；

f_2——目镜的前焦距。

$A''B''$ 是经过物镜、目镜两次放大后得到的，其放大倍数应为物镜放大倍数与目镜放大倍数的乘积。因此，最后的映像是经过物镜、目镜两次放大后所得到的，其放大倍数应为物镜放大倍数与目镜放大倍数的乘积，即

$$M = M_{物} \times M_{目} = \frac{\Delta}{f_1} \times \frac{D}{f_2} \qquad (1-4)$$

当显微镜的机械镜筒长恰好等于光学镜筒长（Δ）时，$M = M_{物} \times M_{目}$；

当显微镜的机械镜筒长不等于光学镜筒长（Δ）时，$M = M_{物} \times M_{目} \times C$，其中 C 是与机械镜筒长、光学镜筒长有关的系数。

金相显微镜是显微镜的一种，主要是观察不透明物体如金属、矿物、集成电路等的标本时，把物镜当作聚光镜，由物镜上方的半透反射镜将照明光线通过物镜射到试样上，再反射到物镜，进行光学放大成像。

1.2 金相显微镜的基本组件与技术参数

普通光学金相显微镜主要由光学系统、照明系统、机械系统构成。随着数码技术的发展，现代金相显微镜增加了显微摄像系统等。

1.2.1 光学系统

1. 物镜

（1）物镜的放大率

物镜的放大率用 M_0 表示，即

$$M_0 = \frac{A'B'}{AB} = \frac{f_m}{f_0} \tag{1-5}$$

式中：f_0——物镜的焦距；

f_m——镜筒透镜焦距。

物镜所成的像为倒立的实像。

生物显微镜的物镜常用的放大率有：$4\times$、$10\times$、$40\times$、$63\times$、$100\times$（油）。

金相显微镜的物镜常用的放大率有：$5\times$、$10\times$、$20\times$、$50\times$、$100\times$。除此之外根据样品观察的需要，可以配 $1.25\times$、$1.6\times$、$2.5\times$ 低倍率的物镜和 $150\times$、$250\times$ 高倍率的物镜。但由于一般无限远光学系统的金相显微镜，可以通过改变镜筒透镜的焦距来实现物镜放大率的改变，有些使用者要求显微镜配置 $1\times$、$1.5\times$、$2\times$ 的中间变倍器，而不是选择放大率为 $100\times$ 以上的物镜。

（2）物镜的数值孔径

物体某点所发出的光线中，通过系统光阑最外侧的光线的入射角叫孔径角 μ，该角的正弦值 $\sin\mu$ 和介质折射率 n 的乘积为数值孔径，用 N.A 表示，即

$$N.A = n \cdot \sin\mu \tag{1-6}$$

式中：n 为物镜与试样之间的介质折射率。在干燥空气中 $n=1$，在油浸系统香柏油中 $n=1.515$，在甘油中 $n=1.473$，在水中 $n=1.333$。图 1-4 为物镜的数值孔径示意图。

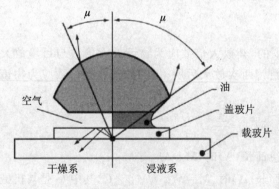

空气

干燥系 浸液系

油
盖玻片
载玻片

图 1-4 物镜的数值孔径示意图

式（1-6）表明，当折射率 n 一定时，物镜焦距越短，或透镜直径越大，则孔径角 μ 越大，N.A 数值越大。但这给制造带来困难。当 μ 一定时，n 数值越大，N.A 也越大，在干燥系统中，n 最大为1。由于 $\sin\mu$ 不能大到1，因而数值孔径始终小于1，只能增大 n 来增大数值孔径。当用香柏油作为浸液系统时，N.A 最大可达 1.4 左右。可见油浸物镜的数值孔径比干物镜的数值孔径大。

数值孔径表示物镜的聚光能力，增大聚光能力，可提高物镜的鉴别率。

（3）物镜的分辨力

分辨力是物镜能将两个物点清晰分辨的最大能力，用两个物点能清晰分辨的最小距离 d 表示。物体通过光学仪器成像时，每一物点对应有一像点，但由于光的衍射，物点的像不再是几何点，而是不定大小的衍射亮斑。靠近的两个物点所形成的两个亮斑，如果互相重叠则使两个物点分辨不清，从而限制了光学系统的分辨力。显然，像面上衍射图像亮斑半径越大，系统的分辨力则越低。两个物点经过光学系统后成像的能量分布及分辨力比较如图 1-5 所示。

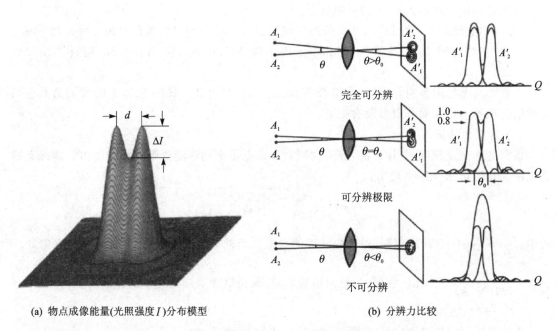

(a) 物点成像能量(光照强度 I)分布模型　　　　　(b) 分辨力比较

图 1-5　两个物点经过光学系统后成像的能量分布及分辨力比较

图 1-5(b) 中 A_1'、A_2' 为物点 A_1、A_2 的衍射图像，呈同心环状，中心的光线强度最大，衍射环的光线强度随环的直径增大而逐渐减弱。

瑞利准则认为，当 A_1' 衍射花样的第一极小值正好落在 A_2' 花样的极大值时，A_1'、A_2' 是可分辨的。将此时定出的两物点 A_1'、A_2' 之间的距离作为光学系统的分辨极限。θ_0 为分辨极限角，当 $\theta > \theta_0$ 时，完全可分辨；当 $\theta < \theta_0$ 时，不可分辨。

由理论推导得分辨极限为

$$d = \frac{0.5\lambda}{n\sin\mu} \qquad (1-7)$$

式中：λ——光波长度，μm；

$n\sin\mu$——物镜的数值孔径（N. A）。

式（1-7）可变为

$$d = \frac{0.5\lambda}{N. A} \qquad (1-8)$$

由式（1-7）和式（1-8）可知，波长越短，分辨力越高；物镜的数值孔径越大，分辨力也越高。

当用白光观察时，$\lambda = 0.55\ \mu m$，物镜的分辨力极限 d 按式（1-8）计算的结果如下：

5 倍	N.A＝0.15	$d＝0.5×0.55/0.15＝1.83\ \mu m$
10 倍	N.A＝0.30	$d＝0.5×0.55/0.30＝0.92\ \mu m$
20 倍	N.A＝0.50	$d＝0.5×0.55/0.50＝0.55\ \mu m$
50 倍	N.A＝0.85	$d＝0.5×0.55/0.85＝0.32\ \mu m$
100 倍	N.A＝0.90	$d＝0.5×0.55/0.90＝0.31\ \mu m$

如果 100 倍物镜为油浸物镜,N.A＝1.25,则 $d＝0.5×0.55/1.25＝0.22\ \mu m$。

例如显微镜的总放大率为 200,则对于

① 10 倍物镜和 10 倍目镜与 2.0 倍的变倍器组合,N.A＝0.30,可计算出 $d＝0.92\ \mu m$;

② 20 倍物镜和 10 倍目镜组合(相当于变倍器为 1.0 倍),N.A＝0.50,可计算出 $d＝0.55\ \mu m$。

比较①与②的两种组合,可知①组合不如②组合分辨力高。1000 倍以上的放大倍数也因为数值孔径不能增大而分辨力没有提高。

(4) 物镜的景深

景深又称焦点深度,简称焦深,表示物镜对于高低不平物体能清晰成像的能力。焦深有物理焦深和几何焦深,用 d_L 表示:

$$d_L＝\frac{n\lambda}{2(N.A)^2}+\frac{n}{7M(N.A)} \tag{1-9}$$

式中:$\dfrac{n\lambda}{2(N.A)^2}$——物理焦深,指理想波面的参考点沿轴离焦,产生 $\dfrac{\lambda}{2}$ 波差所对应的离焦量;

$\dfrac{n}{7M(N.A)}$——几何焦深,指物面位置固定,保持成像清晰所允许的像面沿轴离焦量;

M——放大率。

由式(1-9)可知,N.A 大,焦深浅,即 N.A 与焦深成反比。

综上所述,显微镜物镜的 N.A、分辨力、焦深之间有着密切的关系,选用数值孔径小的低倍物镜或观察时缩小孔径光栏,均可增大焦深,但这样会不可避免地降低显微镜的分辨力。在总放大率相同的情况下,针对不一样的目的,可有不同的操作方法。

(5) 物镜的工作距离

物镜的工作距离是指物镜第一个表面到被观察物体之间的距离。

物镜的工作距离与物镜数值孔径有关,物镜倍率越高,数值孔径越大,工作距离就越小。表 1-1 所列为 LEICA 金相显微镜物镜参数,由此可以看出物镜放大率(倍率)与数值孔径及工作距离之间的关系。

表 1-1　金相显微镜物镜参数

种　类	放大率 M	数值孔径 N.A	工作距离/mm
平场半复消色差物镜	5×	0.15	12.2
	10×	0.30	11.0
	20×	0.50	1.27
平场复消色差物镜	50×	0.85	0.34
	100×	0.90	0.26
	150×	0.90	0.25

一般高倍率大孔径的高级物镜,其工作距离为 0.2 mm 左右。为了避免操作不当而产生物镜与试样表面的碰撞致使物镜受损,高倍物镜及油镜壳体内装有弹簧装置,以便物镜受压时能顺利地退缩,物镜和试样得以保护。

(6) 物镜的分类

1) 按像差校正程度分类

物镜的优劣直接影响显微镜成像的质量,这与像差的校正有关。因此,物镜是根据像差校正的程度分类的。对映像质量影响较大的是球差、色差和像场弯曲,前两项对映像中央部分的清晰度有很大影响,而像场弯曲对摄影边缘部分有极大影响。

显微镜物镜按像差校正程度的分类如表 1-2 所列。

表 1-2　显微镜物镜按像差校正程度的分类

物镜类型	球　差	色　差	像场弯曲
消色差物镜	黄绿波区校正	红绿波区校正	存　在
复消色差物镜	绿、紫波区校正	红绿紫区校正	存　在
半复消色差物镜(见图 1-6)	多个波区校正	多个波区校正	存　在
平面消色差物镜(见图 1-6)	黄绿波区校正	红绿波区校正	已校正
平面复消色差物镜(见图 1-6)	绿紫波区校正	红绿紫区校正	已校正
消像散物镜	已校正	已校正	已校正

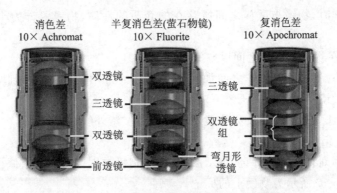

图 1-6　三种不同消色差物镜的内部结构

常用的几种物镜特性说明如下:

① 消色差及平面消色差物镜。

消色差及平面消色差物镜球差与色差的校正仅为黄绿、红绿波区,但仍然存在其他波区的球差和色差,因而映像得不到各色彩间的真实关系。当焦点变动时可看到残余的色差,但一般低倍放大时影响不大。鉴于其黄绿波区校正较佳,使用时宜以黄绿光作为照明光源,或在入射光程中插入黄绿色滤光片,这将使像差大为减小,映像更加清晰。但切记不可使用蓝色、红色滤光片,以免暴露未校正的色差。

消色差物镜常与福根目镜或校正目镜相配合,用于低倍、中倍放大。因其结构较为简单,映像中央部分像差大致可以校正,价格又低,故应用较多。一般台式显微镜物镜多属此类。

平面消色差物镜对像场弯曲做了进一步校正,因此投像平直,视域边缘与中心能同时清晰成像,所以适用于金相显微摄影。

② 复消色差物镜及平面复消色差物镜。

　　复消色差物镜由多组透镜组合而成。色差的校正实际上等于可见光的全部波区,但部分放大率色差仍然存在。当其与福根目镜或其他简单目镜配用时,这些残余的色差会使映像边缘略带色彩。因此,需要与补偿型目镜配合使用。复消色差物镜对光源无任何限制,白光照明也可得到良好的效果,若加入蓝色或黄色滤光片效果更佳。它是显微镜中性能最优的一种物镜。

　　平面复消色差物镜除进一步做像场弯曲的校正外,其他像差校正程度与复消色差物镜相同。使用复消色差物镜映像的平坦程度不如消色差物镜,而平面复消色差物镜可使映像清晰、平坦,进一步提高成像质量。

　　③ 半复消色差物镜。

　　对像差校正程度而言,半复消色差物镜介于消色差与复消色差物镜之间,但其他光学性质都与复消色差物镜接近。其价格较低,常用来替代消色差物镜,使用时最好能与补偿型目镜相配合。

　　2) 按照放大率分类

　　① 低倍物镜。放大率<10×,数值孔径0.04~0.15。

　　② 中倍物镜。放大率10×~50×,数值孔径0.25~0.85。

　　③ 高倍物镜。放大率50×~250×,数值孔径>0.4~0.95。

　　④ 油浸高倍物镜。放大率50×~100×,数值孔径0.85~1.32。

　　3) 按介质性质分类

　　按照观察试样时,物镜与试样之间所存在的介质的性质,物镜可分为干燥物镜和浸液系物镜。

　　① 干燥物镜在物镜与试样之间以空气层为介质。

　　② 浸液系物镜在物镜与试样之间加入某种液体。常用浸液为香柏油,也有部分浸液是水。但是金相显微镜基本上是在干镜下观察。

　　此外,尚有特殊用途的高温反射物镜、折反型物镜、紫外线物镜等。

　　(7) 物镜的标记

　　在物镜壳上都刻有不同的标记,表示浸液记号、物镜类别、放大率、数值孔径、机械筒长、盖坡片厚度等。图1-7所示为物镜上的标记。

图1-7　物镜上的标记

　　目前,一般物镜都是平场物镜,故都有PLAN或者PL的标记;半复消色差物镜标记FLUOTAR或者FL;复消色差物镜标记为APO。

　　普通明场物镜不标记;金相物镜是明暗场物镜标记为BD;相衬物镜标记为Ph;偏光专用物镜标记为Pol或者P;长工作距离物镜的标记为L;高温热台的专用物镜的标记为H;可以

透过不同厚度玻璃并进行像差校正的物镜用 CORR 标记。

观察介质方面,空气作为介质的物镜不用标记;介质为浸液的有标记,如 Imm 表示有浸液;Oil 表示浸液为香柏油;W 表示浸液为水。

例如 100×/1.25 的标记中;前面的 100× 表示物镜放大率为 100 倍,后面的 1.25 表示该物镜的数值孔径 1.25(由于大于 1,故一定是浸液的物镜,通常在空气中数值孔径小于 1)。

再例如 ∞/0 的标记中,"∞"表示机械筒长为无限远,原来老系统 160 mm 的机械筒长,则此处就标为 160;"0"表示标本无盖玻片;有的标为"0.17",指要用厚度为 0.17 mm 的盖玻片观察;还有表示可有可无盖玻片。

在物镜上刻有色圈表示物镜的放大率。物镜上的颜色代表着放大倍率,这样很容易识别物镜的放大倍率。红色标记表示放大倍率为 4 倍或 5 倍,黄色代表 10 倍,绿色代表 20 倍,蓝色代表 40 倍、50 倍或 60 倍,白色代表 100 倍,如图 1-8 所示。

图 1-8　常用物镜外壳表面的色圈

2. 目镜

目镜的主要作用是将物镜放大的实像再次放大,在明视距离处形成一个清晰的虚像。一般目镜都带有视度调节圈,调节范围为 ±5 视度,相当于人眼 ±500 屈光度,适于近视和远视 500 度以内的裸眼直接通过目镜观察。此外,某些目镜(如补偿目镜)除放大作用外,还能将物镜映像的残余像差予以校正。

(1) 目镜的放大率

目镜的放大率用 M_e 表示

$$M_e = \frac{250}{f_e} \tag{1-10}$$

式中:f_e——目镜的焦距;

250——明视距离(正常人眼看物体时最适宜的距离),mm。

国际上目镜常用的放大率为 10×。根据需要,目镜系列也有 12.5×、16×、25×、40× 几种特殊的规格。物镜和目镜的放大率准确度不超过 ±5%。

(2) 目镜的分类

① 平场目镜。用于在全视场内校正像面弯曲和像散,它与平场物镜一起使用,可使视场平坦和清晰范围扩大。平场目镜的视场光阑在场镜的前面,分划刻尺、十字叉丝均可装在光阑位置上。

② 广角目镜。广角目镜是指视场角在 50° 以上(一般目镜视场角在 30° 左右)、放大率在 12.5× 及以上和视场角在 40° 以上、放大率在 10× 及以下的平场目镜。

③ 摄影目镜。用于显微摄影及投影的目镜,该摄影目镜可将微小物体的像拍摄到胶片或投影在投影屏上。现在显微镜所配的数码照相装置通常通过视频接口与显微镜连接,摄影目镜虽有光学镜头,但它只起到成像到靶面的视场匹配作用,不是摄影目镜的功能。

④ 双筒目镜。为减轻显微观察时眼睛的疲乏,目前多数新设计的显微镜改用双目同时进行观察的双筒目镜。这类目镜中透镜的组合像差校正亦无特殊之处,只是在光路中加了特制的反射棱镜,使经物镜放大的映像能同时进入两个目镜。

(3) 目镜的标记

目镜刻有如下标记:目镜类别、放大率、视域大小。例如 10×/20 平场目镜,即表示平场目镜,10× 为放大率,20 指视野大小为 20 mm。目镜的标记如图 1-9 所示。

图 1-9 目镜的标记

1.2.2 照明系统

金相显微镜必须依靠附加光源方可进行工作,这一点与生物显微镜不同。照明系统的任务是根据不同的研究目的调整、改变采光方法,并完成光线行程的转换。该系统的主要部件是光源与垂直照明器。

一般金相显微镜采用灯光照明,借棱镜或其他反射方法使光线投在金相磨面上,靠金属自身的反射能力,使部分光线被反射而进入物镜,经放大成像最终被我们所观察。金相显微镜中的照明方法是影响观察、照相、测定结果质量的重要因素。正确的照明方法不能降低亮度和分辨力,进行照明时不能有光斑或光照不均匀现象。

1. 金相显微镜照明系统的基本要求

① 光源有足够的照明亮度。

② 保证金相试样上被观察的整个视场范围内得到强的均匀的照明。

③ 应有可调节的孔径光阑。调节光阑大小,可控制试样上物点进入物镜成像光束孔径角的大小,以适应不同物镜数值孔径的要求,充分发挥物镜的分辨能力。

④ 应有可调节的视场光阑。控制试样表面被照明区域的大小,以适应不同目镜、物镜组合时的显微视场的要求,同时拦截系统中有害的杂散光。

2. 金相显微镜的光源条件

① 亮度高;

② 分光特性合适;

③ 发光部分的大小和形状适当;

④ 热辐射不宜太大;

⑤ 光源稳定;

⑥ 经济性好。

3. 光源的使用方法

（1）临界照明法

临界照明法原理如图 1-10 所示。临界照明的特点如下：

① 经过集光镜和聚光镜系统把光源成像到试样上；

② 光照集中，亮度很高；

③ 光斑显著不均匀。

由于临界照明不够均匀，特别对低倍下的照明视场更显不足，故此种照明方法在目前显微镜上基本不采用。

（2）柯拉照明法

柯拉照明法是柯拉（Kohler）于 1898 年提出的一种比较理想的照明法（其原理见图 1-11），也叫"库勒照明法"。

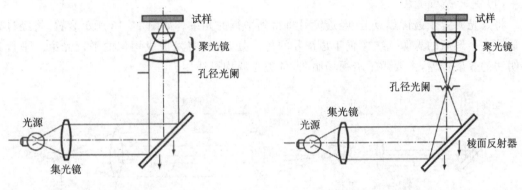

图 1-10　临界照明法原理　　　　图 1-11　柯拉照明法原理

柯拉照明的必要条件如下：

① 光源灯丝被成像在聚光镜焦点平面上，以平行光照亮样品的观察区域；

② 照明光源的孔径光阑成像在试样表面上，可控制物体视场的大小；

③ 通过调节照明系统的视场光阑使照明光束与物镜的数值孔径相匹配；

④ 孔径光阑与视场光阑可独立操作。

柯拉照明法是金相显微镜常用的照明法，有如下优点：

① 光亮是近似自然的白色光；

② 照明均匀；

③ 有排除光晕等有害光线的孔径光阑和视场光阑；

④ 不降低分辨力；

⑤ 操作方便。

由于此类照明法有以上优点，最适用于显微摄影，特别是高倍显微摄影。

（3）散光照明法

如果用钨丝灯作为临界照明的光源，钨丝的投影像叠映在显微镜放大的物像上，则有显著的明暗差别。为此，在透镜Ⅱ的前面放置一块毛玻璃（见图 1-12），使毛玻璃中央得到较大面积均匀的照明。光线在毛玻璃上的散射面就成了显微镜的二次照明光源，最终得到均匀照明的像域。

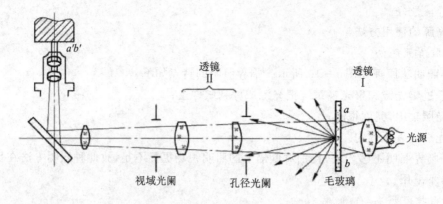

图 1-12 散光照明法原理

散光照明法的照明效率较低,投射型钨丝灯适于采用散光照明,其他点光源不宜采用。

（4）平行光照明法

将点光源置于透镜焦点上,经透镜后将得到平行的光束。如图1-13所示装置,将经过聚光透镜 I 会聚后的光源一次像置于透镜 II 的焦点处,光线将发散成均匀的平行光束。平行光照明法的效果较差,主要用于暗视场照明,各类光源均可适用。

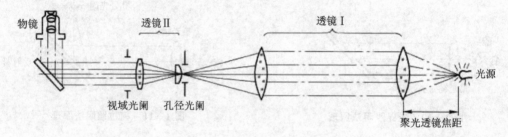

图 1-13 平行光照明法原理

4. 光源种类和特性

（1）低压钨丝灯

低压钨丝灯由钨丝组成,充氩气封接,常用的有 6 V/15 W、12 V/30 W 等,被广泛用于照明透过率较好的生物样品,故多用在生物显微镜和教学示范类的学生用显微镜上。以观察反射样品为主的金相显微镜基本不采用。

（2）卤素灯

卤素灯比白炽灯亮度高,光谱接近于日光,色温随时间变化相当小。卤素灯体积小、发热少、单位面积发光亮度大,是目前显微镜,尤其是金相显微镜的常用光源,一般情况下多采用 12 V /100 W。

（3）氙灯

氙灯是利用惰性气体氙为发光元素的,常用的是短弧氙灯。其光谱接近白光,高亮度,光色质量优良,色温约 6000 K。氙灯广泛应用于高速及彩色摄影,大视场投影及电视观察。由于氙灯点燃时需要启动装置,且结构较复杂、体积大,因而价格较高。目前金相显微镜基本不用氙灯。

（4）超高压汞灯

超高压汞灯是点光源高辉度的紫外线灯,适用于荧光观察,光谱为线状峰值光谱,点燃时需要高压启动装置,常用的有 50 W 和 100 W,寿命大约为 200 h。现在又有一种长寿命的超高压汞灯,功率 120 W,寿命标称 2000 h。

5. 光阑

要获得清晰的物像,除了制作良好的试样外,还必须掌握物镜的性能、参数及显微镜有效放大率,并且要正确使用光阑及滤光片。光阑的作用如下:

① 改善系统成像质量;

② 决定通过系统的光通量;

③ 拦截系统中有害的杂散光等。

显微镜中常用光阑有孔径光阑、视场光阑及消杂光光阑。

(1) 孔径光阑

孔径光阑是用来控制系统中光通量的光阑,控制物镜在成像过程中的实际孔径角。孔径光阑的大小对显微镜图像的质量影响较大。

① 对分辨力的影响。缩小孔径光阑使进入物镜的光锥角减小,即实际使用的物镜数值孔径变小,从而降低了物镜分辨力,影响分辨组织的细节。

② 对物镜清晰度的影响。孔径光阑张开过大,又使镜筒内部的反射及杂散光增加,从而会降低成像清晰度。孔径光阑对分辨力、焦深衬度都有密切关系。在目镜筒内,可观察到明亮的物镜孔径光阑的像(在物镜后焦面)及灯丝像,调节孔径光阑像大于物镜孔径时,物镜的分辨力高、焦深小、衬度差。反之,孔径光阑像小于物镜孔径时,物镜分辨力低、焦深大、衬度好。但过分缩小孔径光阑像就会产生显著的衍射现象,反而使物像模糊起来。一般使用孔径光阑像为 70%～80% 的物镜孔径,就可得到良好衬度的图像。

(2) 视场光阑

视场光阑就是用来限制光学系统成像空间的光阑。金相显微镜视场光阑和试样表面共轭,直接控制物体视场的大小,因此调节视场光阑的大小,就能改变试样表面被照亮的范围。

若视场光阑大于物体视场,会使杂散光增加,影响像的衬度。正确的调节是使视场光阑大小恰好与物体视场相切。但有时为了便于集中观察某一试样局部细微组织,而将视场光阑缩小到刚好包围着它,从而提高观察效果。在显微摄影时,只要将视场光阑调节到足够画面尺寸就够了。

(3) 消杂散光光阑

消杂散光光阑是设在光学零件的镜筒内或设置在系统中的光阑,起到消除或减少系统中的杂散光的作用。

6. 滤色片

滤色片是吸收光源发出的白色光中波长不需要的部分,让所需波长的光线透过以得到一定色彩和强度的光线。因此,滤色片是金相显微镜摄影时的一个重要辅助工具,通过使用滤色片可得到更能明显表达各组织物的金相图片。

滤色片的作用有如下几个方面。

(1) 增加映像衬度或提高某种彩色组织的微细部分的鉴别能力

如经染色的金相试样在显微镜下可观察到鲜明的彩色映像,但采用黑白片摄影时,往往因其明暗差别小而得不到理想的衬度,因而须借助滤色片来改进衬度。

众所周知,一种一定颜色的光线,比如红光按照已知的比例与绿光相混合,共同投射到眼中时,便会造成白光的感觉,这种现象称为"色的合成"。而在合成时可造成白色光的各对相应颜色则称为"互补色"。例如下述各种颜色均为"互补色":红色与青绿色,橙色与蓝色,绿色与绛红色,紫色与黄绿色……

从互补色的规律可知:如果从白光中把红光吸收掉,则可得到青绿色的光。因而设置在白光前的滤色片看起来若为绿色的,则是因为选择吸收了白光中绛红色的光线。同理,蓝色滤色片则是吸收了白光中的橙色光线。

(2) 校正残余像差

由于消色差物镜像差的校正仅在黄绿波区比较完善,故使用时应配用黄绿色滤色片,因为其他色彩的滤色片均会显著暴露消色差物镜的缺点,降低映像质量。

复消色差物镜对各波区像差校正极佳,故可不用滤色片,或根据衬度需要选择,而不受像差校正的限制。

(3) 得到较短的单色光以提高鉴别率

光源波长愈短,物镜的鉴别率愈高,如采用 $\lambda \approx 440$ nm 的蓝光将比 $\lambda \approx 550$ nm 的黄绿光具有更高的鉴别能力。

在实际工作中,为了使某一相的色彩变成暗黑色,以增加影像的衬度,就应使用滤色片。对于该相来说,反射系数较高的光线,即运用该相色彩的互补色来滤光。如淬火高碳钢,经薄膜染色后,基本呈淡黄色,碳化物为淡红色,此时若欲使碳化物变成暗黑色调,则可用深绿色滤色片。

另一方面,如果检验目的要分辨某组成相的微细部分,此时衬度就退居次要地位了。可采用与所需鉴别相同样色彩的滤色片,使之得到充分显示。如淬火高碳钢经热染后奥氏体呈棕黄色、马氏体呈绿色时,加绿色滤色片有助于马氏体内细节的显示。

一般金相显微镜常带有黄、蓝、绿、灰等滤色片,其作用如下。

① 黄色滤色片:改善像质,人眼对黄色较敏感。

② 蓝色滤色片:因它的波长较短,可以提高分辨力。

③ 绿色滤色片:改善像质,使观察舒适。

④ 中性滤色片:减弱光强,可得到合适的亮度。

(4) 纠正偏色

加用色补偿滤色片,可纠正照片所偏的颜色,见表1-3。

表1-3 用色补偿滤色片来纠正偏色

纠正照片所偏的颜色	需要加用的色补偿滤色片
红	青
绿	品红
蓝	黄
青	红
品红	绿
黄	蓝

1.2.3 机械系统

金相显微镜的机械系统主要由镜架、物镜转换器、镜筒、载物台、调焦装置、显微摄影装置及其他附件等组成。

1. 镜架

显微镜镜架有正置式和倒置式两种。镜架必须稳定、可靠,人机友好。

2. 物镜转换器

物镜转换器是快速更换物镜的机械装置,是显微镜的一个重要组成部分,它的好坏直接影响像的质量。物镜转换器如图1-14所示。

物镜转换器的分类如下:

图 1－14　物镜转换器(已经安装了 5 个物镜)

① 按安装物镜孔数分类：分为 3 孔、4 孔、5 孔、5 孔以上。在金相显微镜中，低、中级金相显微镜以 3 孔、4 孔居多，高级金相显微镜均为 5 孔或 5 孔以上。

② 按定位方式分类：a. 外定位，定位搭子在外面，加工方便，但不够美观；b. 内定位，定位搭子在里面，加工精度要求高，外形美观。

物镜转换器有一个固定基座及一个转动座，中间排有钢珠，保证回转灵活。物镜转换器须保证两方面精度：一是物镜转换器的定位精度，即当一个物镜处在工作状态时，它的视场中心对于其他物镜处于同样的工作状态时的视场偏移量；二是物镜转换器的齐焦精度，即当一个物镜被调焦在工作位置以后，转换到其他物镜时，应在不重新调焦的情况下看清轮廓像，或只须稍微调焦就能得到清晰的像。

3. 目镜镜筒

传统显微镜观察用单目镜筒和双目镜筒，摄影和观察同时用的镜筒习惯上被称为三目镜筒。单筒和双筒均有与水平倾斜 30°和 45°两种。随着科技的发展，为了减轻眼睛的疲劳，基本上不用单目镜筒，一般观察都采用双目镜筒，而三目镜筒也为双目镜筒，且目前基本都要求既观察，也照相。双目镜筒根据结构形式可分为铰链式和移动式目镜筒两大类。

(1) 铰链式目镜筒

铰链式光学系统，左右两目镜管绕同一转轴转动来改变左右两目镜筒的距离，即人的两瞳孔距离，中间有分度盘标出瞳孔距离(55～75 mm)。铰链式目镜筒如图 1－15 所示，此结构的优点是在转动过程中，像面位置不变。

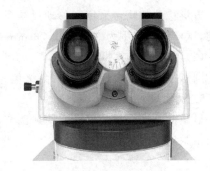

图 1－15　铰链式目镜筒

(2) 移动式目镜筒

移动式目镜筒也称平拉式目镜筒，左右两镜管沿着滑板移动可改变两目镜管的距离，两镜管中心距离由两镜管间的刻度数来读取。由于移动过程中，像面位置要变化，故两目镜管上都带有调节圈，镜管上刻有 55～57 mm 的数值，可补偿筒长的变化，保证在 55～75 mm 时两眼瞳孔距变化像面位置不变。

观察时，移动两镜管之间距离使之符合观察者两眼的瞳孔距，从中间刻度读出瞳孔距，然后转动两镜管上的调节圈，使其数值与中间刻度相同，再对物面调焦使像清晰。先进的移动式目镜筒的筒长采用自动补偿，调节方便，外形美观。

双目镜管左右两镜管所观察的图像、亮度、颜色应基本一致，左右放大率基本相同，更重要的是两光轴在水平面上的发散度、会聚度及垂直面上的发散度都有一定的要求，只有满足这些要求，才能使图像清晰，长期观察不易感到疲劳。

4. 载物台

载物台是用来放置金相试样的，必须符合以下要求：

① 载物台工作面的位置须与显微镜的光轴垂直；

② 载物台表面须平整;

③ 载物台在移动试样时,像应基本清晰;

④ 可拆卸的载物台互换时,应保持原有的精度。

载物台根据用途可分为方形移动载物台和圆形旋转载物台(见图1-16和图1-17)。

图1-16 方形移动载物台

图1-17 圆形旋转载物台

(1)方形移动载物台

方形移动载物台采用和移动尺结合在一起的综合形式,纵、横向手轮是同轴固定在移动台上的,试样移动范围为30 mm×76 mm和50 mm×76 mm。

(2)圆形旋转载物台

圆形移动载物台用于简易、高级偏光及微分干涉观察,可旋转。

5. 调焦装置

显微镜通过调焦装置可方便地调节,进而观察到清晰的物像。调焦装置包括上下移动机构和粗微动机构。

(1)上下移动机构

目前,倒置式及正置式金相显微镜均采用载物台上下移动而物镜镜筒不动的调焦方案;老式的正置式金相显微镜则相反,采用的是载物台不动而物镜镜筒上下移动的调焦方案。

(2)粗微调机构

粗微调机构的手轮是分开独立连动的,有粗微调同轴机构。目前均采用粗微调同轴全行程机构,可通过齿轮、蜗轮或行星式等方式达到减速的目的。

6. 显微摄像装置

除简易型金相显微镜或用于现场工序中观察、检测用的显微镜,金相显微镜一般均配置显微摄像装置,能把观察到的图像记录下来。

老一代的胶片显微摄像装置常固定在显微镜上与显微镜成为一体机。摄像装置本身带有快门,有的还有测光仪可自动调整曝光参数。

目前数码成像技术已基本取代了传统的感光胶片技术,同时简化了金相显微镜的机械构造。显微镜通过专用接口而配置的专业摄像头,把数字图像信号直接送到电脑中进行处理、显示、编辑和保存,进一步可在专用软件下进行图像分析。金相显微数码摄像装置如图1-18所示。

在显微摄像系统中,摄像头分辨力是指1 ft(约等于30 cm)上排列的像素数,反映了摄像系统表现被拍摄物品显微细节的能力。通常金相显微镜摄像头的像素数大于500万为好。但是高像素数也对电脑信息传送速度提出了更高的要求,太高的像素数会造成电脑屏幕上的图像显示出现严重的滞后现象。

7. 偏光、相衬等其他附件

对于大型的、研究型的金相显微镜,为提高图像的衬度,图像的质量进一步能反映组织的特性,一般均配有偏光、(微分)相衬装置等附件,有时还配有显微硬度计,根据需要还可配低温、高温试样台等。

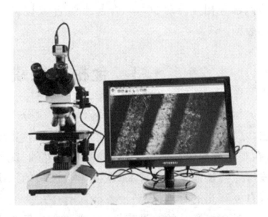

图 1-18　金相显微数码摄像装置

(1) 偏光装置

偏光装置是在显微镜入射光路和观察镜筒内加入一个偏光镜构成的装置。光源前的偏光镜称为起偏镜,其作用是把来自光源的自然光变成偏振光;另一偏光镜称为检偏镜,其作用是分辨偏振光照射于金属磨面反射光的偏振状态。

常用偏光镜有两种,一种是尼科尔棱镜,另一种是偏振片。显微镜的偏光装置还有一个可旋转 360° 的带有角刻度的载物台。使用偏光装置时,需先调整起偏镜、检偏镜及载物台中心的位置。调整时先去掉检偏镜,转动起偏镜,反射光最强时,即为起偏镜的正确位置。再插入检偏镜,转动调整到消光位置时,就是起偏镜与检偏镜正交的位置,光强度最大时,即为两个偏光镜成平行的位置。

偏振光有线偏振光、圆偏振光及椭圆偏振光,可由检偏镜鉴别。金相分析中常利用试样磨面反射得到的线偏振光和椭圆偏振光的信息,识别合金相及非金属夹杂物等。各向同性金属材料,一般情况下对偏振光照射不起作用;各向异性金属材料,在偏振光照射下反应极为灵敏。

(2) 相衬装置

相衬装置是装在显微镜上将具有相位差的光转换为具有强度差的光而显著提高显微镜组织衬度的一种装置。试样磨面上的高度差在 $10^2 \sim 10^3$ nm 范围内的组织,均能清楚地用相衬显微镜鉴别。大型金相显微镜大都备有相衬装置。

相衬装置就是加装在一般金相显微镜上的两个特殊附件,一是在光源孔径光阑附近放置一块单环狭缝遮板,二是在物镜后焦面上放置一块相板(透明的玻璃圆片)。借助相板与遮板配合,使反射光中的直射光与衍射光在相板上通过不同区域而分离开来。通过相环的直射光由于镀层导致相位移动和振幅降低,并与通过相板的衍射光发生干涉或叠加,达到提高衬度的效果。

(3) 微分干涉相衬装置(DIC)

微分干涉衬度装置是将试样磨面微小高度差所造成的光程差,转变为人眼睛或感光材料所能感受的强度差,从而提高显微组织细节之间的衬度的特殊光学装置,简称 DIC。与相衬分析相比,DIC 可观察高度差数十纳米(nm)的显微组织,20 世纪 60 年代便开始在光学金相分析中应用。现代大型金相显微镜,常配有 DIC 装置。

金相中使用的 DIC 装置是反射式的,包括起偏镜、渥拉斯顿棱镜(现多采用诺曼斯基棱镜)、检偏镜和全波片。渥拉斯顿棱镜是纯水晶或方解石制成的,将晶体沿一定晶面切开,研磨后使两部分相互转动90°,黏合起来组合成棱镜,上下两部分的光轴互相垂直,且又平行于各自的表面。

1.3 金相显微镜的常用观察方法

光学显微镜一般有明场、暗场、相衬、微分干涉相衬、正交偏光、锥光偏光和荧光七种观察方法,之后又出现了激光共聚焦的方法。相衬主要是针对有位相变化的透明样品,如生物切片等;在观察岩矿等晶体样品时,要测量其光轴,就要用到锥光偏光这种手段;荧光是用汞灯中紫外线等短波长能量照射样品,激发出长波长的二次发光,主要用于染料标记的生物样品和石油等可自发荧光的有机样品。

针对金相样品的物理特性,一般的金相显微镜主要包括明场、暗场、正交偏光和微分干涉相衬四种。按照现代仪器"模块化设计,积木式结构"的设计思想,这四种功能并不一定固化在每一台金相显微镜上,而是以明场作为基本核心,可以将其他功能像"搭积木"一样组合到该显微镜上。如最基本的有明场和暗场功能,插入了起偏镜和检偏镜后就增加了正交偏光功能,再插入渥拉斯顿棱镜(Wollanston Prism)就又增加了微分干涉相衬功能。

1.3.1 明场观察

明场照明是金相研究中主要的观察方法。入射线垂直地或近似垂直地照射在试样表面,利用试样表面反射光线进入物镜成像。如果试样是一个镜面,则在视场内是明亮的一片,试样上的组织将呈黑色影像衬映在明亮的视场内,称为"明场照明",如图1-19所示。

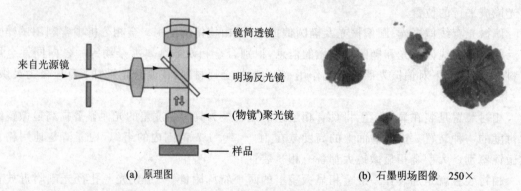

(a) 原理图   (b) 石墨明场图像　250×

图1-19　明场照明的原理及效果

明场照明的调节方法如下:
① 调焦使所观察的像清晰;
② 缩小视场光阑,使视场中看到视场光阑像;
③ 调节视场光阑,使其位于视场中央;
④ 打开视场光阑,使其边缘像刚好消失在视场外;
⑤ 拨去目镜,从目镜筒中可观察到物镜后面的通光孔,调节孔径光阑大小,使其直径约为物镜后面通孔直径的2/3;
⑥ 进一步微调焦使像清晰。

1.3.2　暗场观察

1. 原理

通过物镜的外周照明试样,照明光线不入射到物镜内,就可以得到试样表面绕射光而形成的像。如果试样是一个镜面,则由试样上反射的光线仍以极大的倾斜角向反方向反射,不可能进入物镜,在视场内是漆黑一片,只有试样凹凸之处才能有光线反射进入物镜,试样上的组织将以亮白影像映衬在漆黑的视场内,如同夜空中的星星,称为"暗场照明",如图 1-20 所示。

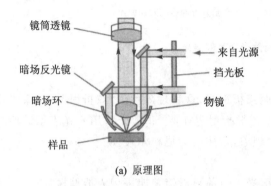

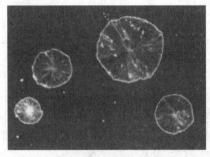

(a) 原理图　　　　　　　　　　　　　　　　　(b) 石墨暗场图像　250×

图 1-20　暗场照明的原理及效果

2. 方法

暗场照明的调节方法如下:

① 将暗场反射聚光镜及环型反射镜安装在显微镜上;

② 调节暗场反射聚光镜使其焦点刚好在试样表面上;

③ 在暗场观察时,应将孔径光阑开大(作为视场光阑),视场光阑可调节作为孔径光阑,可控制环状光束的粗细;

④ 调焦使像清晰。

3. 注意事项

在使用暗场时应注意下列事项:

① 为了在暗场观察中阻止目镜周围的光线入射,要尽可能使用遮光罩;

② 物镜顶端及试样表面的尘埃和缺陷也会造成乱反射,影响暗场镜检效果,必须保持清洁。

1.3.3　偏振光观察

1. 偏振光的概念

太阳光、灯光都是自然光(或天然光),自然光的振动在各个方向是均衡的,都垂直于传播方向,若将光的振动局限在垂直于传播方向的平面内的某一个方向上,则这时的光就变成了偏振光,如图 1-21 所示。

2. 偏振光的获得方法

获得偏振光的方法常有以下两种:

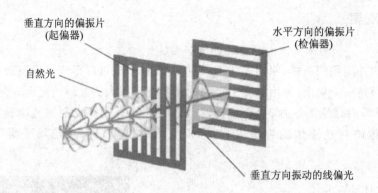

垂直方向的偏振片
(起偏器)

水平方向的偏振片
(检偏器)

自然光

垂直方向振动的线偏光

图 1-21　起偏器将自然光变为偏振光

（1）采用偏振棱镜

当光线射到某些晶体的分界面上时,会产生两束折射光,这种现象称为"双折射"。一束光遵循折射定律叫"寻常光",用 O 光表示;另一束不遵循折射定律叫"非常光",用 e 光表示。所谓偏振棱镜,即光线通过此棱镜时,会产生双折射现象,常用的为尼科尔棱镜。

（2）采用人造偏振片

自然光射到人造偏振片时,自然光会变成偏振光。目前显微镜普遍采用人造偏振片。

3. 偏光装置

图 1-22 为偏振光显微镜结构示意图。

① 起偏镜:能将自然光变为偏振光的器件。

② 检偏镜:检验光线是否为偏振光的器件。

4. 偏振光装置的调整

（1）起偏镜的调整

调整起偏镜位置的目的是使从垂直照明器半透反射镜上反射进入目镜的光线强度最高,且仍为直线偏振光,调整入射偏振光的振动面使之与水平面平行。为此,将抛得很光亮的不锈钢试样置于载物台上,除去检偏镜后,在目镜中观察聚焦后试样磨面上反射光的强度,转动

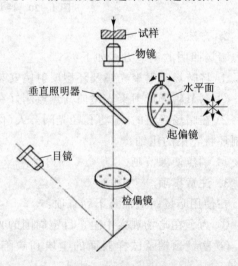

试样
物镜

垂直照明器
水平面
起偏镜

目镜

检偏镜

图 1-22　偏振光显微镜结构示意图

起偏镜,可以看到反射光强度发生微弱的明暗变化。反射光最强时即起偏镜的正确位置。

（2）检偏镜的调整

起偏镜调整好后插入检偏镜。如欲调节两者为正交位置,则仍可用不锈钢抛光试样,聚焦成像后转动检偏镜,当目镜中看到完全消光时即为正交偏振位置。有时在偏振光金相观察和摄影时,尚需将偏振镜从正交位置略加调整,使检偏镜再做小角度偏转,以增加摄影衬度,其转动角度由分度盘读数表示。

（3）试样制备

在偏振光下研究的金相磨面要光滑无痕,且要求样品表面无氧化皮及非晶质层存在。由于机械抛光很难达到要求,故用于偏振光研究的试样多采用电解抛光或腐蚀抛光。

5．偏振光的应用

金属材料按其光学性能可分为各向同性与各向异性两类。各向同性金属一般对偏振光不灵敏，而各向异性金属对偏振光的反应极为灵敏，因而多方面被应用。

偏振光在光学上的应用大致有如下几方面。

（1）研究金相组织

① 在多相合金的相鉴别中，当全偏振光垂直投射到各向同性金属的抛光表面时，它的反射光仍为全偏振光。若将检偏镜转到与起偏镜的正交位置，视域中呈现暗黑的消光现象。如果各向同性晶体中含有各向异性的相，则会因为偏振光经各向异性晶体反射后形成椭圆偏振光，并且振动面要发生旋转，这样在正交偏振光下，多相合金的相在暗的基体中容易显示出来，对两个光学性能不同的各向异性晶体或浸蚀程度不同的各向同性晶体，可由偏振光加以区别。

② 在正交偏振光下观察，各向异性金属的组织显示各向异性金属，视场并不全暗。对于不同取向的晶粒，由于振动面的旋转角度不同，会呈现不同亮暗，能更清晰地显示若干精细的组织结构，如晶界、孪晶等。

（2）鉴别非金属夹杂物

金属中常存在各种类型的非金属夹杂物，它们具有各种光学特性，如反射能力、透明度、固有色彩均质及非均质性等。利用偏振光可观察到这些夹杂物的特性，如鉴别钢中非金属夹杂物，通常用明场、暗场及偏振光等照明方式配合观察。在正交偏光下一些常见夹杂物的偏光特性如下：

① 各向同性的不透明夹杂物表面反射光仍为直线偏振光，在正交偏光下被消光；载物台旋转360°时，该夹杂相也无明、暗的变化。FeO 夹杂物属此类。

② 各向异性的不透明夹杂物在直线偏振光下将使反射光的偏振面发生转动，导致部分光线可透过正交的检偏振镜。载物台旋转360°时可观察到四周明亮、黑暗的交替变化。如钢中的 FeS 夹杂。

③ 各向同性的透明夹杂物在正交偏光下可以看到其本身色彩，如 MnO 为绿色。转动载物台时夹杂相无明暗变化。

④ 各向异性的透明夹杂物在正交偏光下可看到其固有的色彩，转动载物台时可见明、暗交替变化。如钛铁矿（$FeO \cdot FiO_2$）在偏光下呈闪耀明亮的玫瑰红色。

⑤ 透明的球形夹杂物在偏振光下除可见其透明度及色彩外，还可看到"黑十字"及"等色环"的现象。如球状的 SiO_2 硅酸盐及复合硅酸盐 $2FeO \cdot SiO_2$ 等，偏振光下都呈现黑十字，如图 1-23 所示。

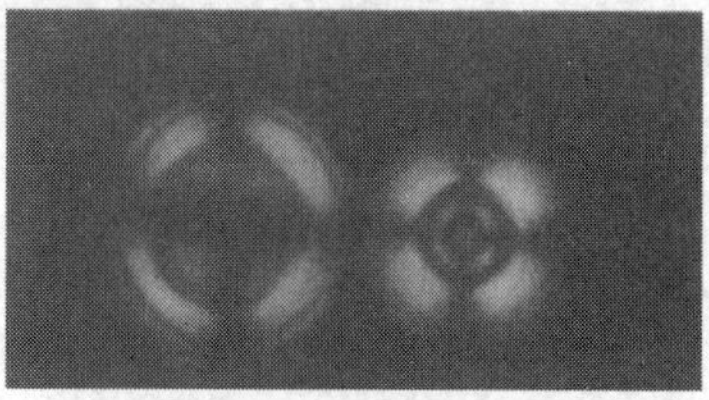

图 1-23　偏振光下 $MnO \cdot SiO_2$
夹杂物观察的效果

6．使用注意事项

在偏光观察中，方向性是个重要因素，因此必须认真调整起偏镜和目镜的十字线，如图 1-24 所示。

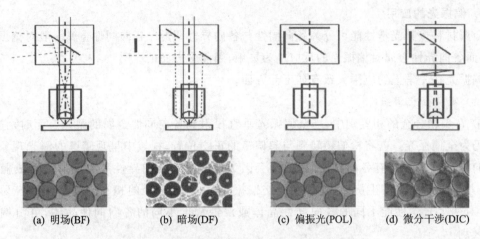

(a) 明场(BF)　　(b) 暗场(DF)　　(c) 偏振光(POL)　　(d) 微分干涉(DIC)

图 1 - 24　用不同的镜检方法观察同一视场所摄照片

1.3.4　微分干涉相衬观察

1. 原理

微分干涉相衬是利用偏光干涉原理,光源发出一束光线经聚光镜射入起偏镜,形成一线偏振光,经半透反射镜射入渥拉斯顿棱镜后,产生一个具有微小夹角的寻常光(O 光)和非常光(e 光)的相交平面;再通过物镜射向试样,反射后再经渥拉斯顿棱镜合成一束光,通过半透反射镜在检偏镜上 O 光与 e 光重合产生相干光束,在目镜焦平面上形成干涉图像,见图 1 - 25。它可观察试样表面的微小凹凸和裂纹,且影像具有立体感,观察效果更逼真(见图 1 - 26)。

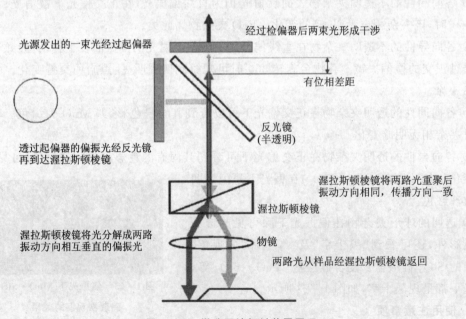

图 1 - 25　微分干涉相衬装置原理

2. 方法

微分干涉相衬装置调节方法如下:

① 先按一般明场观察调节使像清晰;

②插起偏镜,然后转动起偏镜,使零级干涉时视场内为全黑背景;

③使诺曼斯基棱镜沿光轴上下移动,调节至物镜的后焦面与相干平面重合(出现干涉条纹);

④使诺曼斯基棱镜作平面移动,此时背景色连续变化为灰、红、黄、蓝、绿等各种颜色,对试样进行对比观察。

3．注意事项

图 1－26　微分干涉相衬拍摄效果

使用微分干涉相衬装置时注意事项如下:

①因为微分干涉差检测灵敏度高,要特别注意检查试样表面有无污物;

②由于在检测灵敏度上有方向性,最好使用旋转载物台。

对于产生具有立体感的浮雕像,还有一种斜照明的方式也可以达到类似于微分干涉相衬的效果,即在暗场状态下,通过调节入射光的孔径光阑,产生斜光束照明样品。但并不是每一款金相显微镜上都配备了此功能。

偏光观察和微分干涉观察的数码摄影实拍效果对比如图 1－27 所示。

偏光观察
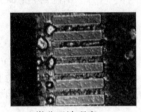
微分干涉观察(一)
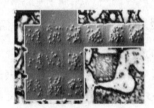
微分干涉观察(二)

图 1－27　偏光观察和微分干涉观察的数码摄影实拍效果对比

1.4　金相显微镜的安装、检定、操作与维护

金相显微镜是一种带计量(尺度)功能的光学仪器,其安装、使用均有一定要求,必要时还要进行计量检定。

1.4.1　金相显微镜的安装

新置金相显微镜按出厂技术条件或参考 JB/T 10077—1999《金相显微镜》验收后,即可安装。金相显微镜安装环境应通风、避阳光、干燥,室内温度应为 15～30 ℃,相对湿度应小于 70%,无腐蚀性气体,仪器不受阳光直射。

仪器应放置在平稳防振动的工作台上;电源插件应紧密配合,有良好接地线,必要时应有稳压器。

1.4.2 金相显微镜的检定

1. 常规检定

金相显微镜的常规检定主要有以下几方面。

(1) 光路检定

将样品放置于载物台上,打开光源并对准中心,照明光进入光路,调整孔径和视场光阑到合适程度,用粗细调节旋钮对样品聚焦,直到能观察到清晰且光线均匀的物像为止。

(2) 载物台中心检定

把样品放置于载物台上,在目镜筒中看到物像,取其一特征点移至观察中心,然后转动载物台(0°~180°转动)而其特征点仍在中心(原位)或略偏离中心。

(3) 物镜实际放大倍数检定

将0.01 mm分刻度板放置在载物台上,又将待检的物镜装上(如10×)并转到工作位置,把0.1 mm分刻度目镜测微尺插入光路中,然后对0.01 mm分刻度板聚焦观察,记录0.1 mm分刻度的格数与0.01 mm分刻度多少格相重合,通过计算,得物镜实际放大倍数如下:

$$M = \frac{0.1 目镜分刻度格数}{0.01 物镜分刻度格数} \tag{1-11}$$

(4) 视场面积检定

在物镜和目镜配合下测定视场内的面积。用目镜测微尺分别测出视场横向、纵向的直径,然后取其算术平均值 d,得视场面积 $\left(S = \frac{\pi d^2}{4}\right)$。面积愈大,观察样品的范围愈大。

(5) 显微镜功能检定

逐一将明视场、暗视场、偏振光、干涉、微分干涉衬度等附件装上,进行观察,图像清晰,均能合格。附有显微硬度的应检定其压痕值是否与标准块相符,确定其正确性。

(6) 光源对中检定

仪器型号不同光源对中检定方法有所区别,但原理是一致的,通过调整光源位置(前后左右)使光源灯丝像落在视场范围的中心位置即可。

2. 计量检定

金相显微镜不仅用于材料的组织形态的定性观察,还用于细观(细节)组织等定量测定,如晶粒的弦长(大小)、夹杂物尺寸、裂纹长度、渗层深度、脱碳层深度以及镀层厚度等。并且显微镜定量图像分析也必须以定量测定为基础,对用于出具有关尺寸定量报告的金相显微镜进行计量检定,必要时还要给出不确定评定。

金相显微镜的计量检定主要指放大倍率的检定,也即上述物镜实际放大倍数检定,对于规范的实验室,应按计量器具管理办法具体的检定规范执行。

检定结果应给出放大倍率示值误差,必要时还应按规范进一步给出示值误差的不确定度评定。

1.4.3 金相显微摄影操作

金相显微摄影所得的金相图片要求视场有代表性,组织清晰,深浅浓淡相宜,层次丰富。为此,从样品的选择及制备、显微镜的操作、拍摄参数的设定等每一步都务必精准。

1. 样品要求

按第3章要求进行取样、制样。对用于拍摄的试样的要求更高,具体如下:

① 样品磨面上的磨痕及其他缺陷要尽量少或没有；

② 试样的浸蚀应均匀、适度。高倍摄影应相对浅一些，以免降低显微镜的分辨力，淹没显微组织的细节；

③ 试样浸蚀后应立即进行摄影，以免表面氧化污损。

2. 操作要求

金相显微摄影的操作要求如下：

① 金相样品上拍摄视场的选择要合理，要有代表性、能说明问题；

② 在满足上述视场要求的前提下，画面的布局要体现视觉效果，重点醒目，如所要表达的缺陷尽可能分布在图的中上区域内；

③ 正确调节好显微镜的光学系统，包括光源亮度、孔径光阑等；

④ 正确设定拍摄参数，包括拍摄亮度、对比度等。参数的正确调整可使图片的阴影区和高光区的图像细节也获得正确的表现，并且不降低显微镜的分辨力。

显微数码摄影的结果一般要适当调整并以图片文件的形式储存在电脑中。可在电脑中使用专业的图像编辑软件，如 Photoshop 等对图片进行适当的修饰和加工。可根据需要冲印相片，更多的是用打印机得到打印稿。如果要得到满意的显微摄影图片，还要对打印机及打印纸的类型和型号进行选择，同时对打印机的打印参数进行正确的调整。

1.4.4　金相显微镜的维护

金相显微镜在使用几年后会出现视场亮度下降，光线不均，严重时衬度变差，物像模糊。

1. 造成金相显微镜品质下降的原因

（1）光学器件的原因

由于透镜、棱镜、反光镜等光学器件的内部存在应力或密度不匀，使用一段时间后会产生形变。即使是非常微小的形变，也会使物像质量变差。

① 棱镜、透镜之间胶膜的变形。由制造工艺或使用功能需要，不同形状的棱镜、不同曲率的透镜需要用透光的树脂胶进行胶合。由于树脂胶的成分、胶合工艺的不同，长时间后（无论使用与否）胶膜透光率会发生变化或开胶，形成七色单色色环，这种情况下虽然还可以透光，但会使成像质量下降。

② 透镜表面镀膜变形。个别进口品牌的某些透镜片是用有机树脂材料做成的，一段时间（8～10 年）后，有机树脂与表面的增透膜会发生某种化学反应，这种反应导致透镜表面变形，有些形变像龟裂，有些形变类似丘疹，一旦发生这种情况将严重影响成像质量。

（2）使用环境的原因

① 环境中灰尘过多。无论哪种品牌的金相显微镜，都不可能做到对灰尘的全封闭，显微镜在使用几年后光学器件表面会落上一层灰尘。光线通过落有灰尘的透镜、棱镜、反光镜时，灰尘会对光线产生反射，使光学器件表面发亮，从而使成像质量下降。

② 环境不良。由于地理位置的关系，有些区域的气候经常过于潮湿或温度过高，在这种条件下如保护不善，金相显微镜的光学系统极易产生真菌，显微镜一旦产生真菌，如不能及时得到处理，发霉的现象将会变得越来越严重，最终导致仪器报废。

（3）仪器失调

金相显微镜光路不在最佳状态是经常发生的，轻微失调对视场的观察影响不大，但失调过大时视场就会出现晶界失真，视场不平等现象。

2. 金相显微镜状态的判断

可以通过下列方法判断金相显微镜的状态：

① 打开照明电源,物镜用 $25\times$ 或 $50\times$,用一块试样正常调焦观察。将孔径光阑缩小,然后去掉试样,试样位置放上一块毛玻璃板,这时毛玻璃板对准物镜中心的地方应有一个小圆光斑,这是孔径光阑的像。将毛玻璃板垂直于物镜向上移动,这时光斑在垂直于物镜光轴方向上由小变大,如果光斑逐渐变大的同时向某一方向偏移,说明垂直照明器光路已经失调。

② 用一块未腐蚀的抛光试样,作 $100\times\sim500\times$ 的观察。将孔径光阑逐一缩小,这时仔细观察孔径光阑像边缘的衍射色彩;如果光路正确,衍射出的是同一色彩,一般是蓝色或黄绿色;如果照明光路不正确,孔径光阑像边缘的衍射色彩将是一边绿一边黄或红。

③ 观察一块经过浸蚀的金相试样($100\times\sim500\times$)。调整微调手轮,待物像清晰后,再慢慢向上、向下调整微调手轮,仔细观察物像由清晰变模糊的过程。如果光路正确,物像将随着手轮的调整"垂向"向前、向后移动;如果照明光路不正确,物像将随着手轮的调整"斜着"向前、向后移动。

④ 观察未经过浸蚀的抛光试样。不加滤色片,慢慢移动工作台,仔细观察视场亮度、色度与平面度,如果某一边始终发暗,或色彩与中心有异,或视场边缘与中心视距不一致(中心长而边缘短,呈蝶状),则是物镜后光路失调。

上述①②③也称物镜前光路失调。

3. 金相显微镜的日常维护

① 显微镜室要经常保持卫生清洁,每次使用后,用不掉纤维的防尘罩覆盖显微镜和附件。残留的纤维和灰尘会形成不必要的背景杂散光。

② 在使用显微镜时,要遵守操作规程,不得将特大零件或试样放在载物台上,试样上不得有残留 HF 盐等液体,绝对不准用手指触摸光学镜片及透镜表面。

③ 镜头或镀膜元件若附有灰尘或污物颗粒,可用洗耳橡皮捏压球将灰尘吹去,再用镜头刷或无麻棉布拂除。若有污油,可用脱脂纱布或擦镜纸蘸少许酒精-乙醚混合液擦拭。镀膜元件若有污染,可使用蘸酒精-乙醚混合液的亚麻布或皮革,先在镀膜元件上不太显眼的位置处试验擦拭效果,以确保镀膜或塑料表面没有变暗或被腐蚀。若要清洁载物台,可用煤油或无酸凡士林擦去台上的亮点。

④ 暂时不用的物镜应放在物镜罩壳内。最好把卸下的物镜、目镜均存放在干燥真空玻璃器皿内。

⑤ 使用油浸物镜时,用油量要适当,聚焦时要特别小心,以免损坏镜头。使用完油浸物镜后,必须用脱脂纱布或吸水纸将镜头上的油吸去,再用酒精擦拭,擦拭时不能用力过大。丙酮、二甲苯或硝基物质对金相显微镜有害,不宜使用。

1.5　常见金相显微镜介绍

显微镜的制造厂家很多,进口显微镜多用于科研,国产显微镜主要用于教学和生产检查。世界知名的显微镜厂家有：德国的 LEICA(莱卡)公司、ZEISS(蔡司)公司;日本的 OLYMPUS(奥林巴斯)公司、NIKON(尼康)公司。

1.5.1　全自动金相显微镜

全自动显微镜从形式上分为正置和倒置,普遍具有的特点如下:

① 良好的光学性能,配置高端的物镜,视场范围大。

② 多种观察方法:明场(BF)、暗场(DF)、偏光(POL)、微分干涉(DIC)等。

③ 主机部件为电动,所有观察方法的转换由电动完成。

④ 载物台是电动扫描台,可实现样品的精确定位、图像的拼接。

⑤ 配备强大的金相软件。人机界面控制显微镜,可对材料进行全面的定量分析。

作为最高端的金相显微镜,自动显微镜结构繁杂,系统稳定性要求高。除手动放置样品外,仪器从光源的调节到镜检方法的设定,最后到影像的观察和记录,都可以通过控制器来调节设定,也可以通过计算机软件的人机交互界面来设定和驱动;各功能状态具有电动编码记忆功能,可通过 LCD 显示窗将仪器的状态显示出来。在图像的记录中也保存显微镜的相关参数,方便查询和重复操作。此外还有智能化的光强管理功能,可以在调节显微镜时保持色温恒定和样品表面光照度的稳定。图 1-28 所示为一种正置式研究级智能全自动万能金相显微镜。

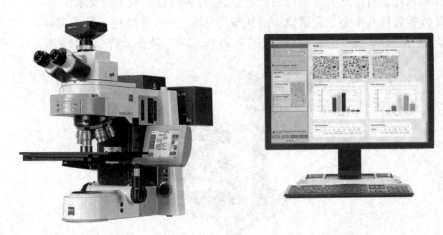

图 1-28　一种正置式研究级智能全自动万能金相显微镜

1.5.2　电动金相显微镜

电动显微镜为全自动显微镜的简化版,又称半自动金相显微镜,同样具备优异的光学性能,只是部分功能须手动操作,但仪器具有编码记忆功能,可通过 LCD 显示窗将仪器的状态显示出来,是金相研究中常用的设备。

由于厂家对显微镜的理解不同,电动部分和控制方法各有不同,但共性是:多种观察方法可选,配备高端物镜、电动物镜转盘、手动载物台、电动或手动调节机构。金相分析软件功能较强大,数字化平台配图像分析系统(数码相机、摄像头、图像分析软件)。电动显微镜可选附件丰富,为升级创造条件,科研经费不足时,可先期购买主机,日后再升级。图 1-29 所示为一种倒置式电动金相显微镜。

图 1-29　一种倒置式电动金相显微镜

1.5.3　普及型金相显微镜

普及型金相显微镜作为相关行业常规检测的主要设备,对设备的要求主要是坚固耐用,使用方便。观察方法以明、暗场为主,兼顾一定的扩展性。调焦和载物台多为手动,也可配置标准的金相分析软件。对于这类显微镜的扩展性、附件多样性一般不做要求。

学生显微镜是普及型金相显微镜中结构最简单的一种,主要用于教学演示,一体化设计。其便于搬运,光路简单,只有明场观察。图 1-30 所示为一种普及型金相显微镜。

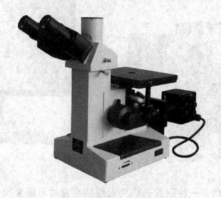

图 1-30　一种普及型金相显微镜

思考题

1. 正置式与倒置式金相显微镜有何不同? 分别适用于什么场合?
2. 简述显微镜的成像和放大原理。
3. 物镜和目镜各有哪些类型?
4. 光源的使用方法有哪些? 显微镜中常用哪一种?
5. 显微镜中滤色片的作用是什么?
6. 明场观察和暗场观察分别应用于哪些场合?
7. 偏振光观察和微分干涉相衬观察各有何特点?
8. 金相显微镜的日常操作和维护如何进行?

第 2 章　显微硬度试验及应用

　　硬度的测试是材料在力学性能研究中最简便、最常用的一种方法,常见的方法为压入法。其标志为反映固体材料在受到其他物体压入时所表现出的抵抗弹性变形、塑形变形和破裂的综合能力。显微硬度是一种硬度测量方法,是用四棱锥形的金刚石压头以一定压力压入样品,然后用显微镜测量其凹坑对角线长度,故称"显微硬度"。

　　显微硬度是金相分析中常用的测试手段之一。测量的仪器是显微硬度计,实际上是一台设有加载负荷装置并带有目镜测微器的显微镜。显微硬度试验由于具有负荷小、灵敏度高等特点,广泛地应用于生产和科研,不仅是工艺检验的手段,同时也是金相组织研究和材料科学研究方面不可缺少的手段。显微硬度试验不仅用于对金属材料的测定,同时也可对非金属材料进行测定。根据所用金刚石压头的形状不同,显微硬度主要分为维氏(Vickers)显微硬度和努氏(Knoop)显微硬度两种。中国和欧洲各国主要采用维氏显微硬度,美国则主要采用努氏显微硬度。

2.1　维氏(Vickers)硬度试验

　　GB/T 4340.1—2009《金属材料 维氏硬度试验 第 1 部分:试验方法》等效采用了 ISO 6507—1:2005《金属维氏硬度试验 第 1 部分:试验方法》国际标准。该标准硬度表示方法、试验操作基本相同,按 3 个试验力范围规定了测量金属维氏硬度的方法,试验名称分别为维氏硬度试验、小力值维氏试验和显微维氏硬度试验,见表 2-1。

表 2-1　三种维氏硬度及试验力范围

试验力范围/N	硬度符号	试验名称
$F \geqslant 49.03$	$\geqslant$HV5	维氏硬度试验
$1.961 \leqslant F < 49.03$	HV0.2～<HV5	小力值维氏硬度试验
$0.09807 \leqslant F < 1.961$	HV0.01～<HV0.2	显微维氏硬度试验

　　在实际应用中,显微维氏硬度计的试验力为 0.098 N(0.01 kgf)～9.8 N(1.0 kgf),即由显微维氏硬度试验跨越至小力值维氏硬度试验。

　　本书的附录 B 提供了洛氏、布氏、维氏硬度与抗拉强度对照表,便于不同硬度测量值之间的换算速查。

2.1.1　维氏硬度试验原理

　　维氏硬度试验方法是 1925 年由英国 Vickers 公司提出的。维氏硬度试验原理是以压痕单位面积上所承受的载荷来计算硬度值。

　　维氏硬度试验时,是以两相对面夹角为 $136°\pm20'$ 的正四棱锥体金刚石角为压头,在一定试验力作用下压入被测试样显微组织中某个相或预定的细微区域,保持规定的时间后卸除试验力,通过显微镜测量所压印痕的两对角线 d_1、d_2 的长度(见图 2-1 和图 2-2),取其平均值

d，然后通过查表(GB/T 4340.4—2009《金属材料 维氏硬度试验 第 4 部分：硬度值表》)或代入公式计算硬度值。随着显微硬度计制造的发展，现在很多维氏硬度计在测定 d_1、d_2 值后，通过仪器操作面板上的按键或触摸屏可迅速在液晶屏上显示硬度值。

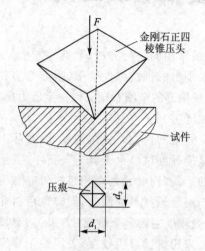

图 2-1 维氏硬度试验原理

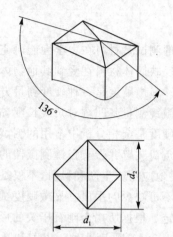

图 2-2 维氏硬度压头和压痕

图 2-2 所示为相对两三角形间夹角 α 为 136°的正四棱锥金刚石压头已压入试样的立体压痕。

维氏硬度试验定义公式如下：

$$HV = \frac{试验力}{压痕表面积} = \frac{F(kgf)}{A(mm^2)} = \frac{0.102F(N)}{A(mm^2)} \tag{2-1}$$

原先定义中力值单位为 kgf，当式(2-1)中力值单位采用法定单位 N 时，公式中乘了常数 0.102，使所得硬度值在单位更改前后相同。

$$HV = 0.102 \times \frac{F}{S} = 0.102 \times \frac{2F\sin\frac{\alpha}{2}}{d^2} \tag{2-2}$$

式中：F——负荷，N；

$\quad\quad S$——压痕表面积，mm^2；

$\quad\quad \alpha$——压头相对面夹角；

$\quad\quad d$——平均压痕对角线长度，mm。

式(2-2)为维氏硬度计算公式，代入 $\alpha = 136°$，则

$$HV = \frac{0.102F \times 2\sin\frac{136°}{2}}{d^2} = 0.1891 \times \frac{F}{d^2} \tag{2-3}$$

因为显微维氏硬度压痕很小，测量时均以微米计测，因此，显微维氏硬度试验计算公式应为

$$HV = 189100 \times \frac{F}{d^2} \tag{2-4}$$

显微维氏硬度用 HV 表示，符号之前为硬度值，符号之后为检测力值(以 kgf 表示)、检测力保持时间(时间 10～15 s 不标注)。如：500HV0.01/30，表示硬度值为 500，检测力为 0.01 kgf

(0.0980 N),试验力保持时间为 30 s。测得的结果不书写量纲。

查阅文献资料时应注意,国外也有用符号 HM(马氏硬度)、VPN、HD 表示维氏显微硬度的。

2.1.2　维氏硬度试验方法和注意事项

1. 试验前的准备

① 用于进行维氏硬度试验的硬度计和压头应符合 GB/T 4340.2—2009《金属材料 维氏硬度试验 第 2 部分:硬度计的检验与校准》的规定;

② 室温一般应控制在 10~35 ℃范围内。对精度要求较高的检测,应控制在(23±5)℃范围内。

2. 试样

虽然维氏硬度既可以测量较软的材料,又可以测量较硬的材料,但它对试样同样有着要求。只有选择合适的试样,才能避免由此带来的误差,得到准确的维氏硬度值。

维氏硬度测试样品的要求大致如下:

① 维氏硬度试样表面应光滑平整,不能有氧化皮及杂物,不能有油污。建议试样表面粗糙度应达到表 2-2 所列要求。对于小力值维氏和显微维氏试样建议根据材料种类选择适合的抛光方法进行表面处理。

② 试样或检测层厚度至少应为压痕对角线长度的 1.5 倍。

③ 用小力值维氏硬度检测时,若试样特小或不规则,如球形、锥形,则应将试样镶嵌或用专用夹具夹持后测试。

④ 维氏硬度试样制备过程中,应尽量减少过热或者冷作硬化等因素对表面硬度的影响。

表 2-2　试样表面粗糙度参考要求

试样类型	表面粗糙度参数最大值
维氏硬度试样	0.4
小力值维氏硬度试样	0.2
显微维氏硬度试样	0.1

3. 试验方法和注意事项

① 试验力的选择根据试样硬度、厚薄、大小等情况或工艺文件的规定,选用相合适的检测力进行试验。具体可按 GB/T 4340.1—2009 附录 A 中的规定执行。

② 试验加力时间从加力开始至全部检测力施加完毕的时间应在 2~10 s 范围内。对于小力值维氏和显微维氏硬度试验,压头下降速度应不大于 0.2 mm/s。试验力保持时间为 10~15 s。对于特别软的材料保持时间可以延长,但误差应在±2 s 之内,并要在硬度值的表示式中注明。

③ 压痕中心至试样边缘距离:钢、铜及铜合金至少应为压痕对角线长度的 2.5 倍;轻金属、铅、锡及其合金至少应为压痕对角线长度的 3 倍。两相邻压痕中心之间的距离,对于钢、铜及铜合金至少应为压痕对角线长度的 3 倍;对于轻金属、铅、锡及其合金至少应为压痕对角线长度的 6 倍。

④ 光学放大系统应将压痕对角线放大到视场的 25%~75%。

⑤ 测量压痕两条对角线的长度的算术平均值,按 GB/T 4340.4—2009《金属材料 维氏硬度试验 第 4 部分:维氏硬度值表》查出维氏硬度值,也可按公式计算硬度值。

⑥ 在平面上压痕两对角线长度之差应不超过对角线平均值的 5%,如果超过则应在检测

报告中注明。

⑦ 对于曲面试样上的试验结果,应按 GB/T 4340.1—2009 附录 B 中的规定进行修正。

⑧ 在一般情况下,建议对每个试样报出 3 个点的硬度测试值。

4. 维氏硬度测试的影响因素

维氏硬度测试时,对试样的表面粗糙度要求较高,尤其是小力值的维氏硬度,需要表面进行抛光处理才能得到准确的测试结果。然而在试样制备过程中,想要获取非常平整的表面比较困难,试样经磨抛后,测试面与压头不会完全垂直,会存在一定的角度偏差,尤其是一些镀层、渗层等在试样表面时,磨抛更是会产生一定的倒角,导致测试面与压头存在一定的角度偏差。

(1) 测试面与压头的角度

维氏硬度测试为压入法,压头在一定的力值作用下,垂直压入待测样品的表面,样品表面产生塑性变形留下菱形的压痕。而当样品表面存在一定的倾斜角度时,菱形压头的四个角位承受的力不一致,会导致压痕形貌有所差别。

未倾斜的样品压痕周围的塑性变形较为均匀,而倾斜的样品,倾斜角度越大,测试后的塑性变形越严重。与压头接触的坡上部分压痕周围变形更严重,压痕的对角线较短,而坡下部分压痕周围变形较少,压痕的对角线较长。将测试后的样品放平后在显微镜下观察发现,压痕均有不同程度的挤出现象,导致对角线边缘附近有"拱起"现象,这一现象随着倾斜角度的增大而越明显,从而导致压坑越来越大,造成了对角线长度的增大,硬度测试值变小。

维氏硬度测试时,测试面与压头的角度偏差会导致维氏硬度测试值偏低,且随角度的增大,偏差越大。为了得到更为准确的测试结果,应在制样时尽可能避免明显的倾斜角度。同时,随倾斜角度的增大,导致压痕对角线的差值增大,倾斜角度为 1°～2° 时,压痕差值满足国家标准要求,倾斜角度为 3° 时,不能满足要求。

(2) 参数值

在进行维氏硬度试验时,应确保硬度值的准确性,做好相关参数的优化工作,分析试验力的误差原因,并深入研究这些因素对维氏硬度值的影响,以有效降低测量误差。

杠杆系统、主轴、工作轴以及砝码重力经一定杠杆比放大形成的力等均属于试验力的组成部分,且试验力还包括上述设施运动过程中受到的摩擦力。

由此看出,维氏硬度试验力的误差主要来源于杠杆比、杠杆主轴、工作轴重力、摩擦力,以及砝码重力等几部分。在维氏硬度试验过程中,相关参数直接影响着试验力结果,为了减小误差,工作人员应在考虑维氏硬度试验原理的基础上,选择恰当的试验力数值,针对误差超值原因采取有效的解决措施,从而提升维氏硬度试验的准确性。

5. 试验最小厚度与最大检测力的关系

维氏硬度试验常被用于测定金属中的相和组织组成物的硬度,还可测定薄材和细小零件以及保护层、热处理强化层等的硬度。

在显微硬度试验中,根据试样(或保护层)的厚度选择最合适的试验力是非常重要的。因为试验力大了会产生底部效应而影响示值;而试验力小了,会增大测量压痕 d 值时引入误差。在 GB/T 4340.1—2009 附录 A 中列出了"试样最小厚度-试验力-硬度关系图",由此关系图可选择合适的试验力。也可由基本公式、基本条件推导出相关计算公式,并由该公式计算出选用表,应用中更为便捷。

根据压痕对角线长 d 与对应的压痕深度的关系,及试样厚度大于压痕深度 h 的 10 倍的标准规定,按被检材料从小到大的硬度值和显微硬度范围内的各级试验力推导了最小试样厚度和最大试验力两个公式(式 2-6 和式 2-7),并相应计算出了选用表 2-3 和表 2-4。

举例:如准备检测的试样为铁基上电刷镀镍层,镀镍层厚度为 20 μm,电刷镀层的硬度参考值为 500~550 HV(如完全不知道,可用最小试验力作预先测试得知参考值)。据此从表 2-3 中查出应选用的试验力为 0.4903 N(50 kgf),也可用式(2-7)计算。当用公式计算最大试验力时,算出的试验力在推荐试验力两级之间时,则应选用小一级的试验力。

(1) 试样最小厚度计算

① 根据三角关系,压痕深度 $h = \dfrac{d}{2\sqrt{2}\tan 68°} = \dfrac{d}{7} \approx 0.143d$。又根据试样最小厚度 t 应大于压痕深度的 10 倍,即 $\dfrac{t}{h} \geqslant 10$,故 $t \geqslant 10 \times 0.143d$。

即试样最小厚度:

$$t \geqslant 1.43d \tag{2-5}$$

② 根据试验力大小及试样硬度值高低,$HV = 0.1891\dfrac{F}{d^2}$,可知 $d^2 = \dfrac{0.1891F}{HV}$。

将 $t \approx 1.43d$,即 $d \approx \dfrac{t}{1.43}$,代入式(2-3),得

$$t^2 = \dfrac{0.1891 \times (1.43)^2}{HV}F$$

即

$$t_{\min} \approx 0.62\sqrt{\dfrac{F}{HV}} \tag{2-6}$$

式中:t、d——试样厚度及压痕对角线长,mm;

　　　F——试验力,N。

(2) 最大试验力计算

① 根据式(2-3)$HV = 0.1891 \times \dfrac{F}{d^2}$,得试样最大试验力 $F_{\max} = \dfrac{d^2}{0.1891}HV$。

将 $d \approx \dfrac{t}{1.43}$ 代入上式,得 $F_{\max} = \dfrac{t^2}{0.1891 \times 2.04}HV$

即

$$F_{\max} \approx \dfrac{t^2}{0.38}HV \tag{2-7}$$

式中:$F_{\max}$——最大试验力,N;

　　　t——试样厚度,mm。

② 利用压痕深度(h)关系,还可得出以下公式

$$F_{\max} = \dfrac{49h^2}{0.1891}HV \approx 259h^2HV \tag{2-8}$$

(3) 试样最小厚度和试验力选用表

根据式(2-6)和式(2-7)算得不同试样厚度、硬度的试验力选用值,如表 2-3 和表 2-4 所列。

表 2-3 试样最小厚度不同硬度的试验力选用表

HV	试验力 F/N(kgf)							
	0.049 (HV0.005)	0.09807 (HV0.01)	0.1471 (HV0.015)	0.1961 (HV0.02)	0.2452 (HV0.025)	0.4903 (HV0.05)	0.9807 (HV0.1)	1.9614 (HV0.2)
	最小厚度 t/mm							
50	0.019	0.028	0.034	0.039	0.043	0.062	0.087	0.123
100	0.013	0.020	0.024	0.028	0.031	0.043	0.061	0.087
200	0.0097	0.014	0.017	0.020	0.022	0.031	0.043	0.062
300	0.008	0.011	0.014	0.016	0.018	0.025	0.036	0.050
400	0.0069	0.010	0.012	0.014	0.015	0.022	0.031	0.043
500	0.0062	0.0087	0.011	0.012	0.014	0.019	0.028	0.039
600	0.0056	0.008	0.010	0.011	0.013	0.018	0.025	0.036
700	0.0052	0.007	0.0090	0.010	0.012	0.016	0.023	0.033
800	0.0049	0.0069	0.0084	0.0097	0.011	0.015	0.022	0.031
900	0.0045	0.0064	0.0080	0.0091	0.010	0.014	0.021	0.029
1000	0.0043	0.006	0.0075	0.0086	0.009	0.0138	0.019	0.028
1200	0.0039	0.0056	0.0069	0.0079	0.0088	0.013	0.018	0.025
1400	0.0036	0.0052	0.0064	0.0073	0.0082	0.012	0.016	0.023

表 2-4 试样覆盖层厚度不同硬度的试验力选用表

HV	覆盖层厚度 t/μm									
	10	20	30	40	50	60	70	80	90	100
	试验力 F/N(kgf)									
50	0.0098 (0.001)	0.049 (0.005)	0.09807 (0.01)	0.196 (0.02)	0.196 (0.02)	0.49 (0.05)	0.49 (0.05)	0.49 (0.05)	0.9807 (0.1)	0.9807 (0.1)
100	0.019 (0.002)	0.09807 (0.01)	0.196 (0.02)	0.24 (0.025)	0.49 (0.05)	0.9807 (0.1)	0.9807 (0.1)	0.9807 (0.1)	1.961 (0.2)	1.961 (0.2)
200	0.049 (0.005)	0.196 (0.02)	0.49 (0.05)	0.49 (0.05)	0.9807 (0.1)	1.961 (0.2)	1.961 (0.2)	2.942 (0.3)	2.942 (0.3)	4.90 (0.5)
300	0.049 (0.005)	0.24 (0.025)	0.49 (0.05)	0.9807 (0.1)	1.961 (0.2)	2.942 (0.3)	2.942 (0.3)	4.90 (0.5)	4.90 (0.5)	4.90 (0.5)
400	0.098 (0.01)	0.24 (0.025)	0.9807 (0.1)	0.9807 (0.1)	1.961 (0.2)	4.90 (0.5)	4.90 (0.5)	4.90 (0.5)	4.90 (0.5)	9.807 (1)
500	0.098 (0.01)	0.49 (0.05)	0.9807 (0.1)	1.961 (0.2)	2.942 (0.3)	4.90 (0.5)	4.90 (0.5)	4.90 (0.5)	9.807 (1)	9.807 (1)
600	0.147 (0.015)	0.49 (0.05)	0.9807 (0.1)	1.961 (0.2)	2.942 (0.3)	4.90 (0.5)	4.90 (0.5)	9.807 (1)	9.807 (2)	9.807 (1)

HV	覆盖层厚度 $t/\mu m$									
	10	20	30	40	50	60	70	80	90	100
	试验力 $F/N(kgf)$									
700	0.196 (0.02)	0.49 (0.05)	0.9807 (0.1)	2.942 (0.3)	4.90 (0.5)	4.90 (0.5)	9.807 (1)	9.807 (1)	9.807 (2)	9.807 (1)
800	0.196 (0.02)	0.49 (0.05)	1.961 (0.2)	2.942 (0.3)	4.90 (0.5)	4.90 (0.5)	9.807 (1)	9.807 (1)	9.807 (2)	19.614 (2)
900	0.24 (0.025)	0.9807 (0.1)	1.961 (0.2)	2.942 (0.3)	4.90 (0.5)	4.90 (0.5)	9.807 (1)	9.807 (1)	19.614 (2)	19.614 (2)
1000	0.24 (0.025)	0.9807 (0.1)	2.942 (0.3)	2.942 (0.3)	4.90 (0.5)	9.807 (1)	9.807 (1)	9.807 (1)	19.614 (2)	19.614 (2)
1100	0.24 (0.025)	0.9807 (0.1)	1.961 (0.2)	4.90 (0.5)	4.90 (0.5)	9.807 (1)	9.807 (1)	19.614 (2)	19.614 (2)	29.42 (3)

2.1.3　显微维氏硬度计的性能要求及检定系统

1. 显微维氏硬度计的主要性能要求

(1) 试验力要求

试验力值的偏差应符合表 2-5 所列的规定。

表 2 - 5　试验力最大允许误差(GB/T 4340.2—2012)

试验力范围 F/N	试验力最大允许误差/%
$F \geqslant 1.961$	± 1.0
$0.09807 \leqslant F < 1.961$	± 1.5

(2) 压头技术要求

显微维氏硬度压头由金刚石制成,距顶端 0.10 mm 以内,表面粗糙度不大 0.1 μm。锥顶两相对面夹角为 $136° \pm 0.5°$,相差不大于 $0.25°$。压头棱锥体四面应相交于一点,其相对面的交线(即横刃)的最大允许长度为 0.5 μm,示意图见图 2-21(a)。

(3) 压痕测量装置技术要求

压痕测量装置的分辨力和最大允许误差应符合表 2-6 所列的规定。

表 2 - 6　压痕测量装置的估测能力和最大允许误差(GB/T 4340.2—2012)

压痕对角线长度 d/mm	测量装置的估测能力	最大允许误差
$d \leqslant 0.040$	0.2 μm	$\pm 0.4 \mu m$
$0.040 \leqslant d \leqslant 0.200$	$0.5\%d$	$\pm 1.0\%d$

(4) 示值最大允许误差

硬度计示值的最大允许误差应符合表 2-7 所列的规定。

表 2－7 硬度计示值最大允许误差(GB/T 4340.2—2012)

实验力标称值/N	硬度计示值的最大允许误差(±%)														
	硬度(HV)														
	50	100	150	200	250	300	350	400	450	500	600	700	800	900	1000
0.4903	6	8	9	10	—	—	—	—	—	—	—	—	—	—	—
0.9807	5	6	7	8	8	9	10	10	11	—	—	—	—	—	—
1.961	—	4	—	6	—	8	—	9	—	10	11	11	12	12	—
2.942	—	4	—	—	—	6	—	7	—	8	9	10	10	11	11
4.903	—	3	—	5	—	5	—	6	—	6	7	7	8	8	9
9.807	—	3	—	4	—	4	—	4	—	5	5	5	6	6	6
19.61	—	3	—	3	—	3	—	4	—	4	4	4	4	5	5
29.42	—	3	—	3	—	3	—	4	—	4	4	4	4	4	4
49.03	—	3	—	3	—	3	—	3	—	3	3	3	3	3	4
98.07	—	3	—	3	—	3	—	3	—	3	3	3	3	3	3
196.1	—	3	—	3	—	3	—	3	—	3	3	3	3	3	3
294.2	—	3	—	3	—	2	—	2	—	2	2	2	2	2	2
490.3	—	3	—	3	—	2	—	2	—	2	2	2	2	2	2
980.7	—	—	—	3	—	2	—	2	—	2	2	2	2	2	2

注：① 当压痕对角线长度小于 0.02 μm 时,表中未给出值;

② 中间值的最大允许误差可通过内插法求得;

③ 有关显微硬度计的值是以 0.001 mm 或压痕对角线长度平均值的 2% 为最大允许误差给出的,以较大者为准。

(5) 示值重复性要求

硬度计示值重复性是在检定条件不变的情况下,用硬度计在标准块工作面五个不同位置上所测得的各点对角线长度或硬度值之间的最大差值与平均值之比。

硬度计示值重复性应符合表 2－8 所列的规定。

表 2－8 硬度计的示值重复性要求(GB/T 4340.2—2012)

标准块的硬度	硬度计重复性的误差最大允许值						
	r_{rel}/%			维氏硬度			
	5～100HV	0.2～<5HV	<0.2HV	5～100HV		0.2～<5HV	
				标准块的硬度	HV	标准块的硬度	HV
≤225HV	3.0	6.0	9.0	100	6	100	12
				200	12	200	24
>225HV	2.0	4.0	5.0	250	10	250	20
				350	14	350	28
				600	24	600	48
				750	30	750	60

注：平均值 $\bar{d}=\dfrac{d_1+d_2+\cdots+d_5}{5}$,以 $\bar{d}$ 的百分比表示的相对重复性 $r_{rel}=\dfrac{d_5-d_1}{5}\times100$。

2. 显微维氏硬度计量器具检定系统

图 2-3 为显微维氏硬度计硬度标尺的定义和量值传递系统图,相关的误差控制要求可见表 2-9。

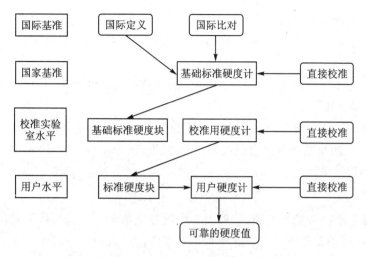

图 2-3　硬度标尺的定义和量值传递系统图(GB/T 4340.1—2009)

表 2-9　显微硬度计器具检定允许最大偏差

| 载荷/N | 计量基准器具 | | 工作计量器具 |
| | 显微硬度基准装置 | 显微硬度工作基准 | 工作显微硬度计 |
	测量范围:5~1000HV		
9.8067	$\delta=1.5\%$	$\delta=1.5\%$	$\pm\Delta=\pm3.0\%$
4.9034	$\delta=2.0\%$	$\delta=2.0\%$	$\pm\Delta=\pm3.0\%$
1.9614	$\delta=2.5\%$	$\delta=3.0\%$	$\pm\Delta=\pm4.0\%$
0.9807	—	—	$\pm\Delta=\pm4.0\%$
0.4903	$\delta=3.0\%$	$\delta=3.5\%$	$\pm\Delta=\pm5.0\%$

3. 维氏硬度试验测量结果不确定度的评定

当给出完整的硬度试验测量结果时,一般应报告其测量不确定度。

不确定度是在误差理论基础上发展而建立的一个参数,用以表征合理赋予被测量值的分散性,以表明该测量结果的可信赖程度。不确定度小的测量结果的可信度高,使用价值也就高。但过小的不确定度,测试成本会过高,会造成浪费。

维氏硬度试验测量结果一次完整的不确定度评估,依照测量不确定度表示指南 JJF 1059 进行评估。也可参照中国金属学会分析测试分会发布的 CSM 01 01 02 08—2006《金属维氏硬度试验测量结果不确定评定》。

GB/T 4340.1—2009 标准的资料性附录 D 指导了相关的硬度值测量不确定度的评估。该附录定义的不确定度只考虑硬度计与标准硬度块(CRM)相关测量的不确定度。这些不确定度反映了所有分量不确定度的组合影响(间接检定)。由于该方法要求硬度计的各个独立部件均在其允许偏差范围内正常工作,因此必须在硬度计通过直接检定一年内才能采用该方法计算。

该标准用平方求和的方法(RSS)合成(各不确定度分项)。扩展不确定度 U 是 u_1 和包含因子 $k(k=2)$ 的乘积。附录 D 推荐采用考虑硬度计最大允许误差的方法(方法 1),其数学模型:

$$U = k \sqrt{u_E^2 + u_{CRM}^2 + u_H^2 + u_x^2 + u_{ms}^2} \qquad (2-9)$$

式中:u_E——硬度计允许误差引起的标准不确定度分项(允许误差见 GB/T 4340.2—2012);

u_{CRM}——标准维氏硬度块引起的标准不确定度分项(标准硬度块不均匀性最大允许值,见 GB/T 4340.3);

u_H——用标准硬度块进行检定时平均值的标准不确定度分项(一般为评定 5 次平均值的标准不确定度);

u_x——对试样进行硬度测量重复性引起的标准不确定度分项;

u_{ms}——压痕测量系统分辨力引起的标准不确定度分项(根据 GB/T 4340.2)。

维氏硬度测量结果为

$$\bar{X} = \bar{x} \pm U \qquad 不确定性$$

上式为测量一个试样的平均值,一般为 5 个测量值的平均值。表示测量结果时应注明不确定度的表示方法,通常用方法 1 表达测量不确定性,如:$X = (376.6 \pm 20.6)$HV1(方法 1)。

2.2 努氏(Knoop)硬度试验

努氏硬度试验方法是 1939 年由美国人 Knoop 发明的,过去又称克氏硬度、克努普硬度、努普硬度。在我国列为小负荷硬度试验,也可称其为显微硬度。它与显微维氏硬度试验一样,使用较小的力以特殊形状的压头进行试验,测量压痕对角线来求得硬度值。

努氏硬度试验方法的特点主要是在压头设计上的改进,一般没有专用硬度计,而是将努氏压头装于小负荷或显微维氏硬度计上,即可作努氏硬度试验,这种压头除可检测金属的硬度外,特别适用于金属陶瓷、人造宝石、珐琅等较脆而又硬的材料的硬度检测,这是努氏硬度试验法的明显优点。努氏硬度试验国家标准号为 GB/T 18449.1—2009《金属材料 努氏硬度试验 第 1 部分:试验方法》,相应国际标准为 ISO 4545—1:2005《金属材料 努氏硬度试验 第 1 部分:试验方法》。

2.2.1 努氏硬度试验原理

在努氏硬度试验时,将两长棱夹角 α 为 172°30′,两短棱夹角 β 为 130° 的四棱角锥体金刚石努氏压头(见图 2-4),在静力 F 下压入被测试样经选定的细微区域,保持一定时间后,卸除试验力,通过显微镜测量所压印痕(见图 2-5)长对角线的长度 d,并由 d 可求得印痕的投影面积。进一步计算出单位投影面积上所受的力(0.102 F/A),即为努氏硬度值(HK)。实际检测工作中,得 d 值后,可查表或通过仪器上的操作按键,在液晶屏上读得努氏硬度值。

根据上述努氏硬度定义,努氏硬度(HK)计算公式为

$$HK = 常数 \times \frac{试验力}{压痕投影面积} = 0.102 \times \frac{F}{d^2 \times c} = 0.102 \times \frac{F}{0.7028 d^2} = 1.451 \frac{F}{d^2}$$

$$(2-10)$$

式中:F——试验力,N;

d——压痕长对角线长度,mm;

c——压头常数，与用长对角线长度平方计算的压痕投影面积相关。

$$c = \frac{\tan\frac{\beta}{2}}{2\tan\frac{\alpha}{2}}$$

其中，α 和 β 是相对棱边之间的夹角：$\alpha = 172°30'$，$\beta = 130°$。

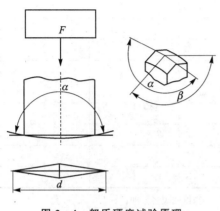
图 2 - 4　努氏硬度试验原理

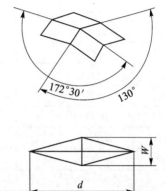
图 2 - 5　努氏硬度压头和压痕

因为显微努氏硬度压痕很小，测量时均以微米计测，因此努氏硬度 HK 计算公式应为

$$HK = 1.451 \times 10^6 \frac{F}{d^2} = 1451000 \frac{F}{d^2} \tag{2-11}$$

式中：F——试验力，N；

　　d——压痕长对角线长度，mm。

努氏硬度用符号 HK 表示，与其他硬度表示顺序一样，在 HK 之前是硬度值，在 HK 后面有表示试验力的数值和试验力保持时间的数值。当试验力保持时间是常规的 $10\sim15$ s 时，此表示可以省略，若不在此范围，则应表示出来。例如：710HK0.2/20，表示在试验力为 0.2 kgf 下保持 20 s 测定的努氏硬度值为 710。

在查阅文献资料时注意，国外也有用 KHN（Knoop Hardness Number 缩写）表示努氏硬度符号。

2.2.2　努氏硬度试验方法

1. 试验前的准备

根据 GB/T 18449.2—2012《金属材料 努氏硬度试验 第 2 部分：硬度计的检验与校准》的要求。

① 努氏硬度试验时可用配置有努氏压头的显微维氏或小负荷维氏硬度计（如硬度计上未配置，可用通用努氏压头更换维氏压头后使用）。硬度计应是经过用标准努氏硬度块（>100HK0.1）校验过的目示值误差最大允许值符合表 2 - 10 所列的要求。

② 室温应控制在 23 ℃±5 ℃范围内。

③ 对于薄小、异形不规则试样最好进行冷镶嵌后测试。

④ 进行努氏硬度试验时，因为试验力一般选用较小，其压痕较浅，为避免表面粗糙的影响，试样表面应经仔细抛光处理。一般是经细砂纸磨光后，再在金相试样抛光机上进行表面抛

表 2 - 10 努氏硬度计示值误差最大允许值(GB/T 18449.2—2012)

硬度符号	试验力/N	示值误差的最大允许值(%)(以所用标准块标定硬度值 HK 的百分数表示)								
		硬度(HK)								
		50	100	150	200	250	300	350	400	450
HK0.01	0.0981	5	6	7	9	9	10	11	/	/
HK0.02	0.1961	5	5	6	6	7	7	8	9	9
HK0.025	0.2452	5	5	5	6	7	7	8	8	
HK0.05	0.4903	5	5	5	5	5	5	5	6	6
HK0.1	0.9807	5	5	5	5	5	5	5	5	5
HK0.2	1.961	5	5	5	5	5	5	5	5	5
HK0.3	2.942	5	5	5	5	5	5	5	5	5
HK0.5	4.903	5	5	5	5	5	5	5	5	5
HK1	9.807	5	5	5	5	5	5	5	5	5

注:① 表中值是以 1.0 μm 或压痕对角线的 2% 为最大误差给出的,以较大者为准;

② 当压痕对角线小于 0.020 mm 时,表中未给出值;

③ 对于中间值,其最大允许误差可通过内插法求得;

④ 显微努氏硬度试验力最大用 HK0.2。

光后测试。

2. 试验

试验力可选用范围基本与显微维氏硬度相同,即从 0.098 N(0.01kgf)至 9.807 N(1 kgf)。

金相分析中努氏硬度试验力的选用应小于 1.961 N(0.02kgf)以下为宜。

努氏硬度试验中,操作上要注意的是试样的放置、试验力的施加与保持时间,以及压痕间距,GB/T 18449.1—2009 标准中对这些要求做了明确规定:

① 试验力的施加应垂直于试样表面,使压头与试样表面接触,然后施加规定的试验力,加力时应平稳,避免冲击和振动。

② 从加力开始至全部试验力施加完毕的时间规定在 10 s 之内。努氏硬度压头下降的速度应在 15~70 μm/s 之间,将试验力施加至规定值后,保持时间在 10~15 s 之间。如果对试验材料保持时间有特殊要求,比如要较长保持时间,为了使试验室之间试验数在此试验条件下具有可比性,应控制在 ±2 s 之内。在覆盖层断面上测定努氏硬度时,压痕的长对角线长 d 应在覆盖层的中间部位并与覆盖层边缘平行。

③ 对于压痕间距的规定,在努氏硬度试验中以短压痕对角线长度的倍数确定,对于不同材料,由于压痕边缘的硬化区不同,规定的压痕间距也有区别。对于钢、铜及铜合金,两相邻压痕之间的距离要在短对角线长的 3 倍以上;对于轻金属、铅、锡等合金,应在短对角线的 6 倍以上。两个相邻的压痕有时使用不同试验力时在尺寸上有较大差异,在考虑压痕间距时,以较大压痕来确定压痕间距。对于各压痕的边界距试样边缘的距离,标准规定为:用钢、铜及铜合金做试验,至少是压痕短对角线长度的 2.5 倍;对于轻金属、铅、锡及合金则应在短对角线长度的 3 倍以上。

④ 当用努氏压头测覆盖层硬度时,对于软覆盖层(金、银、铜等)的厚度至少应有 400 μm,

硬覆盖层(镍、钴、铁等)和硬的贵金属及其合金等至少应有 25 μm。在覆盖层表面上进行硬度测定之前,应按 GB/T 6462—2005《金属和氧化物覆盖层横断面厚度显微镜测量方法》有关规定将试样进行镶嵌、研磨、抛光和浸蚀,并通过显微镜测得覆盖层的厚度,所选择的检测力应使压痕的深度小于覆盖层厚度的十分之一,或者应保证覆盖层的厚度至少为压痕长对角线长度 d 的 0.33 倍。

⑤ 应将压痕对角线放大到视场的 25%～75%。

⑥ 努氏硬度值应按公式计算或使用 GB/T 18449.4—2009 给出的硬度值表。

⑦ 压痕长对角线的一半与另一半相差超过 10%,必须调整平行度;试验结果偏差超过 10% 的应舍弃。

⑧ 试验结果的不确定度,如需要可按不确定度表示指南文件 JJF 1059—2012《测量不确定度评定与表示技术》进行试验;一般参照 GB/T 18449.1—2009 附录 B 的指导进行试验。

对于曲面试样的试验结果,应考虑进行修正,并在报告中说明。

2.2.3　努氏硬度试验的性能要求

1. 试样最小厚度与试验力的关系

压痕深度 h 与压痕长对角线长度 d 的几何关系如下:

$$\frac{h}{d} = \frac{1}{2\tan\frac{\alpha}{2}} = \frac{1}{2\tan 86°15'} \approx \frac{1}{30}$$

$$h = \frac{d}{30} = 0.0333d$$

可根据试样最小厚度 t 应大于压痕深度 h 的 10 倍的要求,即 $t \geq 10h$,求得试样最小厚度

$$t = 10 \times 0.0333d = 0.333d \tag{2-12}$$

又根据 d、t、h 的关系和努氏硬度式(2-12)、(2-12)及 $t \geq 10h$ 的关系,可求得试样最小厚度

$$t_{min} \approx 0.401\sqrt{\frac{F}{HK}} \tag{2-13}$$

最大试验力

$$F_{max} \approx HK\frac{t^2}{0.16} \approx 630h^2 HK \tag{2-14}$$

试样最小厚度与试验力的选用值如表 2-11 和表 2-12 所列。

表 2-11　试样最小厚度 t 与努氏硬度试验力 F 参考选用表

试样硬度 (HK)	试验力 F/N(kgf)					
	0.09807 (0.01)	0.01961 (0.02)	0.2451 (0.025)	0.4903 (0.05)	0.9807 (0.1)	1.961 (0.2)
	试样厚度 t/mm					
50	0.017	0.025	0.028	0.040	0.056	0.079
100	0.013	0.018	0.020	0.028	0.040	0.056
200	0.009	0.013	0.014	0.020	0.028	0.040
300	0.007	0.010	0.011	0.016	0.023	0.032
400	0.006	0.009	0.010	0.014	0.020	0.028

试样硬度 (HK)	试验力 F/N(kgf)					
	0.09807 (0.01)	0.01961 (0.02)	0.2451 (0.025)	0.4903 (0.05)	0.9807 (0.1)	1.961 (0.2)
	试样厚度 t/mm					
500	0.006	0.008	0.009	0.013	0.018	0.025
600	0.005	0.007	0.008	0.011	0.016	0.022
700	0.005	0.007	0.008	0.011	0.015	0.021
800	0.004	0.006	0.007	0.010	0.014	0.020
900	0.004	0.006	0.007	0.009	0.013	0.018
1 000	0.004	0.006	0.006	0.008	0.012	0.017
1200	0.004	0.005	0.006	0.008	0.011	0.016
1400	0.003	0.005	0.005	0.007	0.010	0.015

注：表中带括号的数据,单位为 kgf。

表 2-12 覆盖层硬度(HK)和试验力 F 选用表

覆盖层硬度 (HK)	覆盖层厚度 t/μm									
	10	20	30	40	50	60	70	80	90	100
	试验力 F/N(kgf)									
50	0.031 (0.003)	0.098 (0.01)	0.245 (0.025)	0.49 (0.05)	0.49 (0.05)	0.9807 (0.1)	0.9807 (0.1)	1.96 (0.2)	1.96 (0.2)	2.94 (0.3)
100	0.058 (0.005)	0.245 (0.025)	0.49 (0.05)	0.9807 (0.1)	0.9807 (0.1)	1.96 (0.2)	2.94 (0.3)	2.94 (0.3)	4.9 (0.5)	4.0 (0.5)
200	0.09807 (0.01)	0.49 (0.05)	0.9807 (0.1)	1.96 (0.2)	2.94 (0.3)	4.9 (0.5)	4.9 (0.5)	4.9 (0.5)	9.807 (1)	9.807 (1)
300	0.196 (0.02)	0.49 (0.05)	0.9807 (0.1)	2.94 (0.3)	4.9 (0.5)	4.9 (0.5)	9.807 (1)	9.807 (1)	9.807 (1)	19.61 (2)
400	0.245 (0.025)	0.9807 (0.1)	1.961 (0.2)	2.94 (0.3)	4.9 (0.5)	4.9 (0.5)	9.807 (1)	9.807 (1)	19.61 (2)	19.61 (2)
500	0.245 (0.025)	0.9807 (0.1)	1.961 (0.2)	4.9 (0.5)	4.9 (0.5)	9.807 (1)	9.807 (1)	19.61 (2)	19.61 (2)	29.42 (3)
600	0.245 (0.025)	0.9807 (0.1)	2.94 (0.3)	4.9 (0.5)	9.807 (1)	9.807 (1)	9.807 (1)	19.61 (2)	29.42 (3)	29.42 (3)
700	0.245 (0.025)	0.9807 (0.1)	2.94 (0.3)	4.9 (0.5)	9.807 (1)	9.807 (1)	19.61 (2)	19.61 (2)	29.42 (3)	29.42 (3)
800	0.49 (0.05)	1.961 (0.2)	2.94 (0.3)	4.9 (0.5)	9.807 (1)	9.807 (1)	19.61 (2)	29.42 (3)	29.42 (3)	49 (5)
900	0.49 (0.05)	1.961 (0.2)	4.9 (0.5)	9.807 (1)	9.807 (1)	19.61 (2)	19.61 (2)	29.42 (3)	29.42 (3)	49 (5)

覆盖层硬度 (HK)	覆盖层厚度 $t/\mu m$									
	10	20	30	40	50	60	70	80	90	100
	试验力 F/N(kgf)									
1000	0.49 (0.05)	1.961 (0.2)	4.9 (0.5)	9.807 (1)	9.807 (1)	19.61 (2)	29.42 (3)	29.42 (3)	49 (5)	49 (5)
1100	0.49 (0.05)	2.94 (0.3)	4.9 (0.5)	9.807 (1)	9.807 (1)	19.61 (2)	29.42 (3)	29.42 (3)	49 (5)	49 (5)

2. 努氏硬度计性能要求

努氏硬度试验一般都在显微维氏硬度计上进行,努氏硬度计实际与显微维氏硬度计为同一仪器,有关技术要求基本相同,因此相关检定系统也相同。

(1) 努氏硬度试验力技术要求

标准中可选用的每一个试验力,与其标准值的最大允许误差:

对于 HK0.2 至 HK1 的试验力的最大允许误差为±1.0%;对于大于 HK0.01 而小于 HK0.2 的试验力的最大允许误差为±1.5%;对于小于或等于 HK0.01 的试验力的最大允许误差为±2.0%。

(2) 努氏压头技术要求

努氏金刚石棱锥体压头的四个面应抛光且无表面缺陷,其锥顶相对棱间的 α 角为 172.5°±0.1°,β 角为 130°±0.1°(见图 2 – 5),金刚石棱锥体轴线与压头柄轴线(垂直于安装面)间的夹角不应超过 0.5°,四个面应相交于一点,向对面间的任一交线长度应小于 1.0 μm,见图 2 – 21(b)。

(3) 测量装置的技术要求

测量系统的光学部分应满足 GB/T 18449.3—2009《金属材料 努氏硬度试验第 3 部分:标准硬度块的标定》中对柯勒照明系统的要求。压痕测量装置应能将对角线放大到视场的 25%~75%。测量装置报出的压痕对角线长度应精确到 0.1 μm。

(4) 重复性误差要求

在规定的检验条件下,在同一标准块上用同一试验力压出五个压痕,测出各个压痕的长对角线长度,并按从小到大依次排列:$d_1, d_2, \cdots, d_5$。硬度计的重复性误差通过下面的差值确定:

$$d_5 - d_1 \tag{2 – 15}$$

所检验的硬度计的重复性误差应小于或等于 $0.055\bar{d}$。其中,

$$\bar{d} = \frac{d_1 + d_2 + d_3 + d_4 + d_5}{5} \tag{2 – 16}$$

式中:$d_1 \sim d_5$——同一标准硬度块上五个试验压痕的长对角线长度。

(5) 示值误差要求

在规定的检验条件下,硬度计的示值误差为

$$示值误差 = \bar{H} - H \tag{2 – 17}$$

式中:$\bar{H} = \dfrac{H_1 + H_2 + H_3 + H_4 + H_5}{5}$,$H_1, H_2, \cdots, H_5$ 为与 $d_1, d_2, \cdots, d_5$ 相对应的硬度值;

H——所用标准硬度块标定的硬度值。

以标准硬度块标定硬度值与上述示值误差间的百分数表示的硬度计示值误差,其最大值

应符合表 2-10 所列的规定。

2.3 影响显微硬度试验结果的因素

显微硬度试验是试验人员使用固定的显微硬度测试仪器,在一定的环境条件下,且在掌握试验原理和测试技能的基础上,通过准确、精细的操作来完成的。在这一过程中,容易引起误差的因素很多,主要可归纳为以下几方面。

2.3.1 硬度计的影响

1. 试验力及试验力机构
① 砝码重量超差。试验力的变动与维氏硬度值变动同比,即

$$\frac{\Delta HV}{HV} = \frac{\Delta F}{F} \qquad (2-18)$$

从式(2-18)中看出,试验力造成的硬度值误差与试验力误差成正比例关系。试验力误差若为±1%,则引起的硬度值变化为 1%。
② 负荷杠杆比或弹簧弹力的变化。
③ 试验力机构运动故障。

2. 压头
① 压头几何形状超差。
② 表面质量不好。
③ 横刃尺寸、锥角超差。
④ 锥体轴线与压头柄不同轴。

3. 测量显微镜
① 视野不清晰,像质不好,照明不均匀。
② 硬度计零位不准。
③ 放大倍率有误。
④ 分划板或微分筒刻线不均。
⑤ 测微丝杆精度不高。

对于由硬度计质量带来的影响,应首先重视新购仪器到位后的验收和间接检验等工作。在使用中若发现有关硬度计的问题,如压头、试验力、运动机构故障等,一般不宜自己拆修。上述因素多属直接检验内容,无专业的测力计、无主管计量部门的专业计量资格人员是不能进行拆检的。一般在发现硬度计有上述问题或示值严重超差,并在排除操作方面的影响后,应请当地主管计量部门或生产厂家派专业人员进行维修、检定。

2.3.2 试样的影响

试样对试验结果有很大的影响,其表面必须精心制备,才能获得真实硬度值。根据试样的材质,选择合适的加工方法,一般经机械加工取样后表面会形成一层薄的硬化层,在随后精加工中,应去掉或尽量减小机械加工引入的加工硬化层。精加工多为用从粗到细的砂纸磨光,随后进行机械抛光或电解抛光。试验结果证明,电解抛光或化学抛光效果较机械抛光好。试样对试验结果的影响可归纳为以下 3 方面:

① 试样表面状态不好,表面粗糙。

② 制备试样方法不当,试样表面加工硬化。

③ 材料特性的影响,如材料结构、弹性及塑性性能的影响等。

2.3.3　操作的影响

1. 试验力选择

对薄层或覆盖层试样,试验力选择大了,必然会造成底部效应,对于相对软的被测试层会增大硬度值,对于相对高硬度被测层会减小硬度值。因此,选择试验力时应充分考虑压痕深度影响。压痕深度 h 应满足 10 倍于试样(被测层)厚度,或稍大于 10 倍。

2. 加力速度和保持试验力时间的影响

试验力必须平稳缓慢施加,速度加快会导致硬度降低。对高硬度试样、小试验力试验影响较大;对低硬度试样、大试验力试验影响较小。

加载荷速度引起的误差可按下式估算:

$$\frac{\Delta\,\mathrm{HV}}{\mathrm{HV}} \times 100 = \sqrt{\frac{mv^2}{Fd}} \tag{2-19}$$

式中：m——运动部件质量,g;

$\quad\quad v$——加荷速度,$\mu\mathrm{m} \cdot \mathrm{s}^{-1}$;

$\quad\quad F$——试验力,N;

$\quad\quad d$——对角线长度,$\mu\mathrm{m}$。

从式(2-19)可看出,加试验力速度越快、m/F 值越大,引起的测试硬度误差越大。对杠杆式硬度计,在动态下,运动部分产生的惯性力影响测量结果更为突出,更应当注意控制加试验力速度。有关部位实验数据见图 2-6。

试验力的保持时间也会影响试验结果。保持时间越长,材料变形越充分,硬度值越低。曾分别以 5 s、10 s、15 s、20 s、30 s、45 s 的保持时间,对高、中、低硬度试样进行试验,结果如图 2-7 所示。

试验表明,随着保持时间的延长,所得硬度值降低,保持时间越短,硬度值的变化越显著。随着时间的延长,硬度值的变化趋于平缓。对高硬度试样影响大,对中、低硬度试样影响较小。保持时间为 5~10 s 时,高硬度值降低 1.5%~20%;而对中、低硬度范围的影响只有 0.5%~1.0%。当保持时间达 30 s 时,曲线平直,说明影响甚小。因此,当时我国规定,标准硬度块检定时保持时间采用 30 s,希望最大限度地减少误差。目前规定显微硬度试验保持时间为 10~15 s。

卸除试验力的速度对硬度值影响不大,只要求平稳、无振动即可,未作具体规定。

3. 测量操作影响

显微硬度计都配备有反光式测量显微镜,而对角线的测量误差对硬度值的准确影响很大,其计算公式为

$$\frac{\Delta\,\mathrm{HV}}{\mathrm{HV}} = \frac{2\Delta d}{d} \tag{2-20}$$

由式(2-20)可知,对角线的误差成倍地影响硬度值。

大多数显微硬度计都是通过操作人员目视观察印痕,并通过手动鼓轮和目视观察来布置游丝或分划板刻线,这是很精细的工作。操作人员的目视鉴别能力应在 0.15~0.30 mm 范围内,操作人员目视最低鉴别能力大于 0.3 mm 以上者不适合。除视力以外,操作技能和瞄准方

式均与测量 d 值精度有关。

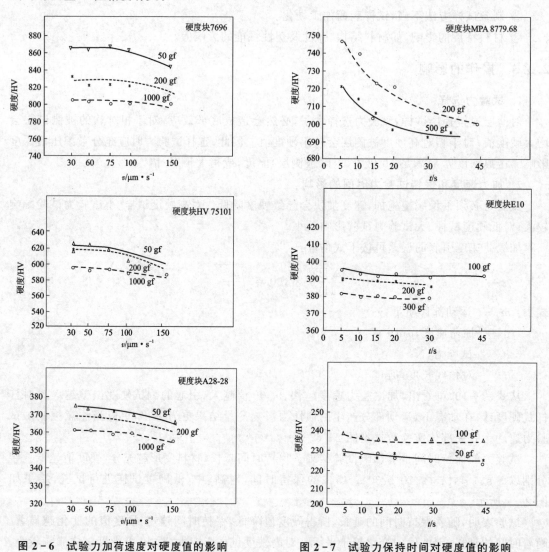

图 2-6　试验力加荷速度对硬度值的影响　　图 2-7　试验力保持时间对硬度值的影响

4. 试验环境的影响

显微硬度试验应在清洁无污染的环境中进行。由于试验力小,仪器精密,因此周边应无振动源。硬度试验环境温度应在 10～35 ℃范围内进行。温度影响试验表明,温度升高硬度值降低。温度每变化 1 ℃时,修正系数约为 0.0525%。对于控制条件下的试验,温度为 23 ℃±5 ℃。

2.3.4　压痕异常判断

维氏硬度值和压痕对角线长度的关系式是根据压头是一个理想的正方四棱锥体垂直压入试样表面所形成的压痕而推导出来的。当压痕产生异常情况时,就会破坏这个关系。由异常压痕的对角线长度按公式计算出显微硬度就会和实际的显微硬度发生误差。对此根据几种异常压痕的情况(见图 2-8)加以分析。

① 压痕呈不等边的四棱形,但是也有呈规律的单向不对称压痕,见图 2-8(a)。这个现象有两种情况造成:一种是由于试样表面和底面不平行,试样旋转,压痕的偏侧方向也随之旋

转；另一种是由于加荷主轴上的压头与工作台面不垂直，试样旋转，压痕的偏侧方向并不改变所致。不过后者情况不易发生。

　　② 压痕对角线交界处（顶点）不成一个点或对角线不成一条线，见图 2-8(b)。这是压头的顶尖或棱边损坏，换压头后校正"零位"即可。

　　③ 压痕不是一个而是多个或大压痕中有小压痕。这是由于在加荷时试样相对于压头有滑动。

　　④ 压痕拖"尾巴"，见图 2-8(c)。这是由于：

　　a. 支承加荷主轴的弹簧片有松动，沿径向拨动加荷主轴，压痕位置发生明显变化；

　　b. 由于支承加荷主轴的弹簧片有严重扭曲；

　　c. 加载时试样有滑动。

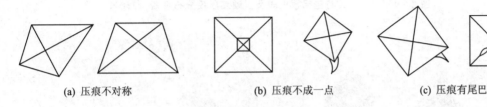

　　(a) 压痕不对称　　　　　　　　　(b) 压痕不成一点　　　　　　　(c) 压痕有尾巴

图 2-8　显微硬度的异常压痕

2.4　显微硬度在金相研究中的应用

2.4.1　维氏硬度试验的应用

　　显微硬度试验已广泛应用于冶金、材料加工、机械制造、精密仪器仪表等行业，也成为金属学、金相学、金属物理学方面的试验和研究中常用和重要的试验方法。

　　1. 用于金属学方面

　　在金属合金中研究晶内偏析、时效、相变、合金的化学成分不均匀性、晶界附近由于杂质影响或金属结晶点阵的歪扭对显微硬度的影响。在对合金钢的 CCT 图中可将随着冷却速度的变化发生的组织变化，如对奥氏体、铁素体、珠光体、索氏体、贝氏体、马氏体等的测定和验证。

　　图 2-9 所示为 7A04(LC4) 包铝板由表及里硬度压痕分布形貌，图中的亮色基体是板材表面的包铝层，厚约 0.12 mm，其下方的暗色基体区为基体金属 7A04，由包铝层中显微硬度痕迹的分布情况可知，在热处理后，合金元素向包铝层中扩散形成明显的浓度梯度。

　　图 2-10 所示为 QCr0.5 铜合金不同工艺条件下硬度（压痕）差异形貌。QCr0.5 铜合金于 1 045～1 065 ℃高温下保温 3 h 后淬火，仍有部分铬相未溶入相中，此时维氏显微硬度为 63～66（见图 2-10(a)），经时效后组织与淬火组织在光学显微镜下未见明显差异，但硬度却明显提高，达 137～148（见图 2-10(b)）。

　　2. 合金中组成相的研究和测定

　　合金的性能与组成有密切关系。显微硬度能有效地测定多组元合金中各个组成相的硬度，为研究合金的性能提供参考，并对改变合金的成分和组成相的含量提供可靠的依据，以便制造出质量更高、性能更好的合金。

图 2-9 7A04(LC4)包铝板由表及里硬度压痕分布形貌 210×

(a) 1045~1065 ℃下3 h淬火 400×   (b) 淬火后500 ℃时效1 h 400×

图 2-10 QCr0.5 铜合金不同工艺条件下硬度(压痕)差异形貌

在研究有色合金的工作中,利用显微硬度试验测定了许多合金组成相的硬度,为研究这些合金的性能提供了许多技术资料。如以铅为基的固溶体的维氏显微硬度为 6.0~10.0,以锡为基的固溶体维氏显微硬度为 15.7,以锑为基的固溶体维氏显微硬度为 108~150 等。

在硬质合金研究中,当合金成分变化或改变其生产工艺时,用以测定 Ti、Mo、W、Ta、Nb 及其他元素的碳化物的显微硬度,可借此确定它们在组成合金中的作用。硬质合金中各组成相的硬度值是不同的,这些组成相由不同合金的碳化物所构成,因此硬度值有所差别。在 88%WC+12%Ni(质量百分比)的合金中,碳化钨(WC)相的维氏显微硬度值为 1400~1800;在 30%TiC+70%Co(质量百分比)的硬质合金中测定碳化钛的维氏显微硬度为 2830~3390;在 50%TaC+50%Ni(质量百分比)的硬质合金中测定碳化钽 TaC 的维氏显微硬度为 1800。

在钢铁材料中相和组织组成物的显微测定应用更多。

图 2-11 所示为1Cr17(新牌号:10Cr17)钢淬火后各相维氏硬度压痕形貌。1Cr17 钢经 1100 ℃水冷淬火后,基体为铁素体(白色)和低碳马氏体(灰色块状)。铁素体的维氏显微硬度为 274;低碳马氏体的维氏显微硬度为 493。

3. 化学热处理后显微硬度测试

化学热处理是一种对金属工件综合施以热作用和化学作用的热处理形式。在一般情况下,它是将放置在活性介质中的金属工件加热至一定的温度,使活性介质中的某些元素(金属或非金属)渗入工件的表层的表面并向内渗入扩散的程度,常用显微硬度试验方法进行测定,如有效硬化层深度测定等。

图 2-12 所示为 08 钢经过氮碳共渗后各组织维氏硬度压痕形貌。最表面呈柱状晶粒排列的白色化合物层,维氏显微硬度为 452;第二层黑色带区为含氮回火马氏体及托氏体,维氏显微硬度为 345;扩散层基体为铁素体及沿铁素体一定晶面析出的针状 $\gamma'(Fe_4N)$ 相,扩散层的维氏显微硬度为 150。由于针状 γ' 相的析出,使工件的脆性增加。

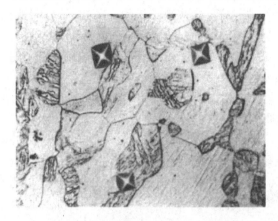

图 2-11　1Cr17 经淬火后基体中各
相的硬度差异形貌　500×

图 2-12　08 钢氮碳共渗后组织
及硬度分布形貌　500×

　　图 2-13 所示为纯铁经 1150 ℃低真空铬钒共渗 6 h 后各组织维氏硬度压痕形貌。图中左侧表层出现无晶界区的铬钒共渗固溶体层厚约 0.25 mm,箭头 1 所指压痕的维氏显微硬度为 141,箭头 2 所指压痕的维氏显微硬度为 120,箭头 3 所指压痕的维氏显微硬度为 93.1。在渗层下出现粗晶粒层,里层为铁素体晶粒。对纯铁来说,铬钒共渗硬度不能明显提高。

4. 在其他工艺方面应用

　　显微硬度测试可用于镀层检测、镀层质量评定:硬度、脆性和附着力等。

　　图 2-14 所示为 20 钢碳氮共渗淬火并表面镀锌后各层组织维氏硬度压痕形貌。表面白色层为镀锌层,厚度为 30 μm,镀层内无裂纹等明显缺陷。基体组织未显现,但在镀层下有黑色微孔,为碳氮共渗造成的表面疏松。图中左侧较大的显微维氏硬度棱形压痕表明镀锌层很软,为 57.8HV0.1;基体表层上压痕很小,表明共渗淬火后的淬硬层组织的硬度很高。

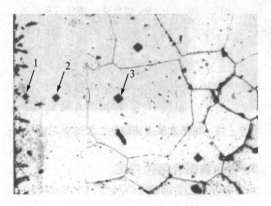

图 2-13　纯铁铬钒共渗后组织
及硬度分布形貌　800×

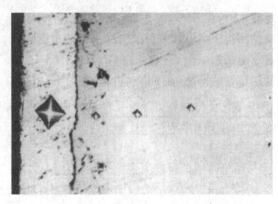

图 2-14　20 钢碳氮共渗淬火及镀锌后
组织硬度分布形貌　500×

在工艺检验方面,应用显微硬度测试法可直接测定较薄材料和细小零件加工后的硬度。很多精密仪表零件的硬度是其他测验法所不能测定的,如钟表零件、天文仪表零件、电子仪器零件等。对这些零件的硬度允差量往往要求是很严格的,而试件的厚度常常只有几百甚至是几十微米。电子工业中,在集成电路和大规模集成电路方面及通信仪器材料特性检验方面也多应用显微硬度测验法。例如一些贵金属的接点、振动板、立体特殊振动板的铝、钛、镁、锆、钼、铬等箔片,磁头衬垫用的钽、不锈钢,微型电机转换开关用的金铜合金板、接线柱用的铍铜、不锈钢、磷青铜、金、银、钼等复合材料,以及镀有金、银、钼的箔片元件等,其应用极为广泛。随着产品的小型化和薄壁化,显微硬度的应用将会不断扩大。

在失效分析中可借此作一些判定。在研究焊接结构的质量方面也是不可缺少的一种方法。用显微硬度法可测定焊接件热影响区的范围、焊接接头的淬硬倾向;焊缝金属内以及熔合线处合金扩散的程度等。

图2-15所示为轴承钢球光面损伤后维氏硬度压痕异常形貌。GCrl5钢制造的轴承钢球,由于保持架损坏,使该轴承钢球在滚道内挤压摩擦,产生高温,使表层金属二次淬火(白色区域),心部原淬火组织受热成为回火托氏体,其热量还使次表层的二次淬火马氏体成为回火马氏体。

表层(白色区)硬度为956HV0.2～975HV0.2;回火组织硬度为353HV0.2～362HV0.2。

图2-16所示为42CrMo钢件熔合焊后各区维氏硬度压痕形貌,焊缝区(图右侧)与基体热影响区(图左侧)的组织分布形貌。由于焊料为低碳钢,焊缝区的硬度低于基体区。

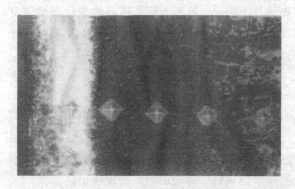 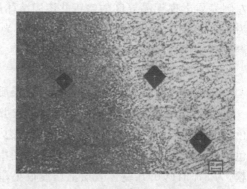

图2-15 轴承GCrl5滚珠表面 　　　　图2-16 42CrMo焊后维氏硬度压痕形貌
烧伤二次淬火形貌 400×

5. 化合物脆裂倾向判定

可用显微硬度试验研究化合物、难熔化合物的脆裂倾向性分级。一些不同脆性和半脆性的难熔化合物在显微维氏硬度试验中受力压头压入时,时常会出现开裂,特别是在较大负荷和快速加荷下。由于在一定条件下,脆性与压痕开裂程度相关,因此可用测定开裂状况作为微观脆性定性分级。

用显微维氏硬度测定难熔化合物脆性时,一定要在相同条件下进行,因为试验力大小、加载试验力和保持试验力时间都会在很大程度上影响试验结果。有时压痕的裂纹和分枝的形成是在卸除试验力后的一段时间,大约在8～10 s内产生的,所以,一般规定要在卸除试验力10～15 s以后才对压痕进行观测。根据所得压痕形状及裂纹情况来评估难熔化合物脆性的方法,一般将脆性划分为5级,如表2-13所列。脆性分级示意级别见图2-17。在GB/T

11354—2005《钢铁零件 渗氮层深度测定和金相组织检验》标准中,在 98 N(10 kgf)载荷下,对渗氮层脆性的检测,就按这种分类方法评级。

表 2-13　评估难熔化合物脆性的级别

脆性级别	压痕特征
0	没有可见的裂纹或缺口
1	一条小裂纹
2	一条不和压痕对角线延长部分重合的裂纹;在压痕邻角处有两条裂纹
3	在压痕对角处有两条裂纹
4	超过三条裂纹;在压痕一些侧面上有一个或两个缺口
5	压痕形状受破坏

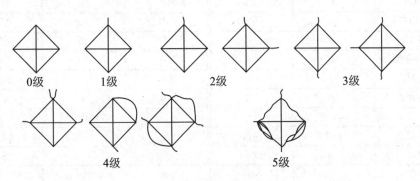

图 2-17　脆性分级示意图

2.4.2　努氏硬度试验的应用

1. 对脆性材料的硬度测量

努氏硬度试验能测量如珐琅、玻璃、玛瑙和一些矿石以及其他脆性材料的硬度,比维氏硬度试验应用更广。这是因为在努氏压头作用下,印痕周围脆裂的倾向性小。这一优点对于金属材料同样具有意义,如一些高硬度的金属陶瓷材料,用这种方法测试,可获得较清晰而不发生破裂的印痕。

鉴于努氏硬度试验法这一优点,国内有人对人造宝石(刚玉)进行努氏硬度试验,试验报告指出:国内工厂为了控制人造宝石这类高硬度材料的品质,一般采用维氏显微硬度检测法和切片检查法,维氏显微硬度检测法是用维氏压头分别采用不同检测力作用在人造宝石试样上,除测定其硬度值外,根据压痕最初出现裂纹时的检测力大小、压痕裂纹多少来判定人造宝石的脆性大小,由于这种方法误差较大,有时得出的结论与实际使用情况相反。使用努氏硬度试验法的测试结果证明:用 1.961 N 以下试验力测量人造宝石的硬度值,其示值较稳定。在试样制备良好的情况下,用 1.961 N 力测试,正常试样压痕周围无裂纹出现。

2. 合金中组成相的研究和测定

努氏硬度试验法被广泛用于研究合金中各种相的性能,如表 2-14 所列。

表 2－14　各种合金相的努氏硬度值

相名称	负荷/gf	硬度(HK)	相名称	负荷/gf	硬度(HK)
钢铁材料			氮化物		
渗碳体	25	790～1150	TiN	30	2160
	100	1168		100	1770
铁素体		135	ZrN	30	1983
含硅铁素体		207		100	1510
马氏体	50	700～750	TaN	30	3236
珠光体	100	300			
托氏体	100	570			
铝合金			硼化物		
Al_2Cu	50	450	CrB	30	2135
AlCu	50	550	NbB_2	30	2594
$Al_2(CrFe)$	50	506	TaB_2	3Q	2537
Al_3Fe	50	526～755	TiB_2	30	3370
β(Al-Fe-Si)	50	486	WB_2	30	2663
AL_2Mg_2	50	168	VB_2	30	2077
初生硅相	50	901	ZtB_2	30	2252
碳化物			碳化物		
TiC	100	2470	BC	1000	2230
WC	100	1880		100	2800
VC		2080	SiC	100	1875～3980

3. 检测金属浅层改进层、覆盖层的表面和断面的硬度值

因为努氏压头细长，压痕的深度(h)相当于压痕长对角线(d)的 1/30，特别适用于检测金属浅层改进层、覆盖层的表面和断面的硬度值。很多以铁、铜、铝、塑料、陶瓷、镍等为基体材料的制品，表层覆盖如铜、金、银、镍、铝、锌等作为表面层，这类覆盖层的厚度多在 8～100 μm 范围内，在这种情况下，用显微努氏硬度作为这些制件的硬度检测是合理和科学的。相关测试实例如图 2－18 和图 2－19 所示。

图 2－18　45 钢激光热处理后基体努氏硬度压痕分布形貌　500×

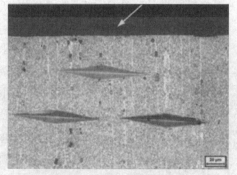

图 2－19　铝合金阳极氧化层及基体努氏硬度压痕分布形貌

努氏压头的锥体截面长对角线比短对角线长度大 7.11 倍,印痕细长,在一般情况下只须测量长对角线长度,因而测量的相对误差较小,测量的精度较高。HV 试验与 HK 试验在相同试验力下,HK 的压痕比较浅,更适于测定薄层的硬度。

4. 定性判定材料的弹性和塑性情况

努氏压头以菱面锥体压入试样,其目的还在于能测得无弹性回复影响的显微硬度。一般硬度测定时当试验力去除后,压痕会因材料的弹性回复而略有缩小,压痕弹性回复的量一方面取决于被测材料本身的物理性能,另一方面也与压头的形状有关。

由于努氏压头的特殊设计,当试验力去除以后,弹性回复主要发生在短对角线方向,长对角线的弹性回复很小,可以忽略不计。由于努氏硬度值是根据未经弹性回复压痕计算的,它与维氏压头所测得的结果,具有不同的物理意义。

此外,在同一印痕上可测量菱形的短角线长度(有弹性回复)和长对角线长度(无弹性回复),得到它们的比值关系,借此可以定性判定材料的弹性和塑性情况。这一特点很值得重视,并具一定应用价值。

2.4.3　显微维氏和努氏硬度试验方法及压头的比较

1. 压头精度的比较

显微维氏硬度试验用压头与努氏硬度试验用压头的外形、角度、压痕深等方面的比较见图 2-20 和表 2-15。由比较可知,努氏压头制造难度较大,这是因为努氏压头的两相对棱夹角(尤其是第一对棱夹角 172°30′)的误差对硬度的影响要比维氏压头的两相对夹角对硬度的影响大得多。显微维氏压头锥顶交线最大允许长度为 0.5 μm,而努氏压头锥顶交线最大允许长度为 1.0 μm(见图 2-21),可见维氏压头精度较高。

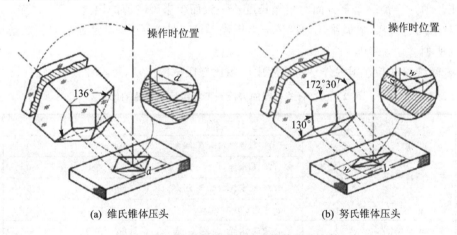

(a) 维氏锥体压头　　　　　　　(b) 努氏锥体压头

图 2-20　努氏与维氏硬度用锥体压头比较

表 2-15　显微维氏和努氏压头的比较

维氏硬度压头(HV)	努氏硬度压头(HK)
金刚石角锥压头	金刚石菱形压头
相对面夹角 136°	长边夹角 172°30′
相对边夹角 148°6′20″	短边夹角 130°
压痕深度 $t \approx d/7$	压痕深度 $t \approx d/30$

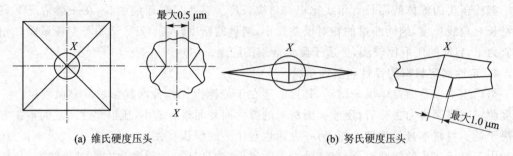

(a) 维氏硬度压头   (b) 努氏硬度压头

图 2-21　压头锥顶交线(横刃)示意图

2. 试验方法及应用比较

① 努氏硬度适用于测定脆性材料。努氏硬度试验法比维氏硬度试验法更适用于测定珐琅、玻璃、玛瑙、红宝石等脆性材料的硬度,压痕不易产生碎裂。

② 努氏硬度测量误差较小。当操作人员的人为瞄准精度一定时,压痕对角线越长,则由此瞄准误差所引起的测量误差越小。因此在采用相同载荷或保持相同的压入深度时,努氏硬度试验要比维氏硬度试验的测量误差小。

③ 努氏硬度压头压入深度浅。努氏硬度试验较维氏硬度试验更适用于薄件的表面硬度和覆盖层断面的硬度测试。

④ 用努氏压头测定硬度时,压痕边缘由挤压而引起的凸缘比维氏压痕浅,由此类凸缘产生的不精确性可大大减小。

⑤ 用维氏压头测定各向异性材料硬度时,压印痕较努氏压头影响小,这是因为努氏压头在硬度试验中只测量压痕的长对角线,而维氏硬度试验中要求测量呈 90°差的两对角线值后再取其平均值。可消除垂直方向对角线长度不一致而带来硬度值的误差。

⑥ 对于同一试样,显微维氏硬度值与努氏硬度值必然有差异,但常处于同一数量级内,如表 2-16 所列。

⑦ 显微维氏试验在国内外材料检测中应用比努氏试验广泛,可参比性较好。

表 2-16　有关材料的努氏硬度与维氏硬度值的比较

材料名称	处理条件	HK	HV
高碳钢($W_C=1.1\%$)	775 ℃水淬,150 ℃回火	700~800	840
	775 ℃水淬,150 ℃回火	550~580	580
	775 ℃水淬,150 ℃回火	400~500	455
	850 ℃退火	280	240
中碳钢($W_C=0.4\%$)	800 ℃水淬,150 ℃回火	600~700	690
低碳钢($W_C=0.2\%$)	冷轧	260	240
QBe2.25	固溶处理及时效	406	400
	固溶处理及冷作硬化	175	180
H65 黄铜	冷拔	145	140
	退火	80	80
工业纯镍	退火	125	125
硬铝	时效硬化	120	125

续表 2－16

材料名称	处理条件	HK	HV
纯铝	冷作硬化	35	30
	退火	24	19
纯锌	铸态	34	28

2.4.4　钢铁、有色合金、难溶化合物组成相的显微硬度值

钢和铸铁、有色合金及难熔化合物等的组成相的显微维氏硬度测定参考值分别如表 2－17、表 2－18 和表 2－19 所列。

表 2－17　钢和铸铁中部分生成相的显微硬度参考值

相及结构名称	材料牌号	显微硬度(HV)	相及结构名称	材料牌号	显微硬度(HV)
铁素体	08 钢	125	碳化物	W18Cr4V	1300
	20 钢	240～275	奥氏体	不锈钢	175
	30 钢	275～315		Cr12	520
	45 钢	255		铸铁	425～495
片状珠光体	20 钢	275～320	托氏体		485
	30 钢	325～345	莱氏体共晶体	Cr12	750～850
	70 钢	275～330		铸铁	1000～1125
	铸铁	300～365	磷共晶	铸铁	370～480
索氏体(铁素体和粒状碳化物)	20CrNi	215～285	石墨	铸铁	2～11
	GCr15	275～325	马氏体	30 钢	935
	Cr12Mo	300～312		70 钢	1010
碳化物	铸铁	1095～1150		20CrNi	635
	Cr12Mo	1156～1250		GCr15	1040
	Cr12	1156～1370		Cr12Mo	825～960
				铸铁	1065

表 2－18　有色合金中生成相的显微硬度参考值

相名称	化学式(或测试条件)	显微硬度值(HV)	相名称	化学式(或测试条件)	显微硬度值(HV)
1. 铝合金：铝化钡	Al_4Ba	280	铁-铝-硅化物	$\beta(Al-Fe-Si)$	260～370
铝化钙	Al_4Ca	200	铝化镁	Al_2Mg_3	240～340
	Al_3Ca	208	铝化锰	Al_6Mn	390～540
铝化钴	Al_9Co_2	735		Al_4Mn	560～732
铝化铜	Al_2Cu	540～560	铝化镍	Al_3Ni	550～610
铝化铬	Al_7Cr	510	铝化锑	$AlSb$	1480
	$Al_{11}Cr$	710	铝化锶	Al_4Sr	160
铝化铁	Al_3Fe	960	铝化钒	Al_3V	395

相名称	化学式 (或测试条件)	显微硬度值(HV)	相名称	化学式 (或测试条件)	显微硬度值(HV)
铝化锆	Al_3Zr	560	氧化铜	Cu_2O	240～260
初生硅	Si	950～1050	锑化铜	Cu_2Sb	278
2. 铜合金:黄铜中的 α 相	(电解抛光后)	65～75	锡化铜	Cu_3Sn	460
	(机械抛光后)	139～144		Cu_6Sn	460
黄铜中的 P 相	(电解抛光后)	118～136	铝化铁	$FeAl_2$	1290
黄铜中的 P 相	(机械抛光后)	160～214		$FeAl_5$	750
青铜中的 α 相	(电解抛光后)	75		AlFe	750
青铜中的 β 相	(机械抛光后)	143	钙化铅	Pb3Ca	93
	(电解抛光后)	135	碲化铅	PbTe	46
青铜中的 δ 相	(机械抛光后)	191	锑化锡	SbSn	107
青铜中的 ε 相	$Cu_3 1Zn_3$	325～537	镁化铝	Mg_7Al_{12}	175
青铜中的 η 相	Cu_3Sn	560	镁化钕	MgI_2Nd	169
青铜中的 ω 相	Cu_6Sn_5	342～369	镁化锌	MgZn	246
		13.9～12.1	镁化铈	Mg_9Ce	158
3. 其他:有色合金			镁化钍	Mg_4Th	234
铝化铜	CuAl	580	镁化钙	Mg_2Ca	149

表 2-19　难熔化合物的显微维氏硬度参考值

相名称	化学式	显微硬度(HV)	相名称	化学式	显微硬度(HV)
碳化硼	BC	2400～3700	铬-钨-碳化物		1500～2400
碳化铬	Cr_3C_2	1000～1400	铁-铜-碳化物		1812
	Cr_7C_3	1336	铁-钒-碳化物		1495
碳化钨	WC	1430～1800	钼-铈-碳化物		2060～2133
	WC_2	3000～3400	钦-钨-碳化物		2145～2600
碳化钒	VC	2700～2990	锆-钨-碳化物		2700～2733
碳化钛	TiC	2850～3309	钽-钨-碳化物		1836～1846
碳化钽	TaC	1800	硼化钛	TiB	2700～2800
碳化钼	Mo_2C	2000		TiB_2	3370
	Mo_3C	1500	硼化锆	ZrB	3500～3600
碳化铌	NbC	2400		ZrB_2	2252
碳化锆	ZrC	2836～3480	硼化钒	VB_2	2800
碳化铪	HfC	2913	硼化铬	CrB	1200～1300
碳化硅	SiC	2200～3000		CrB_2	2100
碳化铍	Be_2C	2690	硼化铪	HfB_2	2840
碳化钇	YC	120	硼化铌	NbB_2	2550
	YC_2	708	硼化钼	Mo_2B	2500

相名称	化学式	显微硬度(HV)	相名称	化学式	显微硬度(HV)
硼化物	MoB_2	1200	氮化铝	AlN	1225～1230
	$\alpha - MoB$	2350	硅化镁	Mg_2Si	457
	$\beta - MoB$	2500	硅化铬	$CrSi_2$	1150
	W_2B	2420	硅化钼	$MoSi_2$	1290～1410
	WB	3700		Mo_3Si	1310
	WB_2	2660	硅化钴	$CoSi$	1000
	CoB	1150	硅化锆	$ZrSi_2$	1063
	Ni_3B	1145	硅化钛	$TiSi_2$	892
	NiB_2	2575	硅化钽	$TaSi_2$	1560
氮化钛	TiN	1994	硅化钨	WSi_2	1090～1632
氮化锆	ZrN	1520	硅化镍	$NiSi_2$	1019
氮化钒	VN	1520		$NiSi$	400
氮化铌	NbN	1396	硅化铪	$HfSi_2$	910
氮化钽	TaN	1060	硅化钒	VSi_2	940
氮化铬	CrN	1093	硅化铌	$NbSi_2$	1030
氮化钼	Mo_2N	630			

2.5　常见显微硬度计介绍

　　显微硬度计可以视为由金相显微镜和硬度压入装置两部分组成。金相显微镜用来观察和确定试件的测定部位,并测量压痕的对角线;压入装置负责在一定的负荷下将压头压入选定的部位。

　　根据硬度计的压入装置和显微镜的组合特点,显微硬度计可分为共轴式和异轴式两类。最典型的共轴式显微硬度计如哈纳门显微硬度计,它的压头装在物镜的正中。异轴式的显微硬度计的压头和显微镜的物镜是分开的,载物台可旋转或水平移动,先用显微镜观察选择好试验部位后,将载物台转到硬度计的压头下,加负荷得到压痕后又转回到原来的位置,通过显微镜测量装置测量其对角线长度。异轴式显微硬度计是发展主流,除专用附件性质显微硬度计外,均为异轴式显微硬度计。随着科学技术的发展,显微硬度计经历了由手动操作到半自动操作(自动加载、自动卸载),然后到压痕、硬度值数显测试,再到电脑半自动操作(载物台自动步进、压痕自测、触摸屏操作、报告自动生成等)的过程。

2.5.1　哈纳门(Hanemann)型显微硬度计

　　哈纳门型显微硬度计是典型的共轴式显微硬度计,均作为大型卧式金相显微镜上的专用附件。

1. 工作原理

　　哈纳门型显微硬度计实际上是一个专门设计的特殊物镜。其压头、加荷机构与物镜组合成为一体,见图 2 - 22。在物镜前透镜的中心,镶嵌着一个极小的维氏金刚石压头(见图 2 - 22

中1),它的底边只有0.8 mm长。为了镶嵌这一压头,前透镜较普通物镜大,是一个特殊设计的复消色差物镜,其放大倍数有30倍、32倍两种。物镜本身由两个叶片弹簧(见图2-22中3)支悬在镜体中心。这两个叶片弹簧就是加荷机构的加力部件,当压头与试样接触后,由于试样固定,压头受力使叶片弹簧下压,弹簧的反作用力通过维氏压头加在试样上。在试样上加的力越大,弹簧被压下的距离也就越大。维氏压头在试样上所加力的大小,根据胡克定律,可以直接用物镜下沉的距离来确定。标尺(见图2-22中12)就是测量物镜下沉的标尺。当物镜被压下时,镶嵌在透镜(见图2-22中4)后面的棱镜(见图2-22中5)随着下沉,照射在标尺上的光线亦下移。在目镜中可以观察到标尺刻度向上移动。

在操作前,必须先求得负荷与标尺刻度的对应关系。操作时将哈纳门型显微硬度计装在金相显微镜物镜的镜座上,更换目镜筒并装上测微目镜。在目镜中可以看到负荷标尺的刻度。借助调整圈7、8的转动,调节标尺刻度的位置与清晰程度,使零点对准测微目镜中的横线。然后在物镜顶上分别加上不同重量的校正砝码。记录物镜被压下的距离,根据数据得到图2-23所示的相关曲线。此外,压痕的中心也需要对准。哈纳门型显微硬度计特殊物镜是不能移动的,所以只能移动测微目镜中十字线来对准压痕的中心。测微目镜上装有两只调节螺钉,即为此目的而设置。调节好以后勿再移动,因移动会影响负荷标尺零点的位置。

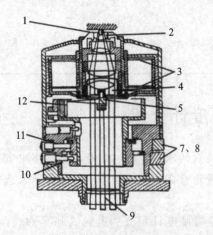

1—压头;2—透镜;3—叶片弹簧;4—透镜;
5—棱镜;7、8—调整圈;9—校正透镜;10—调节零点的螺母;
11—调节清晰度的偏心环;12—标尺。

图2-22 哈纳门型显微硬度计构造图

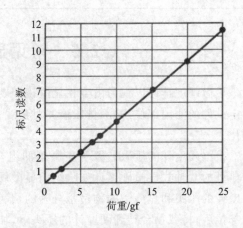

图2-23 负荷与标尺对照曲线(示例)

2. 操作方法与注意事项

首先将哈纳门硬度计装于大型卧式显微镜物镜座上,更换目镜筒并装上测微目镜。将试样倒放在载物台上并使它压紧,按一般显微镜使用方法进行观察和调焦,使金相组织清晰显现。观察到金相组织以后,移动载物台,把需要测定硬度的部位对准十字线中心,然后借粗调下降载物台,使维氏锥体逐渐趋近试样,负荷标尺的刻度清晰出现,待维氏锥体压入试样表面后,标尺刻度随即上升。根据预先制作的标尺读数与载荷的关系曲线(见图2-23)上的标尺读数,在试样上加上一定的负荷(靠叶片弹簧的弹力)。加载荷时宜缓慢,应控制在10~15 s范围内逐渐加上。加载荷后作短期停留(约5 s),然后上升载物台,使试样与物镜中心压头脱离。聚焦后观察金相组织与印痕,并通过目镜和测微尺测定压痕对角线长度,最后据此计算或查表得显微硬度值。

哈纳门型显微硬度计精确度较高,载荷范围为 0.0049 N(0.5 kgf)～0.9807 N(100 kgf)。因其构造精细,使用或拿动时应特别小心,切勿使之受到振动。

2.5.2　数显式半自动显微硬度计

随着机电一体化技术的发展,显微硬度计的压头加载(速度)、保载时间、卸载(速度)均实现自动化,其中保载时间可选(一般 5～30 s),该类设备国内有 71 型显微硬度计。进入数码电子技术发展时期后,数显数控等技术很快用于显微硬度计:加载速度可调,保载时间可调(1～99 s,自选),压痕手动测量后可数显测量数值及硬度值,载荷也从 0.098 N(10 gf)扩展至 9.8 N(1 kgf)。

图 2-24 所示为 MH 系列半自动显微硬度计。该类硬度计在测试压痕的过程实现了物镜、压头、物镜自动切换;操作者只须按一下操作面板上的 START 键,塔台就会自动旋转,由物镜转到压头。压头自动下降打压痕,并按操作者预选保载时间保载、卸载、然后又自动从压头位置旋转回到物镜位置。此外,还具有自转塔台(镜头、压头台)、数据统计处理、触摸屏操作等功能。

图 2-25 所示为苏州欧卡公司 HTM-1000 系列数显半自动显微硬度计。其由数码成像全自动转塔显微硬度计和硬度测量图像分析软件连接电脑组合而成,可通过内置成像系统在电脑上实时进行对焦和显示硬度压痕图像,在对完焦后,机器自动完成物镜和压头的切换,自动进行加荷、保荷、卸荷并自动回到初始对焦状态。该类硬件计可直接进行自动或手动测量,提高了测量的工作效率。

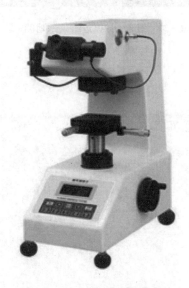

图 2-24　MH 系列显微硬度计

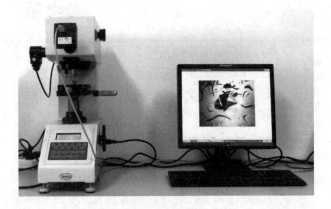

图 2-25　HTM-1000 系列显微硬度计

2.5.3　图像分析多功能全自动显微硬度计

随着信息技术的发展,CCD 图像处理系统引入了显微硬度计,实现了对压痕的自动测量,尤其是图像识别方法采用了先进的算法分析来判别压痕形状,从而可精确测量压痕。采用该系统可大大降低人为操作(测、读)误差,同时还可实现硬度值的处理、保存、判断等。

图 2-26 所示为国外某公司的该类产品,电子控制的传感器加载方式确保了快速精确的硬度测试结果,同时也保证了测试方法的快速切换(免维护),并且自动进行对焦识别。数显 X/Y 载物台带数据反馈,标配 6 位自动转塔,因此能适用不同的测试方法,可以为维氏、努氏或布氏硬度配备 3 种不同放大倍数的物镜和相应的压头。

如图 2-27 所示,该硬度计借助物镜可以高精准地将全部轮廓或者部分轮廓识别出来,并存储到程序中,并且可以定义测试点的数量或者点与点之间距离进行点的设定。硬度测试将基于此程序进行全自动测试。触摸屏实现最简便操作,可创建多个样品和多个序列(例如一次性测试 8 个样品,共 60 个测试序列),并且自动完成测试。自动地以最小间隔生成测试点,得到的结果更加准确。采用全景相机进行样品扫描、样品图像拼接,通过宏观和微观图像同步性可以确定最优的方位。该硬度计具有基于图像显示功能,可根据测试规范定位测试点的位置。该产品还具有条形图、进度图、直方图等数据统计功能,并且可用 Excel 列表输出测试结果。

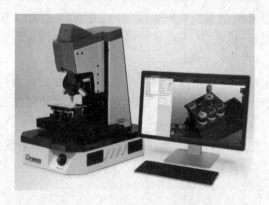

图 2-26　图像分析多功能全自动显微硬度计

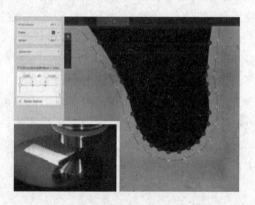

图 2-27　轮廓扫描/边缘识别功能

思考题

1. 维氏硬度试验原理是什么? 简述其试验方法和注意事项。
2. 努氏硬度试验原理是什么? 简述其试验方法。
3. 试样对显微硬度试验结果的影响有哪些?
4. 操作对显微硬度试验结果的影响有哪些?
5. 试样压痕的异常如何判断?
6. 简述维氏硬度试验的应用。
7. 简述努氏硬度试验的应用。
8. 显微维氏和努氏硬度试验方法及压头有何不同?

第 3 章　金相试样的制备

要进行金相检验,就需要制备能用于微观检验的样品——金相试样。金相试样制备的一般步骤为取样、镶嵌、标号、磨光、抛光、显示等。

为了获得正确的金相检验结果,首先试样要有代表性,即所选取的试样能代表所要研究、分析的对象。其次必须使金相试样的磨面平整光滑,没有磨痕和变形层(有时允许有甚微、可忽略不计的变形层)。为了显示金属与合金的内部组织,最后还需用适当的化学或物理方法对试样的抛光面进行浸蚀。不同的组织、不同位向的晶粒以及晶粒内部与晶界处各受到不同程度的浸蚀,会形成差别,从而在金相显微镜下可清晰地显示出金属与合金的内部组织。

3.1　金相试样的选取及截取

3.1.1　金相试样的选取

1. 选取的一般原则

试样的选取是金相试样制备的第一道工序,若取样不当,则达不到检验目的,用金相显微镜对金属的某一部分进行金相研究,其研究的成功与否,可以说首先取决于试样有无代表性。

① 一般情况下,研究金属及合金显微组织的金相试样应从材料或零件在使用中最重要的部位(包括加工区及影响区)截取,如热处理应包含完整的硬化层,焊接件应包括焊缝、热影响区及基体等;或在偏析、夹杂等缺陷最严重的部位截取。

② 在分析损坏原因时,应在损坏的地方与距离损坏较远的完整的部位分别截取试样,以探究其损坏或失效的原因。对于有些产生较长裂纹的零件,应在裂纹发源处、扩展处、裂纹尾端分别取样,以分析裂纹产生的原因。如在进行材料的工艺研究时,应视研究目的的不同在相应的部位取样。有些零件的"重要部位"的选择,须通过对具体工作条件进行分析才能确定。

③ 对于大型的金相分析项目,或较重要的金相检验项目,在报告中应有图、文字说明试样选取的部位及方向。

④ 有时为了研究某组织的立体形貌,在一个试样上选取两个相互垂直的磨面,这两个面的交接处(棱边)必须保护好,不能倒角。对于裂纹、夹杂物的深度测量,往往也需要在另一个垂直磨面上进行。

以上所述是取样的一般原则。对于一些常规检验的取样部位,有关的技术标准中都有明确规定,必须严格执行,否则,所得到的金相检测结果不能作为判断的依据。有些具体的产品有相应的国家标准,或相应的国际或行业标准,规定其金相检验的项目及取样部位。如自攻螺钉,ISO 规定在螺钉中心纵截面上进行金相检验。

2. 横向试样和纵向试样

金相试样截取的部位确定以后,还需要进一步明确选取哪个方向、哪个面作为金相试样的磨面。金相试样按照在金属构件或钢材上所取的截面位置不同,可分为横向试样与纵向试样,横向试样即试样磨面为原金属构件的横截面,纵向试样即试样磨面为原金属构件的纵截面,如图 3-1 所示。

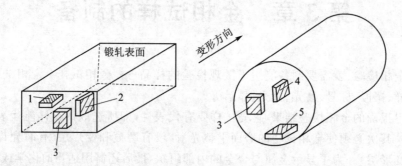

1—与锻轧表面平行的纵断面;2—与锻轧表面垂直的纵断面;3—横断面;4—径向纵断面;5—切向纵断面

图 3-1 锻轧型材金相试样的选取

横向试样常用于观察:

① 试样自中心至边缘组织分布的渐变情况;

② 表面渗层、硬化层、镀层等表面处理的深度及组织;

③ 表面缺陷,如裂纹、脱碳、氧化、过烧、折叠等疵病的深度;

④ 非金属夹杂物在整个横断面上的分布情况;

⑤ 晶粒度大小;

⑥ 碳化物网级别等。

纵向试样常用于观察:

① 非金属夹杂物的类型、形态、大小、数量、分布及等级等;

② 带状组织的存在或消除情况;

③ 因塑性变形而引起晶粒或组织变形的情况。

一般来说,在进行非金属夹杂物评定时,应磨制纵横两个面;在观察铸件组织、表层缺陷以及测定渗层厚度、镀层厚度、晶粒度等时均须磨制横断面;在进行断裂(失效)分析时,往往需要切取几个试样,同时磨制纵横两个面进行观察分析。

3.1.2 金相试样的截取

1. 金相试样的一般形状与尺寸

金相试样较理想的形状是圆柱状或正方柱体,推荐取样尺寸见图 3-2。GB/T 13298—2015《金相显微组织检验方法》中,推荐试样尺寸以磨面面积小于 $400~\text{mm}^2$,高度 $15\sim20~\text{mm}$ 为宜。但在实际工作中由被检验材料和零件的品种极多,要在材料或零件上截取理想的形状与尺寸有一定困难,一般可按实际情况决定。试样的高度取试样直径或边长的一半为宜,形状与大小的选取以便于握在手中磨制为原则。对于要进行镶嵌的试样,可根据检测要求及镶嵌模子的尺寸选择适当大小。

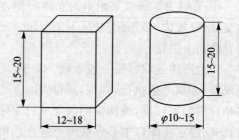

图 3-2 金相试样的一般形状与尺寸

2. 金相试样截取注意事项

① 防止试样在截取过程中出现过热、过烧，以免金相组织因受热发生变化。用火焰切割或电切割时，应将熔融部分及附近出现的过热部分完全去除。用金相试样切割机时，应用水充分冷却；

② 无论采用何种切割方法，都会在试样的切割面形成程度不同的变形层，这一变形层会对金相组织产生影响，因此在切取时力求将变形层减至最小；

③ 截取样品时应注意保护试样的特殊表面，如热处理表面强化层、化学热处理渗层，热喷涂层及镀层、氧化脱碳层、裂纹区等；

④ 不是检验表面缺陷、渗层、镀层的试样，应将棱边倒圆，防止在磨制时划破砂纸和抛光织物，避免在抛光时试样飞出造成事故；反之，凡检验表面组织的试样，严禁倒角，要保持棱角完整，并保证磨面平整；

⑤ 对试样的切割位置、形状、大小、磨面确定后，在试样上做好标记。

3. 常用的截取方法

① 电切割（包括电火花切割和线切割），适用于对较大的金属试样初步取样；

② 对于大断面零件或高锰钢零件等，可用氧气-乙炔气割，但要预留大于 20 mm 的余量，以便在试样磨制中将气割的热影响区除掉；

③ 砂轮切割机切割，适用范围较广，主要用于有一定硬度的材料，如普通钢铁材料，以及进行过热处理的钢铁材料；

④ 手锯或机锯，适用于软钢、普通铸铁及有色金属材料等；

⑤ 锤击，适用于硬且脆的材料，如白口铁、硬质合金以及淬火后的零件等脆性材料，从击断的碎片中选出大小合适者作为试样。

不论采用何种方式取样，都须防止因温度升高而引起组织变化，或因受力而产生塑性变形。如淬火马氏体因温度升高而转变为回火马氏体；裂纹因受热而使之扩展；某些低熔点金属如锌、锡等，因受热出现再结晶；低碳钢、奥氏体类钢和某些有色金属等，因受力引起塑件变形，使滑移线增多或出现孪晶，诸如此类都能使试样原来的组织发生变化，从而导致错误的检验结论。因此，在取样时务必注意试样的冷却和润滑，特别是采用氧气-乙炔气割的试样，一定要磨去热影响区。

4. 金相切割设备

随着生产技术的发展，实验室常见的金相试样切割机有：小型手持金相切割机，中型台式金相切割机，大型立式金相切割机等。目前主流金相切割机大多采用手动/电脑编程进给，全封闭罩壳，安全、噪声低、无污染。有的适用于大工件试样，有的适用于切割电镜试样，有的可半自动切割，有的可全自动切割。实验室常见的金相切割机如图 3-3 所示。

金相实验室里最常用的是薄片砂轮切割。砂轮片厚度一般为 1.2～2.0 mm，由颗粒状碳化硅（或氧化铝）与树脂、橡胶黏合而成。砂轮片安装在主轴上，以高速旋转（常用 2840 r/min），在与试样接触时产生磨削作用。磨削时试样切割处材料被带走，砂轮本身也相对被磨损。磨削要产生高温，对金相试样不利，因此需要用冷却液强制冷却。冷却液除冷却作用外，还能起润滑作用，并可随时带走磨削产物。过去常用的冷却剂有水、乳化油、火油等，现已有高分子溶剂，可提高冷却效果，更利于润滑，还具有防锈的作用。

按照所需切割的材料不同选择不同组分的砂轮片（见图 3-4），主要依材料的硬度和韧性来选择。按照材料的性质来正确选择砂轮片是十分重要的，只有砂轮片合适，才能保证切割的

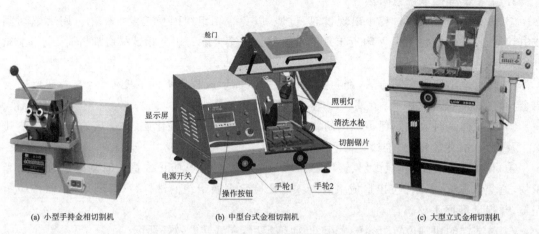

(a) 小型手持金相切割机　　　　　(b) 中型台式金相切割机　　　　　(c) 大型立式金相切割机

图 3-3　实验室常见的金相切割机

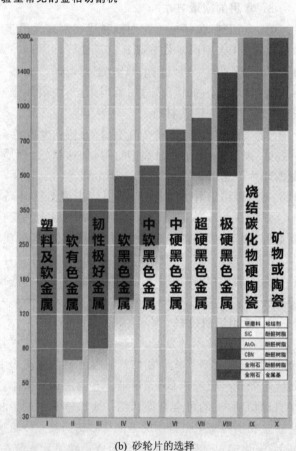

(a) 金相切割砂轮片　　　　　　　(b) 砂轮片的选择

图 3-4　金相切割砂轮片

样品表面变形小、平整度好,以便快速地得到所需的制样结果。

3.1.3　金相试样的热处理

经取样而获得的试样,有的可直接进行磨制,有的还要进行热处理后才能磨制。如检验金属的晶粒度、非金属夹杂物、碳化物不均匀度等项目的试样,往往需要热处理。其热处理工艺规程按相应标准的规定执行。

1. 显示试样晶粒度的热处理

如要显示铁素体钢的奥氏体晶粒度,可根据材料不同分别采用渗碳法、网状铁素体法、氧化法、网状渗碳体法、网状屈氏体法和直接淬火硬化法等;对奥氏体钢的晶粒度示,一般可不处理直接浸蚀,如需要时可采用敏化处理后再显示。具体热处理工艺参照相应的标准。

2. 非金属夹杂物试样的热处理

检验非金属夹杂物的试样,一般都经淬火热处理。淬火后钢的硬度增大,减少了非金属夹杂物与基体金属之间的硬度差,使试样在磨制时可避免夹杂物脱落,保证磨制质量。

3. 碳化物不均匀度试样的热处理

检验碳化物不均匀度的试样,需要经过淬火和高温回火,浸蚀后使基体呈暗黑色,而碳化物呈亮白色,利于鉴别对比。

3.2 金相试样的夹持及镶嵌

当试样尺寸过小(如金属碎片、钢丝、钢带、钢片等)不易握持,或者要保护试样边缘(如作表面处理的检测、表面缺陷的检验等)时,要对试样进行镶嵌或夹持。

镶嵌是把试样镶入镶嵌料中,夹持是把试样夹入预先制备好的夹具内。为达到保护试样边缘和便于手持操作的目的,要求夹具或镶嵌料紧贴试样,没有空隙;夹具和镶嵌料的硬度要稍低于或等于试样的硬度;夹具和镶嵌料在浸蚀时应不影响试样的化学浸蚀过程。

在现代金相实验室中,广泛使用半自动或自动化的磨光机和抛光机,要求试样的尺寸规格化,便于装入夹持器中。

金相试样在镶嵌或夹持前均应经过清洗,有条件的可用超声波清洗器清洗。在镶嵌或夹持后应编写上号码,以免试样混乱。

3.2.1 金相试样的夹持

金相试样夹持的特点是利用预先制备好的夹具装置,依照试样的外形分别选用不同类型的夹具。夹具的形状主要根据被夹试样的外形、大小及夹持保护的要求选定。常用的有平板夹具、环状夹具和专用夹具 3 种。

1. 平板夹具

平板夹具如图 3-5 所示,适用于长方形截面的板材试样或圆形截面的棒材试样。夹具靠两端的螺栓使试样之间紧贴。如果螺钉过紧,会使压板弯曲影响效果。平板夹具常用两块 50 mm×20 mm×5 mm 的中碳钢板制成,两端用两副 M6 螺钉、螺母夹紧,螺钉长度根据试样厚度而定。试样较小时,也可用 4 mm 的钢板及 M5 螺栓制成。

2. 环形夹具

环形夹具如图 3-6 所示,适用于小尺寸试样的夹持。凡能装入环内的试样都能使用,也可一次同时装入多个试样,用一只螺钉即可把试样夹牢。这种夹具装拆较方便,效率高,在接触点处不会产生倒角,缺点是整个圆周要倒角。圆环试样夹具可用钢管、白铁管或铜管来制造,也可用碳钢车削加工制成。具体尺寸可视具体的常规产品而定,但不宜过大。

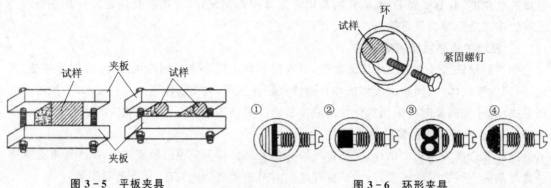

图 3-5　平板夹具　　　　　　　　　　图 3-6　环形夹具

3. 专用夹具

专用夹具如图 3-7 所示,适用于需要经常检查表面处理后的组织情况、又具有固定形状试样的夹持。夹具孔形随试体形状而定。

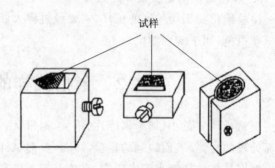

图 3-7　专用夹具及应用

3.2.2　金相试样的镶嵌

金相试样的镶嵌,是指在试样尺寸较小或者形状不规则导致研磨抛光困难而进行的镶嵌或夹持来使试样抛磨方便,提高工作效率及实验的准确性的工艺方法。有些金相试样体积很小,外形不规则,或者须检查表面薄层,如渗碳层、氮化层,表面淬火层、金属渗镀层及喷涂层等的试样,需要镶嵌制成一定尺寸规格的试件,以便在磨光抛光机上定位夹紧。

镶嵌一般分为热镶嵌和冷镶嵌两种。

1. 热镶嵌

热镶嵌适用于低温、压力不大的情况下且不发生变形的样品。

热镶嵌是把试样与镶嵌料一起放入钢模内加热加压、冷却后脱模,这种镶嵌方法是最有效和最快捷的方法。进行热镶嵌时,要使用热镶嵌机,其工作原理和示意图见图 3-8。开始时,底膜上升至模套口处,放好试样后底模下降到一定深度,加镶嵌料,然后固定好上模,加热、加压,达到一定温度后再加压至所规定的要求,经一段时间保温确定成型后即可冷却。冷却分自然冷却和强制冷却(如水冷)。充分冷却后就可放松底模,取走上模,再顶起底模就可取出镶嵌好的试样。所施压力、加热温度、保温时间均视镶嵌材料而定。

图 3-9 所示为自动热压镶嵌机及其试样,整个镶嵌过程的各个参数,包括加热温度、时间、压力和压力保持时间、冷却速度等,均可事先设定并自动完成。该型镶嵌机采用电子液压操作,具有长时间持续自动镶嵌压力的特点,且具有双模具,能同时制备两个试样。

热镶嵌材料常用的有酚-甲醛树脂、酚-糠醛树脂、聚氯乙烯、聚苯乙烯,前两种主要为热固性材料,后两种为热塑性材料,并呈透明或半透明性。在酚-甲醛树脂内加入木粉,即变为常用的"电木粉",它可以染成不同颜色。还有一种能导电的镶料,镶嵌好的试样能直接进行电解抛光或扫描电镜观察。"电木粉"不透明,有各种颜色,而且比较硬,试样不易倒角,但抗强酸强碱的耐腐蚀性能比较差。聚氯乙烯为半透明或透明的,抗酸碱的耐腐蚀性能好,但较软。

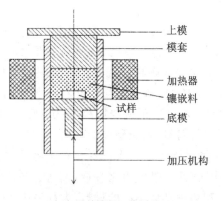

上模
模套
加热器
镶嵌料
试样
底模

加压机构

(a) 热镶嵌机工作原理

(b) 热镶嵌示间图

图 3 - 8　热镶嵌机工作原理和示意图

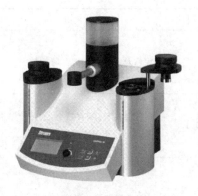

(a) 自动热镶嵌机

(b) 热镶嵌试样

图 3 - 9　自动热镶嵌机及其试样

2. 冷镶嵌

冷镶嵌指在室温下使镶嵌料固化,一般适用于不宜受压的软材料及组织结构对温度变化敏感或熔点较低的材料。进行冷镶嵌时,将金相试样置于模套中,注入冷镶嵌剂,冷凝后脱模,编号后即可进行下道工序操作。冷镶嵌工作示意图和冷镶嵌试样分别见图 3 - 10 和图 3 - 11。

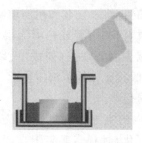

图 3 - 10　冷镶嵌示意图　　　　**图 3 - 11　冷镶嵌试样**

冷镶嵌所用的材料通常为环氧树脂和固化剂,两者在浇注前按照一定比例混合均匀,随后发生的放热反应使树脂固化。镶嵌介质应当与试样能良好附着并不产生固化收缩,否则会产生裂纹或缝隙。

常用的冷镶嵌配方为环氧树脂 100 g,乙二胺 10 g,少量增塑剂(邻苯二甲酸二丁酯),室温下 2～3 h 即可凝固。但环氧树脂的硬度较低,与试样的硬度相比,差别很大,试样的边缘在制备时容易形成圆角。曾将一定比例的烧结氧化铝或碳化硅颗粒作为填料加入树脂中,以提高固化后的硬度,但由于氧化铝的硬度高达 2000HV,其磨光与抛光特性无法与金属材料相匹配。近年来,国外研制出一种比较软(硬度约 775HV)的陶瓷填料(Flat - Edge Filler),其磨光和抛光特性与金属材料的匹配较好,可作为提高镶嵌树脂硬度的填料。

常见环氧树脂镶嵌配方见表 3 - 1。环氧树脂适用于大批量试样的镶嵌,可预先配制(须在通风橱中进行),操作迅速简便,无需专用设备。似因固化缓慢,需等待 6～24 h 后才能磨制,而且受热易软化,因此对于较硬的材料和热敏感性不高的材料,大都采用热镶嵌法,即用镶嵌机进行镶嵌。

表 3 - 1　常用环氧树脂镶嵌配方

序　　号	原料名称	用量/g	固化时间/h	用　　途
1	618 环氧树脂	100	(室温 24 ℃) 60 ℃,4～6	较软及中等硬度的金属材料
	邻苯二甲酸二丁酯	15		
	二乙醇胺(或乙二胺)	10		
2	618 环氧树脂	100	(室温 24 ℃) 120 ℃,10 150 ℃,4～6	固化温度较高,收缩小,适用于镶嵌形状复杂的小孔和裂纹的试样
	邻苯二甲酸二丁酯	15		
	二乙醇胺(或乙二胺)	13		
3	6101 环氧树脂	100	(室温 24 ℃) 80 ℃,6～8	高硬度试样或氮化层试样
	邻苯二甲酸二丁酯	15		
	间苯二胺	15		
	氧化铝或碳化硅粉(40 μm)	适量		

镶嵌时首先将欲镶嵌的试样磨面磨平,置于光滑平板上,外部套以适当大小的套管,然后,按配方顺序准确称量,搅拌均匀成糊状后浇注,凝固即成。

套管可以是钢管、铜管、铝管等,也可以是塑料管。它可以是一次性消耗的,也可以是重复使用的。若重复使用时,应在套管和平板上涂一薄层油脂,则便于将镶嵌试样顶出。也有使用可拆卸式塑料模的,如图 3 - 12 所示。塑料模的材料常用硅橡胶和聚四氟乙烯塑料等。在选用配方时,可将前两种材料预先配好存储备用,使用时再将乙二胺和耐磨填料等加入。

还有一种真空冷镶嵌法,也叫真空浸渍法。多孔材料(如陶瓷或热喷涂层)需要进行真空浸渍。树脂可强化这些脆弱的材料,可以最大限度地减少制备缺陷(如拔出、裂纹或未打开的孔隙)。只有环氧树脂可用于真空浸渍,因为它们具有低黏度和低蒸汽压特性。可将荧光染料与环氧树脂混合使用,以便于在荧光灯下找出填充过的孔隙。

图 3 - 13 所示为真空浸透装置,抽真空可将试样内的空气排出,以增强镶嵌材料的渗透力,提高边缘保持度。操作方法是使用冷镶嵌材料加固化剂调制,盛装于小杯中,通过真空泵在真空室内形成负压,开启插入小杯中的胶管夹,小杯中的冷镶嵌料在大气压力下被很快压入真空室冷镶嵌模内,并充分渗入到试样的细微孔隙或裂纹中。这种镶嵌方法适用于多孔或是有细裂纹的试样,特别是粉末冶金、金属陶瓷样等。

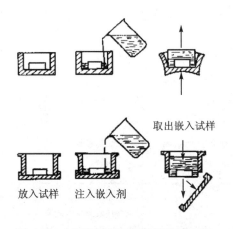

放入试样　　注入嵌入剂　　取出嵌入试样

图 3 - 12　冷镶用可拆卸塑料模示意图

图 3 - 13　真空浸透设备

3. 金相试样镶嵌的注意事项

金相试样的镶嵌,在具体操作过程中有时需要一定的技巧。尤其是试样的放置方法,直接影响了镶嵌质量。极细小的线材、板材要得到垂直截面的金相磨面,可先预制一块薄镶嵌料片,在片上钻小孔,插入线材;或对半锯开放入薄板材料。随后再放入镶嵌机内重新加料镶嵌。有时薄片试样数块平行叠放同时镶嵌,需要预先做好放置标记,成型后再在相应的径向截去一小块。这样即可保证试样垂直,又可使试样之间保证紧密接触。

对于表面薄层组织,如渗层、镀层、变形扩散层等,由于太薄不易观察和测量,为了提高试样表面薄层厚度的精度,可采用倾斜截面来增加观察厚度,镶嵌时使试样磨面与表面处理面的横截面呈一个小角度。图 3 - 14 为倾斜镶嵌示意图,被观察试样借助垫块倾斜置于塑料模中,其倾斜角为 α,若薄层真实厚度为 d,Δ 为从表面磨去的量,观察到的倾斜镶嵌的薄层厚度为 l,则 $\sin\alpha = d/l$,当 $\alpha = 5.7°$ 时,则 $d = 0.1l$,便可求得薄层的实际厚度。有时这样最终磨面上测得的深度乘实际倾斜角的余弦值即可得实际深度值。

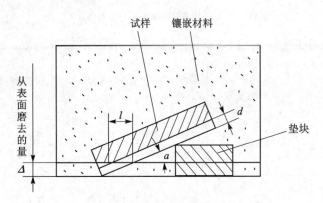

试样　镶嵌材料

从表面磨去的量

垫块

图 3 - 14　倾斜镶嵌示意图

对于要进行电解抛光、电解浸蚀的试样或用于电镜观察的试样,可用导电镶嵌料或是在镶嵌时或镶嵌后,安置好连接金属试样的引出导线。

如果试样与镶嵌材料之间的硬度差别较大,试样经镶嵌后抛磨,试样边缘总要发生倒角现象。在目前条件下要获得没有倒角的平整磨面往往选用机械夹持的方法。如果夹具、填片、装夹等各环节都掌握好,即可得到所要求的试样磨面。为保证试样边缘不倒角,还可以采用电镀镀层的方法。钢铁试样可以镀铜、镀铁、镀铬等。

镶嵌中会遇到一些缺陷,这些缺陷的成因、补救方法如表3-2所列。

表3-2 常见镶嵌缺陷及修正方法

材　料	缺陷特征	缺陷描述	主要原因	修正方法
酚醛树脂等类镶嵌料		放射状开裂	试样截面相对模套过大 试样四角太尖锐	选用大直径模套 减小试样尺寸
		试样边缘处收缩	塑性收缩过大	降低镶嵌温度 选择低收缩率的树脂 模套冷却后再推出镶嵌材料
		环周性开裂	吸收了潮气 镶嵌过程中截留了气体	对镶嵌料或模套预热
		破裂	镶嵌过程太短,压力不足	加长镶嵌时间 液态向固态转化过程中加足够的压力
		未熔合	压力不足 加热时间不足	施加适当镶嵌压力 增长加热时间
透明镶嵌料		有棉花状物	中间介质未达最高温度 最高温度时保温时间不足	最高温度时增加保温时间
		龟裂	镶嵌试样出模后内应力释放	冷却到较低温度后再出模 把镶嵌试样置于沸水中软化
		气泡	搅拌树脂和硬化剂时用力过猛	缓慢搅拌防止空气进入/抽真空
		变色	树脂固化剂配比不当 固化剂氧化	修正配比 容器保持密封
		软镶样	树脂固化剂配比不当 树脂和固化剂搅拌不当	修正配比 充分搅拌

3.3　金相试样的磨光和抛光

金相试样经过截取和镶嵌后,还要进行磨光、抛光等工序,才能获得表面平整光滑的磨面。

3.3.1 金相试样的磨光

1. 磨光机理

磨光是为了消除取样时产生的变形层。变形层消除的步骤,根据取样的方法不同,略有差异。一般是先用砂轮磨平,然后用砂纸磨光。如果是用砂轮切割机或钼丝切割机截取的试样,表面平整光滑,可以直接在砂纸上磨光。图 3 - 15 为截取试样后形成的粗糙表面,经粗磨、细磨、抛光后磨痕逐渐消除,得到平整光滑磨面的示意图。

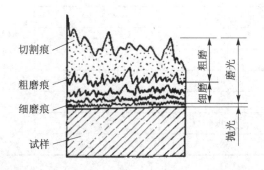

图 3 - 15 金相试样在磨光抛光时磨面的变化示意图

磨制产生的变形层对金属的显微组织会产生影响,只是因材料的不同、制样过程的差异引起的变形深度不同,表现形式不同而已。砂纸磨光表面变形层消除过程如图 3 - 16 所示。磨光的目的是使试样表面的变形损伤逐渐减小到理论上为零,即达到无损伤。实际操作时,只要使变形损伤减小到不会影响观察到的试样的真实组织就可以了。进行磨光后,磨面上还留有极细的磨痕,这将在以后的抛光过程中消除。

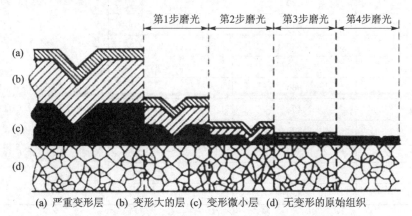

(a) 严重变形层   (b) 变形大的层 (c) 变形微小层   (d) 无变形的原始组织

图 3 - 16 砂纸磨光表面变形层消除过程示意图

2. 磨光用材料

磨光用材料主要为砂纸及磨盘两种。砂纸通常分为干砂纸和水砂纸两种,干砂纸通常用于手工磨光,水砂纸通常用于机械磨光,即在磨光过程中需要用水、汽油、柴油等润滑冷却剂冷却。

干砂纸,是在干的条件下使用,这类砂纸是刚玉砂纸,多半是混合刚玉磨料制成的砂纸,一般呈灰棕色。这种砂纸的黏结剂通常是溶解于水的,所以这类砂纸必须干用,或者在无水的润滑剂条件下使用。

国内干砂纸现在的编号有两种,它们的编号和粒度尺寸如表3-3所列。

表3-3 干砂纸编号和粒度尺寸

编号		粒度尺寸/μm	备 注
按粒度标号	特定标号		
280	—	50～40	一般钢铁材料用280、W40、W28、W20 四个粒度标号磨光即可;或者用特定标号为 0、01、02、03 的砂纸磨光也可
W40	0	40～28	
W28	01	28～20	
W20	02	20～14	
W14	03	14～10	
W10	04	10～7	
W7	05	7～5	
W5	06	5～3.5	
W3.5	—	3.5～2.5	

干砂纸中因含有较软的相(Fe_2O_3),磨光时易碎化脱落,因此粒度尺寸、形貌特征等会偏离标准,所以磨光时需要经常清理掉脱落的磨料或更换砂纸。

水砂纸,在水冲刷的条件下使用最好。这类砂纸是用碳化硅磨料、塑料或非水溶性黏结剂制成的。国内这类砂纸的编号与磨料尺寸如表3-3所列。

表3-4 水砂纸的编号、粒度号和粒度尺寸

编 号	粒度标号	粒度尺寸/μm	备 注
320	220	—	一般钢铁材料用240、320、400 和600 四个粒度标号的砂纸磨光即可
360	240	63～50	
380	280	50～40	
400	320	40～28	
500	360	—	
600	400	28～20	
700	500	—	
800	600	20～14	
900	700	—	
1000	800	—	

根据金相用磨料的目(Mesh)或粒度(Grit)号以及混合刚玉的级别(Grade)与磨料实际尺寸之间的关系,只要知道所用砂纸的粒度号,便可大致知道它的实际粒度尺寸,这样就便于判断砂纸或磨料的尺寸是否合适,帮助选择磨料,节省制样时间

现代金相制样中,还保留少量手工磨光即干砂纸磨光外,基本均采用机械水砂纸磨光。这两种砂纸都基本由纸基、黏结剂、磨料组成。磨料主要为 SiC、Al_2O_3 等。按磨料颗粒的粗细尺寸分别编号,国家标准 GB/T 9258.1—2000《涂附磨具用磨料的定义》中定义粗磨料粒度直径为 3.35～0.053 mm,从 P12～P220 共 15 个粒度标号。细磨料微粉粒度直径为58.5～8.5 μm,从 P240～P2500 共 13 个粒度标号。P240～P2500 的粒度组成如表3-5所列。

表 3－5　P240～P2500 的粒度组成

粒度标号	ds_0 最大值/μm	ds_3 最大值/pm	中值粒径 ds_{50}/μm	ds_{95} 最小值/μm
P240	110	81.7	58.5±2.0	44.5
P280	101	74.0	52.2±2.0	39.2
P320	94	66.8	46.1±1.5	34.2
P360	87	60.3	40.5±1.5	29.6
P400	81	53.9	35.0±15	25.2
P500	77	48.3	30.2±1.5	21.5
P600	72	43.0	25.8±1.0	18.0
P800	67	38.1	21.8±1.0	15.1
P1000	63	33.7	18.3±1.0	12.4
P1200	58	29.7	15.3±1.0	10.4
P1500	58	25.8	12.6±1.0	8.3
P2000	58	22.4	10.3±0.8	6.7
P2500	58	19.3	8.4±0.5	5.4

注：表中数值仅适用于 GB/T 2481.2—2009 中的沉降管粒度仪测定。

一般是使用酚醛树脂将金刚石微粉黏结于研磨盘，根据金刚石的粗、细选用研磨盘。这种磨盘具有很强的磨削力，高效并能获得很好的磨光效果，适用于硬质、脆性材料及复合材料的研磨。与普通的碳化硅水砂纸相比，这种研磨盘由于使用了金刚石磨料，材料去除速率大大提高，且能保持较长时间这种较高的材料去除速率，因此，从制样开始就可以使用粒度较细的磨料，以获得较低的残余损伤。

如图 3－17 所示，这种金刚石磨盘的基体为不锈钢片，上面黏结有金属填料和衬垫，其直径约为 12 mm，衬垫只占据制备表面的一部分。衬垫使表面应力得到控制并获得适度的材料去除速率，同时也能有效地清除磨屑并使变形量减小到最低程度。这种新型的金刚石磨盘价格较高，但耐用，寿命较长。

图 3－17　金刚石研磨盘

3. 磨光用设备及操作

磨光用设备可分为经典传统的手工磨光装置和现代自动机械磨光设备两类。

(1) 手工磨光

手工磨光制样方法很简单，用砂纸和一块平的玻璃板即可实现，虽然这种磨光方式已逐渐被现代自动、半自动的制样方法所淘汰，但其操作过程是机械制样的基础。

手工磨光是金相实验普遍应用的简单方法，其操作应按图 3－18 的方式进行。将砂纸平铺在玻璃或金属平板上，一手将砂纸按住，一手将试样磨面轻压在砂纸上，并向前推行，进行磨光，直到试样磨面上仅留有一个方向的均匀磨痕为止。在试样上所加的压力应均衡，磨面与砂纸必须完全接触,这样才能使整个磨面均匀地进行磨削。

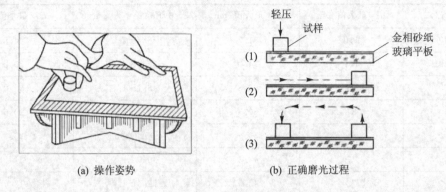

(a) 操作姿势　　　　　(b) 正确磨光过程

图 3 - 18　手工磨光操作

　　在磨光的回程中最好将试样提起拉回,不要与砂纸接触。磨光开始选用什么粒度的砂纸,主要与磨平或截取试样表面的粗糙程度,以及金属材料的软硬有关。一般钢铁材料用表 3 - 2 所列的干砂纸磨光时,多数人的经验是从 280 号开始,280 号磨好以后,必须将磨面及操作者的双手冲洗干净,然后换上较细一号 W40 砂纸继续磨光操作。第三次换用 W28 号砂纸,一般到 W20 号砂纸为止。这时砂纸所留下的磨痕很容易在抛光时消除。磨光操作每更换细一号砂纸时,为了便于观察前一道砂纸所留下的较粗磨痕的消除情况,磨面磨削的方向应该与前一号砂纸磨痕方向成 90°或 45°,如果改换砂纸后,仍然沿着前一号砂纸磨光的方向,或者漫无方向地磨光,就很难保证在使用更细一号砂纸时,能完全磨去前一号砂纸遗留下来的磨痕。

　　比较软的金属及合金,如 Pb、Sn、Al、Mg 等合金,则应继续磨到 W10 号砂纸,或者更细一些。磨光较软的试样时,要避免磨料嵌入试样中,一般在干砂纸上涂石蜡、煤油等润滑剂。

　　(2) 机械磨光

机械磨光的设备包括有圆盘预磨机及砂带磨光机。

　　① 圆盘预磨机:国内外有多种型号,其共同特点是预磨机构带有流水不断地流入旋转的磨盘中,圆形砂纸置于磨盘上,浮在盘上的砂纸在旋转盘驱动下将砂纸下的水抛出盘外,砂纸与盘间形成负压,大气压力将砂纸紧紧压在磨盘上,磨制时很牢固平稳,相对自动/半自动磨抛机而言,其经济实惠且简单实用。如图 3 - 19 所示,其转速一般可在 50~800 r/min 范围内无极调速,磨光机的转速一般控制在 300~500 r/min。

　　② 砂带磨光机:由电动机拖动环形砂带进行磨削,有一至两个工作台,每道砂带只需数分钟即可完成操作,根据需要可随时更换不同号数的砂带。可外接冷却水冷却,如图 3 - 20 所示。砂带磨光机通常适用于金相、光谱及硬度测试的高速手动粗磨,可以迅速去除较大较粗的试样表面材料,获得一个初始的制备平面。

　　③ 自动/半自动磨(光)/抛(光)机:是由机械抛磨机发展而来的,由磨盘上配置试样夹持器及动力头组成。自动抛磨机如图 3 - 21 所示。该设备采用的是动力头和试样夹持器以固定转速和转动方向转动,并对试样施加可以调节的力,使试样定压力下与转盘上的制备表面做相对运动。动力头对试样的施加方式有单独加载与中心加载两种。单独加载是动力头内的加载杆放下时对准每一块试样的中心,单独加载方式的优点是每次可以制备一块、两块或多块试样,增加了操作的灵活性,但试样一般均须经过镶嵌,且有规定的尺寸。

图 3-19　手动双盘无极调速磨光机

图 3-20　手动双头带式磨光机

图 3-21　自动/半自动研磨/磨光机

（3）磨光注意事项

磨光时，一般需要注意如下事项：

① 进行粗磨后，凡不做表面层金相检验的，棱边都应倒角成小圆弧，以免在以后工序过程中将砂纸或抛光织物拉裂。在抛光时试样还有可能被抛光织物钩住而飞出，造成事故。试样倒角如图 3-22 所示。

② 进行磨制时，对试样的压力应均匀适中。压力太小磨削效率低，压力太大则会增加磨粒与磨面之间的滚动，产生过深的划痕，而且又会发热并造成试样表面变形层。

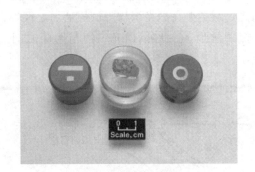

图 3-22　试样倒角

③ 当新的磨痕盖过旧的磨痕，而且磨痕是平行时，可更换下一号砂纸。

④ 更换砂纸时，不宜跳号太多，因为每号砂纸的切削能力是保证能在短时间内将前面的磨痕全部磨掉来分级的。若跳号过多，不仅会增加磨削时间，而且前面砂纸留下的表面强化层和扰乱层也难以消除。

⑤ 每更换一次砂纸，试样应转动 90°，使新的磨痕方向与旧磨痕垂直。易于观察粗磨痕的逐渐消除情况，使能逐步获得磨光的正确信息。

⑥ 砂纸一旦变钝,磨削作用降低,不宜继续使用,否则磨粒与磨面产生滚压现象而增加表面扰乱层。

⑦ 磨光过程中最重要的是每一步之间试样的清洗,目前广泛应用超声波洗涤器进行清洗,其速度快,效果好。

3.3.2 金相试样的抛光

抛光的目的是除去金相试样磨面上由细磨留下的细微磨痕,成为平整无疵的镜面。尽管抛光是金相试样制备中最后一道工序,此后会得到光滑的镜面,但金相工作者要在金相试样磨光过程中多下功夫,因为抛光的作用仅能除去表层很薄一层金属,所以抛光质量好坏很大程度上取决于前几道工序的质量。有时抛光之前磨面上留有几条较深的磨痕,即使增加抛光时间也难以去除,一般必须重新磨光。故抛光之前应仔细检查磨面,是否只留有单一方向均匀的细磨痕,否则应重新磨光,免得白费时间,这是提高金相制样设备效率的重要环节。

金相试样的抛光方法按其作用本质可分为机械抛光、电解抛光、化学抛光。

1. 机械抛光

(1) 机械抛光原理

机械抛光是抛光微粉与金相试样磨面相对作用的结果。抛光微粉比磨光用磨料要细些。一般认为抛光过程中抛光磨料对试样磨面的作用有以下两个方面。

① 磨削作用:抛光微粒嵌入抛光织物的间隙内获得暂时性固定,起着磨光用砂纸的作用,但在试样表面上产生的切削和划痕比磨光时要细得多。图 3-23 所示为抛光时试样磨面被切削示意图。

② 滚压作用:抛光微粒很容易从抛光织物中脱出甚至飞出抛光盘。这些脱出的微粒在抛光过程中夹在抛光织物与试样磨面之间,对磨面产生机械的滚压作用,使金属表面突起部分移流凹洼部分。此外,抛光织物与磨面之间的机械摩擦也有助于"金属的流动",如图 3-24 所示。

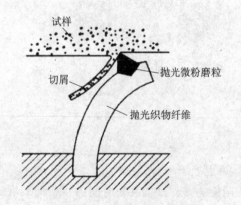

图 3-23　抛光时试样磨面被切削的示意图

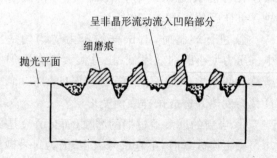

图 3-24　抛光时表层金属的流动的示意图

显然,磨光过程的滚压作用会产生一层很薄的变形层,即所谓的拜尔培层,或称扰乱层,使得磨面不能正确显示原来的组织结构,这是人们所不希望的。为了尽量减少拜尔培层的厚度应该提前选择工艺参数。

2. 机械抛光设备

机械抛光设备与磨光设备基本可以通用。前面介绍的自动/半自动的研磨机及圆盘式手动单盘或双盘研磨机因其速度可调,都可以当抛光机用,只需要将研磨的砂纸换成抛光布就可以了。

自动磨抛机(见图 3-25(a)、(b))的抛光臂运动呈现复杂的轨迹。图 3-25(c)所示是磨抛机开始几转的运动轨迹,经一定时间后轨迹几乎布满了整个面。试样由抛光臂带动在盘内运动就表现出多方向性,在整个抛光过程中的任一时刻均不会出现某一重复的抛光轨迹。抛光臂的运动速度可无级调速,对试样的压重也可从 0~2 kg 根据要求选择。仪器能完成从粗磨到抛光的全部工序。每道操作工序中的"压力""速度""时间"可以根据样品制备工艺自行预选。自动磨抛机适合在试样制备量不大的研究室中使用。

(a) 双盘自动磨抛机　　　　　(b) 单盘自动磨抛机　　　　　(c) 试样运动轨迹

图 3-25　自动磨抛机及其运动轨迹

随着科技的发展,现在还有一种从磨光到抛光均可实现全自动的机器,可批量进行金相试样的研磨和抛光工作,极大地减轻了金相工作者的劳动,适合在仅需制备单一材料或较少种类的材料且制备量较大的实验室使用。图 3-26 所示为全自动磨抛机,包括磨料配送系统、超声波清洗器、试样干燥器等几个系统,从研磨到最后抛光整个过程可全自动完成,整个过程的每个工序之间都进行夹持器和样品的清洗与烘干,充分保证了样品制备的高效与高品质。

(a) 全自动磨抛机整机　　　　(b) 磨料配送系统　　　　　(c) 磨抛压头

图 3-26　全自动磨抛机

3. 抛光材料

(1) 机械抛光微粉

作为磨料,应该具有高的硬度、强度,颗粒应该均匀。好的磨料外形尖锐呈多角形,一旦破碎也会增加磨料的切削刃口。若磨料极易磨钝而呈圆粒,就失去磨削作用,只能在抛光盘和试样磨面之间滚动,使磨面表层生成有害的扰乱层。更严重的是会把非金属夹杂物拖出,使凹痕扩大。因此金相试样抛光磨料必须有所选择。一方面是切削性能,另一方面是颗粒尺寸必须≤28 μm,而且必须均匀。最大磨粒尺寸不得大于最小磨粒的 3 倍,对于某一规格内的较大磨粒及较小磨粒的含量有一定的限制。只有使用符合上述要求的抛光微粉才能使试样磨面经抛光后达到质量要求。

长期以来作为金相抛光微粉的材料主要有氧化铬、氧化铝、氧化镁、氧化铁等。

氧化铬:一种不褪色的绿色燃料,具有很高的硬度,常用来抛淬火后的合金钢试样,也可用于铸铁试样。若分粗抛、精抛两道操作,氧化铬一般用于粗抛。

氧化铝:硬度极高(略低于金刚石及碳化硅)。天然的氧化铝称刚玉。广泛使用的是人工制得的电熔氧化铝沙粒——人造刚玉。刚玉的纯度越高越接近无色透明,杂质越多暗红色就越深。金相抛光采用透明氧化铝微粉,是最令人满意的抛光磨料。

氧化铝具有同素异构转变的特性,随温度变化有 α、β、γ 3 种不同的结晶点阵结构。α 氧化铝属六方晶系;γ 氧化铝为正方晶系,粒子极细、呈薄片状,压碎后成为更细立方形颗粒,增加了锐利的刃口,对磨削极有利。因此 γ 氧化铝是极理想的精抛磨料。β 氧化铝不适宜作为抛光磨料。天然刚玉只有 α 晶型存在,人造刚玉有 α 或 γ 不同的晶型。市场上氧化铝抛光料是分级出售的。

以上两种抛光磨料要分别将它们制成水悬溶液后才可使用。一般为一份抛光磨料加 20 份水。开始操作时浓度可高些,以后逐渐减低浓度。若进行水选分级,可得更高质量的抛光料。水选分级的方法很简单,让制得的水悬液静置沉降,粗的磨料沉淀最快,2~10 min 后吸出悬浮液即可使用。时间越长,吸出的磨粒越细,沉下的“砂粒”再可得到粗一级的抛光磨料。

氧化镁:一种粒度极细的精抛磨料,很适于铝、锌等有色金属的抛光,也适于抛光铸铁及夹杂物检验的试样,因为它对非金属夹杂物的拖出作用极小。作为抛光用的氧化镁外形呈八面体,具有一定的硬度并有良好刃口。氧化镁极易潮解形成氢氧化镁或碳酸镁(若有足够 CO_2 存在),磨削性能也随之丧失。故氧化镁应该用蒸馏水随用随调制。平时氧化镁应密封保藏,切勿受潮。

氧化铁:无水 Fe_2O_3 结晶又称红粉,用它抛光虽可得极光亮表面,但容易形成变形层,故很少采用。

除了以上几种抛磨料外,金刚石研磨膏正在日益得到广泛使用,它的特点是抛光效率高,抛光后的表面质量好。金刚石研磨膏由金刚石粉配以油类润滑剂制成。金刚石有天然(钻石)和人造两种。天然金刚石粉磨削性能更好些,但价格自然要高得多。

金刚石粉作为抛磨材料是极理想的,归纳起来有以下优点:

① 磨粒硬度极高,刃口极尖锐,对硬材料、软材料都有良好的切削作用;

② 磨粒基本上只产生磨削作用而无滚压作用,所以几乎不产生扰乱层;

③ 磨粒的切削性能很高,使用寿命也很长,磨粒消耗极少。

金刚石研磨膏的分档按金刚石微粉的规格划分,即按金刚石粉的实际尺寸(μm)划分。如 W3.5 的研磨膏颗粒的最大尺寸为 3.5 μm。各规格金刚石研磨膏的研磨粗糙度如表 3-6 所列。抛光金相试样用的研磨膏一般选用 W7~W5 作为粗抛磨料,选用 W2.5~W1.5 作为精抛磨料。

表 3 - 6　研磨膏粒度号、尺寸及研磨后粗糙度

研磨膏粒度号	颗粒尺寸/μm	研磨后表面粗糙度
W20	20	$Ra0.4 \sim 0.2$
W14	14	$Ra0.2 \sim 0.1$
W10	10	$Ra0.2 \sim 0.1$
W7	7	$Ra0.1 \sim 0.05$
W5	5	$Ra0.1 \sim 0.05$
W3.5	3.5	$Ra0.05 \sim 0.025$
W2.5	2.5	$Ra0.05 \sim 0.025$
W1.5	1.5	$Ra0.05 \sim 0.025$
W1	1	$Ra0.025 \sim 0.012$
W0.5	0.5	$Ra0.025 \sim 0.012$

金刚石研磨膏使用时每次用量极少,只须挤出一点抹在抛光盘上即可。抛光时只须隔一定时间加几滴水以保持试样表面湿润。因此,研磨膏的流失量相对小得多,它的用量要比一般磨料节省许多。更主要的是,研磨膏的抛光效率及效果要比其他磨料高许多,因此这种磨料的生产和应用越来越广泛。但是还应该注意到,金刚石研磨膏并不适用于一切金属材料试样,故并不能取代其他抛光磨料。国外的有关厂家不仅生产系列研磨膏产品,还生产系列的其他抛光磨料,如把氧化铝抛光磨料制成乳状液,并配有特制的包装,使用十分方便。

(2) 机械抛光织物

抛光织物在抛光过程中主要起支撑抛光磨料的作用,从而产生磨削作用,并且可阻止磨料因离心作用而飞散出去。其次是起储藏部分水和润滑剂的作用,使抛光能顺利进行。再次是织物本身能产生摩擦作用,能使试样磨面更加光滑、平整。

抛光织物的品种很多,有棉织物、毛织物、丝织物及人造纤维织物数种。一般可依其表面绒毛的长短把它们分成以下 3 类。

① 具有很厚的绒毛的织物,如天鹅绒、丝绒等是常用抛光织物。绒毛厚能储存更多润滑剂,尤其适用精抛。

② 对作夹杂检测的试样或铸铁试样,厚绒毛会导致产生"曳尾"现象,故不太适宜。没有绒毛的织物,如绸缎等丝绸织物,使用时应该用其反面作为抛光面,主要用于抛光夹杂物。

③ 介于以上二者之间且具有较短绒毛的织物如法兰绒、花呢、各级重量的帆布等,常用于粗抛用。目前化纤发展很快,一些化学纤维产品,如尼龙、涤纶、植绒布等也可用于抛光。抛光操作对织物的要求如下:织物纤维柔软,坚固耐磨、不易撕破。抛光织物的选择主要取决于试样材料的性质与检验目的。表 3 - 7 列出了一些用于精抛的织物性能及其使用对象。

表 3 - 7　用于精抛光的织物

精抛光用材料	材料的性能	抛光的对象
质地致密的呢料或有短茸毛的绒布	这类呢料或绒布耐用,抛光效果和速度也较好	一般金属材料都可使用
带有长毛的丝绒一类的织物	这类丝绒织物抛光速度快,但容易产生浮雕现象;长毛容易将试样检验面上的夹杂物拖出	一般金属材料都可使用
质地坚硬致密不带茸毛的丝织物,如绸绢	这类织物最适用于检验夹杂物及表面层质量的试样	一般金属材料都可使用

在使用各种抛光织物时,大多数实验室都是用一个外圈将其箍紧在抛光盘上。这种做法既浪费材料,又容易在盘边缘处使织物起皱,稍微不慎织物会被试样划破。现在国外有金相抛光织物系列产品,基本上也分为上述3大类,已裁好且背面涂有压敏胶,可以方便而牢固地置于抛光盘上。不仅节省织物,提高耐用度,同时也节约时间,提高抛光质量。此外,这种抛光织物背底几乎不透水,抛光磨料因此不会从织物背底下流失,磨料的利用率大为提高。这对使用研磨膏效果更为明显。

抛光通常在专用的金相样品抛光机上洒以适量的抛光液后进行,粗抛时转速较高,精抛或抛软材料时转速较低。在抛光盘上蒙一层织物,粗抛时常用帆布、粗呢等,精抛时常用绒布、细呢金丝绒与丝绸等。

各种抛光织物、抛光微粉、磨光磨料、切割砂轮片统称金相制样辅料或金相制样耗材,现在正在系列化、成套化发展,以满足各种金相设备、各类金相试样材料的要求。常见的抛光耗材如图3-27所示。

图 3 - 27   常见抛光耗材

4. 抛光操作及注意事项

金相试样的抛光一般分为粗抛光和精抛光两道工序,若进行不照相的普通常规金相检验,也可一次操作。较软的合金一般不经粗抛光而直接进行精抛光,或采用其他抛光技术,以免造成严重的扰乱层。

(1)粗抛光

粗抛光的目的是消除由细磨留下的磨痕,为精抛光提供更佳的条件。粗抛用织物有帆布、法兰绒。粗抛用微粉是抛光微粉中较粗的一类,抛光时抛光盘转速最好在 $200\sim600$ r/min 范围内。

抛光时握稳试样,手势要随应试样磨面并使之平行于抛光盘平面,磨面应均衡地压在旋转的抛光盘上。开始时将试样由盘中心向边缘左右移动,所施压力不能太重。抛光将近结束时,试样应该从边缘向中心移动,以降低抛光线速度,同时压力应越来越轻。在抛光过程中要随时补充磨料及适量的水(润滑剂)。抛光盘的湿度对抛光质量影响很大。若水分太多会减弱抛光磨削作用,增加滚压作用,使试样内较硬相呈现浮雕,使非金属夹杂物及铸铁中的石墨拖出。若水分太少,润滑作用就会大大减弱,可能拖伤磨面,试样磨面将变得晦暗而有斑点。

抛光最合适的湿度可由磨面上水膜蒸发的时间来决定:磨面离开抛光盘后磨面上水膜若经 $1\sim5$ s 即被蒸发,则被认为是理想的湿度。若使用金刚石研磨膏,可将少许研磨膏用手指嵌入抛光织物内并抹开,最后加些甘油。抛光时试样沾水抛光,切勿洒水,以免研磨膏被冲失而降低其抛光效果。试样粗抛所需时间约 $2\sim5$ min,将细磨光的磨痕消除后,即应停止。抛光时压重太大或抛光时间过久都会导致变形、扰乱层的增厚。粗抛光好的磨面已较光滑,但仍暗淡无光。

(2)精抛光

精抛光的目的是消除粗抛光所留下的抛光磨痕,得到光亮平整的磨面。精抛光常用织物如表 3-7 所列。常用的抛光磨料可根据金相试样材料及检验目的在细的抛光磨料一类中选择,其中 α 氧化铝是最优良的抛光料,用得较广泛。

精抛光的操作与粗抛光基本相同,只是磨面应均衡地更轻地压在抛光盘上,并不断地左右移动。在抛光即将完成阶段可稍微逆着抛光盘旋转方向转动金相试样,最后在抛光盘中心处提起试样。这样可不断变换抛光方向,防止非金属夹杂物的"曳尾"现象。当磨痕完全消除后,应当立即停止抛光,以减少表层金属变形。一般精抛光需 3~5 min,未经粗抛光的试样,时间相应长些。

抛光全部完成后先用水冲洗,有一定硬度的试样可用湿棉花轻轻揩拭去磨面上残留的磨粒。再在酒精中清洗,然后由金相样品吹干器吹干,也可用电热吹风机,但要注意温度控制。吹干后若不立即浸蚀观察,则应放入干燥缸内,以免受潮生锈。

金相试样经抛光后应光亮无痕,100 倍显微镜下观察应看不到任何细微的划痕,非金属夹杂物不准有"曳尾"现象。若不符要求则应重新再抛,严重的应从磨光开始重新做。

在试样制备过程中,表层金属由于受机械力的作用会产生变形扰乱层,影响组织的正确显示,混淆分析结果,尤其是一些软材料的试样,如奥氏体类钢、铝合金等。这种变形扰乱层可用交替抛、浸蚀的方法得以消除。进行几次可浸蚀深一些。浸蚀后仍再抛光成镜面,再浸蚀观察。一般试样经四五次操作,淬火钢二次操作已足够。若变形扰乱层很厚,则应增加次数。有些试样材料硬度较高,操作符合规范,经一次浸蚀即可消除扰乱层,不必再做交替操作。

半自动、自动抛光机的操作,磨料及润滑剂的加入方法应该按照说明执行。各种自动设备都应有使用说明,包括各种材料试样的磨、抛操作规范。规范着重列出抛光盘的转速、使用的抛光织物、抛光磨料、冷却润滑液及试样夹持器对抛光盘所施压力。半自动抛光机一般选用油性冷却润滑剂,而自动抛光机由本身的循环泵自动供给适量水性冷却润滑剂及磨料。

(3) 抛光注意事项

① 抛光时应将试样的磨面均匀地、平正地压在旋转的抛光盘上;压力不宜过大,并从边缘到中心不断地作径向往复移动。

② 抛光过程中要不断喷洒适量的抛光液。若抛光布上抛光液太多,会使钢中夹杂物及铸铁中的石墨脱落,抛光面质量不佳;若抛光液太少,将使抛光面变得晦暗而有黑斑。后期应使试样在抛光盘上各方向转动,以防止钢中夹杂物产生拖尾现象。

③ 尽量减少抛光面表层金属变形的可能性,整个抛光时间不宜过长,等磨痕全部消除,出现镜面后,抛光即可停止。试样用水冲洗或用酒精洗净后就可转入浸湿或吹干后直接在显微镜下观察。

(4) 金相试样制备过程的清洁问题

金相试样的制备要得到好的结果,清洁是相当重要的。伴随着磨光和抛光的每一步操作,必须相应地进行一次清洁,把磨光和抛光时的磨料颗粒从试样上完全消除,以免污损,影响下一步的制样效果。细磨到粗抛这一步特别关键要彻底地清洁。化学抛光或电解抛光之前,试样表面必须无油脂。试样表面上的残渣、手印和不易觉察到的膜,会导致试样各部分的浸蚀速度不一样,干扰浸蚀。

试样清洁的方法有很多,最常用的是漂洗,可以直接在流水下冲洗;也可以在盛水容器中漂洗,漂洗时可以用柔软毛刷或棉花球擦拭。

超声波清洗是最有效和彻底的清洗方法。不仅能够清除污染,而且能够把裂缝、空腔中保留的细粒物清除掉。超声波清洗只需 10~30 s。所以超声波清洗是目前最受欢迎的方法。

清洗后试样应当快速干燥。首先在酒精、苯或其他低沸点的液体中漂洗,然后置于热空气吹干机下,使裂缝和孔洞中保留的液体蒸发,表面不留任何残迹。

3.3.3 研磨抛光常见缺陷及应对措施

1. 划痕

划痕即是样品表面上的线性凹槽,是由研磨粒子造成的。图3-28所示为金刚砂抛光之后,残存非常深的垂直刮痕。

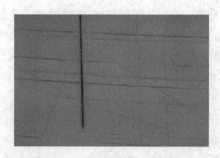

图3-28 垂直刮痕 200×

应对措施:

① 确定在粗磨后,试样座上所有样品的表面都均匀地布满同样的磨痕花样;必要时重新进行粗磨;

② 每一道工序后均应仔细清洁样品和试样座,以减小前一道工序中的大研磨粒子对磨/抛用具的干扰;

③ 如在现行的抛光工序后仍有前面工序留下的磨痕,请先增加25%~50%的制样时间。

2. 褶皱

样品较大区域发生的塑性变形称为褶皱,当不恰当地使用研磨料、润滑剂或抛光布时,或者它们的搭配不合适时,都将使研磨料如钝刀一样作用在样品表面,推挤表面,使出现皱褶。图3-29所示为易延展软钢上的褶皱(DIC:微分干涉显微镜)。

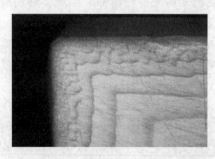

图3-29 褶皱 15× DIC

应对措施:

① 润滑剂:检查润滑剂的用量。润滑剂量太小时常发生推挤,必要时应加大润滑剂用量;

② 抛光布:由于抛光布的高回复性,研磨料会被深深压入抛光布的底部而无法起到研磨作用。须更换回复性差的抛光布;

③ 研磨料:金刚石的颗粒尺寸可能太小,致使无法压入样品进行研磨。请使用大颗粒研磨料。

3. 伪色

伪色就是对样品表面的非正常着色,主要的原因是接触了外来物质。如图3-30所示,由于树脂与样品之间的间隙引起的试样染色。

应对措施:

① 镶样时避免在样品和树脂间留下缝隙;

② 各道制样工序后立即清洗并干燥样品;

③ 在氧化物抛光的最后10 s里,用凉水冲洗抛光布,使样品和抛光布同时得到清洗,最终

抛光后避免使用压缩空气干燥样品,因为压缩空气含有油或水;

④ 保存样品时,不能将样品置于空气中,避免湿气浸蚀样品。应该将样品保存在干燥器皿中。

4. 变形

塑性变形(也可称为冷加工)可能导致在研磨、精研或抛光之后存在表面缺陷。可在蚀刻之后首先看到残余的塑性变形。如图 3-31 所示,短变形线,限于单个颗粒。

图 3-30　伪色　20×

图 3-31　变形　100×　DIC

应对措施:

① 变形是一种浸蚀后即刻显现的假象(化学、物理或光浸蚀);

② 如果在明场下观察未浸蚀样品时仍可见到怀疑是变形线的形貌,须改进制样方法。

5. 边缘磨圆

当使用回复性高的抛光布时,有时会同时研磨样品的表面和侧面,这种效应称为边缘磨圆。如果树脂的磨损速率大于样品,则会出现这种现象。如图 3-32 所示,由于树脂与样品之间的间隙,因此边缘将出现倒角;而如图 3-33 所示为良好的边缘保护(材料:不锈钢)。

图 3-32　边缘出现倒角　500×

图 3-33　良好的边缘保护　500×

应对措施:

① 磨制过程中要保护好须检验的边缘,不要因检验样品边缘而对样品边缘过度磨制产生倒角;

② 抛光时,试样需要保护的一边朝后,不需要保护的一边在前,迎着抛光盘转动的方向进行抛光,抛光时尽可能接近盘心位置,抛光时间不宜过长。

6. 浮雕

由于不同相的磨损速率和硬度不同而导致不同的材料剥离速率不同,从而产生浮雕。图 3-34 所示为 AlSi 中 B_4C 纤维与基材之间的起伏;而图 3-35 所示材料与图 3-34 相同,

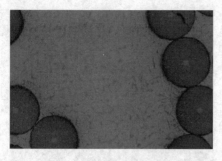

图 3-34　纤维与基材之间的起伏　200×

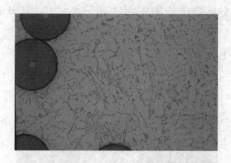

图 3-35　纤维与基材之间无起伏　200×

但无起伏。

应对措施：

① 浮雕主要发生于抛光阶段,研磨后的样品质量要高,给抛光提供好的基础;

② 抛光布对样品的平整度有显著影响,低回复性抛光布要比高回复性抛光布造成的浮雕效果轻;

③ 抛光布抛光期间应保持一定的湿度,并且注意制样时间,避免制样时间过长。如果出现了浮雕现象则必须要重新制样。

7. 脱落

研磨过程中,样品表面的粒子或晶粒被拽掉后留下孔洞的现象称为脱落。由于硬脆材料

图 3-36　夹杂物脱落　500×　DIC

无法塑性变形,致使样品表面的微小区域发生破碎而脱落或被抛光布拖拽下来。如图 3-36 所示,夹杂物被拖拽出来。在图中可以看见凸起夹杂物引起的刮痕。

应对措施：

① 切割和镶样过程中,不要施加过大的应力以免损伤样品;

② 粗磨或精磨时,不能使用过大的压力和粗大的研磨粒子;

③ 应使用无绒毛抛光布,这种布不会将粒子从基体上"拽"出来;

④ 每道工序都必须去掉上道工序造成的损伤,并尽可能地减小本道工序造成的损伤;

⑤ 每道工序后都检查样品,找出何时发生脱落,一旦出现脱落就必须重新进行磨制。

8. 开裂

发生在脆性样品和多相样品中的断裂称为开裂。当加工样品的能量超过样品所能吸收的能量时,多余的能量就会促使开裂。图 3-37 所示为等离子涂层与基板之间的裂缝,裂缝源于切割;而图 3-38 所示为真空下使用环氧树脂镶嵌的样品,该样品的裂缝被荧光染料填充,从而证明该裂缝在镶样之前已存在于材料中。

应对措施：

① 切割：必须选择适当的切割轮,并使用较低的送进速度,必要时采取线切割技术;

② 镶样：避免对脆性材料或样品进行热压镶样,优先使用冷镶嵌;

③ 磨样：粗磨时避免使用大的压力。

图 3 - 37　切割导致的裂纹　500×

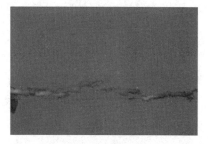

图 3 - 38　镶嵌前产生的裂纹　500×

9. 虚假孔隙率

有些样品本身即带有孔隙,如铸造金属、喷涂层或者陶瓷等。因此,重要的是如何获得准确的数据,避免由于制样错误导致数据错误。软质材料和硬质材料的结果有所不同。

(1) 软质材料

① 图 3 - 39 所示为样品(超级合金)用粒度 3 μm 磨料抛光 5 分钟后的效果;

② 图 3 - 40 所示为在图 3 - 39 基础上,再用粒度 1 μm 磨料额外抛光 1 分钟后的效果;

③ 图 3 - 41 所示为在图 3 - 40 基础上,再用粒度 1 μm 磨料额外抛光 2 分钟后的效果,为正确结果。

图 3 - 39　用粒度 3 μm 磨料抛光 5 分钟　500×

图 3 - 40　用粒度 1 μm 磨料抛光 1 分钟　500×

(2) 硬质材料

① 图 3 - 42 所示为精研之后的 Cr_2O_3 等离子涂层;

② 图 3 - 43 所示为在图 3 - 42 基础上,用粒度 6 μm 磨料再抛光 3 分钟后的效果;

③ 图 3 - 44 所示为在图 3 - 43 基础上,用粒度 1 μm 磨料再额外抛光之后的效果,为正确结果。

应对措施:

① 易延展的软材料可轻易地变形。因此,孔洞可能被存在污迹的材料覆盖。检验时会发现孔隙百分比过低;

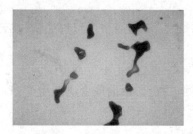

图 3 - 41　用粒度 1 μm 磨料额外抛光 2 分钟　500×

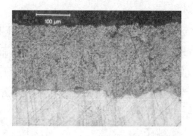

图 3 - 42　Cr_2O_3 等离子涂层精研

图 3-43 用粒度 6 μm 磨料抛光 3 分钟   图 3-44 用粒度 1 μm 磨料额外抛光

② 硬质、脆性材料的表面在第一机械制备步骤中易于断裂,因此相对于实际情况呈现的孔隙率更高;

③ 每两分钟使用显微镜检查试样一次,每次检查相同区域,以确保是否需要改进。

10. 曳尾

当样品与抛光盘沿同一方向运动时,曳尾常发生在析出相或孔洞的周围。由于典型的形状使其被称为曳尾。图 3-45 所示为析出相突出导致的曳尾。

应对措施:

① 抛光期间,样品和抛光盘使用相同的旋转速度;

② 减小抛光用力;

③ 为避免曳尾缺陷的产生,制样时要保持抛光布湿润,试样要不停地移动,且避免长时间抛光。

11. 污染

来源于其他部分而不是样品本身的杂物,在机械研磨或抛光过程沉积在样品表面,这种现象称之为污染。如图 3-46 所示,由于 B_4C 颗粒与铝基质之间存在轻微起伏,前一步骤磨抛的铜沉积样品颗粒(红色)沉积在现在样品的表面。

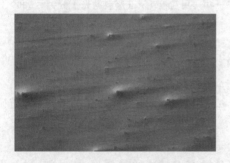

图 3-45 曳尾 200× DIC   图 3-46 污染 200×

应对措施:

① 这种试样重新轻抛即可使用,如果检查抛光态试样,可用酒精淋湿抛光试样后进行吹风,最后用酒精棉花在试样面上轻轻擦洗即可;

② 为了避免出现污染,各道制样工序后尤其是最后一道工序后要立即清洗并干燥样品;

③ 当怀疑某一种相或粒子可能不属于真实组织时,一定要清洁或者更换抛光布,并且从精磨开始重新制样。

12. 磨料压入

游离的研磨料颗粒压入样品表面的现象称为磨料压入。由于在金相显微镜下观察嵌入的砂粒形态与钢中非金属夹杂物无法区分,因此会给缺陷分析造成误判。图 3－47 所示为铝材料使用 3 μm 金刚砂研磨,使用低弹性的抛光布抛光后,各种金刚砂被镶嵌到样品中的图像。

应对措施:

① 对于有裂纹、孔洞的样品,应控制制样的力度,每道工序后要冲洗样品;

② 如果发现裂纹、孔洞内有单个颗粒状、颗粒尺寸较小并与基体分离的夹杂物,应当借助于扫描电镜的能谱进行分析,以确定是钢中夹杂物还是制样时带入的。

13. 研磨轨迹

研磨轨迹是研磨粒子在硬表面上无规运动而在样品表面上留下的印痕。虽然样品上没有划痕,但可见到粒子在表面上无规则运动留下的清晰痕迹。使用的磨/抛盘或抛光布不合适,或者施加的压力不准确,这些问题合在一起易导致擦痕。图 3－48 所示为由于磨料颗粒旋转或滚动引起的锆合金上的研磨轨迹。

图 3－47 金刚砂被镶嵌到样品 500× 　　　图 3－48 锆合金上的研磨轨迹 200×

应对措施:

① 高弹性的抛光布;

② 适量增加研磨/抛光的力度。

3.3.4 电解抛光

1. 电解抛光原理

1935 年吉奎特(Jacuquet)把电解抛光这一重要方法应用于金相制样。目前在工厂、学校和研究单位广泛应用,特别是机械抛光有困难的、硬度低、易加工硬化的金属材料,如对高锰钢、不锈钢及有色金属等有良好的效果。

电解抛光(也称阳极抛光或电抛光)是把进行电解抛光的金相试样放入电解液中,接通试样(阳极)与阴极间的电源,在一定条件下,可以使试样磨面产生选择性的溶解,使磨面逐渐变得光滑平整。图 3－49 所示为电解抛光的一般装置。不锈钢等作为阴极,试样作为阳极,接通直流电源,试样的金属离子进入溶液,发生溶解。在一定电解条件下,试样表面微凸

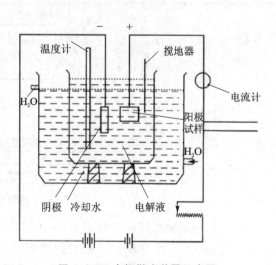

图 3－49 电解抛光装置示意图

出部分的溶解比凹陷处快,这样渐渐地使试样表面由粗糙变成平坦光亮。

电解抛光过程如何使试样表面变得光亮如镜,目前还没有一种完善的理论,能够说清楚电解过程的所有现象。薄膜理论被认为是较合理的假说。

薄膜理论认为,电解抛光时,靠近试样阳极表面的电解液,在试样表面凹陷的地方,扩散流动得较慢,因而形成的膜较厚。试样之所以能够抛光与这层厚薄不均匀的薄膜密切相关。膜的电阻很大,所以膜很薄的地方,电流密度很大,膜很厚的地方,电流密度很小。试样磨面上各处的电流密度相差很多,凸起顶峰的地方电流密度最大,金属迅速地溶解于电解液中,而凹陷部分溶解较慢,如图3-50所示。这样凸出部分逐渐变平坦,最后形成光亮平滑的抛光面。

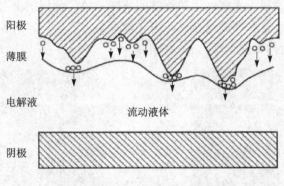

图3-50 电解抛光原理示意图

电解抛光时要得到并保持这样一层有利于抛光的薄膜,需要各方面配合。薄膜的形成除了与抛光材料的性质和所用的电解液有关外,主要取决于抛光所加的电压与所通过的电流密度,根据抛光时的电压-电流曲线,可以确定合适的电解抛光规范。

吉奎特研究了许多金属和合金电解抛光特性,得到了不同类型的电压-电流曲线:比较典型的情况如图3-51所示。

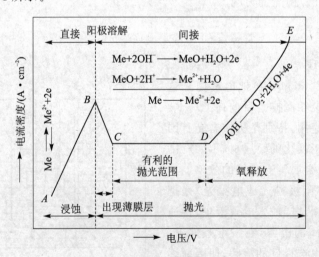

图3-51 典型的电解抛光曲线

AB 段,电流随电压的增加而上升,电压比较低,不足以形成一层稳定的薄膜。一旦形成也会很快地溶入电解溶液中,不能电解抛光,只会电解浸蚀。电解浸蚀就是这样进行的。

BC 段,试样表面形成一层反应产物的薄膜,电压升高而电流下降。

CD 段,电压升高,薄膜变厚,相应的电阻增加,电流保持不变。由于扩散和电化学过程,故产生抛光。CD 段是正常的电解抛光范围。

DE 段,放出氧气,由于氧气的产生,导致试样表面点蚀。这可能由于表面吸附气泡,使膜厚局部减小而产生的。

上述四个阶段中的电化学反应式见图 3-51,其中 Me 代表金属,Me^{2+} 代表金属离子,e 代表电子。

在实际电解抛光过程中,如果把 BC、CD 和 DE 段都观察一下,则发现只有 $C \sim D$ 没有和其他现象(钝化膜形成和氧气释放)的重合。因此大多数金相电解抛光工作区域位于 CD 的水平线段,很少处于 DE 段。而 CD 段愈宽愈有利于电解抛光。

还需要强调说明的是:图 3-51 上包括的线段,在实际的测定中并不总是如此明显,对于电阻很大的电解质,根本不可能分清各个阶段;有些金属也不能明显地区分各个阶段。

2. 电解抛光与机械抛光相比较

电解抛光与机械抛光相比,有许多优点。

① 软的金属材料机械抛光易出现划痕,需要具备精细的抛光方法和熟练的抛光技术,才能得到好的抛光面,而用电解抛光则很容易得到一个无擦划残痕的磨面。

② 电解抛光对某些金属材料,经试验一旦确立了抛光规范,用简单的操作技术就能得到好的磨面,而且重现性好。

③ 电解抛光不产生附加的表面变形,易消除表面变形扰动层。

④ 对于较硬的金属材料用电解抛光法比机械抛光法快得多。

⑤ 电解抛光有灵活可变的适位性,能够抛光不同形状、大小的试样,对面积较大,多面的或非平面的试样进行局部点的抛光,抛光技术难度较小。

⑥ 电解抛光既可节省抛光时间,又能节省抛光材料,对前道磨光操作要求不高,一般经 400 号水砂纸预磨后即可进行电解抛光,工艺参数一经确定,效果较稳定。

尽管电解抛光有上述许多优点,但现在仍不能完全代替机械抛光。

① 电解抛光对金属材料化学成分的不均匀性、显微偏析特别敏感,电解抛光时在金属基体与夹杂物界面处会受到剧烈浸蚀。电解抛光用于偏析显著的金属材料、铸铁及作夹杂物检验的金相试样还是相当困难的。所以,具有偏析的金属材料难以进行电解抛光,甚至于不能进行电解抛光。

② 含有夹杂物的金属材料,如果夹杂物受电解液浸蚀,则夹杂物部分或全部被抛掉;如果夹杂物不被电解液浸蚀,则夹杂物保留下来在试样表面上突起。

③ 两相金属材料如果两个相的电化学性差别很大,则电解抛光产生浮雕;惰性相抛光较小,因此局部凸起形成浮雕。

④ 有些材料需要较长的电解抛光时间,但长时间的抛光,会使表面出现波纹和棱角的圆滑化。为减小这些作用,电解抛光前的磨光应尽量减少表面层缺陷;或者电解抛光前,略微进行机械抛光,会得到较好的效果。

⑤ 此外,电解液成分多样复杂,对具体材料掌握可行的具体规范有一定的难度。

3. 电解抛光溶液

电解抛光溶液的成分是确定电解抛光质量的重要因素。根据电解抛光过程的特性和操作的需要,一般对电解液有下列要求:

① 应该有一定的黏度;

② 当没有电流通过时,阳极不浸蚀。在电解过程中,阳极能够很好地溶解;

③ 应该包含一种或多种大半径的离子,如 $PO_4{}^{3-}$、$ClO_4{}^-$、$SO_4{}^{2-}$ 或大的有机分子;

④ 应该便于在室温有效地使用,随温度的改变不敏感;

⑤ 配制时应该简单、稳定、安全。

用于电解抛光的电解液,往往含有酸(如磷酸、硫酸、高氯酸)、电离液体(如水、醋酸或酒精)以及提高黏度的添加剂(如甘油、丁甘酸、尿素)等。对于形成易溶解的氢氧化合物的金属,使用碱性电解液。在有关的金属手册中列出了许多电解液供选用。

经常使用的有高氯酸($HClO_4$),高氯酸是无色透明液,是酸中最强的一种,一经脱水形成的高氯酸酐极易爆炸,必须注意安全。一般使用的为稀释液,即体积分数为 60% 的 $HClO_4$ 或 20% 的 $HClO_4$。

在配置电解抛光液时,常用醋酸酐(冰醋酸)或酒精稀释,分别称为高氯酸-醋酸溶液和高氯酸-酒精溶液。前者称为吉奎特溶液(Jacquet),其电解抛光的效果很好。但配制这类溶液时,必须小心谨慎,否则有发生爆炸的危险。配制和使用时要用冰水冷却,保证溶液的温度低于 30 ℃,而且价格较贵,现在很少使用。后者称为提莎-海曼溶液(Desy and Hammer Solution),使用时温度在 50 ℃ 以下不会有爆炸危险。其工作电压高些,电流也大些,使用时试样应靠近阳极,抛光速度很快,被认为是优良的金相电解抛光液。使用这种电解抛光液时要特别注意安全,必须有可靠的冷却措施,否则会发生爆炸。

铬酸(H_2CrO_4)是六价氧化铬(铬酸酐 CrO_3)的水溶液,是一种强氧化剂。一般均以铬酸酐配制,铬酸是一种暗红色的结晶体。铬酸常与其他酸类混合,如与磷酸、醋酸混合为电解抛光液。其中,铬酸-磷酸电解液使用较广泛,甚至可用于铸铁试样。这种电解液的配制很方便,又无危险,有良好的覆盖能力,所需抛光电流也较低。铬酸-磷酸电解液的工作温度高于 50 ℃,故在工作时应不断加热以保持正常工作条件。这种抛光液的主要缺点是电解抛光时间较长。

对于形成易溶物的氢氧化物的金属,要使用碱性电解液。

电解抛光技术是较为活跃的技术,不断有新的电解液推出,在保证安全的前提下,使用各种电解液时可以根据具体情况进行适当调整。

4. 电解抛光设备与操作

电解抛光设备一般分成两类:一类是电极浸入静止的或搅拌比较小的电解液中抛光;另一类是电极与流动或泵驱动的流动电解液相接触进行抛光。前者是比较简单的装置,后者则是电解抛光的成套装置,并具有复杂的辅助设备。

第一类电解抛光的装置在实验室内很容易建立起来,如图 3-52 所示。

电解抛光一般采用直流电源,电压大多在 50 V 以下。电路中可串联一只可变电阻和一只电流表,用来调整所需要的电压和电流。电解抛光的电解槽一般用玻璃杯,容量在 500~1000 mL 范围内较合适。若容量太小,温度容易升高,使抛光操作变难;若容量太大,造成电解液浪费。若采

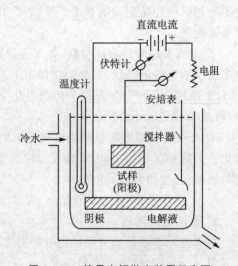

图 3-52　简易电解抛光装置示意图

用"冷"电解抛光液,电解槽要放入盛有流动水的容器中,以保持电解时电解液得到及时充分地冷却;如果使用"热"电解抛光液,要使流动水槽加热,保持水温与电解液温度近似相等。电解抛光装置的阴极材料,常用的有 18-8 型不锈钢,也有用铝板和铅板的,视具体反应的要求选择。其面积一般不能小于 50 mm²,若面积太小,电流不均匀,就会影响抛光质量。阴极用导线连接可直立或水平悬挂在电解液中。电解槽内要放一个搅拌器,必要时须进行搅拌,使电解液的温度均匀。同时也插入一只温度计,随时监测电解液的温度。金相试样为阳极,磨光面应面对阴极,且平行保持一定距离,防止电流分布不均匀,造成不良结果。

影响电解抛光的因素是电解液成分、电流密度、电压和抛光时间等。当试样已知,电解液选定以后,电解抛光效果的好坏,主要取决于电流密度、电解液温度和抛光时间三个因素,尤其是电流密度最为关键,若电流密度小,则抛光速度慢,同时产生浸蚀现象,当电流密度过大时,将产生小气泡聚集在抛光面上,导致蚀坑的出现。

如需要了解电解抛光的材料,可查阅相关手册中所给电解液及电解规范进行抛光操作。有时所给数据并不确切、完整,加上材料的差异,抛光效果不稳定,不理想。这时设好在所选择的电解液中测定电压-电流密度曲线,确定最佳抛光的电压和电流密度。

电解抛光的操作步骤如下:

① 把电解液注入电解槽中,使其温度达到要求的温度;

② 断开电源开关,将阴极放入电解液中,并与电源负极导线连接;

③ 测量试样抛光的表面面积;

④ 用洗涤剂彻底地清洗试样;

⑤ 用蒸馏水漂洗试样,如果试样表面与水不完全湿润,须重复步骤④与⑤;

⑥ 用白金丝或铝线捆扎好的试样与电源正极导线连接,合上电源开关;

⑦ 把试样放入电解液中,施加所要求的恰当电压;

⑧ 如果需要的话,改变电极之间的距离,调整电流密度;

⑨ 达到所要求抛光时间后,拿出试样,断开电源开关,立即用水和酒精漂洗,干燥后即得到抛光好的试样。

应该注意的是:抛光时,先接通电源,再将试样放入电解液中;待抛光完成后,应先取出试样,再切断电源,并立即将试样放入水中清洗。

电解抛光所需的时间,除与所用电解液有关外,还与抛光前试样表面磨光的程度有很大关系。磨面越平滑,抛光时间越短。反之,磨面越粗糙,抛光时间越长。

第二类电解抛光装置是成套抛光设备,主要由两部分组成:一部分是电解槽系统,其中有阴阳电极,电解液容器和一个耐蚀的电动泵,驱使电解液与电极流动接触;另一部分是控制系统,其中包括整流和定时装置。目前这种成套设备很普遍,国内所产的 EP-06 型电解抛光腐蚀仪如图 3-53 所示。

还有另外一种电解抛光装置是电解研磨抛光设备(Electrolytic Lapping),是把电解和试样的机械移动结合起来的一种抛光设备。这种抛光设备操作方法是试样(阳极)紧贴着放在轮盘(阴极)的抛光织物上,此织物上充以电解抛光液。图 3-54 所示为采用半自动的方法进行的电解研磨抛光,最常用的是直流电。但一些金属,如钼、钨和铼等,用低频交流电能够得到良好的抛光效果。图 3-55 所示为 Struers 公司生产的 Lectropol-5 型电解抛光仪,是一种采用了微处理器控制的自动电解抛光和金相试样蚀刻的设备,其独特的扫描功能和内置方法缩短了制备时间,能够获得较高的可再现性,特别适用于快速质量控制。

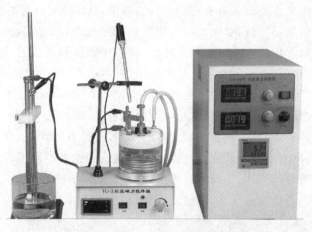

图 3 - 53　EP - 06 型电解抛光腐蚀仪

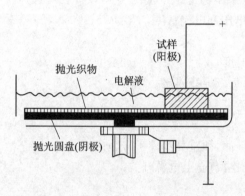

图 3 - 54　简易电解抛光装置示意图

图 3 - 55　Lectropol-5 型电解抛光仪

　　电解研磨抛光技术包含了电解抛光和机械抛光的优缺点,可用于均匀和非均匀金属材料的抛光;对钼、钨、铼等硬的金属及合金的抛光,是一种成功的补充方法,在某些情况下也存在电解抛光和机械抛光的缺点。

3.3.5　化学抛光和显微研磨

1. 化学抛光

　　化学抛光不易产生机械抛光容易出现的变形层,尤其适于软材料;操作简便,对抛光试样尺寸要求不严。缺点是化学药品消耗量大,成本高,不适于高倍分析。

　　化学抛光的实质与电解抛光类似,是化学药品对表面金属不均匀溶解的过程,试样磨面在这一过程中逐渐转变成光亮的表面。因此,化学抛光又称为化学光亮处理。在溶解过程中,如同电解抛光一样在试样表面也有一层氧化膜产生,其厚度随表面凹凸而不同,这是使试样表面逐渐光洁的主要原因。但是化学抛光中对磨面凸出处的溶解速度没有电解抛光时那么迅速,因此化学抛光的表面虽光滑,但随之带来了产生浸蚀斑的可能,易出现不平坦,高倍检验受到限制。

　　尽管化学抛光处理的试样磨面不如电解抛光、机械抛光处理的磨面那么平整,但磨痕确已被消除,并不妨碍在较低倍数下观察组织。因为一般表面不平整的垂直距离在低倍或中倍物镜垂直鉴别能力范围以内,所以在金相显微镜下均能清晰的观察到组织。

化学抛光兼有化学浸蚀作用,能显现出金相组织。故化学抛光后不必再经过浸蚀操作,即可在显微镜下观察。此外,化学抛光对试样磨面的预先磨光要求不很高,一般经 280 号或 300 号水砂纸湿磨后即能顺利地进行化学抛光。

化学抛光液的成分依金属性质而定,大多是混合酸溶液。常用正磷酸、铬酸、硫酸、醋酸、硝酸及氢氟酸等。此外,为了促进金属表面的活动性,有助于化学抛光的进行,化学抛光液中还含有一定量的过氧化氢(双氧水)。由于化学抛光过程中溶解的金属以金属离子形态不断进入抛光液中,致使其化学抛光作用减弱,故化学抛光液的寿命较短,要时常更换新溶液。同时,配置要用蒸馏水及纯度较高的化学药品。

化学抛光极为简单,犹如浸蚀一样,只须将金相试样浸在化学抛光液中,在指定工作温度下经一定时间后,就可得到光亮的表面。化学抛光的工作温度因抛光液不同而异;有的在室温下就可工作,有的要加热到 55~90 ℃才能工作,这在具体配方中均有说明。化学抛光用的容器一般是玻璃制的,可避免容器产生腐蚀而影响抛光正常进行。在抛光过程中要适当搅动,或用棉花擦拭,以驱除试样表面产生的气泡,防止表面产生点蚀。

目前化学抛光的应用不够广泛,这可能与所发表的成熟的抛光规范有限和金相检验工作者对这个方法的了解不够有关。

2. 显微研磨

金属材料的硬度在 150HV 以下者,用精细金刚石刀的显微切片机切割,能够得到平坦光滑的试样表面。这对软金属材料的制样是非常方便的。近年来在显微切片机的基础上,发展出了显微研磨机,并很快在商业上得到应用。

显微研磨机是把显微切片机上的刀片用研磨头代替而制成的。研磨头也是用金刚石或渗碳体制成的,直径可达 24.5 mm,转动磨削。研磨时金属试样表面温度的增加小于 1 ℃,也没有磨料卷入试样的表面。

显微研磨是把磨光和抛光的操作合并为一步进行。与一般的金相制样方法比较,其速度快,能够得到清洁而高质量的表面,用正常明场照明看不到划痕,浸蚀后也看不到有损伤缺陷的标志。与显微切片制样相比,显微研磨也可以用于硬度高的材料。更明显的优点是,不同硬度的相,可以用同样的速度磨掉,没有浮雕形成。铸铁中的石墨,钢中的夹杂物,以及试样的边缘都能完好地保留。制备复合材料和硬质合金试样时用此法最好。

3.3.6 各种抛光方法的评价

抛光方法的优劣决定了抛光后试样表面的质量。因此,为了评价各种抛光方法,必须确定比较抛光表面质量的标准。比较最后抛光表面的反光能力是判断抛光表面质量的最好方法,这个方法是把晶体的解理表面,或在超真空下成长的单晶体表面作为理想表面,把最后抛光表面测试所得的反光能力与其理想表面测试所得反光能力比较,用其平均偏趋大小(ΔR)来表示抛光表面的质量。ΔR 愈大,表面反光能力愈小,质量愈差。用此法测试所得结果如图 3-56 所示。

图 3-56 中 $\Delta R=0$ 表示理想表面反光能力的平均偏差。显然,各种材料用任何抛光方法所得到的表面与其理想的解理表面相比,它们的质量都是比较低的,即 ΔR 大于零。用广泛流行的抛光技术,氧化铝磨料抛光,抛光表面的质量最差。而电解抛光和显微切片机切割的试样,表面质量接近理想的解理表面。此外,从图中也可以看到,不同抛光方法的效果,因材料而异,Sb_2S_3 材料用氧化铝糊浆抛光与金和铜用电解抛光得到的表面质量一样。

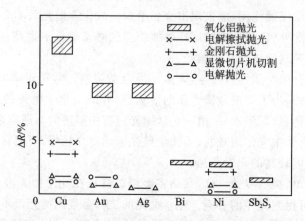

图3-56 抛光方法对各种金属抛光面反光能力的影响

试样制备的方法不同,可使实际结果偏离理想的结果,因此,根据材料选择抛光方法是非常重要的。但是在解决实际检验问题时,只要能满足要求,一般会采用简便经济的方法。氧化铝和其他氧化物广泛应用于抛光,就是因为这个原因。

3.4 显微组织的显示方法

金相试样经抛光后在显微镜下观察,应看不到划痕。按照需要可以检验非金属夹杂物、游离石墨、显微裂纹、表面镀层等项目。有些合金由于各组织组成物的硬度相差极大,或者由于各组织组成物本身色泽显著不同,在显微镜下也能粗略地把它们区别。如铝合金基体中可能有的Si相或其中的某些金属化合物,又如灰铸铁中的石墨、钢中的非金属夹杂物等,它们未经浸蚀就能观察。除了以上的一些较特殊情况外,一般的抛光磨面上的金相组织是看不出来的。一般认为是磨面表层存在非晶态的拜尔培层的缘故,使各组成相的反光能力差别极小。

为了把磨面表层的变形层除去,同时利用物理或化学的方法对抛光磨面进行专门的处理,把各个不同的组成相显著区别开来,得到有关显微组织的信息。按金相组织显示方法的本质可以分为化学、物理两大类。化学方法主要是浸蚀方法,包括化学浸蚀、电化学浸蚀及氧化法,是利用化学试剂的溶液借化学或电化学作用显示金属的组织。物理方法是借金属本身的力学性能、电性能或磁性能显示出显微组织。

无论化学法还是物理法,常常还要借助于显微镜上某些特殊装置,应用一定的照明方式以获得更多更准确的金相组织信息,其中包括暗场、偏光、干涉和相衬等称之为"光学"的显示法。

3.4.1 化学浸蚀

金相试样表面的化学浸蚀可以是化学溶解作用,也可以是电化学溶解作用。这取决于试样材料的组成相的性质及它们的相对量。

一般把单相合金或纯金属的化学浸蚀主要看作是化学溶解过程。浸蚀剂首先把磨面表层很薄的变形层溶解掉,接着对晶界处起化学溶解作用。这是因为晶界上原子排列得特别紊乱,其自由能也较高,所以晶界处较容易受浸蚀而呈沟凹,如图3-57(a)所示,这时显微镜下就可看到固溶体或纯金属的多面体晶粒。若继续浸蚀则会对晶粒产生溶解作用。金属原子的溶解大都是沿原子排列最密的面进行。

　　由于金相试样一般都是多晶体,各晶粒的取向不会一致,同一磨面上各晶粒原子排列位向不同,所以每一颗晶粒溶解的结果不一样,都把原子排列最密的面露在表面,即浸蚀后每个晶粒的面与原磨面各倾了一定角度,如图 3-57(b)所示,在垂直照明下,各晶粒的反射光方向不一致,就显示出亮度不一致的晶粒。这种"深"浸蚀对显现某些合金的组织是十分必要的。如黄铜,因为晶界很薄,一般浸蚀下很难区分黄铜的晶粒和晶内退火孪晶带,只有延长浸蚀时间使之有较"深"浸蚀后,才能在显微镜下分辨出晶粒及退火孪晶带。

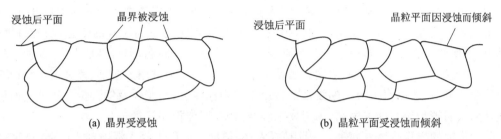

浸蚀后平面　　晶界被浸蚀　　　　　　浸蚀后平面　　　晶粒平面因浸蚀而倾斜

(a) 晶界受浸蚀　　　　　　　　　　(b) 晶粒平面受浸蚀而倾斜

图 3-57　单相合金或纯金属化学浸蚀示意图

　　两相合金的金相试样的浸蚀主要是一个电化学腐蚀过程。合金中的两个组成相一般具有不同的电位,试样磨面浸入浸蚀剂如同两个相浸入电解液中,其中一相就逐渐凹洼。具有较高正电位的另一相成为阴极,在"正常电压"作用下不受浸蚀,保持原有光滑状态。这样就可把两相组织区分开来。这种电化学浸蚀速度决定于两种相的电位差大小,一般总是要快于化学溶解的速度。

　　由于阳极溶解程度各不相同,一般在两相合金浸蚀中会有两种不同的结果。一种是浸蚀后两个相有不同的色彩,另一种是两个相的色彩基本一致,仅显示了两相的边界。

　　多相合金试样的浸蚀同样也是一个电化学溶解过程。各组成相的电极电位都不相同,但总有一个正电位最高的一相,其余各相都相对负电位较高,在浸蚀剂——电解液中,这些相对负电位高的相都相对成为阳极,都产生溶解作用,而电位最高一相未被浸蚀。为了解决这一困难,就要设法使各相依次进行不同程度的浸蚀,使各相反映出不同的衬度。这就是需要选择化学浸蚀法。这种浸蚀首先在负电位较高的某些组成相上进行。由于表面在电解液中的钝化作用改变了这些相的电极电位,使这些"被浸蚀"相不会总处于被溶解地位,会依次产生不同程度的溶解,逐渐显示出各组成相的形貌。该方法可用一种试剂完成,有时需要几次浸蚀。

　　还有一种解决方法是薄膜染色法,使浸蚀剂与磨面上各相发生程度不同的化学反应,结果在磨面表层形成不同厚度的氧化膜(或反应沉积物)。由于白色光在薄膜的两个面会引起干涉现象,不同膜厚会产生不同的色彩,结果形成了彩色的金相图像。薄膜染色是彩色金相分析中常用手段之一。

　　尽管对化学浸蚀的机理有不少探索,并已达到较完善的程度,但还不能从原理出发设计出符合各种要求的化学浸蚀剂来。多数的化学浸蚀剂是实际试验中总结归纳出来的。

　　化学浸蚀剂归结起来有这几类:酸类、碱类、盐类、溶剂(酒精、水、甘油)等。

　　常用的化学浸蚀剂中酸用得最多,如硝酸、苦味酸,可浸蚀普通的碳钢、低合金钢,主要是通过氧化作用,使试样不同的相受到不同程度的氧化溶解而反映出衬度,达到显示微观组织的目的。这两种酸在溶解铁素体时又有不同的特性:硝酸溶解铁素体的速度受晶体位向的影响,而苦味酸就很少受影响。故用苦味酸浸蚀试样后能较明显的把铁素体与其他各组成相区别开来,能区分各组织的细节。要研究铁素体的晶粒时,用硝酸浸蚀效果就好些。完成起酸功能的试剂是盐酸、氢氟酸和硫酸。处于电化学活动系列顺序氢以前的金属在这些酸溶液中会有氢气放出而被溶解。这些酸的作用强烈,主要用于显示高合金钢的显微组织。

铜的电化学活动顺序在氢之后,很不活泼,要氧化才能在酸中溶解。故用于铜与铜合金的化学浸蚀剂不仅要有酸,还要有氧化剂,如过氧化氢、过硫酸铵等。

碱和盐的溶液大多作为薄膜染色剂进行相鉴定,很少作为浸蚀剂。如铅合金的相鉴定往往要用一些碱和盐的溶液。

用化学浸蚀剂浸蚀试样还有个"程度"的要求。要适度,正好能把各相的衬度拉开,试样的显微组织才能较充分地显示出来。就像拍照一样,曝光不足得不到应有的信息;曝光过度,底片过黑,影像细节无法分辨,信息量大为降低。这自然是操作问题,但对试剂而言,要使"浸蚀"过程充分"受控",就应有适当的浓度。酒精和水是浸蚀剂中最常用的溶剂、稀释剂。浸蚀剂在水中的分解强烈,故以水为溶剂的浸蚀剂常用于宏观深浸蚀,用于铜及铜合金的浸蚀。而微观浸蚀常用以酒精为溶剂的浸蚀剂,因为要求浸蚀浅些,要能控制浸蚀过程。

化学浸蚀的操作具体有两种:一种是浸入法,把抛光面朝下浸入浸蚀剂内(盛在玻璃器皿中),不断摆动,不要碰底以免划伤试样表面;另一种方法是擦拭法,用棉签或不锈钢钳夹一小团沾有浸蚀剂液的脱脂棉花不断擦拭试样抛光面。浸蚀时间受多方面的因素控制,如试样的材质,热处理状态、试剂性质、温度等,主要依据实际效果而定。一般以试样镜面变成银灰色或黑灰色为限,立即停止浸蚀并用水冲洗,再用酒精漂冲,然后马上吹干。可用专门的试样吹干设备,也可用电热吹风机。

浸蚀前,试样抛光面的清洁工作十分重要,尤其不能沾上油脂,否则会产生不均匀浸蚀——花斑。浸蚀过程中要求宏观上均匀浸蚀——抛光面上各处都受到同样的浸蚀,又要求微观上不均匀浸蚀——能显示出各相组织的差别。一般要求抛光后立即浸蚀,否则会因形成氧化膜而改变浸蚀条件。浸蚀后也应立即观察和拍照。抛光后的试样不论浸蚀与否,都不宜长时间曝露在空气中,应立即放入干燥器皿中。

浸蚀不足时,应轻抛后再浸蚀。浸蚀过度时,就应从细磨开始再按序操作。扰乱层较厚的试样就应抛光——浸蚀交替数次,才能正确显示其微观组织。

3.4.2 电解浸蚀

电解浸蚀这一操作可单独进行,也常与电解抛光联合进行。

电解浸蚀的工作原理基于电解抛光同一理论,只是电解浸蚀工作范围取电解抛光特性曲线的 AB 段,见图 3-51。由于各相之间、晶粒与晶界之间的析出电位不一致,在微弱电流的作用下各相、晶粒与晶界的浸蚀深浅不一,显出了差别,从而显示出组织形貌。电解浸蚀时,因外加电源电位要比组织差异形成的微电池的电位高很多,因此,化学浸蚀时自发产生的氧化还原作用就大大降低了。导电不良和不导电的组元,如碳化物、硫化物、氧化物、非金属夹杂物等没有明显的溶解,这样会在试样被浸蚀的表面上形成组织浮凸。

电解浸蚀主要用于化学稳定性较高的一些合金,如不锈钢、耐热钢、镍基合金、经强力塑性变形后的金属等。用化学浸蚀剂很难把这些合金的显微组织清晰显示出来,而用电解浸蚀效果较佳,且设备简单。大多数是利用电解抛光设备,在电解抛光后随即降低电压进行电解浸蚀。

3.4.3　特殊显示方法

1. 恒电位浸蚀法

恒电位浸蚀是在电解浸蚀基础上发展起来的。一般电解浸蚀时,试样的阳极电位是发生变化的,难以掌握显露组织的过程。恒电位显示组织,采用恒电位仪,保证浸蚀过程阳极电位恒定,这样就可以对组织中特定的相,根据其极化条件进行选择浸蚀或着色处理。

恒电位浸蚀可以对合金中的各组成相进行有选择的浸蚀显示,如高合金钢中的 MC、M_6C 等各类碳化物,高镍合金钢中的 σ 相等。通过深腐蚀(恒电位)可进行这些合金相的立体形貌分析。恒电位浸蚀可清晰地显示合金中的偏析带,如铸铁中的硅、磷偏析等,可进行金属组织鉴定。

目前,恒电位显示常用的电解液有:硫酸锰、硫酸锌、醋酸铅、氢氧化钠、碳酸铵、柠檬酸等。强调一点,恒电位显示组织对试样的制备要求很高。抛光面不得有残留形变扰动层及抛光发热形成的氧化膜。所以恒电位浸蚀前,试样最好预先电解抛光,尤其是进行阳极试验时,电解抛光更为需要,只有这样才能使一个相的色调均匀,具有清晰的色彩。

恒电位浸蚀法具有良好的重现性,浸蚀的最佳工艺(电解液成分、阳极电位、时间等)一经确定下来,每次浸蚀均具有相似的结果。

2. 阴极真空显示法

有些材料用一般浸蚀方法难以显示其组织形态,而用阴极真空显示法能得到很好的效果,如金属陶瓷、陶瓷、半导体和一些特殊金属常用此法来显示组织。阴极真空"浸蚀"是原子迁移过程,把试样放在辉光放电的环境中,用正离子轰击试样表面,利用试样表面各相电子发射能力的差异,使试样表面上的原子有选择地去掉,从而显示出组织。

阴极真空浸蚀试样时,将已抛光好的试样去掉夹具,放在用水冷却的铝支架上和铝制阳极一起密封在真空室内。随后用机械泵抽真空至小于 1.33×10^{-3} Pa,然后充以惰性气体氩气,用调压阀控制其压力,使气压保持在 1.33 Pa,接通高压电源,增加到给定电压,经过短的诱发期而产生辉光,浸蚀即开始。浸蚀的时间因材料而异,从几秒钟到几分钟。达到规定时间后,立即断开电源,关闭控制阀,打开真空室,取出试样进行显微观察。

影响阴极真空浸蚀结果的主要因素有气压、电压、时间以及保持阴极试样的温度。

3. 薄膜干涉显示法

薄膜干涉显示组织,也称干涉层金相。薄膜干涉显示法是用化学或物理方法在金属试样抛光面上形成一层薄膜,利用入射光的多重反射和干涉现象,显示组织,鉴别各种合金相组织。由于合金中各相的光学常数不同,或者合金中各相表面所形成的薄膜厚度不同,使各相显示出不同亮度或不同色彩,从而显示出组织,鉴别出各种金相。具体方法有化学染色、真空镀膜、离子溅射镀膜、热染等。

化学浸蚀形成薄膜法,一般也叫化学染色法,是使用化学试剂在金属试样表面上形成一层薄膜的方法。此法是把商业上的宏观化学转换镀膜法原理应用于金相组织的显示上。在化学试剂的作用下,金微组织的不同相上形成非等厚的干涉膜,呈现不同色彩,据此可以进行相的鉴定。

离子溅射法镀膜形成的薄膜是等厚膜,在试样表面上形成一层厚度均匀的薄膜。利用合金中各相光学常数的差别,选用合适的镀膜材料和膜厚,从而使入射光通过薄膜后产生干涉,改变各相的反光能力,提高衬度,显示组织。用这种方法所反映出来的各相的形状大小真实,衬度高,重演性佳,便于图相仪定量分析。

热染法是利用加热在抛光面上形成氧化膜来显示组织的方法。由于组织中不同的相,成分、结构性能不同,氧化膜厚度不同,故在显微镜下呈现不同色彩,从而可以鉴别组织中的各种相。热染法在区别铸铁中的磷化物与碳化物,显示铸态有色合金疏松附近的组织,鉴定高温合金复杂相组成方面应用较多。但因为需要加热,有些材料会引起组织变化,故使用受到限制。

4. 高温浮凸法

高温金相组织的显示常用两种途径。一种是试样在真空中高温保温时沿晶粒边界产生选择性蒸发,从而出现凹沟,这属于热蚀法。另一种是试样在真空中加热,由于温度的影响,当各个相或晶粒的膨胀系数相差很大时会出现浮凸,有时由于相邻晶粒在膨胀时的各向异性,造成很大应力,引起滑移及滑移带间的浮凸。在升到一定温度后快速冷却时,某些材料会发生马氏体相变,从而因体积效应而造成浮凸。这些浮凸产生后,在普通光和偏振光照明下,因高低差投影或不同位向晶体的不同光学特性都能清楚地反映出组织形貌特征。在一些高合金钢、Cu‐Zn‐Al 形状记忆合金中有较多的应用。

5. 磁性组织显示法

磁性组织显示法是利用钢铁磨面上磁场的不均匀来显示出金相组织。试样经抛光后,磨面上涂上一薄层氧化铁磁性胶体,试样放在线圈内,通电后试样表面随即产生一个不均匀磁场,氧化铁质点被吸收而沉积于磁性强度较大的地位,铁磁性相就会呈黑色,非磁性相仍为白色。这种方法主要用于磁畴及磁性材料的研究,也常用于鉴定非磁性材料中微量铁磁性质点的存在。

3.5 常见材料金相试样的制备

一般的碳钢和合金钢可用前述方法制备金相试样,这里不再赘述。有色金属、稀有金属、贵金属、硬质合金、复合材料及脆性材料等由于其物理性能及化学性能有各自的特性,与一般碳钢和合金钢的金相试样制备不同,其制样及组织显示方法有特殊之处。本节主要对非钢铁材料金相试样的制备进行简要介绍。

3.5.1 有色金属材料金相试样的制备

一般习惯把钢铁及锰以外的金属材料称为有色金属材料或非铁金属材料。这些材料包括的种类繁多,性能差异很大。对这些材料按常规方法制备金相试样是很困难的,有的甚至是不可能完成的。需要制备这些特殊金属及其合金的试样时,通常的做法是:首先查出它们在周期表中的位置和性能,以及它们的合金相的特点;然后按照所掌握的金相制样的基本知识,参考已知相似的金属材料,设计该材料的制样过程和特殊设备,进行试验。这样就能逐步有效地解决问题。

1. 铝及其合金

铝及其合金一类材料可分为以下三组。

① 高纯铝及含有微量合金元素的铝合金,这组材料是软的,特别在退火状态下;

② 含合金元素量较高,在热处理条件下使用,硬度较高,即使在退火状态下,也具有中等的硬度;

③ 含合金元素量高,包含有较大体积分数的金属间化合物。

第一组材料的金相试样较难制备,在磨光和抛光时,磨料碎片易卷入试样表面,表面易形成形变扰动层。根据经验按下列顺序操作,可以得到较好的试样。

① 磨削时常在 SiC 砂纸上加液体皂的水润滑,湿磨到粒度 600 号或者砂纸涂蜡干磨到粒度 600 号,末道要用 1200 号或更细的新砂纸;

② 用金刚石研磨膏(粒度 7 μm),在短毛细软呢绒上抛光;

③ 用 120 mL 热蒸馏水,20 mL 5%的酒石酸铵水溶液和 1 g MgO 微粉制成悬浮液,抛光 1～5 min。悬浮液在使用前应用尼龙或细密的棉纱布过滤。含铜的铝合金试样与不含铜的铝合金试样不应该在同一抛光织物上抛光,以免产生黑色沉淀。

用电解抛光或化学抛光时,试样最好先用 7 μm 的金刚石研磨膏粗抛光。浸蚀振动抛光能得到最好的效果。

相对来说,中等硬度的铝合金的金相试样较易制备,应用常规的制备方法,小心地操作,会得到满意的效果。

含有比较多的金属间化合物的铝合金,多半是铸造铝合金。制备这类合金试样时,主要保证试样不出现严重的浮雕现象。如铝合金中有硬相,可用无绒毛织物、粗金刚石粉粗抛,末道抛光用氧化镁或氧化铝溶液在天鹅绒上进行,期间可加入少量洗涤剂。有时末道抛光用氧化镁稀浆在皮上手抛,这种方法比较耗时,但可以得到高质量的抛光表面。

抛光态下的铝合金可观察到金属间化合物的析出和夹杂物以及疏松和裂纹等缺陷。浸蚀可以更清楚地显示一些细节和抛光状态下看不到的组织。常用氢氟酸的稀释水溶液浸蚀。纯铝不受稀硫酸和稀硝酸浸蚀,但受 HCl 水溶液或 HF 酸水溶液浸蚀。铝还受 NaOH 水溶液浸蚀。

高纯铝、铸造铝合金的晶粒组织常要用阳极化处理来显示,往往还要借助偏振光。

2. 镁及其合金

纯镁质地极软,切割及磨削过程中易产生机械孪晶,且易被多种稀有机酸腐蚀。纯镁被水腐蚀缓慢,而镁合金则会很快被腐蚀。镁的粉尘可引起火灾,因此必须湿磨。活性低的合金可用水作为润滑剂,而活性较强者需要用煤油。建议在由 320 号到 1000 号 SiC 砂纸的各步磨削过程中,加入甘油和酒精(1:3)混合剂润滑并防止腐蚀反应。浸蚀抛光、电解抛光和化学抛光都用来制备过镁合金。

镁及其合金的浸蚀剂成分较简单且不活泼。一般的硝酸-乙醇溶液和苦味酸-乙醇溶液亦可浸蚀。在试样表面沉积一薄层碳可以改善浸蚀后的图像反差。

3. 铜及其合金

从成分和组织上把铜这类金属材料分成以下三组。

① 纯铜或含有少量合金元素的铜合金;

② 含合金元素较高的,但是在 α 固溶体的极限范围内,特别是含合金元素达极限浓度的合金,例如 α 黄铜;

③ 含合金元素更高的合金,如 β 相合金、α+β 两相合金以及多相的复杂合金。

这三组金属材料中,第一组与第二组归纳为一类,它们的特点是单相而且比较软而韧(硬度为 25HV～70HV),可以按照常规的方法制备金相试样,但在磨光和抛光时,磨料残留物易卷入试样表面,而且易形成形变扰动层,制样时应予以重视。最后用浸蚀和抛光交替的操作或用化学机械复抛光法可以得到较好的试样。

第三组的铜合金硬度高,制样可按常规方法进行。

铜合金试样抛光时需要注意消除划痕。纯铜和单相合金上的细抛光划痕不易消除,但浸蚀抛光很有效。在用细粒金刚石粉抛光前进行浸蚀效果较好。目前普遍用振动抛光,也有用化学抛光和电解抛光。

抛光试样用于检验铜或铜合金铸件中的缩孔或疏松及轧制合金中的夹杂物。可以用偏振光鉴别 Cu_2O 夹杂物。

铜和铜合金最常用的浸蚀剂是三氯化铁盐酸乙醇溶液,用等量体积的 NH_4OH、3%(体积分数)的 H_2O_2 和水的混合液,采用擦蚀法,可显示晶粒反差。着色浸蚀也有很好效果。

铜和铜合金的电解浸蚀也很有效,改良的硫代硫酸钠水溶液电解浸蚀可显示 α 黄铜的变形情况。着色浸蚀对冷变形加工合金也很有效。电解浸蚀还可以显示 Cu-Ni 合金的晶粒组织。

4. 镍及其合金

镍及其合金对磨削损伤敏感,所以每一步磨削都要进行彻底。为减少较软的金属和合金的表面畸变层可用振动抛光,也可用化学抛光或电解抛光。

镍及其合金的浸蚀剂必须是腐蚀性相当强的酸溶液。晶界的浸蚀相对容易些,但显示晶粒反差很难。故普遍采用电解浸蚀法和着色浸蚀方法。

5. 锌及其合金

锌稍有变形即产生形变孪晶,所以切割、磨光以及抛光过程必须注意。切割试样时表面层较薄的部分会形成形变孪晶,为了消除这一层组织的变化,切割试样的表面至少要去掉 1.5 mm 的厚度,同时也应防止过热。从高纯度的锌到商业用的锌,标准的再结晶温度为从室温到 100 ℃之间,要采用冷镶。

要得到效果好的锌试样,可按下列几点操作。

① 切割好的试样在 SiC 砂纸上湿磨到粒度 600 号或者砂纸上涂蜡干磨到粒度 600 号,要保证磨去的量有足够的厚度;

如果试样是用显微切片机(精细的金刚石或渗碳体刀片)切取的,则可直接进行抛光。

② 在短毛细软的呢绒上用金刚石研磨膏(粒度为 7 μm、3 μm 和 1 μm,必要时还可以用 0.25 μm)或氧化铝糊浆抛光;

③ 用 120 ml 温蒸馏水、20ml 5%的酒石酸铵水溶液和1g MgO 微粉制成悬浮液,最后抛光,使用前此溶液用尼龙或细密的棉纱布过滤;

④ 为了消除磨光带来的变形扰动层,可以进行预抛光,在软呢绒上用氧化铝糊浆加肥皂液抛光,也可以应用浸蚀——机械抛光交替进行的操作。

➤ 浸蚀 3.5 min,用 7 μm 的金刚石研磨膏机械抛光 4 min;

➤ 浸蚀 1.5 min,用 3 μm 的金刚石研磨膏抛光 6 min;

➤ 浸蚀 30 s,用 1 μm 的金刚石研磨膏抛光 8 min;

➤ 浸蚀 10 s,用 0.25 μm 的金刚石研磨膏抛光 10 min;

➤ 浸蚀 5 s,用 0.05 μm 的氧化铝最后抛光,这样能得到无变形扰动层的高质量的抛光面。

镀锌板抛光时,抛光液的 pH 值应控制在 7,把化学影响减小到最低,不使镀层污染和浸蚀,最普遍应用的锌基合金是铸模用的锌铝合金(4%的 Al),试样一般容易制备,制备过程出现的缺陷较少。

纯锌可被所有的酸缓慢地浸蚀,常用含 CrO_3 的水浸蚀剂。其可由 100 mL 蒸馏水、20 g

CrO_3 和 1.5 g Na_2SO_4 配制,这种强氧化剂加入 Na_2SO_4 后更活泼。浸蚀前用水润湿试样可避免浸蚀不均。为避免污染,浸蚀后用 20% 的 Cr_2O_3 水溶液冲洗后再用水和酒精冲洗。浸蚀后试样用偏振光观察效果好。

6. 铅、锡及其合金

铅、锡及其合金是很软的一类材料,硬度极低(<10HV),熔点很低,主要包括铅(4HV)、锡(6HV)及其含微量元素的合金。这些材料在制备金相试样过程中,很容易出现下列缺陷:

① 车削和研磨时,产生深的变形扰动层。当温度超过室温时,由于形变会出现再结晶,合金也会出现沉淀。这样会使组织改变;

② 磨光和抛光时,磨料碎片极易嵌入磨面;

③ 由于硬度极低,单纯用机械抛光要得到无形变扰动层、无划痕的抛光面是比较困难的。

针对上述情况,制备试样时应注意变形和冷却,需要用冷镶法。磨光时在 SiC 砂纸上涂上蜡,轻轻用力,磨光到粒度 600 号。粗抛光时用金刚石研磨膏或氧化铝糊浆。细抛光时对于硬度<5HV 的铅来说,不宜用 MgO 微粉,而应用 Al_2O_3 微粉。用 MgO 抛光,表面上会出现成串的球状刻痕。抛光过程表面出现晦暗的情况下,宜用每 1 L 蒸馏水加 1 g 醋酸铵的水溶液,在细软呢绒上低速(200~300 r/min)抛光。抛光后用蒸馏水拭洗。若用自来水拭洗,有时会产生暗黑色表面。必要时各道工序间要在含洗涤剂的水中用超声波法清洗。

这样软的金属,用人造软羊羔皮织物,专利硅胶溶液(SYTOH HT-40)振动抛光会得到最好的效果。

锡及其合金金相试样的制备,相对铅来说比较容易,用前述第一组铝合金的制备法可以得到满意的效果,锡试样也常用电解抛光。

铅、锡金属材料,如果用显微切片机(用精细的金刚石或渗碳体刀片)截取试样,可以直接进行抛光,甚至可以直接浸蚀进行观察。

铅及其合金常用浸蚀法观察组织,有不少实用的浸蚀剂。铅试样锈蚀很快,浸蚀后需要在短时间内观察,若需要保存可浸在丙酮内。

锡受普通的无机酸和苛性碱溶液浸蚀时,试样表面会形成不溶性的氧化膜,使组织不清晰。有些各向异性的锡合金对偏振光敏感。

3.5.2　稀有金属和贵金属材料金相试样的制备

1. 钛及其合金

纯钛为软质延性金属,掺入杂质或合金元素后变硬、延性降低。故用常规制样方法制样较困难,特别是纯钛,切割时易产生孪晶,过热则引起相变,尤其对含有 β 相者。钛有吸收氢的可能,不宜用电木粉镶嵌。如存在氢化物,则压力镶嵌时的高温将使氢化物进入固溶体。若须研究合金中的氢化物,则应用温升较低的冷镶树脂。

磨削时可用常规 SiC 砂纸、水润滑。该类金属抛光较难,可以先分 3~4 步金刚石粉抛光再加一步浸蚀抛光。钛及其合金最常用的浸蚀剂是 Kroll 试剂(含 HF、HNO_3 的水溶液),见表 3-8。常温下用 Kroll 试剂浸蚀钛及其合金足够时间,在金相显微镜下可显示组织细节,对有些试样则显示晶界,擦蚀可以使浸蚀后的组织较清晰。

2. 锑和铋

锑硬而脆,铋软而脆,切割时必须小心。该类材料抛光并不困难。磨削时要注意砂纸上的淤塞问题。关键是末道磨光工序,也许要用两张 1200 号砂纸,一旦淤塞,应立即停止磨削,否则会损伤表面。不宜用金刚石粉抛光。粗抛时用深浸蚀和用粗氧化铝粉在合成纤维布上抛光交替进行。然后用人造丝绒布、氧化镁粉浆振动抛光,也可用电解抛光。

锑可用无机酸浸蚀,而铋在存在氧的情况下易受到硝酸和氢卤酸浸蚀。用偏振光观察很有效果。

3. 铬、钼、钨

铬、钼、钨这类金属因存在表面破碎层中的磨削损伤,及粗抛时效率低的问题而较复杂。应增加金刚石粉粗抛,终抛普遍采用浸蚀抛光。也常用电机械抛光法制备试样。

这些金属都可以用含氧化剂的碱性溶液浸蚀,如 Murakami 试剂和其他改良的浸蚀剂。W、Ta - W 合金可用阳极化处理。钼、钨还可以用着色浸蚀来显示晶粒。

4. 贵金属

纯金、纯银极软,很难抛光。金的合金则较硬一些,抛光没有困难。通常先以常规方法磨削和粗抛;然后再用电解抛光。有时在电解抛光后再用氧化镁在天鹅绒上精抛。

银易被划伤且极易嵌入磨粒,宜用新砂纸。用超声波清洗的时间不得超过 30 s,否则会产生气蚀并损伤表面。这是所有软金属都存在的问题。

贵金属广泛采用电化学法抛光且很有效。

金不受无机酸浸蚀,一般用王水浸蚀。金的合金则较易浸蚀。由于浸蚀产物有可产生爆炸的成分,故不要随意配置其他溶剂。银用 HNO_3 和热硫酸可以浸蚀,但冷硫酸和氢卤酸则不能。银也可用碱性氰化物溶液浸蚀,因有 HCN 产物,必须在通风罩下进行。因为浸蚀产物都有爆炸性,所以,必须要按安全操作规程进行。

3.5.3 硬质合金、复合材料及脆性材料金相试样的制备

1. 硬质合金

烧结制成的硬质合金组织中含有特别硬的碳化物和软的钴相,这样试样制备就变得困难了,按一般习惯方法制备,很容易出现浮雕。

这种试样的制备,初磨在 SiC 水冷砂轮上进行;然后在刨平滑的竖纹理的硬木轮上,涂以金刚石研磨膏磨光。磨料的粒度最好是 30 μm、15 μm 和 7 μm。随后用金刚石研磨膏在呢绒织物上抛光,研磨膏的粒度是 3 μm 或 1 μm,最后用 0.25 μm 抛光。

为了避免抛光时出现浮雕,抛光织物用短毛细软呢绒。Al_2O_3 磨料也是不常用的,因为 Al_2O_3 磨料的硬度小于硬质合金中碳化物的硬度,将其用作硬质合金的磨料,显然会出现浮雕。

2. 复合材料

复合材料是特殊的多相材料,它们有许多优良的性能。这些材料的试样制备与传统的多相材料,如简单的共晶相相比,更需要小心谨慎。

这些材料制备试样时,遇到的严重问题是各相的硬度差别大。在这种情况下,推荐用金刚石磨料。金刚石磨料不管软相或硬相几乎都能快速地磨削,因此相之间浮雕会降低到最小。用树脂或金属黏结金刚石粉的磨轮磨光,用金刚石研磨膏在无毛或短毛的呢绒上抛光,能得到效果好的磨面。由于相的差异性大,这种材料一般不用电解抛光或化学抛光。

3. 铸铁

这里所指的铸铁是指组织中含有石墨的铸铁,包含灰口铸铁、球墨铸铁和展性铸铁。由于石墨是软而脆的相,一般制样过程中如不小心,石墨很容易剥落,形成曳尾和空孔。空孔扩大

会使石墨级别的判定失真,因此制造铸铁的金相试样时,应特别注意。

石墨的剥落主要在抛光阶段,为此将磨光试样在帆布或尼龙上用 $1\sim10~\mu m$ 金刚石研磨膏粗抛;然后在无毛或短软毛的呢绒上用 MgO 微粉抛光即可。

实践经验证明,虽然用无毛呢绒抛光石墨不易剥落,但有时基体容易划伤,建议用丝绒(天鹅绒)或织物,使用前用清水洗干净,先用旧金相试样在丝绒织物上抛光 $2\sim3~min$,使丝绒的毛绒压倒,然后把 MgO 糊浆涂在丝绒上抛光,这样丝绒的作用就无毛呢绒织物,适合抛光粗大石墨的铸件,特别是黑心展性铸铁。

为了防止磨光时石墨剥落,有人在制备球墨铸铁试样时,在粗抛光机(转速低约为 $300~r/min$)的帆布上涂以石蜡熔注的各种粒度金刚砂(SiC)磨料,以代替砂纸磨光。磨光时试样应及时转动,以免出现曳尾现象。熔制石蜡磨料的配方为:$w_{石蜡}=20\%$;$w_{硬脂酸}=20\%$;$w_{金刚石(SiC)}=60\%$。制法是先将石蜡及硬脂酸放入 $500~mL$ 的烧杯中,加热到 $100\sim200~℃$ 时,将所需粒度的金刚砂放入,搅拌均匀,然后浇注成块状研磨剂。应用时将浇注的各种粒度研磨剂,涂在磨盘的帆布上并滴适量的煤油加以润滑。这样磨光速度快,效果好。

为了防止磨光时石墨的剥落,亦可采用在砂纸上涂石蜡,再滴上煤油润滑的方法来制备试样。

4. 脆性材料

有些金属或半金属材料是脆的,但硬度并不特别高($<1000~HV$)。这些材料包括半导体和一些化合物,如氧化物、硫化物、硅酸盐等。这些材料金相试样的制备有其独特之处,切割磨光操作不同于一般的韧性材料,而抛光操作多半是相同的。一般认为按下列操作进行,可以得到好的磨面。

① 脆性材料,特别是易于发生解理的材料,适宜用松散磨料滚压磨光,而不适宜用固定磨料的砂纸磨光。前者是将磨料糊浆置于玻璃板上,试样在其上移动磨光,磨削速度快,而且表面所产生的脆裂纹缺陷层浅薄。所用磨料是 Al_2O_3 粉或 SiC 粉,粒度号可按砂纸的级别选用 240 号、320 号和 400 号;

② 磨光到最后步骤时,用固定磨料的蜡盘来磨光,这样能保证将脆裂纹缺陷减少,甚至消除。细磨光所用石蜡盘配料是:软化点为 $80\sim90~℃$ 的硬石蜡 $100~g$;氧化铝磨料($10\sim20~\mu m$) $300~g$;

③ 将磨光后试样清洗干净,进行粗抛。粗抛用无毛的织物(如粗斜纹布、帆布等),$6~\mu m$ 或 $7~\mu m$ 的金刚石研磨膏,最好抛光到脆裂纹缺陷完全去掉为止;

④ 最后,抛光最好用 $0.2~\mu m$ 细级别的金刚石研磨膏,在细软短毛呢绒或人造软羔皮上进行抛光。

这种材料,也像韧性材料一样,抛光时也会有划痕出现。细抛光应消除这种痕迹,否则浸蚀时特别是显示位错蚀坑时,一般看不见的、微不足道的划痕也会扩大显示出来。

有人用专利硅胶溶液(SYTOH HT-40)振动抛光硅和其他半导体材料得到了较为满意的效果。硅、锗等用化学抛光也能得到好的效果。

3.5.4　常用的金相抛光浸蚀试剂

常用的化学浸蚀试剂、常用的电解浸蚀试剂及规范、常用金相试样化学抛光液分别见表 3-8、表 3-9 和表 3-10。

表 3-8 常用化学浸蚀试剂

名　称	成　分		适用范围
硝酸-酒精溶液	硝酸 酒精 加入一定量水可加速浸蚀,加入一定量甘油可延缓浸蚀作用。 硝酸含量增加,浸蚀加剧,选择性腐蚀减少。	1~5 mL 100 mL	碳钢及低合金钢的组织显示
盐酸-苦味酸酒精	苦味酸 盐酸 酒精	1 g 5 mL 100 mL	显示淬火及淬火回火后钢的晶粒和组织
氯化铁-盐酸水溶液	氯化铁 盐酸 水	5 g 50 mL 100 mL	显示马氏体类不锈钢组织
硫酸铜-盐酸水溶液	硫酸铜 盐酸 水	4 g 20 mL 20 mL	显示奥氏体类不锈钢的组织,氮化钢渗氮层深度测定
氢氟酸水溶液	氢氟酸 水	0.5 mL 10 mL	显示一般铝合金组织
氯化铁-盐酸-酒精溶液	氯化铁 盐酸 酒精	5 g 2 mL 96 mL	显示一般铜合金组织
Kroll 试剂	氢氟酸 硝酸 水	1 mL 2~6 mL 100 mL	钛合金的最佳浸蚀剂,擦蚀 3~10 s 或浸蚀 10~30 s

表 3-9 常用电解浸蚀试剂及规范

电解液成分		规　范				用途说明
		温　度	电流密度(电压)	时　间	阴　极	
硫酸亚铁 硫酸铁 蒸馏水	3 g 0.1 g 100 mL	<40 ℃	0.1~0.2(A·cm^{-1})	10~40 s 30~60 s 30~60 s	不锈钢	中碳钢及低合金结构钢,高合金钢,锰铸铁
铁氰化钾 蒸馏水	10 g 90 mL	<40 ℃	0.2~0.3(A·cm^{-1})	40~80 s	不锈钢	高速钢
草酸 蒸馏水	10 g 100 mL		0.1~0.3(A·cm^{-1})	40~60 s 5~20 s	铂	耐热钢不锈钢
三氧化铬 蒸馏水	10 g 90 mL		0.1~0.2(A·cm^{-1}) 0.2~0.3(A·cm^{-1}) 0.1~0.3(A·cm^{-1})	30~60 s 30~70 s 120~140 s	不锈钢	高合金钢,高锰钢,高速钢

电解液成分		规　范				用途说明
		温　度	电流密度(电压)	时　间	阴　极	
酒精 2 - J 氧基 高氯酸	700 mL 100 mL 200 mL		35～40 V	15～20 s	不锈钢	钢、铸铁、铝、耐热合金
三氧化铬 蒸馏水	1 g 99 mL		6 V	3～6 s	铝	铍青铜及铝青铜
氟硼酸 蒸馏水	1.8 mL 100 mL		30～45 V	20 s	铝	铝合金
高氯酸 蒸馏水	60 mL 40 mL		2 V	10 s	铂	铅,铅锑合金,铅锡合金
蒸馏水 磷酸	175 mL 825 mL		1.0～1.5 V	10～40 min	铜	铜(抛光)

表 3 - 10　常用金相试样化学抛光液

适用材料	成　分		工作条件
钢铁	铬酸 硫酸 水加至	500 g 150 mL 1000 mL	室温,略加搅拌
	双氧水 草酸 硫酸 水加至	22 mL 45 mL 2 mL 100 mL	室温,适于低中高碳及低合金钢
	双氧水 草酸 盐酸 水加至	17 mL 34 mL 1～1.5 mL 100 mL	室温,适用于合金钢
	盐酸 硫酸 四氯化钛 水	体积分数30% 体积分数40% 体积分数5.5% 体积分数24.5%	工作温度:55～80 ℃,适用于不锈钢
	双氧水 草酸 水加至	40 mL 33 mL 100 mL	室温,适用于铸铁

适用材料	成 分		工作条件
铜	正磷酸($d=1.75$)	55 mL	工作温度：55～80 ℃
	醋酸	25 mL	
	硝酸($d=1.40$)	20 mL	
	正磷酸($d=1.75$)	15 mL	工作温度：85 ℃
	醋酸	55 mL	
	硝酸($d=1.40$)	20 mL	
铅	醋酸	7 份	
	过氧化氢(双氧水)	3 份	
铝	正磷酸($d=1.50$)	70 mL	工作温度：100～120 ℃
	醋酸	12 mL	时间：2～6 min
	水	15 mL	
	正磷酸($d=1.50$)	3 份	工作温度：100～120 ℃
	硫酸($d=1.84$)	1 份	时间：2 min
	正磷酸($d=1.60$)	100 mL	工作温度：90～100 ℃
	双氧水	100 mL	时间：2～3 min
锌	铬酸	体积分数 22%	化学抛光 2 min 后浸入 10wt％氢氧化钾水溶液中 10 s
	硫酸	体积分数 2.5%	
	醋酸	体积分数 1.5%	
	水	体积分数 74%	

注：表中的 d 表示比重,相对密度。

3.6 现场金相及金相复型技术

现场金相：是指在有些工作场合,不能从工件上直接截取金相试样块到试验室进行试样观察,而只能在工件上观察区直接制样、观察。

金相复型技术：对某些大型机件、构件以及曲面、管道内壁、断口和放射性材料等,在不允许破坏取样检验的情况下,由于无法直接观察,只能制取复膜,用金相显微镜间接观察复膜进行分析,即金相复型技术。在电力行业标准 DL/T884 - 2004《火电厂金相检验与评定技术导则》中对现场复型金相检验方法进行了规范性指导。

3.6.1 现场金相制样

1. 金相制样工序

(1) 确定检测部位

根据检测目的确定检测部位,在满足目标要求条件下还应注意操作的方便性。

(2) 清洁、去氧化皮

磨抛的前期预备工作,若不是表层组织检测,一般用角砂轮机去除表层氧化皮,但应注意充分冷却。

（3）磨、抛

一般用专用的现场金相磨抛设备（手持旋转机），按常规次序从粗到细，最后用抛光织物、抛光剂进行抛光，也可用现场电解抛光或电化学抛光方法抛光。在磨抛的过程中应注意充分冷却。

（4）浸蚀

按常规方法对不同材料的试样区进行浸蚀，一般仅比常规检测的时间略长一些。

（5）现场观察

如条件允许，可用现场金相显微镜对上述制样的观察区进行观察分析，有条件还可进行数字摄影。否则，只能用复型技术制取复膜，拿到实验室进行观察分析。

2. 金相制样设备

为适应现场金相检测需要，市场上有专用金相制样设备，包括便捷式抛磨机、便捷式电解抛光机、便捷式金相显微镜等。

3.6.2　金相复型技术

1. 胶膜复型原理

胶膜复型过程如图 3-58 所示，它是将预先制备好的胶质溶剂滴在浸蚀面上，如图 3-58（a）所示；再用复型材料覆在溶液上，使试样浸蚀面与复型材料黏合，如图 3-58（b）所示；将气泡和多余的溶液挤压除去，最后凝固成膜，如图 3-58（c）所示；经 10~20 min 薄膜干燥后，再将其剥离取下，就得到透明的薄膜复型样品，如图 3-58（d）所示。

将薄膜复型样品平展于玻璃片上，置于显微镜下观察。薄膜样品上的浮凸与浸蚀面上的凹凸恰好相反，浸蚀面上的凹陷部位，恰好是薄膜上的凸起部分，此处的薄膜较厚；反之，浸蚀面上凸起处正是薄膜上的凹陷处，膜厚也相应较薄。由于胶膜复型在厚度上存在着微观差异，如图 3-59（a）所示，在金相显微镜下观察胶膜复型时，光线投射在复型与投射在试样浸蚀面上，所发生的反射和散射是一致的；图 3-59（b）所示为在金相显微镜下观察试样浸蚀面所呈现的显微组织。由此可见，两种观察方法所看到的显微组织的衬度效果是相同的。

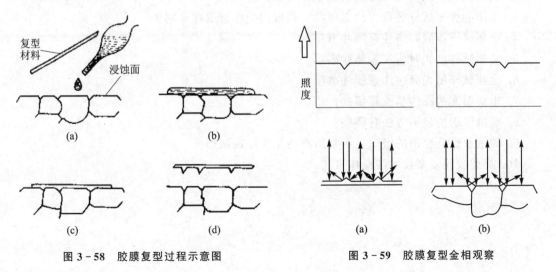

图 3-58　胶膜复型过程示意图　　　　图 3-59　胶膜复型金相观察

2. 复型材料及复型用溶剂

复型材料推荐使用醋酸纤维素薄膜，即 AC 纸，厚度为 35~50 mm，也可使用有机载玻片，厚度应小于 1.0 mm。

AC 纸可购置或自制。在 60 mL 丙酮或醋酸甲酯内加入 3 g 二醋酸纤维素,搅拌使其溶解,再加 1.5 g 磷酸三苯脂,放置数天,待充分溶解后倒在干净、无划痕的玻璃片上,并流平;静置 24 h 成膜后揭起即成。醋酸纤维素的浓度不同,成膜的厚度也不同。

复型溶解剂一般使用丙酮,当部件表面温度高于 60 ℃时,应使用乙基醋酸或醋酸甲酯溶液,当使用有机载玻片时,可配三氯甲烷。

复型一般可多次进行,第一次复型去除后,至少还应进行 2 次复型。首先进行"中度"浸蚀,然后进行第二次复型。之后再进行"重度"浸蚀,即进行第三次复型。每次浸蚀时间相应增加 5~10 s。例如对焊缝样品,多次复型可保证整个焊缝截面的显微组织变化能良好显示。

制得的复型片置平后可直接观察、拍摄。为增大衬度,可在真空镀膜机内喷碳、铝、铬、金等材料。

3. 操作方法

在制备好的试样表面滴上 1~2 滴复型溶剂,然后迅速而平整地覆上复型材料,表面张力的作用将保证膜与复型点表面紧密结合。当复型材料覆盖在试样表面上时,应尽快从一端开始,用手将复型里的气泡挤出。几何形状复杂时,用手指轻压是必要的,以保证复型与表面的紧密接触,注意不能用力过大。

在复型膜完全干燥后,很容易被揭取,周围的环境决定了揭取复型膜的时间,通常时间大约为 5~15 min。揭取后应立即标记。复型膜揭取时应从复型点的一角开始剥离,避免撕裂。已经标记好的载玻片,适当剪裁后,将复型膜背面直接粘到双面不干胶上,盖上不干胶原有封纸,用手轻轻压平,并用另一片载玻片夹住,用橡皮筋扎紧。

思考题

1. 金相试样选取的一般原则是什么?
2. 横向试样和纵向试样分别适用于什么观察?
3. 常用的金相试样截取方法有哪些? 截取时应注意哪些事项?
4. 金相试样镶嵌时应注意哪些事项?
5. 金相试样磨光时应注意哪些事项?
6. 金相试样抛光时应注意哪些事项?
7. 电解抛光的操作步骤有哪些?
8. 显微组织的显示方法有哪些?
9. 碳钢及低合金钢的组织显示常用哪些化学浸蚀试剂?
10. 简述胶膜复型技术的操作方法。

第4章 电子显微镜及应用

　　光学显微镜的主要不足是分辨率不够,只能放大约 1 000 倍,原因在于可见光的波长太长,在 300~550 nm 范围内。采用电子光学系统,波长随加速电压的提高而减小,如加速电压 20 kV 下发射的电子束的波长只有 0.008 59 nm,扫描电镜的分辨率可达约 1.5 nm。200 kV 下的高分辨透射电镜下甚至可看到原子图像,因此,人们设计制造了电子显微镜,主要有扫描电子显微镜 SEM(Scanning Electron Microscope,简称扫描电镜)和透射电子微镜 TEM (Transmission Electron Microscope,简称透射电镜)。扫描电镜用二次电子和背散射电子成像,透射电镜用透射光看衬度像,并通过在后焦面上的衍射花样得到晶体结构信息。此外,为了得到更全面的材料微观信息,还需要知道微区的成分和晶体结构,因此设计出了分析微区成分的能谱仪 EDS(Energy Dispersive Spectrum),能谱仪用特征 X 射线确定微区成分及分布。上述仪器在金相分析中得到了广泛的应用。

4.1　扫描电子显微镜结构及工作原理

　　扫描电子显微镜,简称扫描电镜(常用 SEM 表示),是 20 世纪 50 年代发展起来的一种电子光学分析仪器,广泛应用于机械、冶金、交通、石油、化工、电子、医学、生物等领域。扫描电镜(SEM)是介于透射电镜与光学显微镜之间的一种微观形貌观察仪器,近年来发展速度很快。扫描电镜不仅是一台能观察物质表面形态的高倍显微镜,而且由于配备了 X 射线波长色散谱仪和 X 射线能量色散谱仪,与电子探针结合为一体,可对材料的微区化学成分方便地进行定性和定量分析,可将微区金相组织和化学成分紧密地联系起来,已成为金相分析的一种新技术,是当今用途十分广泛的电子显微分析仪器。

　　其主要优点如下:

　　① 分辨率高,目前高性能扫描电镜的分辨率已达 1.5 nm;

　　② 放大倍数较高,可以从十几倍至几十万倍之间连续变化;

　　③ 景深大,图像立体感强,适合观察不平表面的显微形貌,图像非常直观;

　　④ 样品制备简单;

　　⑤ 目前的扫描电镜都配有 X 射线能谱仪附件,可以同时进行显微形貌的观察和微区成分分析。

4.1.1　扫描电子显微镜工作基础

　　高能电子束与固体试样的交互作用所激发出的各种信息是扫描电镜工作的基础。一束具有一定能量的高能电子束入射到固体试样表面时,将与试样中的原子发生碰撞,由于受到物质原子库仑场的作用,入射电子的运动方向发生变化,这种现象称为散射。若入射电子仅改变方向,不损失能量,则称为弹性散射;若入射电子既方向发生变化,又有不同程度的能量损失,则称为非弹性散射。由于弹性散射和非弹性散射作用,将激发出多种信息,这些信息可分为两类:一类为电磁波,包括特征 X 射线和阴极发光;另一类是电子,包括背散射电子、二次电子、透射电子、吸收电子和俄歇电子。图 4-1 为电子束在固体试样中激发出的各种信息示意图。

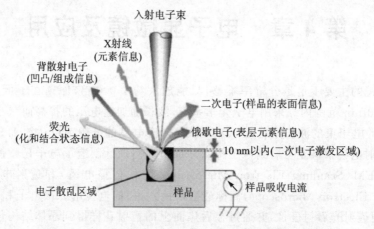

图 4-1 入射电子与原子交互作用产生的各种信号示意图

入射电子进入试样后,受试样中原子的散射作用,会逐渐扩散,形成梨形体积。激发的各种信息产生的范围和深度见图 4-2。如果相应地采用不同的探测器来接收这些信息,就可达到不同的分析效果。

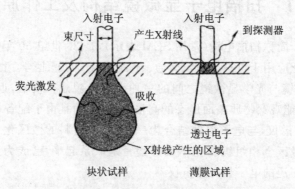

图 4-2 固体物质与电子束作用时各种信息激发区域

1. 背散射电子

入射电子进入试样时,与试样表层原子发生散射后又从试样表面反射出来的电子称背散射电子。背散射电子中大部分是弹性散射电子,其能量很高,等于入射电子的能量,因此较深层的背散射电子也能逸出表面,背散射电子的检测深度比二次电子深,其发射深度约为试样表面以下 10 nm~1 μm,可以反映样品内部比较深的结构信息。背散射电子的图像分辨力较二次电子的差,一般在 20~50 nm 范围内,这是因为试样中产生背散射电子的深度和广度比二次电子的大。但近代扫描电镜对背散射探测器的改进,使其分辨力已可达到 10 nm。背散射电子像的衬度比二次电子像的大,但有阴影,因而深层次的细节分辨不清;对晶体试样而言,背散射电子强度还与试样的晶体学特征有关。电子通道花样和背散射电子衍射均是背散射电子的晶体学效应,可应用于晶体结构分析研究。

2. 二次电子

二次电子是被入射电子从试样表面轰击出来的电子,是入射电子与试样中原子的价电子发生非弹性散射时损失的能量将价电子激发脱离原子产生的,其能量很小,一般 30 eV~

50 eV。二次电子的能量较低,仅在试样表面 5～10 nm 层内产生的二次电子可逸出,它对样品的表面形貌十分敏感,因此,能有效显示样品的表面形貌。由于二次电子的发散范围很小,相当于入射电子束的直径,因此具有很高的空间分辨力,近代热场发射扫描电镜的二次电子图像分辨力可达 1.0 nm。又因它的能量很低,容易受外界电场的影响,所以使用 10 kV 的电场就能将二次电子的绝大部分收集起来;二次电子产额与材料有关,如铝的二次电子产额为 1,而金的二次电子产额为 1.5,铀的二次电子产额为 1.8。因此,用二次电子产额高的材料喷镀在试样表面,可增加二次电子图像清晰度。

3. 透射电子

当试样很薄时,入射电子可以透过试样,这部分电子称为透射电子。透射电子应用于透射电子显微镜。

4. 特征 X 射线

当入射电子激发试样原子内层电子时,原子处于激发态或离子态,是不稳定状态,它有恢复到低能态的趋势,释放出的能量可转变为两种形式,其中一种就是产生 X 射线,即该元素的 K_a 辐射,其 X 射线的波长关系式为

$$E_K - E_{L_2} = \frac{hc}{\lambda k_a} \tag{4-1}$$

式中:E_K——K 层电子的能量;

　　　E_{L_2}——L_2 层电子能量;

　　　h——普朗克常数;

　　　c——光速;

　　　λk_a——K_a 的 X 射线波长。

由于不同元素的 E_K、E_{L_2} 都有特定数值,所以发射的 X 射线的波长也有特定值,故这种 X 射线通常称为特征 X 射线。特征 X 射线的强度取决于试样中某元素的质量浓度,并且与该元素的浓度成正比关系。因此通过对这种 X 射线的检测可对试样进行定性和定量分析。

5. 俄歇电子

原子从激发态转变到基态时释放出的能量除了以特征 X 射线方式转变外,另一种方式是外层电子跃迁到内层电子空位的同时,将多余的能量传递给另一外层电子,使其脱离原子系统,逸出试样表面成为一种二次电子。这种二次电子是法国科学家俄歇于 1925 年发现的,故称俄歇电子。俄歇电子能谱仪就是利用这种电子来进行成分分析,由于俄歇电子能量较小,只能是极表层原子激发的俄歇电子可逸出试样表面,故俄歇电子能谱仪属于一种表面分析仪。

高能入射电子与固体试样作用时除产生以上几种信号外,还有阴极荧光,试样中杂质原子分布不均匀可引起阴极荧光的强度差异,因此对研究杂质分布是十分有用的。电子束感生电流是试样在高能电子轰击下产生的许多电子-空穴对,当试样中存在晶体缺陷时,电子-空穴对会减少,电子束感生电流也会减少。该现象常用于晶体缺陷、半导体材料的研究。

4.1.2　扫描电子显微镜结构

扫描电子显微镜主要由电子束形成系统、成像扫描系统、信号检测系统、真空系统和供电系统组成。图 4-3(a)所示为钨灯丝扫描电子显微镜,图 4-3(b)所示为场发射扫描电镜。

(a) 钨灯丝扫描电子显微镜　　　　　　　　(b) 场发射扫描电镜

图 4-3　扫描电子显微镜

1. 电子束形成系统

电子束形成系统由电子枪、电磁透镜、光阑、试样室等组成。

(1) 电子枪

电子枪是扫描电镜发射高能电子的电子源,常用的普通电子枪为热阴极三级电子枪,由阴极、阳极和控制极三部分组成。阴极加负高压,是用直径 0.1~0.15 mm 的钨丝做成的,呈"发夹"形。这种形状的钨丝尖端温度高,电子发射较强烈。阳极由中心有圆孔的金属制成,接地。控制极用来会聚电子束,并通过改变与阴极间的负偏压来控制电子束斑的大小。电子枪组成剖面如图 4-4 所示。热阴极三级电子枪其优点是结构简单,价格便宜,但图像分辨力较低。

为了提高扫描电镜的图像分辨力,采用六硼化镧(LaB_6)电子枪或场发射电子枪。六硼化镧电子枪的阴极用杆状的 LaB_6 制成,其尖端半径仅几微米,另一端浸入油散热器中。LaB_6 被环绕其周围的钨丝加热器升温,LaB_6 被加热是热辐射和电子轰击共同作用的结果。LaB_6 尖端的温度可达 1700~2100 K。LaB_6 电子枪亮度至少是在最高工作温度下钨丝电子枪亮度的5 倍。LaB_6 电子枪的使用寿命很长,可达几百至上千小时。

目前使用中的扫描电镜大多为普通热阴极电子枪。如图 4-4 所示,钨丝阴极发射的电子光源扫描电子束直径较粗。因而六硼化镧电子枪阴极发射率比较高,其有效发射截面直径比钨丝阴极要细得多。以上两种电子枪都属于热发射电子枪,而场发射电子枪分为冷场和热场发射两种,钨单晶场发射电子枪的亮度比普通钨丝高 1000 多倍,其二次电子像分辨力可达0.5 nm,而普通钨丝电子枪二次电子像分辨力为 4 nm。

(2) 电磁透镜

电磁透镜在扫描电镜中的作用与透射电镜不同,它不是用来成像,而是为了获得尽可能细的电子束,以激发试样产生较强的物理信息。通常在扫描电镜中装有三个透镜,第一、第二为聚光镜,第三个透镜称为末极透镜,起物镜作用,因此对物镜的要求最高,在设计上不仅要考虑到像差小,而且还要考虑到允许大尺寸的试样在样品室中移动和倾斜及可装配 X 射线能谱仪等探测器。通常在聚光镜的下面装有光阑,光阑的作用是为了减少聚光镜成像的球差和像差。

(3) 样品室

扫描电镜中,直接对大块试样进行观察,故常需要有一个理想的样品室。大型的扫描电镜

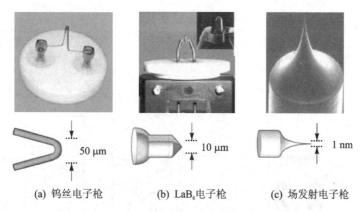

(a) 钨丝电子枪　　　(b) LaB$_6$电子枪　　　(c) 场发射电子枪

图 4 - 4　扫描电镜电子枪

的样品室：365 mm(φ),275 mm(h),可容纳大块试样,而且可沿 X 轴、Y 轴各移动 125 mm,沿 Z 轴升降 50 mm,能旋转 360°,能在 $-10°\sim+90°$ 范围内倾斜,并装有二次电子探头、背散射探头、X 射线能谱仪和 X 射线波谱仪探头;备有高温、拉伸、弯曲等试样台。

2. 成像扫描系统

扫描电镜成像系统主要用高分辨阴极射线管(CRT)来显示经放大后的图像,可供观察,并配有照相机拍摄图像,可通过计算机存储图像和处理图像,能方便地将图像记录和存储。扫描电镜中还装有信号处理装置,可通过人工调节图像的衬度和亮度来改善图像质量。

3. 信号检测系统

信号检测系统的作用是将电子与试样相互作用产生的各种信号进行接收和放大,并转换成视频信号。探测信号的探测器一般用闪烁计数器。电子打在闪烁体上,闪烁体产生荧光;经光导管将其传递到光电倍增管,转变成电信号,经放大器放大后输送到显像管栅极。

4. 真空系统和供电系统

扫描电镜的真空系统由机械泵、扩散泵及各种真空管道和阀门组成。采用六硼化镧或场发射电子枪的扫描电镜,需要更高的真空,一般采用离子泵或分子泵。

供电系统主要有高压电源、透镜电源、电子枪加热电源、扫描线圈电源和图像显示电源等。其中高压电源和透镜电源必须是一个稳定的直流电源。

4.1.3　扫描电子显微镜工作原理

扫描电子显微镜的成像原理如图 4-5 所示。

由电子枪发射出来的电子束,经栅极聚焦后,在加速电压作用下经过 2～3 个电磁聚光镜所组成的电子光学系统,会聚成一个细的电子束聚焦在样品表面,在末级电磁聚光镜上装有扫描线圈,在它的作用下使电子束在样品表面扫描。高能电子束与样品物质的交互作用产生了各种信息:二次电子、背散射电子、吸收电子、X 射线、俄歇电子、阴极发光等。这些信号被相应的接收器接收,经放大后送到显示器上,调制显示器亮度,经过扫描线圈在显示器上就出现一个亮点。扫描电镜就是这样采用逐点成像的方法,把样品表面不同的特征,按顺序、成比例地转换为视频信号,完成一帧图像,从而使人们在显示器上观察到样品表面的各种特征图像。

① 扫描电镜图像的衬度观察。扫描电镜成像信号主要有二次电子和背散射电子。二次电子来自于样品表面层 5～10 nm,对样品的表面特征十分敏感,而且分辨率高,目前可达到的

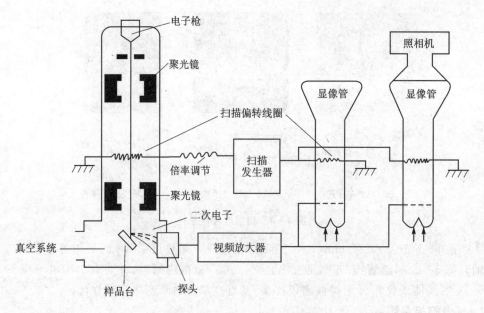

图 4 - 5　扫描电镜的工作原理

最佳分辨率为 1 nm,适合用于显示表面形貌衬度。背散射电子对样品表面的原子序数十分敏感,而对表面形貌不够敏感。

　　② 原子序数衬度观察。在相同实验条件下,背散射电子信号的强度总是随原子序数增大而增大。在样品表面平均原子序数较大的区域,产生的背散射电子信号强度较高,背散射电子像中相应的区域显示较亮的衬度;而样品表层平均原子序数较小的区域则显示较暗的衬度。背散射电子像的衬度,实际上反映了样品不同微区平均原子序数的差异,可定性判断试样表面不同元素的分布情况,但不能指出是什么元素的含量,因此背散射像可用于定性成分分析。

　　背散射电子信号也可以反映样品表面形貌像,由于背散射电子能量较高,离开样品表面后沿直线轨迹运动,因此,信号探测器只能检测到直接射向探头的背散射电子,有效收集立体角小,信号强度较低。尤其是样品中背向探测器的那些区域产生的背散射电子,因无法到达探测器而不能被接收,在图像上会产生阴影。所以利用闪烁体计数接收散射电子信号时,只适合于表面平整的样品,实验前样品表面应抛光。

　　③ 吸收电子像观察。入射电子射入试样内部时,其中一部分电子经多次非弹性散射后,能量耗尽,最后留在试样内部,这部分电子被试样吸收了。试样在电子束照射前是中性的,吸收电子后带负电,如果将试样用导线与地相接,中间接微安表,就可测出吸收电流。将吸收电流信号输送到显示器成像,可得到吸收电子像。吸收电子像的衬度与二次电子像和背散射电子像呈互补关系。二次电子像和背散射电子像显示表面状态,而吸收电子像能显示试样深坑部分的状态,如裂纹内部。吸收电子像的分辨力较低,约 $100 \sim 1000$ nm。

4.1.4　新型扫描电镜简介

1. 高分辨场发射扫描电镜

　　人们在研究钨单晶材料尖端放电成果的基础上,采用钨单晶来代替钨灯丝电子枪,制造出了场发射扫描电镜。场发射扫描电镜分两种:冷场发射扫描电镜和热场发射扫描电镜。

　　冷场发射电子枪为单晶钨制作的一个尖锐的钨杆(曲率半径<10 nm)。它的最大优点是

由于电子枪尖端比钨灯丝小得多,故其发射区域也小,能得到很细的电子束,因此可得到高清晰度图像。20 世纪 90 年代推出的冷场发射扫描电镜由于具有高分辨力,得到了纳米材料研究者的青睐。然而,冷场发射电子枪的缺点是束流小、图像亮度低、X 射线谱仪分析效果差,且发射稳定度较差。

对钨尖端进行加热,可增加电子枪束流强度和图像亮度。但由于加热,会导致分子蒸发,引起真空度下降,因此扫描电镜的制造商对电子光学和真空系统进行了适当改进,制造出了热场发射扫描电镜,成功地解决了以上问题。热场发射电子枪和钨灯丝电子枪均属于热发射电子枪,且热场发射电子枪阴极比钨灯丝细得多,其发射区域也小,因此热场发射具有高亮度、低噪声、束流大、稳定度好、分辨力高等优点,其二次电子像分辨力可达 0.5 nm。目前高性能先进的扫描电镜多采用热场发射电子枪。

在新型的热场发射扫描电镜中,为了得到高清晰度的二次电子像和背散射电子像,在设计上做了改进。当入射电子轰击样品表面时,产生的二次电子在空间的分布规律符合余弦定律,因此将探测器安装在扫描电镜电子光学的中轴线上,其接收效率会显著提高,同时须提高真空度,以保证二次电子的自由程;另外还采用特殊技术,使二次电子在到达探测器之前,得到电场加速,加强探测器接收到的信号强度。在探测器中设置能量过滤网,可对背散射电子进行能量过滤,来达到实现高分辨力和高衬度的二次电子像和背散射电子像。

2. 低电压扫描电镜和低真空扫描电镜

非导电样品常发生充电问题和表面敏感试样局部损伤问题。充电现象是入射电子在与试样相互作用时,试样导电性较差,电子在试样表面电荷不断积累而造成的,这会使图像变得模糊。为解决这一问题,通常采用真空镀膜方法(见扫描电镜样品制备方法)。另外扫描电镜的制造商对仪器做了改进,发展成了低真空扫描电镜和低电压扫描电镜。

(1) 低真空扫描电镜

低真空扫描电镜又称环境扫描电镜,其优点是对非导电样品不经镀膜就可观察,且可得到较清晰的图像,同时由于采用低真空状态,故可对一些带水分的试样不经脱水直接观察,更能反映这些含水样品的真实形貌,因此对生物和医学样品的检验效果较好,在生物和医学领域内得到广泛应用。

但环境扫描电镜也有缺点,低真空状态下,由于气体分子对入射电子、二次电子、背散射电子产生吸收和散射很强,故图像效果明显比镀膜样品差;而镀膜法会掩盖样品表面的一些微细结构。

(2) 低电压扫描电镜

降低加速电压会减少电荷积累效应,能较好地解决以上问题,如将加速电压降到 1 kV 时,低电压扫描具有以下特点:

① 对未经镀层的非导电样品很少发生充电效应,故对导电性差及不导电试样可不经镀膜而直接观察;

② 减少样品损伤、电荷积累及边缘效应;

③ 在低加速电压下,由于电子在样品中扩散能力较小,激发区域会集中在表层,获得的图像能更真实地反映样品表面形貌,这对表面形貌起伏小的试样尤为明显。

由于在低加速电压下,试样表面激发出的二次电子及背散射电子强度均较弱,因此会影响图像质量。扫描电镜制造厂在设计制造上做了改进来解决这一问题。例如,对钨灯丝电子枪采用"四偏压电子枪",它通过调节栅极偏压来达到不增加灯丝电流的条件下,增强低加速电压下的束流强度。而热场发射型扫描电镜由于具有高分辨力、高亮度等优点,在低加速电压下能得到高质量的图像。目前,热场发射型扫描电镜均具有低电压分析功能。

4.2　X射线波谱仪和能谱仪

如果试样中含有多种元素,在入射电子的轰击下,试样会发出各种波长的特征X射线,为了测量它们各自的波长,必须将其展开,这种方法称为展谱。而在X射线显微分析中称为色散,通常色散的方法有两种,一种是利用分光晶体将X射线按波长色散,形成波谱,此法称为波长色散法(WDS),由此法制成的仪器称为X射线波长色散谱仪。另一种方法是按X射线的能量展开,形成能谱,此法称为能量色散法(EDS),由此法制成的仪器称能量色散谱仪。

4.2.1　X射线波谱仪

1. 展谱原理

当X射线射向波谱仪中的分光晶体时,如X射线与晶体的取向满足布拉格条件:$2d\sin\theta = n\lambda$,就可在衍射方向上用探测器接收X射线。由于分光晶体的晶面间距 d 已知,故只须测出X射线的掠入角 θ,即可计算出X射线的波长,再根据波长可确定产生该特征X射线的元素。如果试样由多种元素组成,只要不断地改变X射线的掠入角 θ,并把X射线接收器始终保持在衍射射线的出射方向上,把X射线的各种波长分选出来即可,这就是晶体展谱的基本原理。

2. 波谱仪的结构形式

(1) 回转式谱仪

回转式谱仪聚焦圆位置不动,X射线源是电子束照射试样上的点,它也是不动的。分光晶体与探测器在圆周上以1:2的角速度移动,随角度的不断变化,便能探测不同波长的X射线。这种谱仪结构简单,但X射线在试样里的吸收量随出射角的变化而变化,出射角越大,到达表面的路径越短,试样对X射线吸收越少,X射线强度衰减越少。反之,则衰减越大,会影响试样成分的定量分析,所以,目前很少采用这种结构。

(2) 直进式谱仪

直进式谱仪的分光晶体在探测方向上做直线运动,并绕自轴转动,探测器则沿一复杂的轨迹做运动和转动。这种结构的谱仪由于X射线的出入角固定不变,因而简化了定量分析中对吸收效应的修正。目前多采用这种结构的谱仪。

3. 波谱仪的分析方式

按电子束对试样的扫描方式不同可将X射线分析方式分为点分析、线分析和面分析。

(1) 点分析

将电子束固定在试样需要分析的某一点,激发该点的X射线,确定该点的成分及其含量,此过程称点分析。分析时,在二次电子图像中选择要分析的点,将电子束照射在该点上,驱动波谱仪的分光晶体,连续改变分光晶体的衍射角,测量X射线的波长及强度。

定点分析是X射线波谱分析的重要工作方式,在金相检验中广泛应用于对合金钢的沉淀相和夹杂物的鉴定。被分析的粒子尺寸一般大于 $1\ \mu m \sim 2\ \mu m$。亚微米级的粒子可采用萃取复型样品(参阅透射电镜样品制备章节),由于碳膜产生的背景强度很低,故在萃取复型上即使比电子束直径小的粒子也可分析。

（2）线分析

将电子束沿试样表面作一条直线扫描，根据 X 射线的强度变化得到扫描直线上某一元素浓度分布曲线，此过程称线分析。分析时，将波谱仪设置在含有某元素的特征 X 射线信号上，并将其强度在荧光屏上显示，可以方便地获得有关元素沿该直线方向上的不均匀性的信息，也可在一张图上显示多种元素沿该直线方向分布情况。

利用 X 射线的线扫描分析，不仅可测定材料内部不同相的成分分布和进行夹杂物鉴定等，而且于测定材料内部相区域相界面上的元素富集和贫化效果是非常好的，如不锈钢中晶界富 Cr，但限于空间分辨力，波谱仪只能分析尺寸较大的范围内的成分不均匀性，至于像回火脆火那样的极薄层成分不均匀，需要用俄歇电子能谱仪分析。

（3）面分析

将电子束在试样表面做二维光栅扫描，谱仪固定接收其中某一元素的特征 X 射线信号，即可得到该元素的面扫描分布像，并可在荧光屏上显示出来，每一元素有一幅分布图。只要改变波谱仪中分光晶体和探测器的位置，即可得到不同元素的面扫描图像。图像中较亮的区域是该元素含量较高的区域。所以，X 射线面扫描像可以把微区成分分布与微观组织联系起来分析。

4. X 射线波谱定量分析

X 射线波谱分析在实际应用中常分为两种方式，即定性分析和定量分析。对于定性分析可用上面所述的点分析、线分析和面分析方法进行。对于定量分析，是在定性分析的基础上，运用数学和物理模型，经大量的计算而得出结果的一个过程。

4.2.2　X 射线能谱仪

能谱仪一般是扫描电镜附件。X 射线能量色散谱分析方法主要是电子显微技术最基本和一直使用的且具有成分分析功能的方法，一般称为 X 射线能谱仪分析法，简称为 EDS 或 EDX 方法。此方法是分析电子显微方法中最基本、最可靠，也是最重要的分析方法之一，一直被广泛使用。

1. 能谱分析的原理

X 射线能谱仪的工作原理为电子枪发射的高能电子由电子光学系统中的两级电磁透镜聚焦成很细的电子束来激发样品室中的样品，从而产生背散射电子、二次电子、俄歇电子、吸收电子、透射电子、X 射线和阴极荧光等多种信息。若 X 射线光子由 Si(Li) 探测器接收后给出电脉冲信号，由于 X 射线光子能量不同（对某一元素能量为一不变量），经过放大整形后送入多道脉冲分析器，通过显像管就可以观察按照特征 X 射线能量展开的图谱。一定能量上的图谱表示一定元素，图谱上峰的高低反映样品中元素的含量（量子的数目）。

按量子力学原理，特征 X 射线是一种电磁波，它和光波一样，具有两重性，即波动性和微粒性。在波谱仪中，X 射线可看成是具有波动性的电磁波，根据布拉格衍射原理来分析检测元素。而在能谱仪中，把 X 射线看成是不连续的微粒，由光子组成。特征 X 射线的光子具有一定的振动频率，也就是具有一定能量，而每种特征 X 射线的能量也不同，能量与波长具有以下关系：

$$E = h\nu = \frac{hc}{\lambda} \tag{4-2}$$

式中：E——特征 X 射线的能量；

c——光速(常数);

ν——特征 X 射线的振动频率;

h——普朗克常数。

若将 h 和 c 两个常数代入式(4-2),则

$$E = \frac{12.4}{\lambda} \tag{4-3}$$

由式(4-3)可知,X 射线的能量与波长有一定的关系,由此可见,从 X 射线的波长鉴定元素和利用特征 X 射线的能量鉴定元素是等价的。根据这一原理把试样中产生的 X 射线,利用一种多道脉冲高度分析器把它展开成按能量大小顺序排列的特征峰所对应的能量,同样可以达到鉴定元素的目的。

2. 能谱仪的结构

EDS 能谱仪主要由探测器、多道脉冲分析器、放大器等组成。图 4-6 为能谱仪的结构方框图,图 4-7 为能谱仪的实物图。

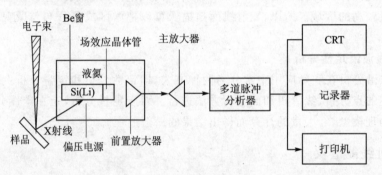

图 4-6 能谱仪的结构方框图

(1) X 射线探测器

对于 EDS 中使用的 X 射线探测器,一般都是用高纯单晶硅中掺杂有微量锂的半导体固体探测器(SSD:Solid State Detector),如图 4-8 所示。SSD 是一种固体电离室,当 X 射线入射时,室中就产生与这个 X 射线能量成比例的电荷。这个电荷在场效应管(Field Effect Transistor,FET)中聚集,产生一个波峰值比例于电荷量的脉冲电压。为了使硅中的锂稳定和降低 FET 的热噪声,平时和测量时都必须用液氮冷却 EDS 探测器。

图 4-7 能谱仪实物图

图 4-8 硅半导体探测器

X 射线通过铍窗进入探测器,铍窗的厚度与 X 射线的透射强度及真空度有关,其典型值为 8 μm。铍窗厚度越薄,检测分辨力越高,保护探测器的探测窗口有铍窗口、超薄窗口、无窗口三类,目前常用的有铍窗口型和超薄窗口型两种。

① 铍窗口型(Beryllium Window Type)。用厚度为 8~10 μm 的铍薄膜制作窗口来保持探测器的真空,这种探测器使用起来比较容易,但是,由于铍薄膜会对低能 X 射线吸收,所以,不能分析比 Na(Z=11)轻的元素。

② 超薄窗口型(UTW type：Ultra Thin Window Type)。保护膜是沉积了铝,厚度为 0.3~0.5 μm 的有机膜,吸收 X 射线少,可以测量 C(Z=6)以前的比较轻的元素。但是,采用这种窗口时,探测器的真空保持不太好,所以,使用时要多加小心。目前,对轻元素探测灵敏度很高的这种类型的探测器已被广泛使用。

③ 无窗口型(windowless type)。去掉探测器窗口的无窗口型(windowless type)探测器,可以探测 B(Z=5)以前的元素。但是,为了避免背散射电子对探测器的损伤,通常将这种无窗口型的探测器用于扫描电子显微镜等低速电压的情况。

(2) 多道脉冲分析器

多道脉冲分析器是能谱仪的测量系统。它的作用是对输入的信号进行模数转换、幅度分析、分档和记忆存储。多道脉冲分析器(Multichannel Pulse Height Analyzer)来测量输入的信号的波峰值和脉冲数,这样,就可以得到横轴为 X 射线能量,纵轴为 X 射线光子数的谱图。

(3) 放大器等其他部件

能谱仪中的其他部件主要还有放大器,作用是放大脉冲信号,然后将信号输入多道脉冲分析器中。另外能谱仪配有电子计算机能对谱峰进行自动识别,定性和定量计算试样微区的元素含量;最终将数据传输给 CET、记录器或打印机等输出装置。

3. 能谱仪的分析方式

能谱的应用和分析与波谱仪基本相同。同样可以进行点分析、线分析和面分析,并对检测到的元素做定性和定量分析。

(1) 点分析

将电子束固定在试样感兴趣的点上,进行定性或定量分析。可对材料晶界、夹杂物、析出相、沉积物及材料的组成(扫描多个较大区域)等分析。图 4-9(a)所示为在电镜中观察的形貌和需要分析的取样点;图 4-9(b)所示为 EDS 谱线实时收集的结果,纵坐标是 X 射线光子的计数率 GPS,横坐标是元素的能力值(keV)。

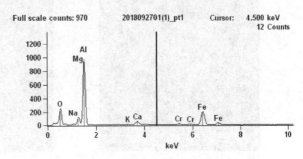

(a) 电镜中观察的形貌和取样的点　　　　　(b) 取样点的EDS谱线

图 4-9　EDS 的点分析

表4-1所列为该取样点EDS谱线收集完毕后定量计算的结果。

表4-1 EDS取样点元素的定量分析

试样名称(2018092701(1)_pt1)	O	Na	Mg	Al	K	Ca	Cr	Fe
重量/%(Weight/%)	25.68	1.43	4.61	37.24	0.32	2.65	1.33	26.74
原子/%(Atom/%)	42.06	1.63	4.97	36.17	0.21	1.73	0.67	12.55

(2) 线分析

当电子束沿一条线扫描时,能获得元素含量的线分布曲线。如果与试样形貌对照分析,能直观地获得元素在不同相或区域内的分布。线分析是一种定性分析,沿感兴趣的线逐点测量成分,也可以获得该线的成分变化曲线。图4-10(a)所示为Ti元素的线扫描,图4-10(b)所示为Fe、Cr、Al、Si等元素的线分布情况。

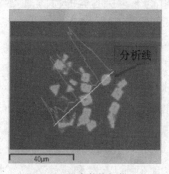
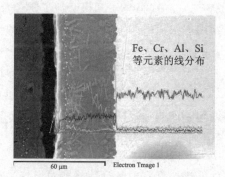

(a) Ti元素的线扫描   (b) 线扫描的元素成分变化曲线

图4-10 EDS的线分析

(3) 面分析

将电子束在试样表面扫描时,元素在试样表面的分布能在屏幕上以不同的亮度显示出来(定性分析),亮度越高,说明元素含量越高。图4-11(a)所示的是TiB/Ti合金基复合材料中硼元素的分布情况;图4-11(b)中区域1是在电镜中观察到的形貌,区域2、3、4是EDS信号收集完毕后给出的不同元素的定性结果。该图说明区域1中间的白点和右下角白色三角区域都有元素的偏聚。

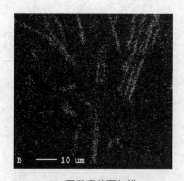
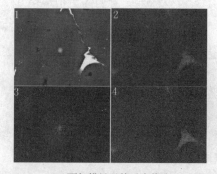

(a) 硼元素的面扫描   (b) 面扫描显示的元素偏聚

图4-11 EDS的面分析

在能谱仪分析时,能谱仪与扫描电镜、透射电镜配合使用可在观察材料内部微观组织结构的同时对微区进行化学成分分析。对样品进行化学成分分析是能谱仪的主要应用,可以把样品的成分和形貌乃至结构结合在一起进行综合分析。点分析灵敏度最高,面扫描灵敏度最低,但元素分布最直观。要根据试样特点及分析目的,合理选择点、线、面分析方法。

能谱仪中的计算机均配有自动分析软件,对检测到的元素可自动定性和定量分析,故使用分析十分方便。近年来通过对能谱仪新颖探测器的研制,及在扫描电镜中采用场发射电子枪,能谱分析技术有了很大的提高,能在低加速电压和小束斑下得到高计数率,应用越来越广泛。

4.2.3　X 射线波谱和 X 射线能谱分析的特点

1. X 射线波谱仪分析的特点

① 波谱仪具有高的分辨力,这是波谱仪主要优点;

② 波谱仪可分析铍元素序号以前的轻元素。目前先进的能谱仪也可分析轻元素,但分析灵敏度较差,定量结果误差较大;

③ 波谱仪的主要缺点是对 X 射线的利用率低,故不适合在电子束流低、X 射线强度弱的情况下使用。例如凹凸不平的断口试样。

2. X 射线能谱仪分析的特点

① 分析时电子束电流低,通常可在 $10^{-10} \sim 10^{-11}$ A 的束流下工作,与二次电子像的工作状态一致,所以从二次电子像转换到成分分析时不需要改变电子光学条件,操作很方便。而波谱仪要求在 $10^{-7} \sim 10^{-8}$ A 电流下工作,从图像转换到成分分析时要改变电流;

② 分析速度快,完成一个试样的分析仅需要几分钟,波谱仪常需要 30 min 左右。快速分析还可避免因电子束照射时间过长造成的试样污染和损伤;

③ 接收效率高,由于检测立体角大,没有晶体衍射损失,接收效率高,适于在低束流下工作和对微量元素的检测;

④ 能谱仪不用几何分光晶体,不依赖布拉格谱仪分光,故试样的位置、高度变化,仍可进行元素分析,低倍元素分布图也不会出现因偏离聚焦圆而引起计数损失。对凹凸不平的试样的成分分析,适合于断口表面微区的成分分析。波谱仪分析时需要表面平整试样;

⑤ 谱线简单,能谱中不出现波谱分析中常遇到的高级反射线条,使谱线数减少,译谱简单。能全谱显示,适合计算机处理;

⑥ 能谱仪的缺点是分辨力比波谱差,准确度也不如波谱仪,且会出现重叠峰,使得某些元素分析起来较困难。例如,硫的 $K\alpha = 2.30$ eV,钼的 $L\alpha = 2.31$ eV,两线基本重叠,鉴别较困难,分析时须仔细进行重叠峰的剥离。另外,能谱仪工作时需要用液氮冷却。

波谱仪和能谱仪分析性能比较如表 4-2 所列。

表 4-2　波谱仪和能谱仪分析性能的比较

项　　目	波谱仪(WDS)	能谱仪(EDS)
元素检测范围	Be~U	B~U
探测效率/(cps/nA)	$10^2 \sim 10^3$	10^3
工作束流/A	$10^{-7} \sim 10^{-8}$	$10^{-10} \sim 10^{-11}$

项 目	波谱仪(WDS)	能谱仪(EDS)
定量相对误差/%	1~5	10
探测灵敏度/%	0.001	0.01
同时可测元素	一道谱仪一次只能分析一个元素	同时分析全元素
操作	慢、繁、全自动控制困难	快、简单、易于全自动控制
分析方法	擅长作线分析和面分析	作点分析较方便,作线分析和面分析较差

3. X 射线波谱和 X 射线能谱分析检测标准

由于扫描电镜的应用日益广泛,有关部门相继制订了检测标准。目前已有的国家标准和国际标准主要有:

① GB/T 17359—2012/ISO 22309:2006《微束分析 能谱法定量分析》;

② GB/T 15074—2008《电子探针定量分析方法通则》;

③ GB/T 15616—2008《金属及合金的电子探针定量分析方法》;

④ GB/T 17362—2008《黄金饰品的扫描电镜 X 射线能谱分析方法》;

⑤ GB/T 17360—2008《钢中低含量 Si、Mn 的电子探针定量分析方法》;

⑥ ASTM Designation:E 1508—2012《Standard Guide for Quantitave Analysis by Energy-Dispersive Spectroscopy》(用能量分散能谱学作定量分析的标准指南);

⑦ ASTM Designation:B 748—90(Reapproved 2016)《Standard Test Method for Measurement of Thickness of Metallic Coatings by Measurement of Cross Section With a Scanning Electron Microscope》(通过用扫描电子显微镜测量横截面来测量金属涂层厚度的试验方法)。

4.3 扫描电镜的试样制备方法

扫描电镜观察用的试样制备较透射电镜试样制备要简单得多。对于金属材料的断口试样,只要其尺寸小于仪器规定范围,即可用导电胶粘在试样座上直接放到扫描电镜中观察。对于金相试样,只要将其按金相制备方法得到的金相观察面直接放到扫描电镜样品室中观察即可。对于大块断口试样,则需要将其切成小块,使用专用夹具固定后再放入样品室。

4.3.1 金属断口试样的制备

1. 断口试样的切取

切取断口试样时应防止试样过热而影响微观结构,防止断口被腐蚀、污染和损伤。切取时应采用慢速砂轮切割,切口和断口至少保持 10 mm 以上距离,不宜用水冷却,因为水会对断口腐蚀;采用线切割或电火花切割时,要对断口进行保护,可将醋酸纤维纸粘覆在断口表面上,再用胶布包裹;或采用防锈油保护。

2. 断口的保护

断口保护的目的是避免断口表面遭受机械损伤和化学损伤,给分析带来假象而造成困难。

防止机械损伤的措施:在搬运时用棉花或柔软的织物将断口包起来,避免用手触摸断口,防止硬物碰撞断口。

防止化学损伤的措施：用干燥的压缩空气将断口吹干,然后放入干燥器中；在断口上涂无浸蚀作用而又易于清洗的油脂；可仿照透射电镜复型制样方法用醋酸纤维纸覆盖在断口表面。

3. 断口清洗

清洗的目的是去除断口表面附有的保护油脂、腐蚀产物、灰尘及脏物。通常有以下几种方法：

① 机械清洗。用柔软的毛刷轻刷或用干燥的压缩空气吹,可去除断口表面上附着不牢的灰尘和脏物；

② 用醋酸纤维纸反复粘贴与剥离,重复 3～5 次,可清除灰尘、油污、腐蚀产物、沉积物等；

③ 化学溶剂清洗和电解清洗。对于黏附很牢固的外来物,如腐蚀产物、氧化皮、油垢、涂层等需要采用这种方法。通常采用丙酮、三氯乙烯等有机溶剂浸泡或在超声波振动下浸泡清洗。

采用①②方法均不能达到清洗目的时,可采用化学清洗或电解清洗。不宜采用酸性或碱性溶液,因为采用这种清洗方法会对断口造成一定的损伤。

4.3.2　金相试样的制备

扫描电镜中的衬度主要来源于几何衬度和原子序数衬度,因此可根据不同需要对经抛光的金相试样作浸蚀或不浸蚀。

1. 常规金相组织试样观察

观察常规金相组织的试样通常只需要按光学金相观察的试样制备和浸蚀。

2. 三维组织形态观察

为对合金中微区某些相的形貌作三维形貌观察,需要对试样进行特殊处理。

(1) 深浸蚀

选用合适的选择性浸蚀剂,对合金试样做深浸蚀,使合金中需要研究的相保留下来,并使其呈现三维浮雕。浸蚀剂可采用金相浸蚀试剂。

(2) 恒电位电解浸蚀

金属和合金在电解液中各组成相的电解行为取决于各相的电极电位。因此,采用恒电位法控制不同的相,有选择性的进行电解浸蚀。

3. 斜剖金相面

为研究断口形貌或磨损面与金相组织的关系,可采用斜剖金相面方法。为防止在斜剖时损伤断口,将断口用丙烯酸树脂保护起来,然后将用树脂保护好的试样切去一部分,制成金相磨面,如图 4-12 所示。斜剖金相面在抛磨和浸蚀后,用丙酮或氯仿溶去保护层。为了使原始断面和金相组织在扫描电镜中同时聚焦,斜剖面和原始表面夹角应大于 120°。

4. 消除磁性

对于带有磁性的高合金钢,还应对样品事先给予消磁(脱磁)处理,防止扫描电镜电子束偏转,导致最终成像模糊。

图 4-13 所示为常用的手持式消磁(脱磁)器。

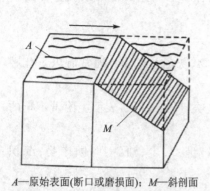

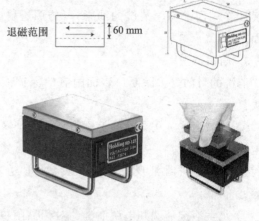

A—原始表面(断口或磨损面); *M*—斜剖面

图4-12 斜剖金相试样示意图　　　　　图4-13 手持式消磁(脱磁)器

4.3.3 导电性差和不导电试样的制备

为了得到高质量的图像,试样表面要求导电性好,以防止表面积累电荷而影响成像;要求试样有抗热辐射损伤的能力,在高能电子的轰击下不会被烧坏、击穿或发生变形;表面有高的二次电子和背散射电子发射率。这些要求对大部分金属来说均能满足,但对不具备上述条件的试样须进行表面处理,例如非金属材料、陶瓷、玻璃、塑料等。试样制备方法是在试样表面均匀镀上一层导电膜,称镀膜法。通常有真空蒸发镀膜法和离子溅射镀膜法,这两种方法均需专用设备。常用专用设备是真空喷镀仪。有时金属断口试样由于断口表面存在污染、氧化,影响二次电子图像的质量,可在断口上镀一层导电膜,来提高图像的分辨力和清晰度。

最常用的镀膜的材料是金,这是因为金有以下特点:

① 熔点低、易蒸发;

② 金与蒸空喷镀仪中的钨丝加热器不发生任何作用;

③ 金的二次电子和背散射电子发射系数大;

④ 金的化学稳定性好,镀膜后可长期保存。

另一种常用的镀膜材料是 Au-Pd(6:4)合金,用其镀膜观察试样的细微结构时,其图像质量优于金镀膜。

镀膜的厚度要适当控制,主要根据观察的目的来决定,一般情况下从图像的真实性考虑,镀膜应尽量薄一些,但对一些导电性差或粗糙的试样,镀膜太薄,会造成观察时因电荷积累而产生放电现象。

不同材料的镀膜厚度如表4-3所列。

镀膜也不能太厚,当金膜的厚度超过 10 nm 时,会形成数十纳米大小的粒状结构,这种粒状结构会影响图像的质量,而 Au-Pd 合金的粒状结构尺寸很小,约 0.3 nm,可以克服上述缺点,故 Au-Pd 是一种较好的镀膜材料。对于作 X 射线显微分析时,镀膜尽可能薄一些,以减少吸收效应;如不采用 Au 或 Au-Pd 作镀膜材料,也可以采用镀碳膜的方法,因为碳不影响元素分析结果,还能适当增加试样的导电性。

表 4 - 3　不同材料试样镀膜推荐厚度

试样材料	厚度/nm
导电材料：如金属断口等	20
不良导电材料：如化学纤维、碳纤维等	40～80
绝缘材料：如有机玻璃、玻璃纤维、塑料等	80～100

4.3.4　粉末试样的制备

　　扫描电镜观察研究的试样除块状样品外，常常还遇到粉末试样，粉末往往会聚合成团，若在观察时不把粉末颗粒分散开，则不能观察每个粉末颗粒的几何形态，因此在观察粉末样品时必须先将粉末颗粒分散，然后固定在试样台上，再进行观察。对于粉末微粒，按微粒的大小，可采用不同的分散法和固定法。

　　① 对于 $0.2～3\ \mu m$ 的粉末，先把粉末混入液体分散剂中（如丙酮、酒精或乙醚），然后把混合液喷洒在基片上，基片材料为铜片、铝片或过滤膜，再把基片固定在试样台上；

　　② 对于 $1～50\ \mu m$ 的粉末，先把粉末混入火棉胶溶液中，然后把混合液涂在试样台上；

　　③ 对于 $50～100\ \mu m$ 的颗粒，可用机械方法分散，先用银粉导电胶涂在试样台上，然后将颗粒洒在上面；

　　④ 对于机械零件磨损失效的磨屑，磨屑往往存在于润滑油中，故须采用铁谱分析仪把磨屑从润滑油中分离出来，然后固定在基片上。也可用有机过滤膜过滤，再采用镀膜技术做镀金处理。

　　对于粉末颗粒，为了使其牢固地黏附在基片上以及具有良好的导电性，能经得起电子束的轰击，有时需要进行镀膜处理。最好采用复合镀膜，即先在洒有颗粒的基片上镀几十纳米厚的碳，其目的是填充颗粒间的空隙，以增强颗粒的黏附力；然后再镀金，经这样处理的试样观察时效果较好。

4.4　扫描电镜的典型应用

4.4.1　断裂和断口分析

　　金属的断裂与材料的性质及使用条件有密切的关系，而这些情况均会在断口上保留下特征性的标记。通过断口分析可研究这些因素对断裂的影响，由此而发展起来一门称为"断口学"的学科。断口学一般分为微观断口和宏观断口两部分，扫描电镜是分析微观断口形态最有效且最常用的方法。断口微观分析通常包括两方面内容：一是机械零件失效分析，其目的是通过断口分析来判断断裂性质，寻找断裂原因，从而提出改进和防止的措施。另一方面是用于材料研究，即研究断裂的物理过程，断裂与材料的性质、显微组织、制造工艺之间的关系，为提高材料质量提供依据。

　　断口微观分析最初是应用光学显微镜进行研究，继而采用透射电镜复型技术进行研究分析。后期由于扫描电镜的快速发展，允许试样尺寸变大，故制样方便，又因有理想的景深和倍率范围，可方便地从低倍到高倍作连续调节；并可对微区的化学元素作分析，已成为微观断口分析的主要手段。下面举例说明扫描电镜在断口分析中的应用实例。

1. 汽车发动机气门弹簧断裂分析

某车辆启动困难,启动后其发动机振动强烈,拆机后发现第一气缸气门的弹簧断裂,断裂部位在弹簧的第 2 圈,该车行驶里程为 10000 km,该气门弹簧材料为 55SiCr7 钢。用扫描电镜观察断裂气门弹簧的宏观断口形貌(见图 4-14(a)),会发现裂纹萌生于弹簧表面,断裂源处的放射状条纹收敛于夹杂颗粒处(箭头所指处),扩展区呈小台阶状,小台阶上的"贝纹状"疲劳弧线清晰可见,最后瞬断区呈粗糙的撕裂棱形貌。图 4-14(b)所示为气门弹簧裂纹源区微观形貌,"鱼眼"状的非金属夹杂物为放射撕裂棱的收敛中心。该非金属夹杂物距离弹簧表面约 0.08 mm,长度约为 9 μm。根据断口分析,裂纹萌生于弹簧表面,放射状撕裂棱收敛于呈"鱼眼"状的非金属夹杂物处,扩展区呈小台阶状,小台阶上的"贝纹状"疲劳弧线清晰可见,呈疲劳断裂状。非金属夹杂物距离钢丝表面很近,不仅会破坏基体的连续性,而且也是应力集中点,继而会成为裂纹源,在应力作用下裂纹不断扩展,最后导致弹簧疲劳断裂。对该夹杂物用能谱仪分析,主要检测到氧和铝,由此可得出弹簧断裂属疲劳断裂,弹簧材料中大颗粒的氧化铝夹杂是引起疲劳断裂的主要原因。

(a) 气门弹簧断口形貌　25×　　　　(b) 气门弹簧裂纹源区形貌　200×

图 4-14　汽车发动机气门弹簧断裂形貌

2. 液压悬挂机构提升杆的螺杆断裂分析

某拖拉机装配后的提升试验过程中发生液压悬挂机构提升杆的螺杆断裂。液压悬挂机构提升杆螺杆材料为 42CrMo 钢,该零件的制造工序为锻造—调质—机加工,要求螺纹尾部圆弧成型,不允许有退刀槽,提升杆螺杆的硬度技术要求为 248～293 HB。图 4-15(a)所示为失效螺杆的宏观断口形貌,断面呈现灰黑色。

用扫描电镜对该螺杆断口进行微观观察,图 4-15(b)和图 4-15(c)所示为螺杆断口放大100 倍和 500 倍的显微组织照片。照片显示该区域为沿晶断裂特征,属于沿晶断口,晶粒形状基本完整,在晶界区域能够看到熔融的痕迹,晶界之间有熔融的孔洞痕迹,说明零件断口上存在过烧。

3. 合金钢氢脆断口分析

氢对金属材料的损伤会引发材料脆性而发生断裂,此种断裂通常称为氢脆断裂。发生氢脆断裂的材料或金属零件,一般其金相组织均正常,只能通过断口形貌来分析。造成氢损伤的氢主要来源有两种,一是冶炼过程中产生的氢未能被排除;另一种来源于环境介质。

通常冶炼过程中产生的氢反映在断口上其宏观形貌为"白点",微观形貌对高强度钢来说为脆性沿晶断裂。对强度低的钢,一般为准解理断裂。

某公司锻压车间拔长和扩孔使用的 35CrMo 合金钢芯轴,除去夹头其尺寸大小为 Φ580 mm×4500 mm,该芯轴在使用 20 h 后发生断裂。失效断口的 SEM 图谱如图 4-16 所

(a) 螺杆断口宏观形貌

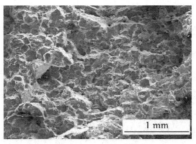

(b) 螺杆断口微观形貌

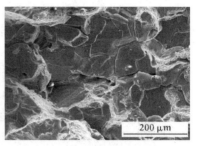

(c) 螺杆过烧断口形貌

图 4 - 15　提升杆螺杆断裂形貌

示。由图 4 - 16(a)可以看出,在近表面区域存在较多韧窝,也有二次裂纹,局部存在夹杂物,属于韧性断裂。图 4 - 16(b)和图 4 - 16(c)所示图片具有典型河流花样,存在较多解理面,为准解理断裂,均属于脆性断裂。因此,断口以脆性断裂为主。经检测,其成分中氢含量高达 20 ppm,且芯轴中心部位存在大量锯齿状裂纹,白点的级别达到 2.0 级,产生氢脆断裂。因此,氢脆白点导致芯轴的塑性显著下降,脆性急剧增加,芯轴中心部位产生氢脆裂纹,是材料失效的主要原因。

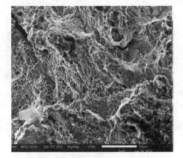

(a) 近表面微观形貌　200×

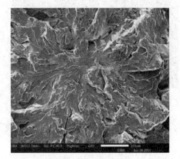

(b) 距表面1/4微观形貌　1000×

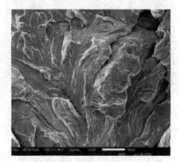

(c) 距表面1/2断口形貌　2000×

图 4 - 16　合金钢芯轴断裂形貌

　　来源于环境介质的氢主要是由酸洗、电镀过程进入金属材料中,在高强度钢中发生较多,其断口形貌主要为沿晶脆性断裂。有时在强度较低的钢中也会出现。

　　直径为 4 mm 的 65Mn 弹簧垫圈镀银后,在装配时发生了断裂。采用扫描电镜对弹簧垫圈断口进行微观观察发现:图 4 - 17(a)所示形貌微观上裂纹源不明显,断口呈冰糖状,为沿晶断裂;图 4 - 17(b)和图 4 - 17(c)所示形貌则有二次裂纹产生,裂纹源不明显,断口晶面平坦,无腐蚀产物,可见白亮的、不规则的细亮条,并存在鸡爪痕和气泡特征,断口呈典型的脆性断裂

(a) 沿晶断裂形貌特征

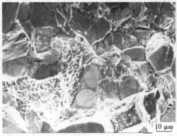

(b) 鸡爪痕形貌特征

(c) 气泡形貌特征

图 4 - 17　65Mn 弹簧垫圈断口形貌

特征。通过分析化学成分,发现氢含量明显偏高。经检查工艺记录,发现弹簧垫圈在酸洗、电镀过程中零件内部渗入了氢,镀后未及时除氢,且除氢时间不足,致使在外力的作用下垫圈发生氢脆断裂。

4. 不锈钢应力腐蚀断口分析

奥氏体不锈钢由于具有良好的耐腐蚀性能,在化工、机械、电站、制药等领域广泛应用。但在某些特定的条件下会发生应力腐蚀开裂,常常带来灾难性的破坏,因此引起了人们高度的重视。采用扫描电镜通过对应力腐蚀断口的观察分析,可以做出准确地判断分析。

某 69111 半奥氏体不锈钢高压气瓶点火时发生漏气,失效气瓶所用材料为半奥氏体不锈钢,该不锈钢本身具有应力腐蚀敏感性且敏感离子为氯离子。采用扫描电镜观察,裂纹源区位于断口中间,形貌如图 4-18(a)所示,断口呈现穿晶断裂。图 4-18(b)所示裂纹中部有微量白色火山口状腐蚀产物堆积。图 4-18(c)所示能谱分析结果表明该部位含有 1.09% 的氯元素,结合失效气瓶的断口,可判断气瓶开裂为应力腐蚀开裂。

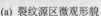
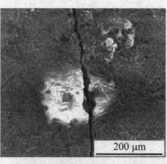
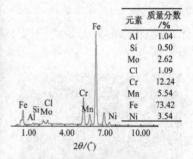

(a) 裂纹源区微观形貌　　(b) 裂纹中部腐蚀产物的SEM形貌　　(c) 断面中部扩展区EDS分析结果

图 4-18　半奥氏体不锈钢高压气瓶断口形貌与能谱分析

5. 金属断口夹杂物分析

当金属材料中存在较多夹杂物时,断裂往往沿夹杂密集处发生。采用扫描电镜分析可清晰观察夹杂物的分布情况,并利用能谱仪可方便地判断是何种夹杂物。如煤矿输送机 40Mn2 钢刮板发生断裂,刮板断裂位置位于板条根部。采用扫描电镜观察,形貌如图 4-19(a)所示,断口特征是短弯曲的撕裂棱,裂纹扩展过程中解理台阶或撕裂棱相互汇合形成河流状花样,同时有大量长条状析出物弯曲折叠,局部有碎裂脱落。对该长条状析出物进行能谱分析,结果如图 4-19(b)所示,表明硫与锰结合在钢中形成条带状硫化锰,数量较多,在内部有弯曲不规则的条状折叠,局部有条带断裂脱落现象,极大降低刮板的强度和韧性。该裂纹是从板条根部开

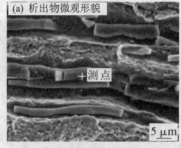
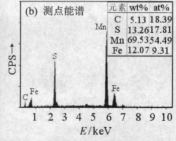

(a) 长条状析出物的微观形貌　　(b) 长条状析出物的EDS分析结果

图 4-19　40Mn2 钢刮板断口形貌与能谱分析

始开裂的疲劳断裂,断口中存在的大量带状硫化锰夹杂物是裂纹源。

4.4.2　金相显微组织分析

对于金相显微组织中的一些细微结构,金相显微镜往往观察不清,目前采用透射电镜和扫描电镜做高倍观察。扫描电镜用于金属及合金的显微组织鉴别和相分析十分方便,并具有独特之处,扫描电镜配有的波谱仪和能谱仪,可以分析显微组织、夹杂物及第二相中的元素组成情况;采用线扫描和面扫描可显示元素分布情况。由于制样方便,可研究断裂与显微组织结构的关系,故较广泛应用于金相分析领域。

1. 耐热钢叶片螺栓金相分析

我国自主研发的耐热钢 10Cr10NiMoW2VNbN 主要用于制造 600 ℃以下工况的超临界机组汽轮机叶片螺栓,毛坯经锻造调质处理后,毛坯中心会出现贯穿性裂纹。将失效件制成金相试样,显微组织为回火索氏体,晶粒度都在 5 级,但试样中心部位发现类似夹渣造成的明显空洞。

利用扫描电镜配合能谱仪分析试验,结果表明,断口处有一明显空洞且含有夹渣,其形貌不同于基体区域,对图 4-20(a)中光谱 2 标示点进行能谱分析,发现该处的 C 含量接近 39%(重量),O 含量也近 14%(重量),说明该处成分异于基体组织。图 4-20(b)所示能谱显示其含有较高的 C、O、Si、S、Ca 等元素,其成分相当复杂,虽然 GB/T 10561—2005《钢中非金属夹杂物含量的测定标准评级图显微检验法》中并未明确指出外来的和内生夹杂物,但从夹杂物的范畴来讲,应该可以确定裂纹处深色物质是钢材冶炼时外来夹渣残余。这是由于钢材冶炼时外来的夹渣,造成锻件中心非金属夹杂物超标,在锻造过程中诱发裂纹并扩展。

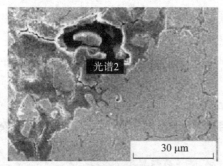 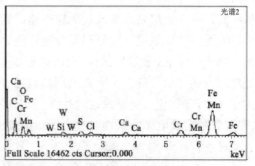

(a) 非金属夹渣微观形貌　　　　　　　(b) 夹渣的 EDS 分析结果

图 4-20　耐热钢 10Cr10NiMoW2VNbN 毛坯断口形貌与能谱分析

2. 铝基合金金相组织相分析

用 X 射线能谱分析可对不同相的成分作分析,面扫描分析功能还可以在某一特定区域表面进行元素成分分析,表征试样截面表面不同元素的分布情形。

在高温相变储热材料领域,铝基合金因其优良的性能具有极大的发展潜力。对太阳能热发电中的 Al-17%Si 铝基合金储热材料进行 1200 次的热循环实验,使用扫描电镜观察微观组织形貌,如图 4-21(a)所示。X 射线能谱元素面扫描像可检测各种元素的分布情况,可在荧光屏上显示出每一元素的分布图,图 4-21(b)所示为 Al 元素面分布图像,亮区为 Al 元素分布区,暗区为 Si 元素集中区;图 4-21(c)所示为 Si 元素面分布图像,亮区为 Si 元素分布区,暗区为 Al 元素集中区。放大倍数均为 1000 倍。

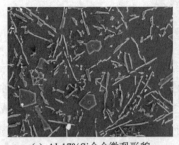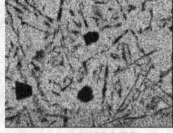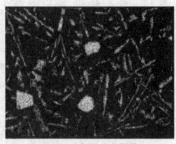

(a) Al-17%Si合金微观形貌　　　　(b) Al元素面分布图像　　　　(c) Si元素面分布图像

图4-21　Al-17%Si合金微观形貌和面扫描元素分布　1000×

4.4.3　金属及合金表面形貌分析

扫描电镜不但可以方便地观察试样表面各种形貌特征,还可以对表面到心部的形貌及元素含量分布变化情况进行分析。

1. 零件表面镀层厚度测量

为了提高机械零件的耐腐蚀或耐磨性能,常采用表面镀层。应用扫描电镜通过形貌观察和元素分析可识别镀层形态,利用扫描电镜中的测量软件可方便地测量镀层的厚度。试样制备需要垂直于镀层的横截面,为保护镀层在制样时不受破坏,须镶嵌试样,经抛磨后在扫描电镜下测量,由于镀层常常与基体元素不同,故采用二次电子像或背散射电子像能清楚分辨。也可利用元素面扫描分析来分辨镀层。扫描电镜检测镀层厚度标准可参考 ASTM B748-90(2016)标准。

热浸镀铝锌合金层是近期发展比较迅速的钢铁防腐保护镀层,利用扫描电镜对热浸镀铝锌合金钢板镀层微观组织及合金层厚度进行观察,使用能谱 EDS 对微观组织中各相进行了成分分析。对于 Al-Zn 镀层的试样,表面镀层与基体成分有很大差别,镀层的显微组织要通过浸蚀处理后方能显示。可用 3% 硝酸酒精腐蚀试样 8~10 s,用来显示富铝枝晶相和分布于枝晶间的富锌相,富锌相易受浸蚀,在扫描电镜下渐渐变黑;富铝相不易腐蚀,因此是灰白色。由于铝、锌发射的二次电子较少,故较暗,即图中灰、黑色层;铁发射二次电子较多,故右侧较亮的区域为基材铁。

如图 4-22(a)所示,Al-Zn 合金镀层的显微组织由白色树枝状的富铝相和分布于枝晶间的黑色富锌相组成。当 Al-Zn 镀液对碳钢基体进行浸镀时,形成厚度为 45.7 μm 的镀层。从微观结构上,镀层分为两层:外层为 Al-Zn 合金层,其成分为 Al=69.67%、Zn=30.33%,厚度为 43.9 μm;内层为 Al-Zn 镀层与被镀钢基体之间的中间合金层,即 Al-Zn-Fe 合金层,厚度为 1.81 μm。这是在浸镀过程中,镀层中的 Al-Zn 与钢基体中的 Fe 相互扩散的结果,它们的存在使镀层与基体之间结合,具有很强的结合力。

热浸镀铝硅钢材是把预处理过的钢铁材料浸入熔融的铝硅合金中,保温一定时间取出,使其表面渗镀上一层铝硅合金镀层。铝硅镀层钢板具有耐高温、耐腐蚀等特点,并且具有良好的表面外观,特别适于在高温环境中使用。基板采用普通商业级冷轧钢板,厚度规格为1.0 mm,钢板经过脱脂、清洗、烘干处理后,进行热浸镀试验。镀液成分(质量分数)为90% Al+10% Si,热浸镀的工艺温度为700 ℃。

如图 4-23 所示,利用扫描电镜对热浸镀 Al-Si 钢板镀层微观组织及合金层厚度进行观

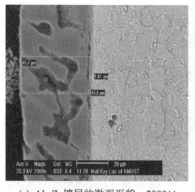

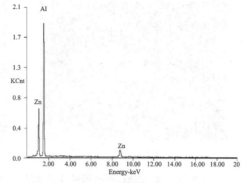

(a) Al-Zn镀层的微观形貌　2000×　　　　　(b) EDS分析结果

图 4 - 22　Al - Zn 镀层的微观形貌和能谱分析结果

察,并利用其能谱附件对微观组织中各相进行面扫描分析,图 4 - 23(a)所示为 Al - Si 镀层截面的 SEM 图像,镀层与钢基体之间存在界面层,界面层与钢基体的界面清晰,不存在批量热浸镀中的舌状突出,镀层厚度均匀,合金层的存在表明钢基体与镀层之间存在互扩散,形成了结合力非常强的冶金结合。图 4 - 23(b)所示为铝的面分布,图 4 - 23(c)所示为硅的面分布,可以看出铝元素在树枝晶中的含量非常高,即树枝晶为富铝相,硅元素在树枝晶间隙中的含量较高,同时铝元素在树枝晶间隙也有分布,可以确定树枝晶间隙处为 Al - Si 二元合金。

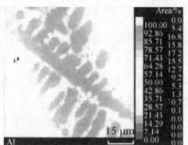

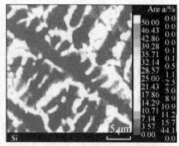

(a) Al-Si镀层SEM截面　　　　　(b) 铝的面分布　　　　　(c) 硅的面分布

图 4 - 23　Al - Si 镀层的微观形貌和面扫描分析结果

2. 腐蚀研究

扫描电镜是研究金属腐蚀特征、腐蚀过程及腐蚀产物的极好设备。图 4 - 24 所示为 316L 不锈钢点蚀挂片试样在服役工况中海水浸泡 30 天后的微观腐蚀形貌,部分位置的化学成分测试结果见表 4 - 4。由图 4 - 24 可看出,316L 不锈钢在服役工况下海水浸泡 30 天后表面形成了尺寸在 100 μm 以上稳定的点蚀坑。

表 4 - 4　图 4 - 24 中各位置区域主要化学元素测试结果(质量分数%)

位　置	主要化学元素				
	O	S	Cr	Fe	Ni
A	18.76	11.67	9.48	2.06	7.96
B	20.73	1.07	12.41	27.29	3.76
C	7.74	0.22	15.07	58.77	6.37

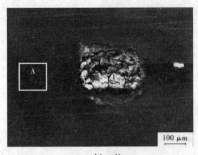
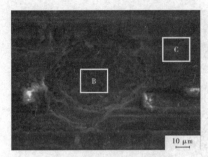

(a) 低 倍　　　　　　　　　　　　　　　(b) 高 倍

图 4-24　316L 不锈钢点蚀挂片试样海水浸泡 30d 后的微观腐蚀形貌

经 EDS 谱分析,发现点蚀坑外的 A 区域含有较高的 O、S 元素,而 Fe、Cr、Ni 等元素含量较少;点蚀坑内的 B 区域,O 元素较高,S 元素下降,Fe、Cr 含量增加;点蚀坑外的 C 位置,其腐蚀产物中含有较低的 O 元素,但是 Fe、Cr、Ni 等元素含量相对较高,为不锈钢表面的氧化膜。由此可知,316L 不锈钢表面的 Fe/Cr 氧化膜在高温、含 H_2S 工况下,在 H_2 的作用下发生硫化破损,失去对基体的保护作用,导致该区域优先发生腐蚀。同时,随着腐蚀的进行,该区域腐蚀产生的 Fe^{2+} 受表面腐蚀产物的影响而累积,为保证电荷平衡,半径小、浓度高的 Cl^- 经腐蚀产物迁入。而与 Cl^- 结合的 Fe^{2+} 会与 H_2O 作用,发生水解反应引起局部区域酸化,在酸化自催化作用下点蚀坑内金属不断溶解,点蚀不断生长,最终形成稳定的点蚀坑。

3. 磨损研究

扫描电镜可以对摩擦副表面的磨损情况直接进行观察和分析,并可结合波谱和能谱分析由于摩擦导致摩擦副金属转移情况。

例如,图 4-25 所示为某汽车制动盘表面磨粒磨损造成的犁沟条纹。图 4-26 所示为铝基复合材料制作和钢材相配的摩擦副磨损引起的铁颗粒转移形貌,其上白色的颗粒为铁,在二次电子像上由于铁元素发射二次电子比铝基体要多,故在图像上能做出判断。

图 4-25　磨粒磨损犁沟形貌　　　　　　　　　图 4-26　磨损表面元素转移特征

4.4.4　粉末颗粒的测定和纳米材料的研究

利用扫描电镜不仅可以测量粉末颗粒的大小尺寸,还可以观察粉末的表面形貌,图 4-27 所示为制作陶瓷材料的超细碳化硅颗粒。近年来发展起来的纳米材料,由于其颗粒很细,应用普通显微镜难以观察,利用扫描电镜可分析颗粒的大小尺寸和化学成分。

扫描电镜(SEM)分析可以提供从数纳米到毫米范围内的形貌像,观察视大,其分辨率一般为 6 nm,对于场发射扫描电子显微镜,其空间分辨率可以达到 0.5 nm。图 4-28 所示为用扫描电镜扫描出的铁钴合金的 SEM 图,从该图中可以看出,铁钴纳米合金颗粒呈现出球形,平均粒径为 57 nm。

图 4-27　SiC 颗粒　1000×

图 4-28　铁钴纳米合金颗粒的微区形貌

4.4.5　晶体取向研究

　　腐蚀坑技术在金相检验中常用于检测位错和确定位错密度,应用腐蚀坑技术也可研究晶体取向。腐蚀坑分析的原理是:晶体受浸蚀剂的浸蚀作用是各向异性的,其中某一(hkl)晶面优先被浸蚀,结果形成以(hkl)晶面为界面的溶解体积,称为(hkl)蚀坑。在试样表面看到的蚀坑外形实质上是它与溶解体积相割后的形状。所以对一定的浸蚀剂来说,就可以根据形成的蚀坑几何形状来确定试样的晶体学位向或断裂面的晶面。

　　例如,奥氏体不锈钢疲劳断口经浸蚀剂浸蚀后,在扫描电镜下观察到的腐蚀坑形状呈正方形,以此可判断其晶面属{100}晶,如图 4-29 所示。由图中的疲劳辉纹扩展方向和蚀坑的对角线方向一致,还可判断疲劳裂纹沿{100}晶面的[111]晶向扩展。又如铁素体钢的解理断口经浸蚀剂浸蚀后在断口上出现蚀坑,其形状也为正方形,如图 4-30 所示,由图中的正方形腐蚀坑分布形态可看出,正方形的对角线方向与断口上河流流向一致,而正方形对角线方向代表[110]晶向,故可判断解理断裂的裂纹沿{100}晶面的[110]晶向扩展。

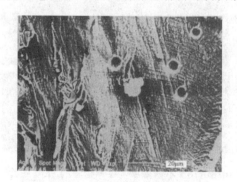

图 4-29　老断口上正方形蚀坑特征

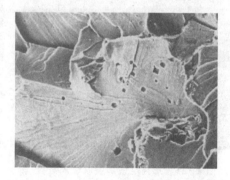

图 4-30　解理断口上正方形蚀坑　500×

4.4.6　动态观察

　　金属材料的断裂及金属材料在外界条件作用下发生物理化学变化是一个动态过程。因此,以静止的样品作为研究对象往往难以全面确切地了解某些实际过程。扫描电镜的动态研究附件就是为了解决这一问题而发展起来的。扫描电镜中,常用的动态分析附件有拉伸和高温观察。应用拉伸装置,可以对试样一边拉伸,一边观察微观变化,用于研究裂纹的萌生和扩展机理,也可研究某些材料在应力作用下发生相变的规律性,如应力诱导马氏体相变等。高温附件可用于研究材料随温度变化的相变规律。

扫描电镜——原位加载技术对材料微观力学性能的研究具有重要的应用价值。鉴于材料科学技术的重大作用,对材料载荷作用下的微观结构变形、损伤、破坏机理进行研究,测试材料力学性能具有重大的意义。通过增加原位加载台的功能(如拉伸、压缩、弯曲、剪切以及高低温加载等)将大大扩展试验系统对材料微观力学性能研究的领域。原位加载测试可以实现材料载荷作用下的微观结构观测和力学性能测试,将材料测试过程中的微观结构变化与获得的力学性能曲线结合起来进行分析,有助于材料微观机理的深入研究。

图 4-31 上部分是 Gatan 公司 MTest2000 原位加载台图片,负载范围为 2~2000 N,尺寸约为 136 mm×83 mm×37 mm,重约 2 kg,图 4-31 下部分是加装原位加载台的扫描电镜样品室内部图。图 4-32 是奥氏体不锈钢 1Mn18Cr18N 原位拉伸过程的高分辨扫描图,根据图片分析不锈钢在拉伸过程中晶体结构变化。由图 4-32(b)~(e)可以看出,首先在预制裂纹附近的个别晶粒内出现大量的滑移线,随着变形量的增大,表面的浮凸现象变得越来越明显,从最初的只有少数区域的个别晶粒发生塑性变形,到几乎所有晶粒都有了变形。由图 4-32(f)~(k)可以看出,随着变形量的增加,裂纹在应力集中的位置优先形成,沿两条滑移线界面扩展,由于奥氏体不锈钢 1Mn18Cr18N 的室温屈服应力 $\sigma_{s0.2}$ 很高(达到 1200 MPa 左右)且屈强比很高(0.90 以上),因此在变形的大部分时间内裂纹扩展的速率很低,当变形达到临界值时,试样会出现突然断裂,说明该材料的裂纹敏感性很强。

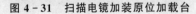

图 4-31　扫描电镜加装原位加载台

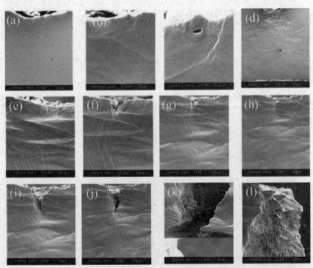

图 4-32　1Mn18Cr18N 不锈钢原位拉伸过程的 SEM 图片

清华大学进行了镍基单晶合金[001]/[110]晶向下的高温原位拉伸实验。根据电阻加热方式,设计了与岛津拉伸系统配合的小尺度二级夹头(见图 4-33)。通电电流为 3 A 时,热电偶测得试件温度为 500 ℃。对比图 4-34(a)和(b)可以看出,在扫描电镜环境下,电流的加载所产生的焦耳热并未使得图像劣化。图 4-34(c)为材料的断口 SEM 图,经分析得出,材料发生局部断裂后,未断裂部分电流密度过高,导致材料局部过热,从而材料断口处出现烧断现象。

图 4-34(d)为断口远处试件表面图,可观察到夹杂物与基体脱黏,或者在载荷作用下产生的脆性夹杂物内部断裂现象,由于内部断裂形成微裂纹,最终导致材料的失效。

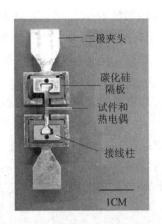

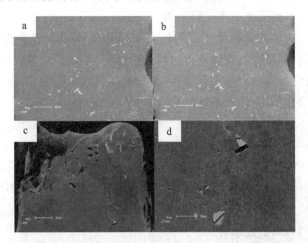

图 4-33　高温原位拉伸实验加载模块　　　　图 4-34　镍基单晶合金高温原位拉伸实验 SEM 图片

4.5　透射电子显微镜及应用

　　透射电子显微镜(TEM),简称透射电镜,是用波长很短的电子束作照明源,用电磁透镜聚焦成像的一种高分辨力、高放大率的显微镜。第一台透射电镜是 1932 年由德国 M. Knoll 和 E. Ruska 教授在柏林制造的,其分辨力为 50 nm。1939 年西门子公司生产了第一台透射电镜,其分辨力优于 10 nm。20 世纪 60 年代以后的透射电镜,在提高分辨力和超高压方面发展很快,特别是 20 世纪 70 年代以来,透射电镜的点分辨力已达到了 0.1 nm,实现了人们早就向往能对原子像和晶格像观察的愿望。

　　透射电镜发展很快,应用范围广泛。利用复型技术,可用透射电镜来观察金属样品表面形貌特征;利用电子衍射效应,可观察分析金属薄膜样品内部细小的组织形貌,并可获得晶体点阵类型、位向关系、晶体缺陷及亚结构特征等信息。在高分辨力透射电镜的主体上,安装了带计算机的 X 射线能量分析谱仪和电子能量损失谱仪,可对样品进行微区元素成分分析;另外,样品台可以大角度倾斜旋转,并配有加热、冷却、拉伸等动态分析附件,用来直接研究金属材料的相变和形变机理。这些设计使得透射电镜逐步发展成为材料科学领域中一种完善的高分辨力的综合分析仪器。

4.5.1　透射电镜的工作原理和基本结构

1. 透射电镜的工作原理

　　透射电镜的基本工作原理如下:由电子枪发射出来的电子束,在真空通道中沿着镜体光轴穿越聚光镜,通过聚光镜将之会聚成一束尖细、明亮而又均匀的光斑,照射在样品室内的样品上;透过样品后的电子束携带有样品内部的结构信息,样品内致密处透过的电子量少,稀疏处透过的电子量多;经过物镜的会聚调焦和初级放大后,电子束进入下级的中间透镜和第1、第 2 投影镜进行综合放大成像,最终被放大了的电子影像投射在观察室内的荧光屏板上;荧光屏将电子影像转化为可见光影像以供使用者观察。

阿贝光学显微镜衍射成像原理也适用于电子显微镜,而且具有重要的现实意义。因为被观察的物是晶体,不但可以在物镜的像平面上获得物的放大了的电子像,还可以在物镜的后焦面处得到晶体的电子衍射谱。

透镜的成像可分为两个过程:第一个过程是平行电子束遭到物的散射作用而分裂成为各级射谱,即由物变换到衍射的过程;第二个过程是各级衍射谱经过干涉重新在像平面上会聚成诸像点,即由衍射重新变换到物(像是放大了的物)的过程。这个原理完全适用于透射电镜的成像作用,晶体对于电子束是一个三维光栅。

透射电子显微镜的成像原理与透射式光学显微镜完全相同,其成像过程充分体现阿贝成像原理和高斯成像原理。

① TEM 图像衬度。透射电镜形貌像的衬度(俗称对比度或反差)的形成有质厚衬度、衍射衬度、相位衬度三种机制。其中质厚衬度是由于相邻微区样品的厚度不同或原子序数不同造成的图像反差,衍射衬度是由于相邻微区样品满足布拉格条件的程度不同造成的图像反差,前两者属于振幅衬度。

② 选区电子衍射原理。TEM 成像过程中,在物镜的像平面上形成一次放大像,同时在物镜的后焦面上形成电子衍射花样。中间镜起到衍射镜作用,当中间镜的物平面与物镜的像平面重合时,在荧光屏上得到形貌放大像;当中间镜的物平面与物镜的后焦面重合时,在荧光屏上将得到电子衍射花样的放大镜。所谓的选区电子衍射是在物镜的像平面上插入一个选区光阑来套住要观察区,挡住选区之外样品的散射束。

③ 明场与暗场成像原理。晶体薄膜样品明、暗场像的衬度是由于晶体样品不同微区的结构或取向差导致衍射强度的不同而形成的,因此称其为衍射衬度,以衍射衬度机制为主而形成的图像称为衍衬像。如果只允许透射束通过物镜光阑成像,称其为明场像;如果只允许某支衍射束通过物镜光阑成像,则称为暗场像。

2. 透射电镜的基本结构

与扫描电镜一样,透射电子显微镜一般由电子光学系统(镜筒)、电源系统,真空系统、冷却系统等构成。镜筒是透射电镜的主体,其结构示意图及实物图如图 4-35 和图 4-36 所示。

镜筒主要由照明系统、成像放大系统和显像记录系统构成。其中照明系统由电子枪、聚光镜光阑等构成,主要作用是提供具有一定强度和尺寸的照明源;成像放大系统由试样室、物镜、中间镜、投影镜、物镜光阑、选区光阑等组成,主要作用是获得显微形貌像和电子衍射花样。

图像观察与记录系统由荧光屏、照相机、数据显示等组成。新型电镜均配有 CCD 相机及图像处理和存储系统。底版照相已被淘汰。

真空系统由机械泵、油扩散泵、换向阀门、真空测量仪表及真空管道组成。新的机型采用涡轮分子泵、离子泵取代机械泵和油扩散泵,真空系统的作用是排除镜筒内气体,使镜筒真空度至少要在 10^{-3} Pa 以上,目前最好的真空度可以达到 $10^{-7} \sim 10^{-8}$ Pa。如果真空度低的话,电子与气体分子之间的碰撞会引起散射而影响图像衬度,还会使电子栅极与阳极间高压电离导致极间放电,残余气体还会腐蚀灯丝,污染试样。

透射电镜的电路主要由高压直流电源、透镜励磁电源、偏转器线圈电源、电子枪灯丝加热电源,以及真空系统控制电路、真空泵电源、照相驱动装置及自动曝光电路等部分组成。此外,许多高性能的电镜上还装备有扫描附件、能谱仪、电子能量损失谱等仪器。

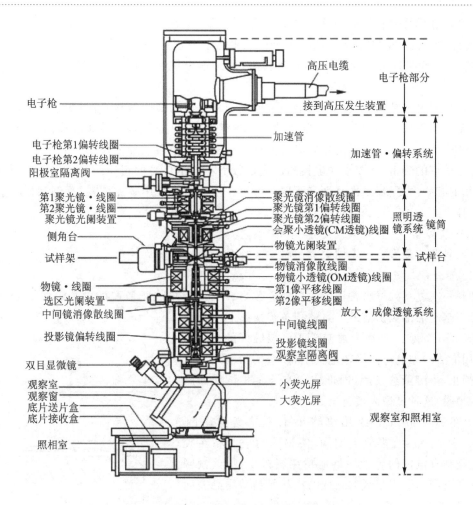

图 4 - 35　透射电镜结构示意图

图 4 - 36　透射电镜实物图

4.5.2　透射电镜的样品制备技术

对于一般金属样品,在加速电压为 100 kV 时,电子的穿透能力仅为 100~200 nm,因而不能把大块的金属样品直接放到透射电镜中观察。透射电镜虽于 1931 年问世,但直到 20 世纪 40 年代初,出现了一种复型技术后,才成功地将透射电镜应用到金属材料的显微组织研究。20 世纪 50 年代又发展了金属薄膜制备技术,使透射电镜在材料科学研究中的应用越来越广泛。

表面形貌复型技术就是用一种能使透射电子束穿透的薄膜材料,将金属或非金属材料的表面浮雕复制下来,然后将印有浮雕的薄膜放到透射电镜中观察,这种薄膜称作复型,这种操作方法称表面复型法。复型的材料必须能将样品表面的浮雕准确无误的印制下来,且要能经受高能电子束的轰击,还要求在电镜高放大倍数下不显示自身的组织结构。表面复型方法较多,常用的有一次复型、二次复型和萃取复型等。复型的材料用碳或塑料,复型制样一般需用铜网支撑。

1. 一次复型

一次复型按复型材料不同分为塑料一次复型和碳一次复型。

(1)塑料一次复型

塑料一次复型的材料常用的是质量分数为 2%～3% 的火棉胶醋酸戊酯溶液或 1%～2% 聚醋酸甲基乙烯酯氯仿溶液。具体制备步骤如下:

① 用滴管滴 1～2 滴上述溶液于已浸蚀好的金相试样上,用清洁的玻璃小棒轻轻地刮平,多余的溶液用滤纸吸干,静止,待溶液蒸发后,即形成印有与金相试样凹凸相反的薄膜,这种复型为负复型。

② 在透明胶纸上放几块略小于样品支撑铜网(Φ3 mm)的小纸片,再放上铜网,使铜网的边缘粘在胶纸上。把粘有铜网的胶纸平整地贴在塑料复型上(铜网面向塑料复型),利用胶纸的黏性将塑料复型从样品表面剥离下来,如图 4-37 所示。

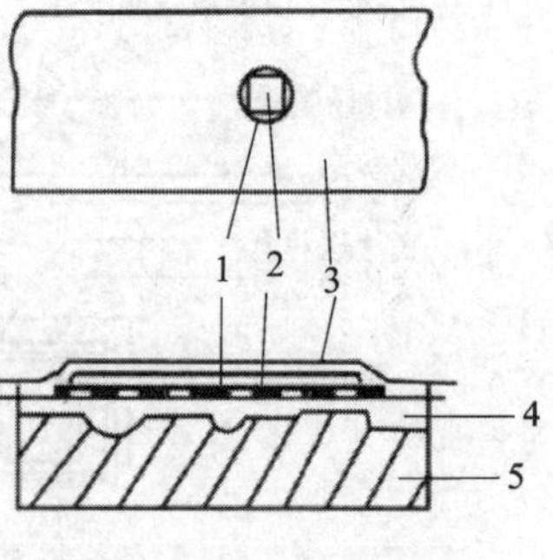

③ 用针尖或小刀在铜网周围划一圈,塑料复型膜被划开,塑料复型载在铜网上后,即可放入电镜中观察。

这种复型方法的关键是能否顺利地将复型从金相样

1—铜网;2—纸片;3—透明胶纸;
4—塑料一次复型;5—金相样品

图 4-37 塑料一次复型干剥法

品表面剥离下来。因为复膜很薄,容易破碎,通常只适用表面平整的金相试样,对断口试样一般不能用这种方法。

(2)碳一次复型

将制备好的金相试样或断口试样直接放入真空喷涂仪中,样品的观察面朝上。当真空度达到 10^{-2} Pa 时就可以作投影和喷碳膜。普通喷涂仪中设有两组加热器,一组安装钨丝加热坩埚,供投影用;另一组安装光谱纯石墨棒,用于制备碳复型。石墨棒的直径是 5 mm,其中一根石墨棒磨成圆锥形,另一根磨成稍倾斜的斜面,尖端和斜面接触,用弹簧压紧,如图 4-38 所示。喷涂仪常作为透射电镜的附件。

喷碳是利用真空罩内的石墨棒,在通电时两石墨棒接触点产生局部加热而向外喷射出细小的碳颗粒,弹簧使两石墨棒始终保持接触,故不断喷射。

碳膜的厚度控制方法是:在喷涂样品附近放一小块白瓷片,上面滴一滴扩散栗油。喷碳后有油的瓷片部位仍是白色,无油的部分因碳颗粒沉积在瓷片上颜色变暗。当看到油滴周围的瓷片颜色呈黄褐色时表示碳膜的厚度适当,此时厚度为 20～30 nm;如瓷片呈黑褐色,则碳膜较厚。对于断口试样,碳膜要厚一些,但分离时不易破碎。若碳膜太厚,像的衬度和分辨力都要降低。

　　喷碳完成后,将样品取出,先在碳膜上用小刀划成 2 mm×2 mm 小块,然后用电解方法将碳膜从试样表面分离下来,经清洗后用铜网捞起即可观察。对于一般的碳钢或合金钢常采用 10%(体积分数)盐酸酒精溶液清洗。电解时不锈钢为阴极,样品为阳极。电解后掉下的碳膜用 30% 的盐酸酒精溶液清洗后,再用酒精清洗一次,用铜网捞起即可供观察。碳膜的分离也可用化学浸蚀方法。将样品表面的碳膜划成 2 mm×2 mm 小块后浸入溶剂中,对一般的碳钢可采用 3%(体积分数)的硝酸酒精溶液浸泡,碳膜分离后会漂浮在溶液中。一次碳复型示意图见图 4-39。

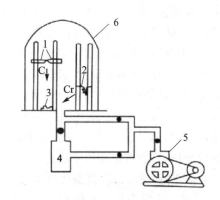

1—石墨棒;2—钨丝坩埚;3—样品;
4—扩散泵;5—机械泵;6—玻璃钟罩
图 4-38　喷涂仪结构示意图

(a) 碳膜在样品上　　　(b) 分离下的碳膜

图 4-39　一次碳复型示意图

2. 二次复型

　　二次复型是目前使用最普遍的一种方法。第一次复型用醋酸纤维(简称 AC 纸),第二次复型材料为碳。AC 纸制备的方法是:将市场购得的醋酸纤维素溶于丙酮(或醋酸甲酯),配置成质量分数为 10% 的溶液,醋酸纤维素溶解后成胶体状,将溶液倒入大规格的玻璃培养皿中,盖上盖子让其慢慢地干燥,即如纸状。AC 纸的厚度可通过倒入溶液的多少来调节。制备时可选择不同的厚度,以适应不同样品的需要,通常断口样品要厚一些。

　　二次复型步骤如下:

　　① 在样品表面上滴一滴或几滴醋酸甲酯或丙酮,贴上 AC 纸,由于 AC 纸面向样品的一面局部溶化而紧贴在样品上。如样品是断口,由于断口较粗糙,贴上的 AC 纸需用手指或橡皮轻轻地压紧。

　　② 让样品自然干燥或在灯泡照射下干燥,将 AC 纸揭下,样品上即印有样品表面的凹凸浮雕,其凹凸浮雕与样品上的浮雕相反,见图 4-40。

　　③ 将揭下的 AC 纸印面朝上贴在胶带纸上,放到真空喷涂仪中进行投影与喷碳,制成第二次复型材料。

　　④ 由于第一次制作的 AC 纸复型较厚,电

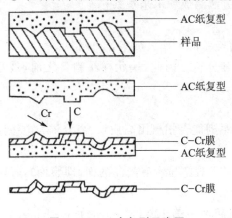

图 4-40　二次复型示意图

子束不能透过,故必须溶去。将以上经喷涂的复型材料剪成 2 mm×2 mm 小块。放入丙酮溶液中溶去 AC 纸膜。约 20 min 后碳膜会在溶液中浮动,用小网将其捞出再放入丙酮中清洗一次,用电镜观察用的铜网捞起后即可供电镜观察。

有时将喷涂好的复型放入丙酮时,由于 AC 纸溶解时对碳膜造成张力而会出现破碎现象,此时可用石蜡加以保护。具体操作方法是用酒精灯加热小玻璃片,在玻璃片上放上石蜡,待石蜡熔化后,将剪成小块的复型膜喷涂面与石蜡贴紧接触,待石蜡凝固后连小玻璃片一起放到丙酮溶液中,约 20 min 后 AC 纸膜溶去,然后用热水浸泡,石蜡熔化后碳膜就漂浮起来。由于石蜡的保护作用,故可使碳膜不破碎。

3. 一次复型与二次复型优缺点比较

① 碳一次复型由于直接在样品表面喷碳,且碳膜的颗粒较细小,有较高的分辨力,可达到 5 nm,且碳膜在电子束的照射下稳定性较好,不易损坏。但其制备方法较麻烦,制备时需要用电解腐蚀或化学腐蚀,要破坏样品表面,故一般只适合金相样品,断口样品通常不采用。

② 塑料一次复型虽制备方法较简单,可不用喷涂仪。但塑料在电子束轰击下,高分子将产生聚合作用,复型本身的分子结构发生变化,从而毁坏了复型上的显微特征,故只能在较低的倍数下观察。另外因浇在样品上的膜分离较困难,尤其是断口试样,无法撕下。目前一般极少采用这种方法。

③ 二次复型虽然要做两次复型,但制备方法较简单,最重要的是不破坏样品表面,可重复制样,故尤其适合断口试样。由于二次复型采用 AC 纸作过渡复型,可以很方便地对一些难以切割的大工件或不能切割的试样做复型,也适于现场金相操作制样,是目前最常用的一种制样方法。但由于采用 AC 纸作过渡复型,分辨力比一次碳复型的低,最多只能达到 20 nm。故需要观察小于 20 nm 的细节时不能采用二次复型。

4. 样品要求

(1) 粉末样品基本要求

① 单颗粉末尺寸最好小于 1 μm;

② 无磁性;

③ 以无机成分为主,否则会造成电镜严重的污染,高压电源掉电,甚至击坏高压枪。

(2) 块状样品基本要求

① 需要电解减薄或离子减薄,获得几十纳米的薄区才能观察;

② 如晶粒尺寸小于 1 μm,也可用破碎等机械方法制成粉末来观察;

③ 无磁性;

④ 块状样品制备复杂、耗时长、工序多、需要有经验的工作人员指导或制备。

样品的制备好坏直接影响到后面电镜的观察和分析。因此,块状样品制备之前,最好与 TEM 的工作人员进行沟通或交由工作人员制备。

5. 粉末样品的制备

① 选择高质量的微栅网,直径 3 mm。这是关系到能否拍摄出高质量、高分辨力电镜照片的第一步;

② 用镊子小心取出微栅网,将膜面朝上(在灯光下观察显示有光泽的面,即膜面),轻轻平放在白色滤纸上;

③ 取适量的粉末和乙醇分别加入小烧杯,进行超声振荡 10~30 min,过 3~5 min 后,用玻璃毛细管吸取粉末和乙醇的均匀混合液,然后滴 2~3 滴该混合液体到微栅网上,如粉末是

黑色,则当微栅网周围的白色滤纸表面变得微黑时则为适中。滴得太多,则粉末分散不开,不利于观察,同时粉末掉入电镜的概率增大,严重影响电镜的使用寿命;滴得太少,则不利于电镜观察,难以找到实验所要求的粉末颗粒。(建议由工作人员制备或在指导下制备)。

④ 等候 15 min 以上,以便乙醇尽量挥发完毕;否则将样品装上样品台插入透射电镜,将影响透射电镜的真空度。

6. 块状样品制备

(1) 电解减薄方法(用于金属和合金试样的制备)

① 块状样切成约 0.3 mm 厚的均匀薄片;

② 用金刚砂纸机械研磨到 $120 \sim 150\ \mu m$ 厚;

③ 抛光研磨到约 $100\ \mu m$ 厚;

④ 冲成 $\Phi 3$ mm 的圆片;

⑤ 选择合适的电解液和双喷电解仪的工作条件,将 $\Phi 3$ mm 的圆片中心减薄出小孔;

⑥ 迅速取出减薄试样放入无水乙醇中漂洗干净。

电解减薄方法注意事项:

① 电解减薄所用的电解液有很强的腐蚀性,使用时需要注意人员安全,及对设备进行清洗;

② 电解减薄完的试样需要轻取、轻拿、轻放和轻装,否则容易破碎。

(2)离子减薄方法(用于陶瓷、半导体以及多层膜截面等材料试样的制备)

① 块状样切成约 0.3 mm 厚的均匀薄片;

② 均匀薄片用石蜡粘贴于超声波切割机样品座的载玻片上;

③ 用超声波切割机冲成 $\Phi 3$ mm 的圆片;

④ 用金刚砂纸机械研磨到约 $100\ \mu m$ 厚;

⑤ 用磨坑仪在圆片中央部位磨成一个凹坑,凹坑深度在 $50 \sim 70\ \mu m$ 范围内,凹坑的目的主要是减少后序离子减薄过程时间,以提高最终减薄效率;

⑥ 将洁净的、已凹坑的直径为 3 mm 的圆片小心放入离子减薄仪中,根据试样材料的特性,选择合适的离子减薄参数进行减薄;通常,一般陶瓷样品离子减薄时间为 $2 \sim 3$ 天;整个过程约 5 大。

使用离子减薄方法注意事项:

① 凹坑过程试样需要精确地对中,先粗磨后细磨抛光,磨轮负载要适中,否则试样易破碎;

② 凹坑完毕后,对凹坑仪的磨轮和转轴要清洗干净;

③ 凹坑完毕的试样须放在丙酮中浸泡、清洗和晾干;

④ 进行离子减薄的试样在装上样品台和从样品台取下这两个过程,需要非常的小心和细致的动作,因为此时直径为 3 mm 的薄片试样中心已非常薄,若用力不均或过大,很容易导致试样破碎。

4.5.3　透射电镜在材料科学中的应用

1. 复型图像分析

在应用复型图像分析金属材料的金相显微组织或金属断口时,必须要掌握复型图像的特点。因为复型图像的形态是样品表面凹凸不平的反映,分析复型像时就要结合试样的浸蚀剂及复型制备过程来推断试样的表面状态。

(1) 复型相浮雕分析

如一次复型中原试样上的凸起部分在复型上为凹陷,而二次复型与原试样面的凹凸相一致。对于进行重金属投影的复型样品,更能反映原金相试样上的凹凸情况。

(2) 复型假象的识别

所谓假象,指在样品上不存在的微观特征,多数是在复型制备过程中产生的,也可能来自样品表面的损伤。通常有以下几种:

① 由于样品未清洗干净,试样表面的污物黏附在复型上,这种污物也可能是金相试样浸蚀过程中的腐蚀产物残留,在电镜下呈无规则的黑区。

② 在制备复型过程中,样品表面被擦伤,尤其是断口样品经常会擦伤。擦伤条纹呈现平行的直线条带,与疲劳断口上的疲劳辉纹明显不同。

③ 在做二次复型时,过早地捞取碳膜、碳膜未清洗或 AC 复型膜未完全溶解均会形成假象。在电镜观察时,由于 AC 膜较厚,图像上将呈无规则的黑区。

④ 真空喷涂时由于电流过大或蒸发源离 AC 膜太近,造成对复型膜的烧伤,在图像上呈圆形的小点状。可根据投影来与第二相粒子区分,样品中的第二相粒子有"影子",而烧伤形成的小点则无"影子"。

⑤ 在制样过程中,还会出现碳膜破裂、叠膜、气泡等假象。

2. 金相显微组织形态分析

由于光学显微镜分辨力的限制,难以分辨一些细微的形态特征,此时就需要用电镜来观察。可采用复型方法,这时对金相试样的浸蚀略比做常规金相时浅一些。下面介绍一些常见显微组织在电镜下的形态特征。

(1) 钢的珠光体组织

奥氏体在等温转变过程中,在 C 曲线上部区域等温分解,可按形成温度高低得到粗片状珠光体、细片状珠光体、索氏体和托氏体型的细珠光体,它们的本质都是铁素体和渗碳体两相间的层片状混合物,但细密度不同,利用电镜复型图像能清楚地分辨其片层形态特征。形成温度在 $A_1 \sim 700$ ℃范围内的粗片状珠光体的片层间距大于 $0.78\ \mu m$;形成温度在 $700 \sim 670$ ℃范围内的细片状珠光体的片层间距在 $0.68 \sim 0.88\ \mu m$;形成温度在 $670 \sim 600$ ℃范围内的索氏体型细珠光体的片层间距为 $0.258\ \mu m$;形成温度在 600 ℃ ~ 550 ℃范围内的托氏体型的细珠光体的片层间距约为 $0.18\ \mu m$。图 4-41 所示为珠光体组织二次复型图像形貌。

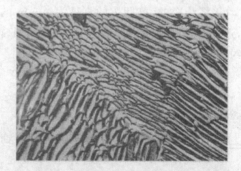

图 4-41 珠光体的透射电镜图像 5000×

(2) 钢的贝氏体组织

贝氏体组织是过冷奥氏体的中温等温转变产物,在金相显微镜下大致可分为羽毛状的上贝氏体、针状的下贝氏体和粒状贝氏体。采用透射电镜复型像可清楚地观察到贝氏体内的碳化物分布形态。上贝氏体中为条状铁素体以及分布于条间的断续的细杆状渗碳体,渗碳体分布方向与铁素体条平行,故条间强度较差,容易断裂,韧性较差。下贝氏体在针状铁素体内均匀分布有大量细小的碳化物,这些碳化物与铁素体针的长轴大约成 $55° \sim 60°$ 角,这些细小的碳化物可使铁素体内位错密度增加,因此下贝氏体的强度和韧性都较好。通过电镜对两种贝氏体显微形态的分析,从理论上解释了其强度性能差异的机理。图 4-42 为稀土镁球铁经等温淬火后的上贝氏体图;图 4-43 为 Cr-Ni 钢中的下贝氏体图。粒状贝氏体的特征为铁素体块内分布有细杆状或细粒状碳化物、小岛状的残余奥氏体等特征,如图 4-44 所示。

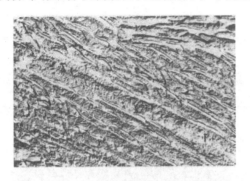
图 4-42　上贝氏体 TEM 图像　5000×

图 4-43　下贝氏体 TEM 图像　10000×

(3) 马氏体回火组织

随回火温度的高低不同,钢中马氏体内的碳化物颗粒及马氏体组织逐渐发生变化,应用复型图像可清晰地观察碳化物随回火温度升高颗粒逐渐长大及马氏体片(或条)逐渐消失的特征。在低温回火组织中,细小的碳化物无规律弥散分布在马氏体条内,这与贝氏体组织不同。图 4-45 所示为 45 钢 200 ℃回火组织形态;图 4-46 所示为 45 钢 400 ℃回火组织;图 4-47 所示为 45 钢 600 ℃回火组织形态。

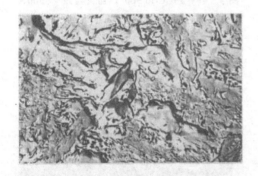
图 4-44　粒状贝氏体 TEM 图像　5000×

图 4-45　45 钢 200 ℃回火组织形态　10000×

图 4-46　45 钢 400 ℃回火组织形态　10000×

图 4-47　45 钢 600 ℃回火组织形态　10000×

3. 现场检验分析中的应用

电镜复型由于是材料表面的复制品,不需要将实物放到电镜中观察,因此适合于某些设备不能取样的现场分析,如对一些化工、电站设备的金相检验,可在现场经抛磨浸蚀后作复型,然后带回试验室分析。某电厂锅炉 15CrMo 炉管作现场复型(见图 4-48)后分析,通过对珠光体形态的分析做出判断,并与模拟实验试样(见图 4-49~图 4-51)相对比。图 4-48 所示为炉管组织形态,珠光体片状特征较明显,仅晶界处少量碳化物有球化现象;图 4-49 所示为 500 ℃ 加热 8 h 后的组织,珠光体无球化特征;图 4-50 所示为 600 ℃ 加热 8 h 的组织,珠光体片状特征较明显,仅晶界处碳化物有球化现象;图 4-51 所示为 750 ℃ 加热 8 h 组织,珠光体已开始球化。从图中珠光体球粒化特征来看,现场炉管组织介于 500 ℃ 与 600 ℃ 之间,说明无明显过热现象,可继续使用。

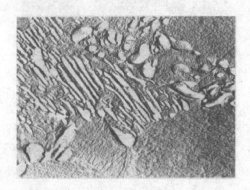

图 4-48　15CrMo 炉管组织　5000×

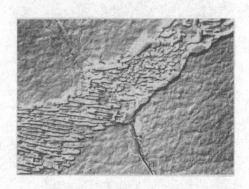

图 4-49　15CrMo 500 ℃ 回火组织　5000×

图 4-50　15CrMo 600 ℃ 回火组织　5000×

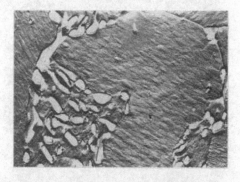

图 4-51　15CrMo 750 ℃ 回火组织　5000×

4. 失效分析中的应用

透射电镜在失效分析中的应用主要是对失效件的断口、表面形貌、金相组织等进行分析。断口微观分析除应用扫描电镜外,透射电镜是一种重要的方法。从断口学的发展历史看,"疲劳辉纹""韧窝"等描述断口特征的术语就是利用透射电镜研究结果而提出的。

利用透射电镜分析断口时通常都采用二次复型法,因为对失效件来讲,断口是珍贵的,在得出分析结论之前不希望被破坏,而二次复型可反复做且不损坏断口,又不需要切割试样,可直接在各种不同形状尺寸的断口上做,尤其是对一些体积庞大的构件做分析时更显示其优越性,可避免切割试样和搬运过程中对断口的损伤。另外,透射电镜由于分辨力高,故得到的断口微观形貌图像十分清晰,鉴于这些优点,在目前扫描电镜很普遍的情况下,仍有人愿用透射电镜来分析断口。下面列举用透射电镜二次复型方法对失效件做分析的实例。

(1) 柴油机曲轴断裂分析

某厂生产的小型柴油机仅使用几十小时即发生曲轴断裂,且在短期内发生近百次同类事故。该曲轴用 45 钢经模锻、调质、粗加工、中频淬火、精加工等工艺流程制成。

对断口采用二次复型方法用透射电镜观察,断口微观形貌具有疲劳辉纹特征,如图 4 - 52 所示。断口疲劳源位于轴颈圆角处,在疲劳源处切割试样后做金相分析,其显微组织为珠光体加网状铁素体,并有魏氏组织(见图 4 - 53),说明曲轴圆角处的调质组织均被加工掉。而珠光体加网状铁素体的疲劳强度比回火索氏体低得多。由此可得出结论:曲轴断裂属疲劳断裂,圆角处显微组织不符合技术要求是引起疲劳断裂的主要原因之一。

图 4 - 52　曲轴断口疲劳辉纹　5000×　　　　　图 4 - 53　曲轴疲劳源处金相组织　400×

(2) 汽轮机水管开裂分析

断裂水管由 12Cr18Ni9Ti 不锈钢制作,使用于双水内冷汽轮发电机上,使用不久发生水管漏水现象。断口用二次复型方法在透射电镜下观察,断口具有脆性疲劳辉纹及腐蚀产物、腐蚀坑等特征(见图 4 - 54),根据其微观特征判断为腐蚀疲劳断裂。在此基础上进一步用能谱仪对复型上萃取下的腐蚀产物进行成分分析,检测到氯、氧等元素,由此可说明该冷水管属氯离子环境下引起的腐蚀疲劳断裂。结合使用条件分析,该发电机位于沿海地区,周围气氛中氯离子含量较高,故应采用抗氯离子腐蚀疲劳性能更好的材料,或调整钢的热处理工艺。

5. 精细组织结构分析

因极高的分辨率,透射电镜 TEM 还应用于精细组织结构分析,如位错组态类型、纳米级析出相、界面结构、层错等。

利用金属薄膜衍衬像及电子衍射分析方法,可以研究材料中第二相和母相之间的晶体取向关系,从而为研究钢和合金的相变机理提供试验依据。图 4 - 55 所示为透射电镜下观察的 Al - 1.3%Mn 合金过饱和处理后冷轧 80%,再于 350 ℃退火时沿亚晶界析出的第二相粒子 Al_6Mn。

图 4 - 56(a)为铝在透射电镜下的高分辨图,此时已能观察到铝的原子图像(图中的白点),两个白点之间的距离就是铝原子间距。图 4 - 56(b)是 Al 双晶倾转晶界结构图,从图中可以看到界面上部分原子也有周期排列的特点。

图 4 - 54　冷水管断口脆性疲劳辉纹　4000×

图 4 - 55　Al - 1.3%Mn 合金的第二相粒子图像

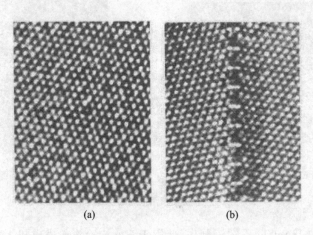

(a)　　　　　　　　(b)

图 4 - 56　Al 双晶倾转晶界结构图像　50000×

思考题

1. 金相分析中为什么要进行电子显微分析?
2. 简述扫描电子显微镜的工作原理。
3. 简述 X 射线波谱仪与 X 射线能谱仪的分析特点及应用。
4. 简述扫描电镜的金相试样制备方法。
5. 扫描电镜的典型应用有哪些?
6. 简述透射电镜样品制备中的二次复型技术。
7. 简述透射电镜在材料科学中的应用。

第5章 钢的宏观检验技术

金属材料的低倍检验,也称宏观检验,即直接目视或用不大于10倍的放大镜来检查原材料或零件的质量,显示各种宏观缺陷,鉴定工艺过程和进行废品分析的检验方法。

尽管对金属材料质量的检验判定方法很多,光学显微镜、扫描电镜、电子探针等高级精密仪器相继出现并得到广泛应用,但宏观检验仍然是冶金业和机械业最常用的方法之一。一般来讲,显微检验能够在比较大的放大倍率下,对金属材料的显微组织进行检查,进而对金属材料的质量进行评定;显微检验不足之处是检验的范围小。金属内的缺陷往往是不均匀分布的,仅仅观测几个局部视场,很难代表整个金属材料品质和性能,很难就此对金属材料做出全面的评价和判定。而低倍检验能在较大的范围内,对金属材料组织的不均匀性、对低倍缺陷的分布和种类等进行观察,从而在一定程度上弥补了显微检验的不足。因此,宏观检验同样也是最重要的检验方法之一。它和其他检测方法相结合,就能够对金属材料的质量做出较全面的、准确的判断。此外,由于低倍检验方法简单、直观、不需要什么特殊的仪器设备,因此一直是工厂用来控制金属材料质量的最普遍、最常用的方法之一。

钢铁材料的缺陷种类很多,主要有疏松、偏析、白点、缩孔、裂纹、非金属夹杂、气泡及各种不正常断口等。宏观检验就是通过不同的方法,使这些缺陷暴露、显现,然后进一步鉴别、评定。

低倍检验的方法有酸蚀试验、断口检验、塔形试验、硫印试验、磷印试验等,大部分有具体的国家标准或行业标准。各种低倍检验方法在使用上各有侧重面,它们可以单独使用,在许多情况下也可以同时并用,相互补充,以期达到准确测试的目的。

5.1 钢的酸蚀试验及缺陷评定

酸蚀试样的腐蚀属于电化学腐蚀范畴。由于试样的化学成分不均匀,物理状态上的差别,各种缺陷的存在等因素,造成了试样中许多不同的电极电位。因此,组成了许多微电池。微电池中电位较高的部位为阴极,电位较低的部位为阳极。阳极部分发生腐蚀,阴极部分不发生腐蚀,当酸液加热到一定温度时,这种电极反应加速进行,因此加速了试样的腐蚀。

表 5-1 各种酸蚀方法的操作条件

浸蚀方法	热酸蚀	冷酸蚀	电解腐蚀	枝晶腐蚀
表面粗糙度(Ra)/ μm	<1.6	<0.8	<1.6	<0.1
酸蚀试验温度	60~80 ℃	室温	15~40 ℃	室温
浸蚀时间/min	10~40	5~10	5~30	1~2
酸蚀试验效果	显示缺陷	显示缺陷	显示缺陷	显示缺陷和树枝晶凝固组织

热酸蚀、冷酸蚀及电解腐蚀试验有相应国家标准 GB/T 226—2015《钢的低倍组织及缺陷酸蚀检验法》等为依据。目前正在制订枝晶腐蚀试验方法相应的国家标准,一般参考上述标准进行。在铸钢坯的工艺研究及工艺检测时,一般推荐使用枝晶酸蚀检验方法。

5.1.1 试样的截取及制样

酸蚀试样必须取自最容易发生各种缺陷的部位。

钢锭的上部以及加工后相当于该部位的钢坯和钢材上,最容易有缩孔、疏松、气泡、偏析等缺陷。一般在上小下大的钢锭轧制方坯中,发现小头部位缺陷较为严重,中部次之,大头较轻。因此,GB/T 226—2015《钢的低倍组织及缺陷酸蚀检验法》规定,在接近钢锭帽口部位取样。另外,不同盘次的钢锭也有所差异,同一炉钢锭,一般第一锭盘和最后一锭盘质量最差、缺陷最多,而中间几个锭盘就好一些。因此,取样时应对各种因素通盘考虑,尽量使所取试样最具有代表性,最容易发现缺陷,以保证钢材质量。

截取试样可用锯、剪切或切割等方法,小型试样也可用手锯或砂轮片切割。但无论采用何种方法都必须保留一定的加工余量,以确保酸蚀试样面仍保持原来的组织形态。一般检验面距切割面的距离:热锯时不小于 5 mm;剪切时不小于材料直径或厚度的 1/2,但不得小于 20 mm;用氧乙炔气割时,检验面距切割面一般不小于 40 mm,最后把热影响区全部切除。对于大型件,可在有代表性的局部区域,经车、铣加工后,用树脂类物品在外表周边作挡酸墙,然后再作酸蚀试验。

酸蚀试样检验面的粗糙度按 GB/T 226—2015《钢的低倍组织及缺陷酸蚀检验法》标准规定,应达表面粗糙度为 1.6 μm 方可满足要求。有时可根据检验目的、技术要求以及所用浸蚀剂的反应强度而定。根据实际情况与检验需求,可用不同的加工方法,如锯切,或车床加工、刨床加工、磨床磨光等。如有特殊必要,也可用砂纸细磨。在特殊情况下,较细的锯切面也可使用,只有在检查较细的组织及缺陷时需要研磨或抛光。关于检验面的粗糙度,有以下几点作参考:

锯切加工面可用于检验较大气孔、严重内裂纹及疏松、缩孔、较大的外来非金属夹杂物等缺陷。

粗、细车削加工面常用于检验小气孔、疏松、夹杂物、枝晶偏析、淬硬层深度、流线等。

磨床磨光面一般用于检验钢的渗碳层和脱碳层深度、带状组织、晶粒度、磷偏析和应变线等宏观组织。显示这些组织的通常方法是用较弱的浸蚀剂在冷状态下浸蚀。

在研究工作中,若检验面需要精磨或磨光时,小型试样可在金相抛光机上进行,一般试样可用手工操作法,在垫平的砂纸上研磨。大型试样则最好将试样面朝上平放,用现场磨抛机,也可以在钻床上用带有砂纸的轮盘来加速磨光。用砂轮研磨时,如压力过大会导致试样温度升高,造成局部灼热现象,使试样在浸蚀后出现与砂轮加工方向一致的白色难蚀或黑色易蚀条及痕迹,这种现象易被误认为是严重层状组织或其他缺陷。

5.1.2 热酸蚀试验

试样加工完后即可进行酸蚀试验。一般推荐使用冷酸蚀试验;一些特殊要求,尤其是不锈钢则必须用热酸蚀试验。不论冷酸蚀还是热酸蚀,在操作中必须注意劳动防护及环保。

1. 热酸蚀试验设备

热酸蚀试验所需的设备及用具比较简单,见表 5-2。

表 5-2　热酸蚀试验设备、用具说明

设备、用具	说　明
酸洗槽	指铸铅槽、耐酸搪瓷缸等,如果小型试样可用玻璃烧杯
中和槽	用 3%～5% Na_2CO_3 水溶液或 10%～15%硝酸水溶液(容积比),用来中和酸蚀后试样上的残留溶液。如小型试样,中和槽可不用
冲洗槽	通常为装有自来水的水槽,用来冲洗试样
冲洗刷	用来刷洗试样表面的腐蚀产物,一般市售尼龙刷即可
沸水具	用来冲淋试样表面,使之快速蒸发,如电热壶等
吸湿布	用一条干燥整洁且无颜色的毛巾吸去掉试样表面上的水迹
电吹风机	用热风吹干试样,以防生锈

2. 热酸蚀试剂

为了达到试样面的最佳清晰度,酸蚀试剂应该具备下列条件:能清晰地显示出材料的低倍宏观组织和缺陷;浸蚀试剂的配置要简便,在腐蚀过程中酸液的性质要稳定,其浓度不应有大的变化,酸液与钢的作用不应过剧烈或过缓;在使用过程中,挥发性小,空气污染要小。

表 5-3 列出了常用的热酸蚀试剂配方。

表 5-3　不同钢种试样热酸蚀规范

钢　种	酸蚀时间/min	酸液成分	温度/℃
易切削钢	5～10	1:1(体积比)工业盐酸水溶液	70～80
碳素结构钢、碳素工具钢、硅锰弹簧钢、铁素体型、马氏体型、复相不锈耐酸钢、耐热钢	5～30		
合金结构钢、合金工具钢、轴承钢、高速工具钢	15～30		
奥氏体型不锈钢、耐热钢	20～40		
	5～25	盐酸 10 份,硝酸 1 份,水 10 份(体积比)	70～80
碳素结构钢、合金钢、高速工具钢	15～25	盐酸 38 份,硫酸 12 份,水 50 份(体积比)	60～80

3. 热蚀温度和时间

表 5-3 列出了一些常用钢种酸蚀所需温度和时间。

浸蚀温度对显示结果有很重要的影响。温度过高,浸蚀剧烈,酸液容易挥发且整个试验面受到腐蚀,降低了对不同组织和缺陷的鉴别能力;温度过低,反应太慢,使浸蚀时间延长,对浸蚀后的清晰度又有影响。因此,对不同的钢种,有其不同的浸蚀温度范围。

加热时间没有严格的规定,主要根据钢种不同而异。一般来讲,碳素钢需要时间短些;合金钢需要时间长些;高合金钢需要时间更长些。另外,加热时间也与试样大小,试样加工面的粗糙度、酸液的新旧、温度的高低等因素有关,以最终检验面的宏观组织能够清晰地显现为准。

4. 热蚀操作过程

首先将配制成的酸液放入酸蚀槽内,并在加热炉上加热。

将加工好的试样表面,用四氯化碳等有机溶剂清除油污,擦洗干净。然后按不同种类的钢种,按尺寸大小排列,使试样面朝上,先后放入上述加热到温的酸液槽内。当酸液再次到温后,开始计算浸蚀时间。达到试验时间后,试样从酸液中取出。如果是大型试样,可先放入碱浴槽里作中和处理;如果是小试样,可直接放入流动的清水中冲洗。

试样面上的腐蚀产物可用尼龙刷或软毛刷在流动的清水中刷掉。清洗后用事先准备好的沸水淋试样,并快速用干净且无颜色的热毛巾将试样立即包住。随后打开毛巾,用电热风机将试样面上的残余水渍吹掉。

如果试样刷洗干净后,发现受蚀程度不足,组织尚未清晰显现,应该再放至酸液槽中继续浸蚀;直到受蚀程度合适为止。反之,如果取出后,发现试样已腐蚀过度,必须将试样面重新加工,加工时至少将浸蚀过渡的检验面去掉 1 mm 以上,然后重新进行浸蚀。

5. 热蚀试验注意事项

配制酸液时,必须按照配置化学试剂原则,先配置水,再缓慢地加入酸。切不可将水倒入酸中,以免发生酸液溅伤操作者。连续使用的酸液必须逐次补充新液,否则因酸液陈旧或过脏影响酸蚀的正常进行。

酸液应保持在规定的温度范围内,不能过高或过低。温度过高会使酸的挥发加剧,从而降低酸液浓度,致使酸液的腐蚀作用减弱。酸液过低,会使腐蚀作用减缓,延长酸蚀时间。

试样摆入酸洗槽时,要注意顺序:通常是先碳钢,后合金钢;先小试样,后大试样。总之是先易受腐蚀的,后难受腐蚀的。取出时亦按此顺序。

检验面必须向上,酸液面应该高于试样面 10 mm 左右。如果检验面垂直放置。在两块试片检验面间,以及槽壁与检验面间要保持适当的间距,以 10 mm 左右为好。

浸蚀时间过长,会造成试样面过腐蚀,只能重新加工后再次热蚀。热蚀时间过短,钢材中存在的缺陷不易显露出来,致使某些缺陷漏检。

在流动清水中冲洗热蚀后的试样时,应均匀洗刷掉试样面上的腐蚀产物,否则会在试样面上残留腐蚀物,造成假象。最终的沸水冲淋必须保证试件充分加热,使试面在吹风下能快速、均匀干燥,避免留有花纹、锈迹等。

放置、取出,洗涮样品时,千万不要让橡皮手套触及检验面,否则极易留下难以去除的痕迹。

5.1.3 冷酸蚀试验

冷酸蚀也是显示钢的低倍组织和宏观缺陷的最简便方法。由于这种试验方法不需要加热设备和耐热的盛酸容器,因此特别适合不宜切开的大型锻件和外形不能破坏的一些大型机器零部件。冷酸腐蚀对试样面的粗糙度要求较热酸腐蚀高些,一般要求其粗糙度达 $Ra0.8\ \mu m$。酸蚀的时间以准确、清晰显示钢的低倍组织为准。

冷蚀法可直接在现场进行,比热蚀法有更大的灵活性和适应性;唯一缺点是显示钢的偏析缺陷时,其反差对比要较热蚀效果差一些,因此评定结果要比热蚀法低 1 级左右。除此之外,其他宏观组织及缺陷的显示与热蚀法无多大差别。

1. 冷蚀试剂

冷蚀试验用的试剂较多,常用的冷蚀液配比和使用范围见表 5-4。枝晶腐蚀一般用氯化铜、苦味酸盐酸酒精水溶液试剂。

表 5 - 4　不同钢种试样冷蚀规范

编　号	冷蚀液成分①②③	适用范围
1	盐酸 500 mL,硫酸 35 mL,硫酸铜 150 g	钢与合金
2	氯化高铁 200 g,硝酸 300 mL,水 100 mL	
3	氯化高铁 500 g,盐酸 300 mL,加水至 1000 mL	
4	10%～20%(容积比)过硫酸铵水溶液	碳素结构钢,合金钢
5	10%～40%(容积比)硝酸水溶液	
6	氯化高铁饱和水溶液,加少量硝酸(每 500 mL 溶液加 10 mL 硝酸)	
7	100～350 g 工业氯化铜铵,水 1000 mL	
8	盐酸 50 mL,硝酸 25 mL,水 25 mL	高合金钢
9	硫酸铜 100 g,盐酸和水各 500 mL	合金钢,奥氏体不锈钢
10	氯化高铁 50 g,过硫酸铵 30 g,硝酸 60 mL,盐酸 200 mL,水 50 mL	精密合金,高温合金
11	盐酸 10 mL,酒精 100 mL,苦味酸 1 g	不锈钢和高铬钢

注：① 当选用第 1、9 号冷蚀液时,可用第 4 号冷蚀液作为冲刷液;

　　② 可通过改变冷蚀剂成分的比例和腐蚀条件,获得最佳的腐蚀效果;

　　③ 对于特殊产品的质量检验,采用哪种腐蚀液可根据腐蚀效果由供需双方协商确定。

2. 冷酸浸蚀法操作过程

首先用蘸有四氯化碳的药棉清洗试样,除去试样表面和四周的油污;然后将试样置入冷蚀液中,试样面向上且被冷蚀液浸没。

浸蚀时要不断地用玻璃棒搅拌溶液,使试样受蚀均匀。达到试验时间后,试样自冷蚀液中取出并置于流动的清水中漂洗,同时用软毛刷刷试样面上的腐蚀产物。如果试样面上的低倍组织和缺陷未被清晰显示,试样仍可再次置于冷蚀液中继续腐蚀,直至显示出清晰的低倍组织和宏观缺陷为止。

清洗后的试样用沸水喷淋并用无色的干热毛巾包住吸水,再用电热吹风机吹干试样,供观察评级。

经上述处理的试样即可目视或用低倍放大镜观察,并按相应的评级标准进行评级。

3. 冷酸擦蚀法操作过程

此方法特别适用于现场腐蚀和不能破坏的大型机件,主要操作过程为:试样表面的清洗方法如同前述,这里不再重复。取一团干净棉花并蘸吸冷蚀液,不断地擦拭试样面,直至清晰地显示出低倍组织和宏观缺陷为止。随后用稀碱液中和试样面上的酸液,并用清水进行冲洗,最后用酒精喷淋试样面,使其迅速干燥。干燥后的试样表面即可用肉眼和低倍放大镜进行检验和评定。

5.1.4　钢的低倍组织缺陷及评定原则

金属材料的截面经酸蚀处理后,材料内原有的低倍组织缺陷,如:疏松、偏析、气泡、缩孔、翻皮、白点、裂缝、夹杂等可显现出来。低倍组织的检验不仅要发现缺陷,还要对缺陷的严重程度进行评级。对于特殊的具体钢材可接受缺陷级别应依据技术要求或供需双方协议。

钢材的低倍组织缺陷的分类及评级可按 GB/T 1979—2001《结构钢低倍组织缺陷评级图》进行。该标准适用于评定碳素结构钢、合金结构钢、弹簧钢,根据供需双方协议也可用于对其他钢种的低倍组织的缺陷评定。部分钢种有专门的评定标准,如连铸钢坯有 GB/T 24178—2009《连铸钢坯凝固组织低倍评定方法》等标准。

按 GB/T 1979—2001《结构钢低倍组织缺陷评级图》标准把钢材的低倍组织缺陷分为 15 类,图 5-1～图 5-14 均选自该标准。

1. 一般疏松

(1) 特征

在浸蚀试片上表现为组织不致密,呈分散在整个截面上的暗点和空隙。暗点多呈圆形或椭圆形。空隙在放大镜下观察多为不规则的空洞或圆形针孔。这些暗点和空隙一般出现在粗大的树枝状晶主轴和各次轴之间,疏松区发暗而轴部发亮,当亮区和暗区的腐蚀程度差别不大时则不产生凹坑。

(2) 产生原因

钢液在凝固时,各结晶核心以树枝状晶形式长大。在树枝状晶主轴和各次轴之间存在着钢液凝固时产生的微空隙和析集一些低熔点组元、气体和非金属夹杂物。这些微空隙和析集的物质经酸蚀后呈现组织疏松。

(3) 评定原则

根据分散在整个截面上的暗点和空隙的数量、大小及它们的分布状态,并考虑树枝状晶的粗细程度而定。对于直径或边长为 40～150 mm 的钢材(锻、轧坯),从轻到严重分为 1～4 级。4 级一般疏松形貌见图 5-1。

2. 中心疏松

(1) 特征

在酸浸试片的中心部位呈集中分布的空隙和暗点。它和一般疏松的主要区别是空隙和暗点仅存在于试样的中心部位,而不是分散在整个截面上。

(2) 产生原因

钢液凝固时体积收缩引起的组织疏松,以及钢锭中心部位因最后凝固使气体析集和夹杂物聚集较为严重所致。

(3) 评定原则

以暗点和空隙的数量、大小及密集程度而定。对于直径或边长为 40～150 mm 的钢材(锻、轧坯),从轻到严重分为 1～4 级。4 级中心疏松形貌见图 5-2。

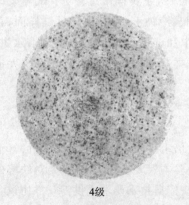

4级

图 5-1　一般疏松　0.7×

4级

图 5-2　中心疏松　0.7×

3. 锭型偏析

（1）特征

在酸浸试片上腐蚀较深，由暗点和空隙组成与原锭型横截面形状相似的框带，矩形截面的锭型偏析一般为方形。

（2）产生原因

在钢锭结晶过程中由于结晶规律的影响，柱状晶与中心等轴晶区交界处产生成分偏析和杂质聚集。

（3）评定原则

根据框形区域的组织疏松程度和框带的宽度加以评定，必要时可测量偏析框边距试片表面的最近距离。对于直径或边长为 40～150 mm 的钢材（锻、轧坯），从轻到严重分为 1～4 级。4 级锭型偏析形貌见图 5-3。

4级

图 5-3　锭型偏析　0.7×

4. 斑点状偏析

（1）特征

在酸浸试片上呈不同形状和大小的暗色斑点。不论暗色斑点与气泡是否同时存在，这种暗色斑点统称斑点状偏析。当斑点分散分布在整个截面上时称为一般斑点状偏析；当斑点存在于试片边缘时称为边缘斑点状偏析。

（2）产生原因

一般认为是结晶条件不良，钢液在结晶过程中冷却较慢产生的成分偏析所致。当气体和夹杂物大量存在时，斑点状偏析加重。

（3）评定原则

以斑点的数量、大小和分布状况而定。直径或边长为 40～150 mm 的钢材（锻、轧坯），从轻到严重分为 1～4 级；一般斑点状偏析形貌见图 5-4。直径或边长为 40～150 mm 的钢材（锻、轧坯），4 级边缘斑点状偏析形貌见图 5-5。

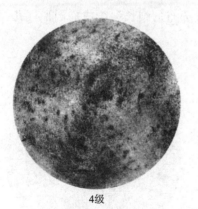

4级

图 5-4　一般点状偏析　0.7×

4级

图 5-5　边缘斑点状偏析　0.7×

5. 白亮带

(1) 特征

在酸浸试片上呈现抗腐蚀能力较强、组织致密的亮白色或浅白色框带。

(2) 产生原因

连铸坯在凝固过程中由于电磁搅拌不当,钢液凝固前沿温度梯度减小,凝固前沿富集溶质的钢液流出而形成白亮带。它是一种负偏析框带,连铸坯成材后仍有可能存在。

(3) 评定原则

需要评定时可记录白亮带框边距试片表面的最近距离及框带的宽度。

6. 中心偏析

(1) 特征

在酸浸试片上的中心部位呈现腐蚀较深的暗斑,有时暗斑周围有灰白色带及疏松。

(2) 产生原因

钢液在凝固过程中,选分结晶的影响及连铸坯中心部位冷却较慢造成了成分偏析缺陷,成材后仍残留。

(3) 评定原则

根据发暗区域的面积大小来评定。连铸圆、方钢材(锻、轧坯)从轻到严重分为1~4级。4级中心偏析形貌见图5-6。

7. 帽口偏析

(1) 特征

在浸蚀试片的中心部位呈现发暗的、易被腐蚀的金属区域。

(2) 产生原因

靠近帽口部位含碳的保温填料对金属的增碳作用所致。

(3) 评定原则

根据发暗区域的面积大小来评定。

8. 皮下气泡

(1) 特征

在酸浸试片上,于钢材(坯)的皮下呈分散或成簇分布的细长裂缝或椭圆形气孔。细长裂缝多数垂直于钢材(坯)的表面,见图5-7。

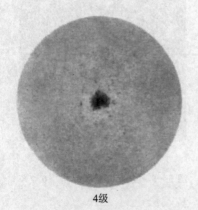

4级

图5-6 中心偏析 0.7×

图5-7 皮下气泡 0.7×

（2）产生原因

钢锭模内壁清理不良和保护渣不干燥等原因造成。

（3）评定原则

测量气泡离钢材（坯）表面的最远距离。

9．残余缩孔

（1）特征

在酸蚀试片的中心区域（多数情况）呈不规则的折皱裂缝或空洞，在其上或附近常伴有严重的疏松、夹杂物（夹杂）和成分偏析，见图 5－8。

（2）产生原因

钢液在凝固时发生体积集中收缩而产生的缩孔，并在热加工时因切除不尽而部分残留。有时也出现二次缩孔。

（3）评定原则

以裂缝或空洞大小而定。所有尺寸钢材（锻、轧坯）从轻到严重分为 1～3 级。3 级残余缩孔形貌见图 5－8。

10．翻皮

（1）特征

在酸浸试片上有的呈亮白色弯曲条带或不规则的暗黑线条，并在其上或周围有气孔和夹杂物；有的是由密集的空隙和夹杂物组成的条带，见图 5－9。

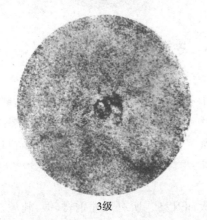

图 5－8　残余缩孔　0.7×　　　图 5－9　翻皮　0.7×

（2）产生原因

在浇注过程中表面氧化膜翻入钢液中，凝固前未能浮出。

（3）评定原则

测量翻皮离钢材（坯）表面的最远距离及翻皮长度。

11．白点（裂纹）

（1）特征

一般是在横向酸蚀试片除边缘外的部分表现为锯齿形细小发纹，呈放射状、同心圆形或不规则形态分布，见图 5－10。在纵向断口上依其位向不同，则会呈圆形或椭圆形亮点（"鱼眼"）或细小裂缝。

（2）产生原因

钢中氢含量高,经热加工变形后在冷却过程中局部内应力增大超过钢材强度。

（3）评定原则

以裂缝长短、条数而定。所有尺寸钢材（锻、轧坯）从轻到严重分为1～3级。3级白点裂纹形貌见图5-10。

12. 轴心晶间裂缝

（1）特征

轴心晶间裂缝缺陷一般出现于高合金不锈耐热钢中,有时高合金结构钢如18Cr2NiWA也常出现。在酸浸试片上呈三岔或多岔、曲折、细小,由坯料轴心向各方向取向的蜘蛛网形的条纹,见图5-11。

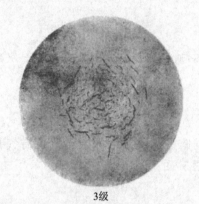

3级

图5-10 白点 0.7×

3级

图5-11 轴心晶间裂缝 0.7×

（2）产生原因

钢锭冷凝后期,边缘对中心区的拉应力很大,使中心区富集气体、夹杂的最后结晶部分,沿脆弱的晶界形成裂纹。轴心晶间裂纹都出现在钢锭中上部,钢锭尾部没发现过晶间裂纹。浇注温度过高也容易产生晶间裂纹。钢锭中极细小的无氧化夹杂或夹杂很少的轴心晶间裂纹,在热加工锻压比足够时可以焊合。

（3）评定原则

级别随裂纹的数量与尺寸（长度及其宽度）的增大而升高。所有尺寸钢材（锻、轧坯）,从轻到严重分为1～3级。3级轴心晶间裂缝形貌见图5-11。由于组织的不均匀性也可能产生"蜘蛛网"的金属酸蚀痕迹,这不能作为判废的标志。这种情况下,建议在热处理后（对试样进行正火或退火）,重新进行检验。

13. 内部气泡

（1）特征

在酸浸试片上呈直线或弯曲状的长度不等的裂缝,其内壁较为光滑,有微小可见夹杂物,见图5-12。

（2）产生原因

钢中含有气体较多。

（3）评定原则

有内部气泡的钢材应予以报废。

14. 非金属夹杂物(目视可见的)及夹渣

(1) 特征

在酸浸试片上呈不同形状和颜色的颗粒,见图 5-13。

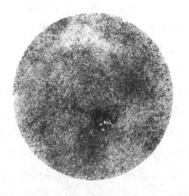

图 5-12　内部气泡　0.7×　　　　图 5-13　非金属夹杂物　0.7×

(2) 产生原因

冶炼或浇注系统的耐火材料或脏物进入并保留在钢液中。

(3) 评定原则

有时出现许多空隙或空洞,如目视这些空隙或空洞未发现夹杂物或夹渣,不应评为非金属
夹杂或夹渣。但对质量要求较高的钢种(指有高倍非金
属夹杂物合格级别规定者),建议进行高倍补充检验。

15. 异金属夹杂物

(1) 特征

在酸浸试片上颜色与基体组织不同,无一定形状的
金属块;有的界限不清,见图 5-14。

(2) 产生原因

冶炼操作不当,合金料未完全熔化或浇注系统中掉
入异金属。

(3) 评定原则

属于不允许缺陷。在异金属与基体间的界面上有

图 5-14　异金属夹杂　0.7×

时可见有氧化物。可从缺陷处取样,从组织、硬度、成分(能谱分析)等方面来区别、确认异金属
来源。

5.1.5　低倍组织浸蚀方法的应用

上述各类金属低倍组织特征和缺陷均可用酸蚀法检出。以下概述低倍组织浸蚀方法的
应用。

1. 结晶组织

宏观浸蚀可清楚地显示结晶组织。一般来说,钢中粗大的柱状晶组织的存在对室温下的
机械性能是不利的。但它对高温下使用的材料提供有用的性能。汽轮机中的高温合金都要有
意使其择优生成粗大的柱状晶。

2. 钢锭和钢坯的低倍组织

冶炼企业多用宏观组织浸蚀来检验钢锭或钢坯的质量。通常在每炉钢所浇铸的首锭、中间以及最末一个钢锭所轧制的钢锭上,分别从头部、中部和尾部截取切片进行热蚀。如切片的浸蚀结果不符合标准,则应将钢坯报废直到切片的宏观组织试验合格为止。

3. 自耗电极重熔钢低倍组织

自耗电极重熔钢分电渣重熔和真空电弧重熔两类。这种炼钢工艺所产生的钢具有独特的宏观组织。定向长大的晶粒基本上垂直地指向钢锭中心,消除了具有严重的固有偏析的中心等轴晶区,还减少了宏观和微观偏析缺陷。

4. 枝晶轴间距

多年来,改善铸件性能主要靠细化晶粒组织,但同时也必须控制其他因素。通过控制铸态枝晶可以获得铸件的最佳性能。

在铸件结晶过程中由一次晶生长二次晶,由二次晶生长三次晶,直到多次晶。

一般来说,一次晶轴间距决定激冷面上最初的结晶状况,是由形核率控制的。而决定二次晶轴间距的关键是铸件的排热速度。因此,研究结晶过程时,测量枝晶轴间距具有较大的价值。

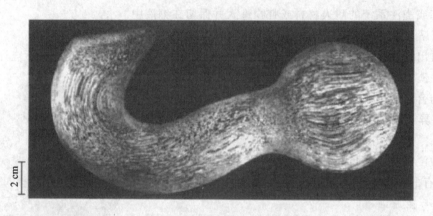

图 5-15 40CrMo 钢吊钩锻造流线形貌

5. 锻造流线

低倍浸蚀广泛用于研究冷变形加工形成的金属流线图。重要锻件应具有合理的锻造流线。锻造流线显示金属变形过程中的流动情况,它与锻造工艺和锻模的设计有密切关系。

6. 晶粒或晶胞大小

低倍浸蚀可揭示铸态金属的晶粒组织,特别对一些晶粒比较粗大的铸件。例如,铸铁的共晶团大小是和工艺过程密切相关的,而且对铸铁性能有很大影响。

7. 合金元素或碳化物偏析

由于大多数工业用材料是在温度和液相成分在一定的范围内变动的情况下凝固的,因此铸锭中必然会有各种元素偏析。其中短距离的偏析称为微观偏析。这在树枝状结晶时必然存在。较大范围的偏析称为宏观偏析,其表现为轴心偏析、A 型和 V 型偏析及带状偏析等多种形式。这种现象是物质在凝固时收缩和重力作用造成半凝固状态(糊状区中富含溶质元素的枝晶间液体流动)的结果。

宏观偏析可通过总体化学分析的方法检测。一般来说,大型铸锭的底部和边缘区的碳化物和合金元素含量偏低,相反,在铸锭的顶部和轴心区较富集。宏观偏析也可以用断口和宏观浸蚀法检验。

8. 焊接件

焊接质量检验中,金相试验是主要手段之一。焊接工艺的研究往往首先从改善其宏观组织着手。

焊接件的宏观组织是由熔合区、热影响区和母材三部分组成的。焊缝和热影响区内将发生化学成分、显微组织和硬度的变化。这些变化以及宏观组织中各部分分布状况取决于焊接工艺、操作参数及材料因素。

9. 应力应变图样

用低倍浸蚀法显示应力应变图样,多数只用来定性描述。钢经浸蚀后显示表面弹性拉伸应力区,形成与拉伸应力方向大体垂直的纹线,其纹线间距将随应力大小而变化。

10. 失效分析

低倍浸蚀是失效分析和废品分析中的一种很有用的方法,见第 7 章介绍。

11. 热处理工艺

低倍浸蚀可用于确定在一定热处理条件下各种钢材的淬透性(常与硬度试验相结合)。冷浸蚀也用于研究零件表面硬化层的分布。

5.2　断口试验及缺陷鉴别

断口分析按其观察方法分类,有宏观分析和微观分析两种。宏观分析只用肉眼或放大镜来观察,简单易行,检查全面。微观分析则能深入研究其微观形貌和断裂过程,本节重点介绍断口的宏观分析。

5.2.1　检验断口的制备

取样部位、方法对正确反映材质有很大的影响。试样应用冷切割法截取。若用热切割或气割时,制备断口的刻槽必须离开变形区和热影响区。

直径(或边长)不大于 40 mm 的钢材作横向断口。试样长度为 100～140 mm,在试样中部的一边或两边刻槽,见图 5-16。刻槽时,应保留断口截面不小于原截面的 50%。

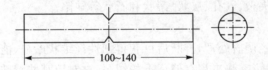

图 5-16　直径(或边长)不大于 40 mm 的钢材作横向断口试样形貌

直径(或变长)大于 40 mm 的钢材作纵向断口,切取横向试样,试样的厚度为 15～20 mm。在试样横截面的中心线上刻槽,一般采用 V 形槽,见图 5-17。刻槽深度为试样厚度的 1/3。当折断有困难时,可适当加深刻槽深度。

折断前试样的状态,以能真实地显示缺陷为准。当技术条件或双方协议有特殊要求时,按规定执行。如规定必须在油中淬火后折断试样,折断前应将油擦洗干净或在 300 ℃以下烧去。

在室温下,将有刻槽的试样折断。操作时,刻槽应向下放置,使刀口与刻槽中心线吻合,然

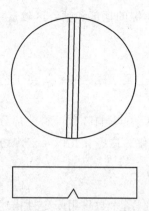

图5-17　直径(或边长)不大于40 mm的钢材作纵向断口试样形貌

后在冲击载荷下折断。折断试样时最好一次折断,严禁反复冲压。

折断试样时,应采用妥善方法避免断口表面损伤和沾污。

用目视方法仔细检查断口,当识别不清时,可用10倍以下放大镜观察。

5.2.2　检验用断口的分类

金属材料在应力下破断的断面一般称断口。部件在加工使用过程中破断的断口称为失效断口;检验断口是专为检验钢材质量而特意将其折断获得的。这种检验断口的试样应根据钢材种类及检验要求在折断前经过不同的热处理。常将检验断口分为退火断口、淬火断口及调质断口等几种类型。

1. 退火断口

轴承钢、工具钢的断口试样通常是在经球化退火后的钢材上切取的。在退火断口上除能检验钢材中晶粒均匀和细密程度外,还可显示出因退火石墨的析出而引起的黑脆缺陷、夹杂物、缩孔等缺陷。

2. 淬火断口

除某些低碳结构钢外,其他需要检验断口的钢材在折断前先经淬火处理,使组织细化,易于显露缺陷。因为钢材经淬火处理后,可以获得细瓷状的脆性断口,避免了钢材在折断时因断口部分变形而将缺陷掩盖的现象。因此,在很多情况下,钢材作断口检验时,一般采用淬火断口,以显示钢中的白点、夹杂、气孔、层状、萘状和石状等缺陷。

3. 调质断口

钢材在断口检验前经调质处理,折断后可获得韧性纤维状断口,能在一定程度上反映出钢材的横向力学性能,同时可反映出钢在使用下的情况,这对于某些特殊用途的钢材具有一定的参考价值,但这种调质断口检验仅适用于少数专业用途的钢材。如18Cr2Ni4W钢,由于调质断口上存在较多的塑性变形,从而使一些微小缺陷常被掩盖,故它显示出的白点、气孔、夹杂、层状等缺陷不如淬火断口的清晰和真实。

5.2.3　断口形貌及各种缺陷识别

各种缺陷在折断的钢材断口上呈不同的形态,GB/T 1814—1979《钢材断口检验法》中将各种断口分为15类,图5-18~图5-34均选自该标准。

1. 纤维状断口

纤维状断口为无光泽和无结晶颗粒,呈均匀的暗灰色绒毯状。这种断口的边缘有显著的塑性变形,微观形貌多为等轴状或抛物状韧窝,见图 5-18。纤维状断口一般属于钢材的正常断口。

图 5-18　纤维状断口　1×

2. 瓷状断口

瓷状断口是一种具有绸缎光泽、致密、类似细瓷碎片的亮灰色断口,见图 5-19。该类断口的微观形貌为准解理花样。这种断口对于过共析钢和某些合金钢经淬火或淬火及低温回火后的钢材来说是一种正常断口;对于淬火后中温或高温回火的钢来说则表明工艺控制不当。

3. 结晶状断口

结晶状断口是一种具有强烈的金属光泽、有明显的结晶颗粒、断面齐平的银灰色断口,未出现明显的宏观变形,见图 5-20。这种断口在微观下呈解理或准解理形貌,结晶状断口表示钢材较脆,对于热轧或退火后组织为珠光体的钢材,该类断口为正常断口,但对索氏体基体钢材则为不正常断口。

图 5-19　瓷状断口　1×

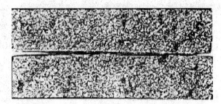

图 5-20　结晶状断口　1×

4. 台状断口

在纵向断口上,会呈现出比基体颜色略浅、变形能力稍差、宽窄不同、较为平坦的片状(平台状)结构,这些片状结构与断口表明有时平行、有时呈一定角度,可能凸起或凹陷,多分布在偏析区内,见图 5-21。台状断口一般产生在树枝晶发达的钢锭头部和中部,它是沿粗大树枝晶断裂的结果,是一种缺陷类断口。此种缺陷对纵向力学性能无影响,但会使横向的塑、韧性略有降低;当台状区富集夹杂时,会明显降低横向塑性。

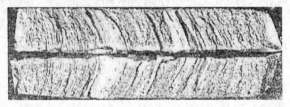

图 5-21　台状断口　1.5×

5. 撕痕状断口

在纵向断口上,会有与热加工方向呈一定角度的、灰白色的、变形能力较差的、致密而光滑的条带。其分布无一定规律,严重时布满整个断面,见图 5-22。撕痕状可产生在整个钢锭中,一般在钢锭尾部较重,头部较轻。尾部的条带多表现为细而密集,头部的则较宽。这是钢中残余铝过多,造成氮化铝沿铸造晶界析出并沿此断裂造成的。这种缺陷在调质状态下的断口上显示最为明显。轻微的撕痕状对力学性能影响不明显,严重时,明显降低横向塑、韧性,也使纵向韧性有所降低。

(a) 淬火状态 1×   (b) 调质状态 0.8×

图 5-22 撕裂状断口

6. 层状断口

在纵向截面上,沿热加工方向呈现无金属光泽的、凸凹不平的、层次起伏的条带,条带中伴有白亮或灰色线条。此种缺陷类似显著的朽木状,一般均分布在偏析区内,见图 5-23。层状断口是沿翻皮或夹杂物集中区断裂的结果。层状主要是由于多条相互平行的非金属夹杂物的存在造成的。此种缺陷对纵向力学性能影响不大,对横向的塑、韧性有显著降低。

(a) 淬火状态 1×   (b) 调质状态 0.8×

图 5-23 层状断口

7. 缩孔残余断口

在纵向断口的轴心区,会呈现非结晶构造的条带或疏松区,有时有非金属夹杂物或夹渣存在,沿着条带往往有氧化色,见图 5-24。缩孔管残余一般都产生在钢锭头部的轴心区。主要是钢锭补缩不足或切头不够等原因造成的。缩孔(管)残余会破坏金属连续性,是不允许存在的缺陷。

8. 白点断口

在纵向断口上,可见圆形或椭圆形的银白色的斑点,斑点内呈结晶颗粒状,个别的呈鸭嘴形裂口,白点的尺寸变化较大,一般多分布在偏析区内,见图 5-25。白点在横向酸浸蚀面上表现为直的或弯曲的锯齿状裂纹。白点主要是钢中含氢量过高与内应力共同作用造成的。在马氏体和珠光体钢中容易形成。它属于破坏金属连续性的不允许缺陷。

9. 气泡断口

在纵向断口上,沿热加工方向呈内壁光滑、非结晶的细长条带。气泡断口多分布在皮下,见图 5-26(a),有时也出现在内部,见图 5-26(b)。气泡主要是由钢液气体过多、浇注系统潮湿、锭模有锈等原因造成的。它属于破坏金属连续性的缺陷。

图 5-24 缩孔残余断口 1×

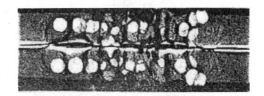

图 5-25 白点断口 0.8×

(a) 皮下气泡断口 0.8×

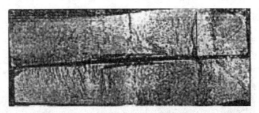

(b) 内部气泡断口 0.8×

图 5-26 气泡断口

10. 内裂断口

常见的内裂分为锻裂与冷裂两种。

锻裂的特征是光滑的平面或裂缝,是热加工过程滑动摩擦的结果,见图 5-27(a)。

冷裂的特征是与基体有明显分界的、颜色稍浅的平面与裂缝。每个平面较为平整,清晰可见平行于加工方向的条带,见图 5-27(b)。经过热处理或酸洗的试样可能有氧化色。

内裂断口的内裂区产生于轴心附近部位的居多。

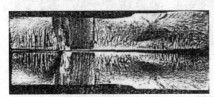

(a) 内裂(锻裂)断口 0.7×

(b) 内裂(冷裂)断口 0.7×

图 5-27 内裂断口

锻裂产生的原因是热加工温度过低,内外温差过大,热加工压力过大,变形不合理;冷裂是由于锻轧后冷却速度太快,组织应力与热应力叠加造成的。内裂属于严重破坏金属连续性的不允许缺陷。

11. 非金属夹杂(肉眼可见)及夹渣断口

在纵向断口上,会呈现颜色不同的(灰白、浅黄、黄绿色等)、非结晶的细条带活块状缺陷。其分布无一定规律,整个断口均可出现,见图 5-28 和图 5-29。此种缺陷是钢液在冶炼中脱氧产物未排除、浇注过程中混入的炉渣与耐火材料等杂质造成的,属于破坏金属连续性的缺陷。

图 5-28 非金属夹杂(肉眼可见)断口 0.8×

当夹杂物被破碎并被轧制拉长形成多条大致平行的夹杂条带时,断裂时沿夹杂带就形成密布的呈朽木状的断口,常称为木纹状断口,见图5-30。

12. 异金属夹杂断口

在纵向或横向的断口上,表现为与基体金属有明显的边界、不同的变形能力、不同的金属光泽或横向的条带,条带边界有时有氧化现象,如图5-31中箭头所示。此种缺陷是异金属掉入,合金料未完全熔化等原因造成的。异金属夹杂断口属于破坏金属的组织均匀性或连续性的缺陷。

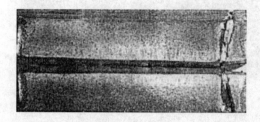

图5-29　夹渣断口　0.75×

图5-30　木纹状断口　0.9×

(a) 夹杂断口　0.7×

(b) 左图箭头区域放大　4×

图5-31　异金属夹杂断口

13. 黑脆断口

在纵向断口上,会呈现出局部或全部的黑灰色,一般多在钢材中心区,严重时可看到石墨炭颗粒,见图5-32。此种缺陷多出现在退火后的共析和过共析工具钢,以及含硅的弹簧钢的断口上。它是由于钢中碳元素及长时间高温等条件下石墨化造成的。石墨(石墨化钢除外)破坏了钢的化学成分和组织的均匀性,使淬火硬度降低,性能变差,石墨化是不允许的缺陷。

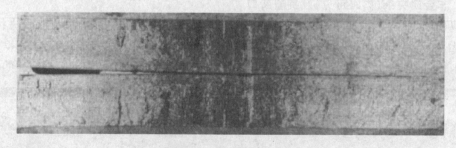

图5-32　黑脆断口　1×

14. 石状断口

在断口上,表现为无金属光泽、颜色浅灰、有棱角、类似碎石状。轻微受损时只有少数几个,严重受损时布满整个断面,是一种粗晶晶间断口,见图 5 - 33。在微观上表现为沿晶界延性断裂,晶面上的韧窝中一般含有非金属夹杂。

此种缺陷是由于严重过热或过烧造成的,会使钢的塑、韧性特别是韧性降低。

(a) 3×　　　　　　　　　　　　(b) 2×

图 5 - 33　石状断口

15. 萘状断口

在断口上,呈弱金属光泽的亮点或小平面,用掠射光线照射时,由于各个晶面位向不同,这些亮点或小平面闪耀着萘晶体般的光泽,见图 5 - 34。

图 5 - 34　萘状断口　1×

萘状断口在微观上是一种粗晶的穿晶断口,呈准解理或解理花样。一般认为此种缺陷在合金钢中是过热造成的,在高速工具钢中是不经中间退火重复淬火造成的,主要与第二相沿晶界或晶面高温析出有关。出现萘状断口一般会明显降低韧性。

5.3　钢材塔形发纹试验

在钢材中,发纹是一种缺陷,它容易造成应力集中,降低钢的疲劳强度。因此,对制造重要构件的钢材,均要进行发纹检验,确定发纹的数量、大小及其分布情况,便于使用者控制。

将钢材制成一定规格的阶梯形试样,呈塔形,在阶梯表面用热蚀或磁粉探伤或渗透探伤的方法来显示出钢中沿加工方向分布的发纹缺陷,可按 GB/T 15711—2018《钢材塔形发纹酸浸检验方法》及 GB/T 10121—2008《钢材塔形发纹磁粉检验方法》进行检验。

5.3.1　发纹的特征及成因

发纹是沿轧制方向分布,具有一定长度和深度的细小裂纹。一般由于该裂纹很窄,光线射不到底,故只能看到有深度的黑色线条。顺光时,个别较宽的发纹,可以看到灰暗色的底部。

普遍认为,发纹是钢中非金属夹杂物或气体、疏松等,在加工变形过程中,沿轧制方向延伸,经过热酸浸蚀后,夹杂物脱落,形成的具有一定深度的细小裂纹,即发纹。

5.3.2　塔形发纹检验试样制备

方钢或圆钢试样的检验面为 3 个平行于钢材(或钢坯)轴线的同心圆柱外表面,见图 5-35;扁钢试样的检验面为平行钢材(或钢坯)轴线的纵截面,见图 5-36。

图 5-35　圆钢或方钢塔形加工示意图　　　　图 5-36　扁钢试样塔形加工示意图

塔形试样的尺寸见表 5-5,试样的总长度建议采用 200 mm。当钢材直径或厚度小于 16 mm 或大于 150 mm 时,加工尺寸由供需双方协商确定。切削加工件应防止过热现象。各阶梯表面粗糙度不大于 1.6 μm。

表 5-5　塔形试样尺寸

阶梯序号	各阶梯尺寸 d_i/mm	长度/mm
1	0.90D	50
2	0.75D	50
3	0.60D	50

注:D——圆钢直径、方钢边长或扁钢厚度。

5.3.3　发纹检验方法

发纹检验可用热酸浸蚀、磁粉探伤、渗透探伤等方法。

发纹的酸蚀试验过程与一般低倍试样进行的酸蚀过程基本一样,但塔形试样的浸蚀时间要比同钢种的低倍试样短。在经热酸浸蚀的塔形试样上,可能会出现很多沿轧制方向的黑色线条,其中有的是发纹,有的不是发纹,而是钢材中的流线。所谓流线,其实质是沿轧制方向延伸的,比较集中的低熔点成分和带状组织偏析,这些部分在热酸浸过程中,易于受浸蚀或部分剥落而形成。

流线和发纹两者的区别在于:流线的线条较宽、较长,没有深度或深度较浅;发纹很窄、很深,多数看不到底。带有缓坡、底部平坦的凹槽,则不认为是发纹。两者对材质的影响也不一样。流线不破坏钢材的连续性,对材料的性能影响不大;而发纹对钢的力学性能有严重的影响,对疲劳强度影响更大。因此,二者绝不可混淆。

酸浸程度对发纹的鉴别影响很大。一般低碳钢,低合金钢流线较多,深浸蚀的结果往往会使流线更加严重而与发纹难以分辨,故对这一类钢应该浸蚀得浅一点。相反,某些高合金钢,深浸蚀反而使发纹易于暴露。过浸蚀将使发纹无法检验。所以,无论对哪一类钢,过浸蚀都是不允许的。

发纹最低计算长度为 2 mm,位于同一线上相距 2 mm 以内的发纹,应算作 1 条。各阶梯表面上发纹分别统计。

发纹检验还可以采用磁粉探测法,但它与酸浸法的结果往往不能一致,其原因在于:① 在一定磁场强度下,只能显示超出一定尺寸的发纹,而细小的发纹无法发现;② 磁粉法不仅显示了表面上的发纹,同时也把表面下一定深度处的发纹显示出来;③ 钢中的抗磁组织会引起假发纹。但由于酸浸法的结果,往往存在使缺陷扩大的缺点,而磁粉探伤法不存在这个问题,因此两种方法各有利弊,允许选择或兼用。

5.4 钢材磷印、硫印试验

5.4.1 磷印试验

磷是钢中的有害元素,一般控制在 0.045%(质量分数)以下。它是由原材料带入钢中的,在熔炼时一般无法去净。钢液中存在磷元素,可以增加流动性。但磷是一个极易偏析的元素,在钢液凝固时,一旦形成磷偏析,将大大增加钢的冷脆性,故磷对钢的性能危害较大。此外,磷元素存在于钢中时,它与碳是相互排斥的,在磷含量高的区域含碳量低,故它在钢中可形成固溶磷高的铁素体条带状偏析——鬼线,如图 5-37 所示。

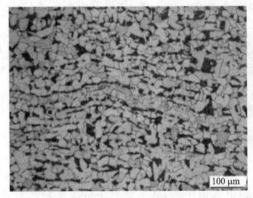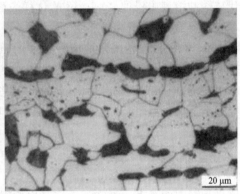

图 5-37 20 钢热轧钢管——鬼线

因此,对于磷元素在钢中的这些特点,在作化学分析时不易发现它有偏析存在。虽然有时钢中的含磷量在规定范围内,但是钢的冷脆性表现得极为显著。此时可用磷印试验来揭示。磷印试验法有两种:铜离子沉积法和硫代硫酸钠显示法。

1. 铜离子沉积法

(1) 基本原理

当钢样置于含有铜离子的试验剂中时,在试样表面即发生置换作用,铁置换试剂中的铜离子,此时铜离子即沉淀在试样表面上,故该处呈银白色,而磷偏析处未被铜离子所覆盖,受到试剂的剧烈浸蚀变为暗黑色,与无磷区的银白色形成鲜明的差别。这种方法主要是利用钢表面各部分浸蚀性能的不同,以达到显示磷偏析的目的。

(2) 配制试剂

量取蒸馏水 700 mL,将 53 g 氯化铵倒入蒸馏水中溶解,再将 85 g 氯化铜放入溶液中,用玻璃棒搅拌,使之溶解,然后再添加蒸馏水至 1000 mL,将配好的溶液倒入广口玻璃容器中备用。

（3）操作方法

用蘸有酒精或四氯化碳的药棉把试样上的油污除干净之后,将试样全部浸入配置好的溶液中,并用玻璃棒不断地搅拌,使溶液中的铜离子不断地与铁发生置换作用,约 1 min 后,将试样从溶液中取出,并在流动的水中用棉花将铜离子擦去,随后喷上酒精,用吹风机吹干试样表面。此时见到银白色的试样表面有黑色的斑点,斑点处即为磷偏析处。

2. 硫代硫酸钠显示法

（1）基本原理

采用含有偏重亚硫酸钾的饱和硫代硫酸钠溶液对试样进行浸蚀,然后用经过稀盐酸浸润的照相纸药面覆盖在试样表面上,使之与试样发生化学反应,从而在照相纸上显示出具有不同色泽的沉淀斑痕,这样就可以辨别出试样的磷偏析情况。

（2）配制试剂

在 50 mL 饱和的硫代硫酸钠($Na_2S_2O_3$)溶液中加入 1 g 的偏重亚硫酸钾($K_2S_2O_5$),另外再配制体积浓度为 3% 的盐酸水溶液。

（3）操作方法

将试样用蘸有四氯化碳的药棉把油污清除干净,之后将试样置于含有偏重亚硫酸钾的饱和硫代硫酸钠溶液中浸蚀 8~10 min,试样表面应被溶液充分覆盖,然后将试样放在流动水中漂洗,随后用热水或酒精冲淋后吹干。

将 3%(体积分数)盐酸水溶液浸透过的照相纸药面覆盖在试样表面上,在相纸背面上用药棉轻轻擦拭,1 min 后取下相纸,放入水中冲洗,然后置于定影液中定影 20 min,最后将相纸在清水中冲洗 20 min 后取出烘干,此时即可在相纸上获得磷印结果。

经过上述操作后,相纸上显示出较深的咖啡色处为含磷低的区域,颜色较浅的区域为磷偏析较高的区域。

5.4.2 硫印试验

硫也是钢中的有害元素之一。它是由原材料带入钢中的,在冶炼时一般无法全部被除尽。由于硫以硫化物的形式存在于钢中,故对钢铁材料的性能有很大的影响,因此在熔炼时必须严加控制,其含量一般控制在 0.045%(质量分数)以下。当然,易切削钢和非调质钢中的硫化物,或部分作为强化相的硫化物另当别论,但其分布也需要检测分析。

硫化物在钢中主要以硫化锰、硫化铁或硫化铁锰非金属夹杂物的形式存在。当钢中含锰量较低时,大部分的硫将化合生成硫化铁,硫化铁与铁形成低熔点的共晶体(熔点为 980 ℃),低于钢的热加工温度,因此在热加工时,容易造成热脆。而当钢中锰含量较高时,硫可与锰形成熔点较高(1620 ℃)的硫化锰夹杂,它在液态下大部分可与铁液分离,上浮成渣被除去,极少量未及时上浮者则残存于钢的晶粒内部,因此对钢材的性能影响不大。同时由于硫化锰的熔点高于钢的热加工温度,故在热加工时不会产生热脆缺陷。因此钢中含有一定量的锰,可以降低钢的热脆性。

此外,铸铁中一般含硫量较高,这不仅有损铁液的流动性,而且还将增加收缩率和产生气孔,使铸铁件变脆。

钢中的硫化物虽可用微观检验和酸浸试验等方法来检验,但这两种方法各具优缺点。微观检验虽然可以确定硫化物的类型,形态及其大小,然而由于检测的视域较小,不能反映出它在钢材整个截面上的分布情况。酸浸试验虽可显示出夹杂物在整个钢材截面上的分布情况,但是这些夹杂物究竟属于何种类型夹杂物却无法确定。专门显示硫化物夹杂分布情况的硫印试验可弥补上述的不足。

硫印试验执行标准有 GB/T 4236—2016《钢的硫印检验方法》,ISO 4968—1979《钢——硫印低倍检验方法》(波曼法)。

(1) 基本原理

硫酸与钢材中含有的硫化物发生作用,放出硫化氢气体,硫化氢气体再与相纸上的溴化银发生反应,生成硫化银,沉积在印相纸相应的位置上,形成棕褐色的斑点,斑点处即为硫化物夹杂集中处。由此可以判断材料中硫化物分布情况。其化学反应如下:

$$MnS + H_2SO_4 \rightarrow MnSO_4 + H_2S\uparrow \tag{5-1}$$

$$FeS + H_2SO_4 \rightarrow FeSO_4 + H_2S\uparrow \tag{5-2}$$

$$H_2S + 2AgBr \rightarrow Ag_2S\downarrow + 2HBr \tag{5-3}$$

(2) 操作方法

在暗室或安全(红)灯下,将印相纸先在浓度 3%~5%(体积分数)的硫酸水溶液中浸润 1 min 后取出并轻微抖动相纸,让相纸上的残余液滴去,使相纸上的液膜均匀,相纸抖动的时间以 30 s 为宜。然后以此相纸的药面紧贴在磨光($Ra = 1.6\ \mu m$)的试样表面上,用药棉或橡皮滚筒不断地在相纸背面上揩拭或滚动,使相纸与试样紧密贴合,防止气泡存在。经 5 min 左右后揭下,清水冲洗后用定影液把相纸上未与硫酸起反应的 AgBr 影粒溶解下来,再冲洗和烘干。然后按相纸上的棕色斑点评定钢中硫化物的分布及含量的高低。

思考题

1. 钢的宏观检验包括哪些内容?
2. 热酸蚀试验中应注意哪些事项?
3. 简述冷酸浸蚀法和冷酸擦蚀法的操作过程。
4. 钢的低倍组织一般有哪些缺陷?
5. 钢材断口一般可分为哪些?
6. 什么是钢材的发纹,如何检验?
7. 钢材的磷印试验有哪些方法,如何操作?
8. 简述钢材硫印试验的基本原理和操作方法。

第6章　钢的显微组织分析与评定

合金材料由液态凝固时,一般结晶都是以枝晶方式生长,由此会造成宏观、微观的成分偏析,使得合金锭存在不同程度的组织、成分偏析。在随后的热轧、锻等加工过程中会形成各种不同程度的缺陷。同时,金属或合金材料在锻造、热处理过程中由于控制不当或长期使用过程也会产生各种不同程度的缺陷。一般来说,钢中非金属夹杂物对钢的性能会产生不良影响,如降低钢的塑性、韧性和疲劳性能,使钢的冷热加工性能甚至某些物理性能变坏等。金属材料的晶粒度大小对其力学性能和工艺性能有很大影响。因此,按照相关的国家或行业检验标准对这些缺陷进行分析和评定具有重要的意义。

6.1　钢的显微组织评定方法

在生产中常关注的钢的缺陷有带状组织偏析、碳化物不均匀分布、碳化物液析、钢材表面脱碳、低碳钢游离渗碳体异常分布、球化组织异常等。这些缺陷组织的存在对钢的综合力学性能、工艺性能、服役性能均会造成不同程度的影响。因此,有必要按相关的国家或行业的检验标准对这些缺陷进行定性、定量评级,以达到有效先期控制的目的。由于金属材料总难免有不同程度的缺陷,各种具体构件对各种缺陷的允限程度也必然不同,因此缺陷评定、评级并不包含具体产品的质量合格判定。

相关试样的切取和制备可按 GB/T 13298—2015《金属显微组织检验方法》或相关技术文件的有关规定进行,可参阅第 3 章《金相试样的制备》。

6.1.1　带状组织

在经热加工后的亚共析钢显微组织中,铁素体与珠光体沿压延变形方向交替成层状分布的组织,称为带状组织。带状组织使钢材的力学性能产生各向异性,即沿着带状纵向的强度高、韧性好,横向的强度低,韧性差。此外,带状组织的工件热处理时易产生畸变,且使得硬度不均匀。带状组织形貌如图 6-1 所示。

图 6-1　20 钢的带状组织形貌　100×

带状组织的形成有外因也有内因:外因为压延,其严重程度与压延变形程度有关,变形量越大、带状组织越严重。内因为钢锭内的组织枝晶偏析以及磷、硫的偏析和夹杂物(硫化物)的影响。钢材的带状组织一般不能用退火工艺来消除,用正火工艺可减轻带状偏析程度(级别)。

带状组织可按照 GB/T 13299—1991《钢的显微组织评定方法》的有关规定评级,该标准适用范围为低碳、中碳钢的钢板、钢带和型材,其他钢种根据有关标准或协议也可参照应用。

珠光体钢中的带状组织的评级,要根据带状铁素体数量,并考虑带状贯穿视场的程度、连续性和变形铁素体晶粒多少为原则。上述标准按钢材所含碳的质量分数分为 A、B、C 共 3 个系列,每系列中把偏析程度分为 0~5 级共 6 个级别,5 级最严重,由试样 100 倍下视场与相应标准图片对照评定。各系列、各级别对应的带状组织特征见表 6-1。图 6-2 为各系列部分带状组织评级图。

表 6-1　带状组织评级说明(GB/T 13299—1991)

| 级　别 | 组织特征(100 倍下) | | |
	A 系列 (W_C:≤0.15% 的钢)	B 系列 (W_C:0.16%~0.30% 的钢)	C 系列 (W_C:0.31%~0.50%的钢)
0	等轴的铁素体晶粒和少量的珠光体,没有带状	均匀的铁素体-珠光体组织,没有带状	均匀的铁素体-珠光体组织,没有带状
1	组织的总取向为变形方向,带状不很明显	组织的总取向为变形方向,带状不很明显	铁素体聚集,沿变形方向取向,带状不很明显
2	等轴铁素体晶粒基体上有 1~2 条连续的铁素体带	等轴铁素体晶粒基体上有 1~2 条连续的和几条分散的等轴铁素体带	等轴铁素体晶粒基体上有 1~2 条连续的和几条分散的等轴铁素体-珠光体
3	等轴铁素体晶粒基体上有几条连续的铁素体带穿过整个视场	等轴晶粒组成几条连续的贯穿视场的铁素体-珠光体交替带	等轴晶粒组成的几条连续铁素体-珠光体的带,穿过整个视场
4	等轴铁素体晶粒和较粗的变形铁素体晶粒组成贯穿视场的交替带	等轴晶粒和一些变形晶粒组成贯穿视场的铁素体-珠光体均匀交替带	等轴晶粒和一些变形晶粒组成贯穿视场的铁素体-珠光体均匀交替带
5	等轴铁素体晶粒和大量较粗的变形铁素体晶粒组成贯穿视场的交替带	变形晶粒为主构成贯穿视场的铁素体-珠光体不均匀交替带	变形晶粒为主构成贯穿视场的铁素体-珠光体不均匀交替带

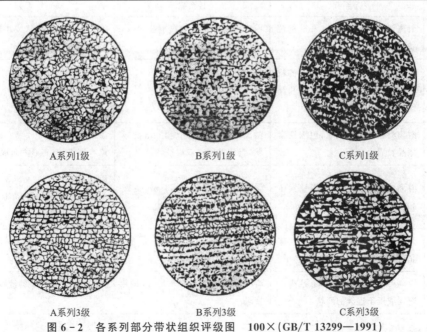

A系列1级　　　　　　B系列1级　　　　　　C系列1级

A系列3级　　　　　　B系列3级　　　　　　C系列3级

图 6-2　各系列部分带状组织评级图　100×(GB/T 13299—1991)

6.1.2　游离渗碳体

在低碳钢尤其是深冲薄板退火后的显微组织中,有时在铁素体的晶界上或晶内会出现颗粒状趋链分布的三次渗碳体称为游离渗碳体。游离渗碳体出现在铁素体的晶界上必将增大冷冲钢板冲压时开裂的概率。游离渗碳体沿晶界呈网状分布形貌见图6-3。

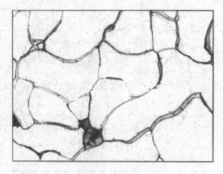

图6-3　08钢游离渗碳体形貌　400×

游离渗碳体可按照 GB/T 13299-1991《钢的显微组织评定方法》的有关规定评级,适用范围:$W_C < 0.15\%$ 的低碳退火钢。

评定游离渗碳体,要根据渗碳体的形状、分布及尺寸特征确定。该标准分为 A、B、C 共3个系列,每系列中按游离渗碳体分布的严重程度分为 0~5 级共6个级别,5级最严重。三个系列的确定的原则如下:

A系列:根据形成晶界渗碳体网的原则确定的,以个别铁素体晶粒外围被渗碳体网包围部分的比例作为评定原则。

B系列:根据游离渗碳体颗粒构成单层、双层及多层不同长度链状和颗粒尺寸的增大原则确定。

C系列:根据均匀分布的点状渗碳体向不均匀的带状结构过渡的原则确定。

表6-2所列为各系列、各级别对应的游离渗碳体特征。图6-4为各系列部分游离渗碳体评级图。

表6-2　游离渗碳体评级说明(GB/T 13299—1991)

级　别	组织特征(400倍下)		
	A系列	B系列	C系列
0	游离渗碳体呈尺寸≤2 mm的粒状,均匀分布	游离渗碳体呈点状或小粒状,趋于形成单层链状	游离渗碳体呈点状或小粒状均匀分布,略有变形方向取向
1	游离渗碳体呈尺寸≤5 mm的粒状,均匀分布于铁素体晶内和晶粒间	游离渗碳体呈尺寸≤2 mm的颗粒状,组成单层链状	游离渗碳体呈尺寸≤2 mm的颗粒,具有变形方向取向
2	游离渗碳体趋于网状,包围铁素体晶粒周边≤1/6	游离渗碳体呈尺寸≤3 mm的颗粒状,组成单层或双层链状	游离渗碳体呈尺寸≤2 mm的颗粒,略有聚集,有变形方向取向
3	游离渗碳体呈网状,包围铁素体晶粒周边≤1/3	游离渗碳体呈尺寸≤5 mm的颗粒状,组成单层或双层链状	游离渗碳体呈尺寸≤3 mm的颗粒的聚集状态和分散带状分布,带状沿变形方向伸长
4	游离渗碳体呈网状,包围铁素体晶粒周边≤2/3	游离渗碳体呈尺寸>5 mm的颗粒,组成双层及3层链状,穿过整个视场	
5	游离渗碳体沿铁素体晶界构成连续或近于连续的网状	游离渗碳体呈尺寸>5 mm的粗大颗粒,组成宽的多层链状,穿过整个视场	

级　别	组织特征(400 倍下)		
	A 系列	B 系列	C 系列
说明	根据形成晶界渗碳体网的原则确定的,以个别铁素体晶粒外围被渗碳体网包围部分的比率作为评定原则	根据游离渗碳体颗粒构成单层、双层及多层不同长度链状和颗粒尺寸的增大原则确定	根据均匀分布的点状渗碳体向不均匀的带状结构过渡的原则确定

注:各种游离渗碳体在试场中同时出现时,应以严重者为主,适当考虑次要者。

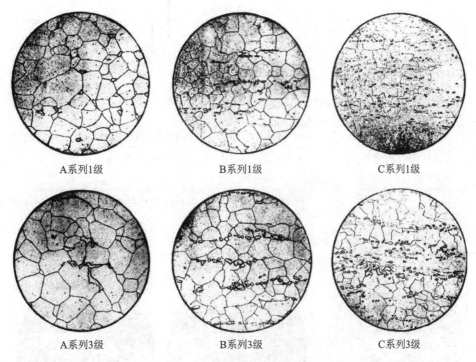

A系列1级　　　　　　　　B系列1级　　　　　　　　C系列1级

A系列3级　　　　　　　　B系列3级　　　　　　　　C系列3级

图 6 - 4　各系列部分游离渗碳体组织评级图　400×(GB/T 13299—1991)

6.1.3　魏氏组织

　　亚共析钢在铸造、锻造、轧制、焊接和热处理时,由于高温形成粗大奥氏体,在冷却时游离铁素体除沿晶界呈网状析出外,还有一部分呈针状自晶界伸入晶内或在晶粒内部独自析出,而不与晶界铁素体网相连,这种针状组织称为魏氏组织。魏氏组织的出现有时为钢材过热的金相特征,这将造成钢的力学性能,尤其是冲击性能的下降,严重的将造成零件在使用过程中的脆性断裂。一般在钢中魏氏组织可以通过正火处理来加以矫正,同时应注意控制适当的连续冷却速度,但有部分材料由于组织遗传作用魏氏组织难以逆转。魏氏组织形貌如图 6 - 5 所示。

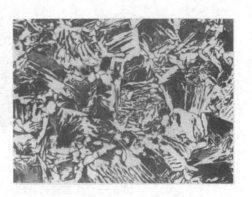

图 6 - 5　45 钢魏氏组织形貌　200×

魏氏组织可按照 GB/T 13299—1991《钢的显微组织评定方法》的有关规定评级,适用范围为低碳、中碳钢的钢板、钢带和型材。

评定珠光体钢过热后的魏氏组织,要根据析出的针状铁素体数量、尺寸和由铁素体网确定的奥氏体晶粒大小的原则确定。上述标准按钢材所含碳的质量分数分为 A 和 B 两系列,每系列中按魏氏组织分布的严重程度分为 0~5 级共 6 级,5 级最严重。试样在 100 倍下的视场与相应标准图片对照评定。各系列、各级别对应的魏氏组织特征如表 6-3 所列。图 6-6 为各系列部分魏氏组织评级图。

表 6-3　魏氏组织评级说明(GB/T 13299—1991)

级　别	组织特征(100 倍下)	
	A 系列 (W_C 为≤0.30% 的钢)	B 系列 (W_C 为 0.31%~0.50% 的钢)
0	均匀的铁素体和珠光体组织,无魏氏组织特征	均匀的铁素体和珠光体组织,无魏氏组织特征
1	铁素体组织中,有呈现不规则的块状铁素体出现	铁素体组织中出现碎块状及沿晶界铁素体网的少量分叉
2	呈现个别针状组织区	出现由晶界铁素体网向晶内生长的针状组织
3	由铁素体网向晶内生长,分布于晶粒内部的细针状魏氏组织	大量晶内细针状及由晶界铁素体网向晶内生长的针状魏氏组织
4	明显的魏氏组织	大量的由晶界铁素体网向晶内生长的长针状的魏氏组织
5	粗大针状及厚网状的非常明显的魏氏组织	粗大针状及厚网状的非常明显的魏氏组织

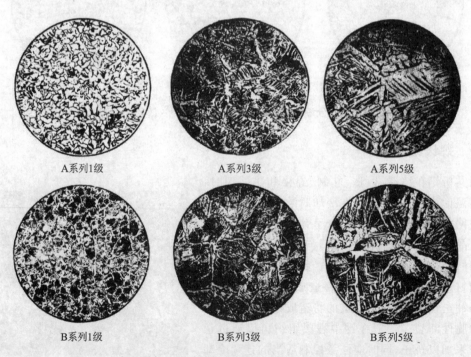

A系列1级　　　　　A系列3级　　　　　A系列5级

B系列1级　　　　　B系列3级　　　　　B系列5级

图 6-6　各系列部分魏氏组织评级图　100×(GB/T 13299—1991)

6.1.4 碳化物

当钢铁材料的基体中分布有碳化物时,可提高基体的硬度、耐磨性。但当碳化物分布不均匀、局部聚集时,则会使材料脆化。由于钢材内碳及合金元素含量不同及钢中碳化物形成阶段不同可分为两种:由凝固过程中形成的共晶碳化物以及固态相变过程中共析形成的二次碳化物。两种碳化物的不均匀度有不同的评定方法。

1. 共晶碳化物的不均匀度评定

在钢的凝固过程中,由于成分偏析,使含有较高碳和合金元素的钢内出现枝晶网分布的共晶碳化物,它在热加工过程中随着变形,延展成为带状分布,造成碳化物的不均匀性。碳化物不均匀性除受化学成分的影响外,还与钢材的冶炼方法、浇注温度、钢锭的几何形状、钢锭的大小、钢锭的冷却速度以及成材时的变形程度有关。

高速钢、铬轴承钢、高铬钢等钢种,出现带状碳化物的概率比较多,带状碳化物的工件脆性较大,制成的工模具容易产生崩刃、断裂,在热处理过程中,带状碳化物以外的贫碳区域容易在加热时产生过热现象。此外,带状碳化物使工件在淬火时产生较大的变形,并可能导致淬火裂纹。

共晶碳化物的不均匀性在冶炼凝固过程形成,热处理无法改变,必须通过反复锻造才能改变不均匀度。

共晶碳化物的不均匀分布形态,可分为带状及网状,其不均匀度评定可根据 GB/T 14979—1994《钢的共晶碳化物不均匀度评定法》进行评定,评定方法如表 6-4 所列。图 6-7～图 6-12 为 GB/T 14979—1994《钢的共晶碳化物不均匀度评定法》中共晶碳化物不均匀度部分评级图。

表 6-4 碳化物不均匀度级别评定(GB/T 14979—1994)

适用钢种、工艺	适用样品尺寸	评级说明	图 例
热轧、锻制及冷拉钨系高速工具钢钢棒、钢板	直径、边长或厚度≤120 mm	最低1级,最严重8级,3～8级分带系、网系两组图(第一评级图)	图6-7
热轧、锻制及冷拉钨钼系高速工具钢、高温不锈轴承钢、钢棒、钢板	直径、边长或厚度≤120 mm	最低1级,最严重8级,3～8级分带系、网系两组图(第二评级图)	图6-8
高速工具钢锻材	直径≥120 mm	5～8级,各级别又分A、B、C三个评级图,最低A级,最严重C级(第三评级图)	图6-9
热轧、锻制及冷拉合金工具钢钢材	不限	最低1级,最严重8级,4～6级分带系、网系两组图(第四评级图)	图6-10
热轧、锻制及冷拉高碳铬不锈轴承钢钢材	不限	最低1级,最严重8级,3～6级分带系、网系两组图(第五评级图)	图6-11
高温轴承钢钢材	不限	最低1级,最严重8级(第六评级图)	图6-12

注:纵向试样,放大倍率为100倍。

　　评定的试样,浸蚀时一般腐蚀至呈暗灰色,并应保证共晶碳化物显示清晰,均在 100 倍下评定。

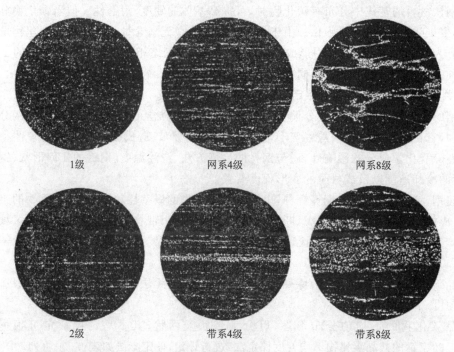

图 6 - 7　部分共晶碳化物不均匀度第一评级图　100×(GB/T 14979—1994)

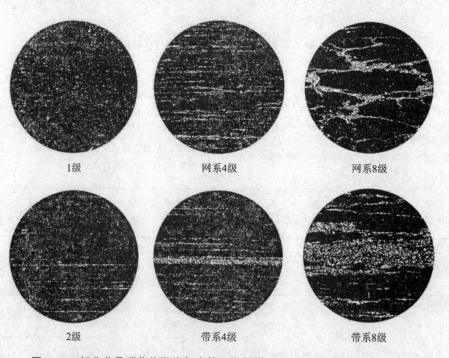

图 6 - 8　部分共晶碳化物不均匀度第二评级图　100×(GB/T 14979—1994)

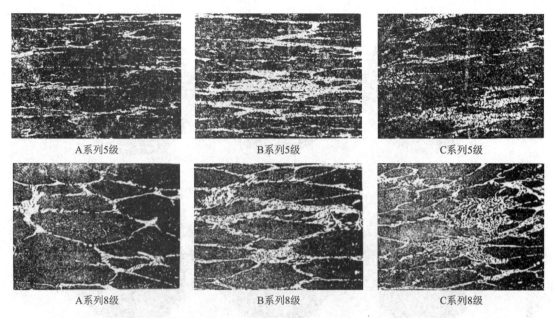

图 6 - 9　部分共晶碳化物不均匀度第三评级图　100×（GB/T 14979—1994）

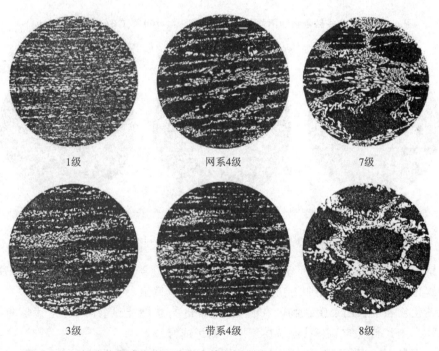

图 6 - 10　部分共晶碳化物不均匀度第四评级图　100×（GB/T 14979—1994）

2. 二次共析碳化物偏聚评定

高碳钢、高速钢、高碳铬轴承钢、高铬钢等钢种,在热加工后的冷却过程中,共析碳化物沿晶界呈网状析出,该析出物称为网状碳化物。形成网状碳化物的原因是钢材在热轧或退火过程中,因加热温度过高,保温时间太长,造成奥氏体晶粒的粗大,并在缓慢冷却过程中,碳化物沿晶界析出,即形成网状分布的碳化物。同样,若热加工的终止温度较高,在随后的缓冷过程中亦易形成网状碳化物。

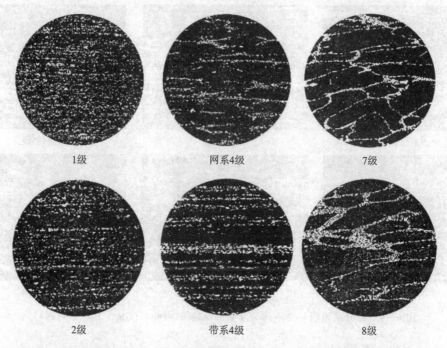

1级　　　　　　网系4级　　　　　　7级

2级　　　　　　带系4级　　　　　　8级

图6-11　部分共晶碳化物不均匀度第五评级图　100×(GB/T 14979—1994)

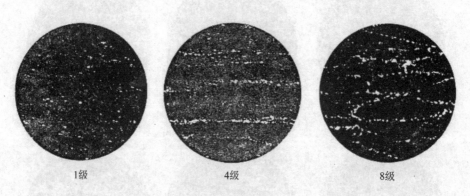

1级　　　　　　4级　　　　　　8级

图6-12　部分共晶碳化物不均匀度第六评级图　100×(GB/T 14979—1994)

　　高碳铬轴承钢一类钢材,由于钢锭的成分枝晶偏析,凝固后会有颗粒状碳化物聚集现象,在锻轧中碳化物颗粒逐步沿热加工变形方向延伸成带状偏聚。

　　网状碳化物和带状偏聚碳化物的存在,将使钢的力学性能显著降低,尤其是冲击韧性下降,脆性增大;用其制成的工模具容易在使用中崩刃或开裂。

　　有关各钢种、各工艺条件下二次碳化物网状及带状偏聚级别评定所采用标准及评定法如表6-5所列。图6-13～图6-16为对应标准的二次碳化物偏聚部分评级图。

　　二次碳化物偏聚的评定均在试样淬火回火后进行,钢件渗碳形成的碳化物偏聚应按渗碳件金相标准评定。

表 6-5　碳化物不均匀度级别评定标准依据

适用钢种	评定条件	评定说明	图例
标准：GB/T 18254—2016《高碳铬轴承钢》			
高碳铬轴承钢	横向试样,放大倍率 500 倍	碳化物网状级别按碳化物聚集程度及聚网程度,对照图片评定,分 3 级(1~3 级),3 级最严重	图 6-13
	纵向试样,放大倍率 100 和 500 倍结合评定	碳化物带状级别按碳化物聚集程度、大小和形状,对照图片评定,分 6 个级别：分别为 1 级、2 级、2.5 级、3 级、3.5 级、4 级,4 级最严重	
适用钢种	评定条件	评定说明	图例
标准：JB/T 1255—2014《滚动轴承 高碳铬轴承钢零件热处理技术条件》			
GCrl5,GCrl5SiMn,GCrl5SiMo,GCrl8Mo 钢	横向试样,放大倍率 500 倍	碳化物网状级别按碳化物聚集程度及聚网程度,对照图片评定,分 4 级,分别为 1 级、2 级、2.5 级、3 级,3 级最严重	图 6-14
适用钢种	评定条件	评定说明	图例
标准：GB/T 1298—2008《碳素工具钢》			
T7,T8,T8Mn,T9,T10,T11,T12 和 T13 钢	横向试样,放大倍率 500 倍	碳化物网状级别按碳化物聚集程度及聚网程度,对照图片评定,分 4 级,1~4 级,4 级最严重	图 6-15
适用钢种	评定条件	评定说明	图例
标准：GB/T 1299—2014《工模具钢》			
9SiCr,Cr2,CrWMn,Cr06 钢	横向试样,放大倍率 500 倍	碳化物网状级别按碳化物聚集程度及聚网程度,对照图片评定,分 4 级,1~4 级,4 级最严重	图 6-16

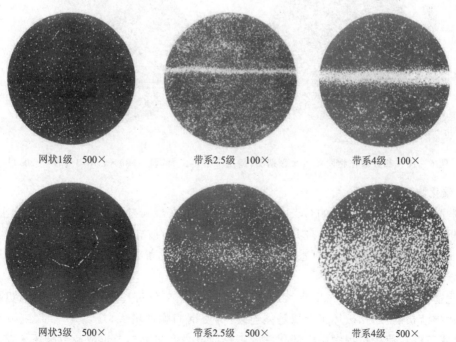

图 6-13　部分碳化物网状带状级别图(适用于高碳铬轴承钢)(GB/T 18254—2016)

1级   2.5级

图6-14　部分碳化物网状带状级别图(适用于高碳铬轴承钢)　500×(JB/T 1255—2014)

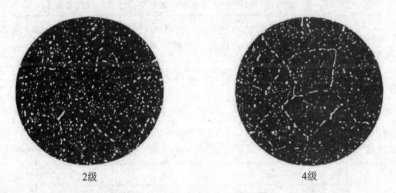

2级   4级

图6-15　部分碳化物网状带状级别图(适用于碳素工具钢)　500×(GB/T 1298—2008)

2级   4级

图6-16　部分碳化物网状带状级别图(适用于合金工具钢)　500×(GB/T 1299—2014)

3. 碳化物液析评定

　　某些高碳合金工具钢,例如 GCrl5、CrWMn、CrMn 在凝固过程中,常由于碳和合金元素的宏观偏析,会在最后凝固区域出现共晶莱氏体,在随后缓冷或轧制加热时离异出碳化物。这种碳化物一般在以后加工过程中不被消除,它以链状、块状或条状沿着钢的轧制方向存在,此现象称为碳化物液析。

　　碳化物液析的产生是熔炼时钢液过热,浇注温度偏高,钢锭冷却太慢等因素所造成的。

　　碳化物液析的存在,破坏了金属基体连续性,使钢的脆性增大,在热处理时容易产生淬火裂纹,并使工件在使用过程中由于碳化物的剥落而成为磨粒磨损或形成疲劳破坏的发源地,故碳化物液析的存在有较大的危险性。

为防止出现碳化物液析,一般采用合理的锭型设计,适当降低浇注温度并加快冷却速度,以杜绝共晶莱氏体的形成。对已经产生的碳化物液析,可以进行高温均热或扩散退火的方法进行补救。

碳化物液析可按照 GB/T 18254—2016《高碳铬轴承钢》的有关规定评级,适用范围:制作轴承套圈和滚动体用高碳铬轴承钢,其他相关钢种可参考应用。

碳化物液析在淬火后的纵向试样上评定,选择碳化物液析最严重的视场与相应的评级图片比较评定其结果,放大倍数为 100 倍,评定结果用级别数表示。碳化物液析评级说明如表 6-6 所列,部分标准评级图见图 6-17 和图 6-18。

表 6-6 碳化物液析评级说明 (GB/T 18254—2016)

碳化物液析分类	碳化物液析评级
条状	碳化物液析级别按碳化物聚集程度、数量、长度,对照图片评定,分 4 级(1~4 级),4 级最严重(见图 6-17)
链状	碳化物液析级别按碳化物聚集程度、数量、长度,对照图片评定,分 4 级(1~4 级),4 级最严重(见图 6-18)

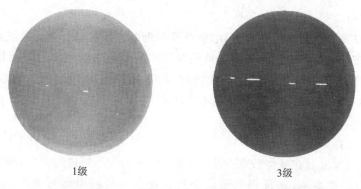

1级　　　　　　　　　　3级

图 6-17 部分碳化物液析(条状)级别图 100×(GB/T 18254—2016)

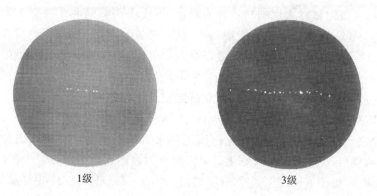

1级　　　　　　　　　　3级

图 6-18 部分碳化物液析(链状)级别图 100×(GB/T 18254—2016)

6.1.5 脱碳层

钢件在进行各种热处理工序的加热或保温过程中,由于空气或炉内氧化气氛的作用,使钢材表层的碳全部或部分丧失,这种现象称为脱碳,有脱碳现象的表层称为脱碳层。总脱碳层深度定义为:从产品表面到含碳量等于基体含碳量的那一点的距离,等于部分脱碳与完全脱碳之和。有效脱碳层深度定义为:从产品表面到规定的含碳量或硬度水平的点的距离,规定的含碳量或硬度水平以不因脱碳而影响使用性能为准(例如,产品标准中规定的含碳量最小值)。

钢表层的脱碳,大多情况下会降低工件的表面硬度、耐磨性及疲劳极限。故在工具钢、轴承钢的标准中都对脱碳层有具体规定。重要的机械零件是不允许存在脱碳缺陷的,为此在加工时零件的脱碳层必须除净。

高锰铸钢件在高温水韧处理时会因表层碳氧化造成脱碳。这种脱碳层因含碳量下降在水韧处理的激冷中发生马氏体转变,因此高锰铸钢件表层脱碳后表面硬度会升高,常会导致表面开裂。

钢的脱碳层深度可按照 GB/T 224—2019《钢的脱碳层深度测定法》的有关规定测定,分为金相法和硬度法两种。

1. 金相法

金相法是在光学显微镜下观察试样从表面到基体随着含碳量的变化而产生的组织变化,适用于具有退火或正火(铁素体-珠光体)组织的钢种,也可有条件地用于那些硬化、回火、轧制或锻造状态的产品。

一般来说,以观测到的组织差别为界,在亚共析钢中以铁素体与其他组织组成物的相对量的变化来区别;在过共析钢中以碳化物含量相对基体的变化来区别。对于硬化组织或者淬火回火组织,当含碳量变化引起组织显著变化时,亦可用该方法进行测量。借助于测微目镜或利用金相显微镜系统观察和定量测量从表面到其组织和基体组织已无区别的那一点的距离。

放大倍数的选择取决于脱碳层深度。如果没有特殊规定,由检测者选择时,通常采用放大倍数为 100 倍。当过渡层和基体较难分辨时,可用更高放大倍数进行观察,确定界限。先在低放大倍数下进行初步观测,保证四周脱碳变化在进一步检测时都可发现,查明最深均匀脱碳区。

脱碳层最深区域由试样表层的初步检测确定,不受表面缺陷和角效应的影响。对每一试样,在最深的均匀脱碳区的一个显微镜视场内,应随机进行几处测量(至少需 5 处),以这些测量值的平均值作为总脱碳层。脱碳层深度以毫米为单位,精确到小数点后两位。轴承钢、工具钢、弹簧钢要测量最深处的总脱碳层深度。如果产品标准或技术协议没有特殊规定,在测量时,试样中脱碳极深的那些点要排除掉(但在试验记录中应注明缺陷)。

金相法测定脱碳层时,具有退火或淬火(铁素体+珠光体)组织的钢种一般来说脱碳层取决于珠光体的减少量(见图 6-19),硬化组织或淬火后的回火马氏体组织由晶界铁素体的变化来判定完全脱碳层(见图 6-20);球化退火组织可由表面碳化物明显减少区(见图 6-21)或出现片状珠光体区(见图 6-22)确定部分脱碳层。图 6-19~图 6-22 中样品均用 2%硝酸乙醇腐蚀,图中箭头标出的区域为脱碳层。

2. 硬度法

一般用显微(维氏)硬度测量方法,测量在试样横截面上沿垂直于表面方向的显微硬度值分布梯度。这种方法只适用于脱碳层相当深但和淬火层厚度相比却又很小的亚共析钢、共析钢和过共析钢。

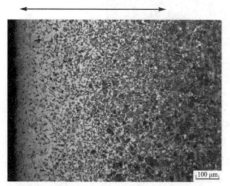

成分：C：0.81%，Si：0.18%，Mn：0.33%。
热处理工艺：960 ℃加热2.5 h炉冷。
组织说明：珠光体减少区域为部分脱碳。

图 6 - 19 碳素钢表面脱碳 100×

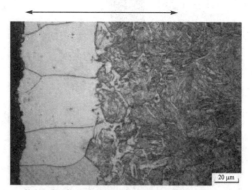

热处理工艺：先870 ℃加热20 min油淬，
之后440 ℃加热90 min空冷。
组织说明：白色铁素体部分为完全脱碳，含有
片状铁素体区域为部分脱碳。

图 6 - 20 60Si2MnA 弹簧钢表面脱碳层 500×

热处理工艺：880 ℃保温4 h，以10/h缓冷
至650 ℃，空冷。
组织说明：白色铁素体部分为完全脱碳，
碳化物减少区域为部分脱碳。

图 6 - 21 GCr15 表面脱碳 100×

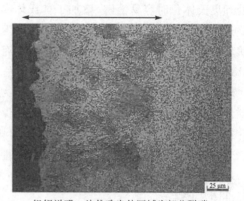

组织说明：片状珠光体区域为部分脱碳。

图 6 - 22 GCr15 表面脱碳 400×

　　测定载荷一般在 0.49～4.9 N(50～500 kgf)范围内,取尽可能大的载荷,显微硬度压痕之间的距离至少应为压痕对角线长度的 3 倍。

　　脱碳层深度规定为从表面到测量界限的距离,测量界限由产品标准(如螺栓的脱碳,按GB/T 3098.1—2010《紧固件机械性能 螺栓、螺钉和螺柱》规定)或双方协议规定,一般为以下3 种:

　　① 由试样边缘至产品标准或技术协议规定的硬度值处;

　　② 由试样边缘测至硬度值平稳处;

　　③ 由试样边缘测至硬度值平稳处的某一百分数。

　　至少要在相互距离尽可能远的位置进行两组测定,其测定值的平均值作为脱碳层深度。

　　图 6 - 23 所示为硬度法测量 38CrMoAl 表面脱碳层形貌。

图 6-23　38CrMoAl 表面脱碳层　200×

6.1.6　球化退火与球化级别评定

1. 共析、过共析钢球化退火及评级

工具钢、模具钢、轴承钢等一般均为共析钢或过共析钢。该类钢经轧制或锻后,其组织中珠光体形态一般为片状或细片状,硬度高、切削困难。同时,片状珠光体中渗碳体片表面积大,热处理奥氏体化时容易溶解,增加了奥氏体晶粒长大倾向,易引起工件过热。因此对这类钢材需要进行球化退火处理,把钢加热到 A_{c1} 以上 $20\sim30\ ℃$ 的温度,保温适当时间后缓冷,可获得粒状珠光体。球化退火可使基体硬度降低,有利于提高切削加工性能,热处理时使组织不易过热,减小了工件淬火时变形及开裂倾向。

球化退火后的正常组织应为均匀、碳化物圆整的球状珠光体。若球化工艺控制不当,则得不到良好的球化组织。例如加热温度不足、保温时间过短均得不到均匀的球状组织,还会出现细片或点状的珠光体。如果加热温度太高,则造成钢材过热,出现粗片状珠光体及网状碳化物。对于球化不良的钢,可再经球化退火处理。

球化退火组织级别的评定均根据碳化物的尺寸、数量及形状,在 500 放大倍率下,对照相应标准图片评定。

共析、过共析钢的各钢种球化组织评定的常用标准评定依据如表 6-7 所列,各标准部分对应评级图见图 6-24～图 6-26。

表 6-7　工模具钢球化退火后球化体组织评定标准依据表

适用钢种	采用标准	球化组织级别评定
GCrl5,GCrl5SiMn,GCrl5SiMo,GCr18Mo 钢(滚动轴承零件)	GB/T 34891—2017《滚动轴承 高碳铬轴承钢零件热处理技术条件》;JB/T 1255—2014《滚动轴承 高碳铬轴承钢零件热处理技术条件》	分 5 级,显微组织为细小、均匀分布的球化组织,应符合 2～4 级,允许有细点状球化组织存在,不允许有第 1 级和第 5 级所示的组织存在(见图 6-24)
T7,T8,T8Mn,T9,T10,T11,T12 和 T13 钢(碳素工具钢)	GB/T 1298—2008《碳素工具钢》	分 6 级,对于 T7、T8、T8Mn 和 T9 钢,1～5 级为合格组织;对于 T10、T11、T12 和 T13 钢,2～4 级为合格组织(见图 6-25)
9SiCr,Cr2,CrWMn,9CrWMn,Cr06,W 和 9Cr2 钢	GB/T 1299—2014《工模具钢》	分 6 级,其中 6 级为不合格组织;对于制造螺纹刃具用的 9SiCr 退火钢材,2～4 级为合格组织(见图 6-26)

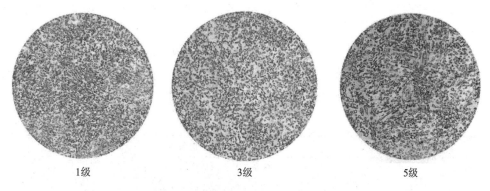

图 6-24　滚动轴承 高碳铬轴承钢部分球化组织级别图　1000×

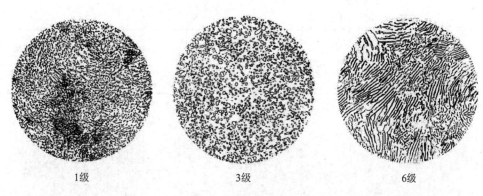

图 6-25　碳素工具钢部分球化组织级别图　500×

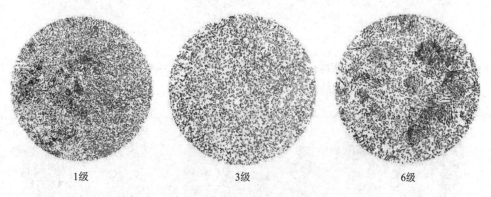

图 6-26　合金工具钢部分球化组织级别图　500×

2. 亚共析钢球化退火及评级

低碳、低合金钢,中碳、中碳合金钢等亚共析钢,常须进行冷塑性变形加工,为使钢件在拉伸、挤压、轧、镦等冷变形过程中表现出良好塑性,一般采用球化退火工艺:先加热至 A_{C1} 以上 20~30 ℃保温一段时间,再升温略高于以上温度,保温后缓冷,可得到球化体,这样可消除因片状珠光体造成冷变形开裂、变形抗力过大等现象。

亚共析钢球化退火评级可按照 JB/T 5074—2007《低、中碳钢球化体评级》的有关规定评级,适用范围:低碳结构钢、低碳合金结构钢、中碳结构钢、中碳合金结构钢及易切削结构钢等,用于冷镦、冷挤压、冷弯及自动机床切削加工用钢。

球化体组织级别根据其组织的形态、数量、大小及分布情况,在 400 倍放大倍率下,根据化学成分(分为3种钢种)对照相应标准图片评定,各分6级(见图6-27～图6-29),各级别组织特征如表6-8所列。

表6-8　低、中碳钢球化退火评级表(JB/T 5074—2007)

级别	低碳结构钢及低碳合金结构钢	中碳结构钢	中碳合金结构钢
1级	珠光体＋铁素体		
2级	珠光体及少量球化体＋铁素体		
3级	球化体及珠光体＋铁素体		
4级	球化体及少量珠光体＋铁素体	点状球化体及少量珠光体＋铁素体	
5级	点状球化体及少量珠光体＋铁素体	点状球化体及少量球化体＋铁素体	球化体及点状球化体＋铁素体
6级	球化体＋铁素体	均匀分布球化体＋铁素体	

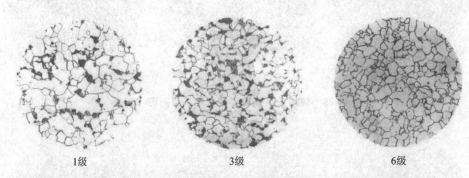

1级　　　　3级　　　　6级

图6-27　低碳结构钢及低碳合金结构钢部分球化组织分级图　400×

1级　　　　3级　　　　6级

图6-28　中碳结构钢部分球化组织分级图　400×

3. 高温使用中(珠光体)球化程度评定

电力工业中,20钢、15CrMo、12CrlMoV等系列钢是电站锅炉部件广泛采用的钢种,它们分别适用于450～550℃不同的高温工作环境。但是,这类钢在高温长期使用过程中,原组织中珠光体(贝氏体)会发生球化现象,即珠光体(贝氏体)中的片状碳化物逐渐转变为球粒状碳化物。这类钢种的力学性能及热膨、胀性能将随着珠光体球化程度和固溶体中合金元素贫化

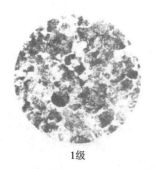
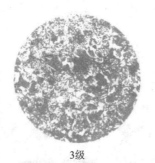

1级　　　　　3级　　　　　6级

图 6 - 29　中碳合金结构钢部分球化组织分级图　400×

程度的加大而逐渐降低,以致材料渐趋劣化甚至失效。因此碳化物形态发生球化现象是该类材料老化的主要特征。长期以来,电力行业中把这类钢材组织中珠光体(贝氏体)的球化程度用作评判这类钢的使用可靠性的重要依据之一,并制定了相关评级标准。在这些标准中不仅规定了具体评定方法,还在其附录中列出了随球化程度增大导致力学性能下降的具体数据。

(1) 珠光体球化级别评定试样的取样

由于要评定的是在"高温使用"环境下的样品,因此应该选取工作环境温度最高且应力较大区间的样品。其次,样品应包含完整截面。对于壁厚较大部件,允许制成若干试块,但应包含整个截面。若自钢管上切取,可为管件的纵截面或横截面,应包含整个壁厚。

对于处于工作状态(在线)的试样,不允许截开取样,可采用现场金相复型取样方法,在温度较高、应力较大部位的表面取样。

(2) 评定方法

按规定制样后,在显微镜下根据标准规定的不同放大倍率(较低倍率及较高倍率)对照相关标准图片进行评定。

视场应选择具有代表性的,选择评定视场数目不少于 3 个。

球化级别均设为 5 个级别,1 级为原始未球化组织,5 级为严重球化组织。对于介于两个级别之间的球化组织,允许使用半级表示,如 1.5 级、3.5 级等。

若试样中存在球化不均匀现象,应以球化度严重的球化级别为评定结果,并以文字表述其不均匀性。

(3) 20 号系列钢珠光体球化评级(DL/T 674—1999)

样品在金相显微镜 250 倍或 500 倍下对照标准图谱(分别为 a 系列及 b 系列)进行评定,必要时可在更高倍率下观察珠光体细节。有关各级珠光体球化组织特征见表 6 - 9,采用 DL/T 674—1999《火电厂用 20 号钢珠光体球化评级标准》,部分标准评级图见图 6 - 30。

表 6 - 9　20 号钢珠光体球化级别组织特征(DL/T 674—1999)

球化程度	球化级别	组织特征
未球化(原始态)	1 级	珠光体区域中的碳化物呈片状
倾向性球化	2 级	珠光体区域中的碳化物开始分散,珠光体形态明显
轻度球化	3 级	珠光体区域中的碳化物已分散,并逐渐向晶界扩散,珠光体形态尚明显
中度球化	4 级	珠光体区域中的碳化物已明显分散,并向晶界聚集,珠光体形态尚保留
完全球化	5 级	珠光体形态消失,晶界及铁素体上的球状碳化物已逐渐长大

与 20 钢相类似的钢材,如 20G、德国的 St45.8/Ⅲ、日本的 STB42、美国的 SA 106B、SA 210A-1 等亦可参照该标准执行。

 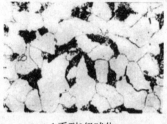 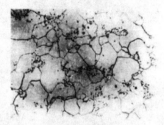

b系列1级球化　　　　　　b系列3级球化　　　　　　b系列5级球化

图 6-30　20 钢部分球化组织级别图　500×

6.2　钢中非金属夹杂物显微评定

钢中非金属夹杂物,如氧化物、硫化物、硅酸盐、氮化物等一般都呈独立相存在,主要由炼钢中的脱氧产物和钢凝固时由于一系列物化反应所形成的各种夹杂物组成。非金属夹杂物的存在破坏了钢基体的连续性,使钢组织的不均匀性增大。一般来说,钢中非金属夹杂物对钢的性能产生不良影响,如降低钢的塑性、韧性和疲劳性能,使钢的冷热加工性能乃至某些物理性能变坏等。因此评定钢中夹杂物类别、级别对保证钢材质量十分重要。

当然,当对有关非金属夹杂物的形态、分布及数量能有效控制时,也可起到有益作用,如制成易切削钢等。

钢中非金属夹杂物的检测可分为宏观检测方法及显微检测方法。宏观检测方法包括腐蚀、断口、台阶和磁粉法等,可以在大面积试面上检测大夹杂物,但不适于检测小于直径为 0.4 mm 的夹杂物,不能分辨夹杂物的类型。显微检测方法可测定试样面上夹杂物的尺寸、分布、数量和类型,可评定极小的夹杂物,但其评估视场很小,只能用有限数量的视场来评定大试样,必然具有一定的偶然性。具体采用何种方法,应根据钢的类型及性能要求选择,也可以将宏观和微观两种方法结合采用,以便得到最佳结果。

钢中非金属夹杂物的宏观检测方法及微观检测方法,各自有具体的标准,本节仅介绍显微检测及评定方法。

6.2.1　钢中非金属夹杂物的种类及形态

钢中非金属夹杂物一般简称为夹杂物,可根据夹杂物的化学成分、可塑性、来源进行分类。

1. 按夹杂物的化学成分分类

根据夹杂物的化学成分,可以分成氧化物、硫化物及氮化物三大类,有时会出现 2 种或 3 种共存体现象,见图 6-31。

(1)氧化物系夹杂物

氧化物系夹杂物又可分成简单氧化物、复杂氧化物、硅酸盐及硅酸盐玻璃等。

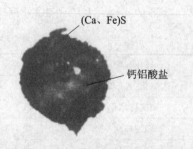

图 6-31　(Ca、Fe)S、钙铝酸盐夹杂形貌　400×

简单氧化物夹杂在钢中的形态通常呈颗粒状或球形。

复杂氧化物包括尖晶石类夹杂物和各种钙的铝酸盐等。尖晶石类氧化物常用化学式 $AO \cdot B_2O_3$ 表示(化学式中 A 表示二价金属,如镁、锰、铁等;B 表示三价金属,如铁、铬、铝等)。钙虽属二价金属元素,但因其离子半径太大,所以它的氧化物不生成尖晶石,而生成各种钙铝酸盐。

硅酸盐及硅酸盐玻璃通用的化学式可写成 $LFeO \cdot mMnO \cdot nAl_2O_3 \cdot PSiO_2$。它们的成分是复杂的,而且常常是多相的。这类夹杂物在钢的凝固过程中,由于冷却速度较快,某些液态的硅酸盐来不及结晶,其全部或部分以玻璃态的形式保存于钢中。

氧化物系夹杂物分类一览表见表 6 - 10。

表 6 - 10　氧化物系夹杂物分类一览表

类　别		氧化物系夹杂物
简单氧化物		FeO、MnO、SiO_2、Al_2O_3、Cr_2O_3、ZrO_2、TiO_2 等
复杂氧化物	尖晶石类	$FeO \cdot Fe_2O_3$(磁铁矿)、$FeO \cdot Al_2O_3$(铁尖晶石)、$MnO \cdot Al_2O_3$(锰尖晶石)、$MgO \cdot Al_2O_3$(镁尖晶石)、$FeO \cdot Cr_2O_3$(铬尖晶石)、$(MnFe)O \cdot Cr_2O_3$(锰铁铬尖晶石)等
	含钙铝酸盐类	$CaO \cdot Al_2O_2$、$CaO \cdot 2Al_2O_2$ 等
硅酸盐(玻璃)		$2FeO \cdot SiO_2$(铁硅酸盐)、$MnO \cdot SiO_2$(锰硅酸盐)、$3Al_2O_3 \cdot 2SiO_2$(铝硅酸盐)、$CaO \cdot SiO_2$(钙硅酸盐)、$LFeO \cdot mMnO \cdot P SiO_2$(铁锰硅酸盐玻璃)等

$FeO \cdot Al_2O_3$(铁尖晶石)、$MnO \cdot SiO_2$(锰硅酸盐)的形貌分别见图 6 - 32 和图 6 - 33。

(a) 明视场　　　　　　　(b) 暗视场　　　　　　　(c) 偏振光

图 6 - 32　$FeO \cdot Al_2O_3$(含少量 S)夹杂物明场、暗场、偏振光下形貌　300×

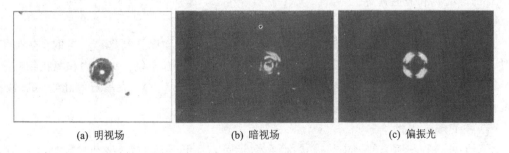

(a) 明视场　　　　　　　(b) 暗视场　　　　　　　(c) 偏振光

图 6 - 33　$MnO \cdot SiO_2$ 夹杂物明场、暗场、偏振光下形貌　400×

（2）硫化物系夹杂物

硫化物夹杂常沿着钢材塑变延伸的方向变形，呈长条状或纺锤形，主要有 FeS、MnS、(Mn,Fe)S(见图 6-34)及 CaS 等。一般钢中硫化物的成分取决于钢中锰含量和硫含量的比值。锰比铁对硫有较大的亲和力，向钢中加入锰时优先形成 MnS。当钢中加入稀土元素时则可形成稀土硫化物，如 La_2S_3、Ce_2S_3 等。

（3）氮化物

当钢中加入与氮亲和力较大的元素时会形

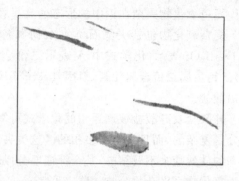

图 6-34　MnS 夹杂物形貌　　400×

成 AlN(见图 6-35)、TiN、ZrN、VN、NbN 等氮化物，在显微镜下呈方形或棱角形。一般钢中脱氧前氮含量不高，故钢中氮化物不多。但如钢中含有铝、钛、锆等元素，在出钢、浇铸过程中钢流与空气接触，空气中氮将溶解在钢中使氮化物的数量显著增加。

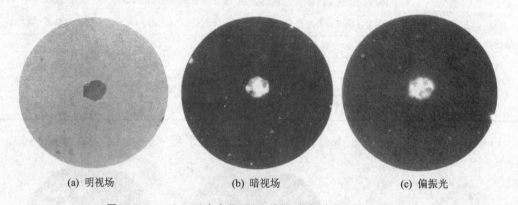

(a) 明视场　　　　　　　(b) 暗视场　　　　　　　(c) 偏振光

图 6-35　Al(N,O)夹杂物明场、暗场、偏振光下形貌　　400×

2. 按夹杂物的可塑性分类

根据夹杂物的可塑性，可以分成塑性夹杂物、脆性夹杂物、不变形夹杂物及半塑性夹杂物。这种分类方法主要用于研究夹杂物对钢材变形加工时的行为及对钢材变形加工的影响。

（1）塑性夹杂物

钢中塑性夹杂物在钢经受加工变形时具有良好塑性，沿着钢的流变方向延伸呈条带状。如 FeS、MnS、(Mn,Fe)S 及含 SiO_2 较低(40%~60%)的铁锰硅酸盐和其中溶有 FeO、MnO、Al_2O_3 的硅酸钙和硅酸镁等。

（2）脆性夹杂物

脆性夹杂物指那些不具有塑性的简单氧化物和复杂氧化物以及氮化物。当钢在热加工变形时，这类夹杂物的形状和尺寸不发生变化，但夹杂物的分布有变化。氧化物和氮化物夹杂均可沿钢延伸方向排列成串，呈点链状。属于这类的有 Al_2O_3、Cr_2O_3、尖晶石氧化物，钒、钛、钴的氮化物以及其他一些高熔点夹杂物。

（3）不变形夹杂物

不变形夹杂物在铸态的钢中呈球状，而在钢凝固并经形变加工后，夹杂物保持球形不变。属于这类的有 SiO_2、含 SiO_2 较高(>70%)的硅酸盐、钙的铝酸盐、纯的硅酸钙和纯的硅酸铝以及高熔点的硫化物 Re_2S_3、Re_2O_2S、CaS 等。

（4）半塑性夹杂物

半塑性夹杂物指各种多相的铝硅酸盐夹杂物。其中作为基底的夹杂物（铝硅酸盐玻璃）一般当钢在热加工时具有塑性，但是在这基底上分布的析出相晶体（如 Al_2O_3、尖晶石类氧化物）的塑性很差。钢经热变形后，塑性夹杂物相（基底）随钢变形而延伸，但脆性的夹杂物相不变形，仍保持原来形状，只是彼此之间的距离被拉长。

3. 按夹杂物的来源分类

根据夹杂物的来源，可以分成内生夹杂物、外来夹杂物。这种分类方法主要为制定减少或杜绝夹杂物方案提供依据。

（1）内生夹杂物

在钢的熔炼、凝固过程中，脱氧、脱硫产物，以及随温度下降，硫、氧、氮等杂质元素的溶解度下降，于是这些不溶解的杂质元素就形成非金属化合物在钢中沉淀析出，最后留在钢锭中。内生夹杂物分布相对均匀，颗粒一般比较细小。可以通过合理的熔炼工艺来控制其数量、分布和大小等，但一般来讲内生夹杂物总是存在的。

（2）外来夹杂物

炉衬耐火材料或炉渣等在钢的冶炼、出钢、浇铸过程中进入钢中来不及上浮而滞留在钢中，这些夹杂物称为外来夹杂物。其特征是外形不规则，尺寸比较大，出现的位置不固定，正确的操作可以避免或减少钢中外来夹杂物的入侵。

4. 按夹杂物形态和分布分类

显微检测时非金属夹杂物分类主要从对钢材的性能影响出发，对非金属夹杂物检测时按其形态和分布进行分类。尽管划分的类型常包含了化学名称，但仍严格以形态评定分类，化学名称的命名源自所收集的相关形态或形状数据的归纳。不同标准有不同分类方法，具体见6.2.3 小节相关介绍。

6.2.2　钢中非金属夹杂物的鉴别方法

钢中非金属夹杂物的组成、形态大小、含量及分布对钢的性能会有不同程度的影响。如钢中常见的夹杂物硫化锰，在铸钢中若形成少量球状硫化锰，则钢材在热加工过程中不易变形，而且能减少钢件各向异性，因而对钢件的力学性能影响很小；但如形成长条状、链状硫化锰，或形成共晶或沿晶界分布，钢件在热加工时将产生热脆性裂纹，破坏钢的基体连续性，使力学性能恶化。因此鉴定非金属夹杂物的性质及含量等是一项极有意义的工作。根据夹杂物形态、化学组成和晶体结构对夹杂物进行鉴定，据以判断其来源和形成规律，并结合对尺寸、数量和分布的判定，找出夹杂物对金属材料各种性能的影响规律，在此基础上寻求各种有效的排除夹杂物的方法，包括冶金过程中的脱氧、脱硫和各种减少气体、夹杂的冶炼方法，发展洁净熔炼工艺等。

夹杂物的鉴定分为宏观鉴定和微观鉴定。宏观鉴定的方法有探伤法、低倍检验等，主要用于宏观性检验。微观鉴定方法主要有金相分析、电子光学方法（电子探针、扫描电镜及能谱仪分析）等。另外还可利用电解分离法分离出夹杂物，测定夹杂物的化学组成及含量。下面主要介绍微观鉴定方法。

1. 金相分析法

金相分析法是夹杂物一般定性及定量分析应用最为广泛的一种简便方法，即利用金相显微镜进行比对或计算的方法测定钢中夹杂物的含量，同时鉴别夹杂物的类型、形状、大小和分布。这些因素与钢的生产工艺及性能都有密切联系。

在金相鉴别的基础上,可为电子探针和能谱成分测定提供准确的区域,并为图像自动分析提供依据。同时,直接观察夹杂物的形状、大小及分布,研究钢中非金属夹杂物与钢基体之间的变形行为和断裂关系,可以为评价夹杂物对金属材料性能的影响提供参考依据。但如果不和其他分析方法(如电子探针、扫描电镜等)结合起来进行综合试验,就不能全面地鉴定和研究各种已知的或未知的夹杂物。

由于钢中的各种非金属夹杂物有不同的结构、不同的光学特征,故在金相分析中可用不同的成像光路,如明场、暗场、偏振光等来鉴别夹杂物的特性,也可在制样时用不同的浸蚀方法对比,用不同的化学反应来鉴别夹杂物。

(1) 明场鉴定方法

在明场下,主要研究夹杂物的形状、大小、分布、数量、表面色彩、反光能力、结构、磨光性和可塑性等,通常在放大 100~500 倍下进行。

夹杂物的表面色彩是不变的,但必须考虑到观察条件的影响。例如增大放大倍数会使夹杂物变得明亮;采用油浸物镜时会得到与干镜观察时完全不同的色彩;另外,夹杂物的大小、表面状态(浮凸)和夹杂物周围的色彩等都会影响夹杂物的表面色彩,因此通常在放大 500 倍左右的干镜下用较强的光(白色)来鉴别夹杂物的表面色彩和结构。

(2) 暗场鉴定方法

暗场下可研究夹杂物的透明度和固有色彩。暗场成像原理见 1.3 节中的介绍。

在暗场中,由于金属基体的反射光不进入物镜,光线透过透明夹杂物,在夹杂物与金属的交界面上产生反射,因而透明夹杂物在暗场下是发亮的。不透明夹杂物在暗场下呈暗黑色,有时可看到一亮边。而在明场下,由于金属基体反射光的混淆,无法观察到夹杂物的透明度。

在暗场下,光线透过透明夹杂物后,在夹杂物与金属基体交界处产生反射,反射光透过夹杂物后入射于镜筒内,如果夹杂物是透明有色彩的,则射入镜筒内的光线也带有该夹杂物的色彩,故夹杂物的固有色彩在暗场下便显露出来。而在明场下,因为入射光线一部分经试片的表面金属反射出来,另一部分则经过夹杂物而折射入金属基体与夹杂物的交界处,再经该处发射出来,这两束光线混合射入物镜,夹杂物的固有色彩被混淆,因此明场下看不清夹杂物的固有色彩。

(3) 偏振光鉴定方法

在偏振光下主要判别夹杂物的各向异性效应和黑十字等现象。夹杂物在偏振光下有各向同性和各向异性之分。在正交偏振光下观察非金属夹杂物时,如转动显微镜载物台,则试样上各向异性的非金属夹杂物,在转动 1 周将出现 4 次消光和 4 次发光的现象,同时夹杂物的色彩也发生变化,而各向同性的非金属夹杂物在转动载物台时不起变化。球状透明玻璃态夹杂物,在正交偏振光下呈现"黑十字"和"同心环"现象,这些是对某种夹杂物的鉴别标志。

当入射的偏振光射至各向异性夹杂物时,则分解为平行于光轴和垂直于光轴的两个分偏振光反射出来,这两个分偏振光的振幅不同,而且有位向差。因而入射的平面偏振光经各向异性晶体反射后一般变为椭圆偏振光,而且振动面有旋转。在正交偏振光下(即起偏镜与检偏镜两者的振动面由互相平行转到互相垂直),这个椭圆偏振光就可能有一个分偏振光透过检偏镜,使视场内的夹杂物仍能被清晰地看到。由于两份偏振光的振幅与入射光、晶体的取向有关,故形成的椭圆偏振光的形状、取向与入射光、晶体的取向有关。当载物台旋转一周时就会交替出现消光和发亮的各向异性效应。

　　黑十字的形成原因是夹杂物位于方位角 45° 的地方,将使偏振光变为能透过检偏镜的椭圆偏振光,这些地方就发亮;而位于方位角 0° 和 90° 的地方不形成椭圆偏振光,这些地方便变成暗黑。

　　暗黑的圆环现象与偏振光无关,主要是由于干涉作用而产生不同强度的光的缘故。

　　偏振光还和暗场一样,可以观察夹杂物的透明度和固有色彩,其原理和暗场一样,但对透明度鉴别的灵敏度比暗场小。

　　部分夹杂物的明场、暗场、偏振光下不同形貌见图 6 - 32、图 6 - 33、图 6 - 35 及图 6 - 36。

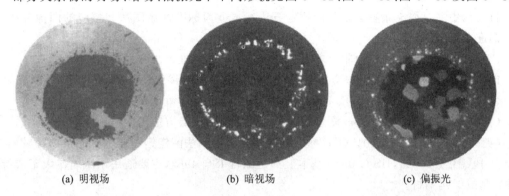

|　(a) 明视场　|　(b) 暗视场　|　(c) 偏振光　|

灰色块状态相:α-Ti₂O(含Mn、Cr)　深灰相:(Re-Al-Si-Mn)ₓOᵧ氧化物

图 6 - 36　氧化类夹杂物明场、暗场、偏振光下形貌　300×

　　(4) 化学试剂浸蚀法

　　由化学试剂浸蚀来确定夹杂物的化学性质曾是夹杂物定性的主要依据之一。如前所述,夹杂物经化学试剂浸蚀后不同类型的夹杂物具有不同的表现,由此可以确定夹杂物的类型。但是这种方法的主要缺点是准确性较低,而且夹杂物的尺寸、浸蚀时间和温度等因素均影响试验结果,因此这种方法在目前应用甚少。

　　2. 电子探针方法

　　电子探针(波谱仪、能谱仪等)一般置于扫描电镜内,故夹杂物的形貌及成分可同时检测,可参见本书第 4 章介绍。

　　电子探针的基本原理是利用电子透镜把电子束聚集后轰击试样表面的某一微小区域而激发出 X 射线,利用 X 射线信息进行微区的成分分析。

　　利用电子探针分析夹杂物时可获如下三方面的数据:

　　① 从 B→U 元素及其含量,并可根据元素含量推断夹杂物的化学组成;

　　② 通过线分析测定不同部位同种元素的分布情况,并可把元素浓度分布曲线叠加到夹杂物的形貌像上,使结果更为直观;

　　③ 元素在夹杂物及其周围基体中的面分布情况,元素含量高的地方显示出密集的光点。

　　3. 电解分离法

　　通过电解分离法分离出夹杂物,随后进行微观分析,测定夹杂物的化学组成及其含量。

　　电解分离法系以钢样作电解池的阳极,电解槽本体作为阴极,通电后,钢的基体电解成离子进入溶液,非金属夹杂物则不被电解,就在阳极室成固体保留。这种方法不能对所有的钢种和夹杂物都适用,因而在分离过程中有的夹杂物会发生分解或溶解,所以在应用上具有一定的局限性。

6.2.3 钢中非金属夹杂物的显微检测评定方法

钢中非金属夹杂物的类别、形态、大小、数量及分布与钢种、冶炼、浇铸钢坯的尺寸有关,也与加工变形量有关,同时会不同程度影响钢材的性能及可靠性。而且非金属夹杂物即使在同一炉、同一加工批钢材中的分布也绝不会是均匀的。因此,为客观、正确测定非金属夹杂物含量,需要从取样、夹杂物分类、数量测定等各方面作出科学的相对统一的规定,制定相对统一的标准,以利于质量评定,技术交流。

目前钢中非金属夹杂物含量显微测定方法基本上为标准评级图法和相应的图像分析法,常用标准有:

GB/T 10561—2005《钢中非金属夹杂物含量的测定标准评级图显微检验法》;

ISO 4967:2013(E)《钢中非金属夹杂物含量的测定标准评级图显微检验法》;

(日本)JIS G 0555—2015(E)《钢中非金属夹杂物的显微镜试验方法》;

(美国)ASTM E45—2018a《测定钢中夹杂物含量的试验方法》;

(英国)BS EN 10247:2017(E)《标准评级图显微检测法测定钢中非金属夹杂物含量》。

其中 GB/T 10561,JIS G 0555 基本上都是源自 ISO 4967,主要适用于压缩比大于或等于3 的轧制或锻制钢材。

此外,(德国)DIN 50 602:1985《优质钢中非金属夹杂物含量的测定标准评级图显微检验法》是常用的夹杂物评定标准,目前虽被替代,但仍被许多企业沿用。

各标准非金属夹杂物的显微检测时均按形态和分布进行分类,各标准的命名虽不尽相同,但基本思路相近,有对应关系,见表 6-11。各标准取样方法、观察方法也基本相同。以下简要介绍各标准的检测方法。

表 6-11 各标准显微夹杂物分类对应比较

GB/T 10561(ISO 4967)	DIN 50 602	ASTM E45	BS EN 10247	夹杂物及形貌
A	SS	A	A	条状硫化物
C	OS	C	C	条状硅酸盐
B	OA	B	B	松散状氧化铝
D	OG	D	D	球状氧化物
DS	—	—	—	单颗粒球状
—	—	—	EAD	异形、有包囊
—	—	—	EF	矩形状氮化钛

1. 非金属夹杂物显微检测的取样与观察

钢中非金属夹杂物在钢中各区域分布并不一致,因此其含量测定时对取样部位及大小有明确规定,各标准对于样品的截取、大小的规定基本相同。

ISO 4967 规定,试样抛光检测面面积应为 200 mm²(20 mm×10 mm),并应平行于钢材纵轴,位于钢材外表面到中心的中间位置。取样方案若无约定,应按图 6-37～图 6-42 所示取样。

取样数量按产品标准或专业协议规定,一般不少于 6 个位置的试样。

ASTME45 标准要求取样面积为 160 mm²,对薄截面产品规定截取纵向试面,厚度为0.95～9.5 mm 时,应从同一抽样还取足制成约 160 mm² 的抛光试样面(如取 7 个～8 个试样);厚度小于 0.95 mm 时,从每个抽样位置取 10 个纵向试片制成一个适当的抛光试样面(如不足 160 mm^2)。

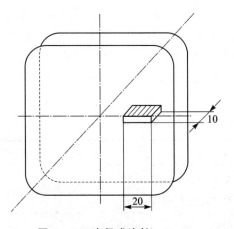

图 6 - 37　直径或边长＞40 mm
钢棒或钢坯的取样

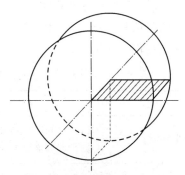

图 6 - 38　直径或边长＞25～40 mm 钢棒
或钢坯的取样

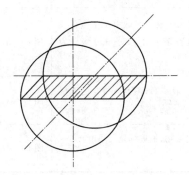

图 6 - 39　直径或边长≥25 mm
钢棒的取样

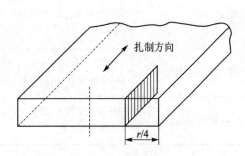

图 6 - 40　厚度≤25 mm
钢板的取样

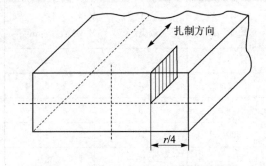

图 6 - 41　厚度＞25～50 mm 钢板的取样

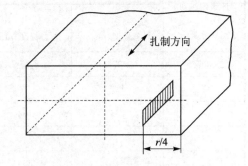

图 6 - 42　厚度＞50 mm 钢板的取样

截取的试样在抛光态下检验。试样抛光时,应避免夹杂物的剥落、变形或抛光表面被污染,以保证检验面尽可能干净和夹杂物的形态不受影响。

各标准均规定试样在金相显微镜 100±2 倍率下检测,可投映到毛玻璃上,或目镜直接观察,BS EN 10247 标准也允许用其他放大倍率,但评定时要转换到 100 倍时的尺寸。

2. GB/T 10561—2005 检测方法

（1）GB/T 10561—2005 的夹杂物分类及分级方法

GB/T 10561—2005 中把钢中非金属夹杂物分为 A、B、C、D、DS 等五大类，其中又把 A 类～D 类按夹杂物粗、细（宽度或直径）分为两类，分别评定，用字母 e 表示粗系的夹杂物，具体分类见表 6-12。每类夹杂物随含量（递增）级别从 0.5 级至 3 级，级差为 0.5 级，共 6 个级别，这些夹杂物级别的量值划分见表 6-13，夹杂物粗系与细系的划分见表 6-14。图 6-43～图 6-47 为各类夹杂物部分评级图。

表 6-12　GB/T 10561 标准中夹杂物（显微检验）分类

类　型	形　态	部分标准图
A 类（硫化物类）	具有高的延展性，有较宽范围形态比（长度/宽度）的单个灰色夹杂物，一般端部呈圆角，根据长度及多少由 0.5～3.0 级分为 6 级	图 6-43(a)、(b)
B 类（氧化铝类）	大多数没有变形，带角的，形态比小（长宽比一般<3），黑色或带蓝色的颗粒，沿轧制方向排成一行（至少有 3 个颗粒），根据颗粒多少由 0.5～3.0 级分为 6 级	图 6-44(a)、(b)
C 类（硅酸盐类）	具有高的延展形，有较宽范围形态比（长宽比一般>3）的单个呈黑色或深灰色夹杂物，一般端部呈锐角，根据长度及多少由 0.5～3.0 级分为 6 级	图 6-45(a)、(b)
D 类（球状氧化物类）	不变形，带角或圆形的，形态比小（长宽比一般<3），黑色或带蓝的无规则分布的颗粒，根据颗粒多少由 0.5～3.0 级分为 6 级	图 6-46(a)、(b)
DS 类（单颗粒球状类）	圆形或近似圆形，直径>13 μm 的单颗粒夹杂物，根据颗粒大小由 0.5～3.0 级分为 6 级	图 6-47(a)、(b)

表 6-13　GB/T 10561—2005 标准各类夹杂物长度评级界限（最小值）

评级图级别 i	夹杂物类别				
	A 总长度/μm	B 总长度/μm	C 总长度/μm	D 数量/个	DS 直径/μm
0.5	37	17	18	1	13
1	127	77	76	4	19
1.5	261	184	176	9	27
2	436	343	320	16	38
2.5	649	555	510	25	53
3	898 (<1181)	822 (<1147)	746 (<1029)	36 (<49)	76 (<107)

注：以上 A、B 和 C 类夹杂物的总长度是按标准 GB/T 10561—2015 附录 D 给出的公式计算的，并取最接近的整数。

表 6-14 GB/T 10561—2015 标准各类夹杂物粗细系宽度评级界限

类 别	细 系		粗 系	
	最小宽度/μm	最大宽度/μm	最小宽度/μm	最大宽度/μm
A	2	4	>4	12
B	2	9	>9	15
C	2	5	>5	12
D	3	8	>8	13

注：D 类夹杂物的最大尺寸定义为直径。

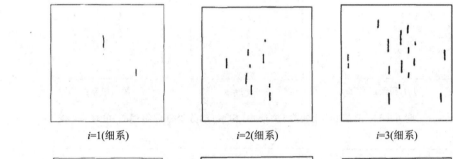

i=1(细系)　　　　　i=2(细系)　　　　　i=3(细系)

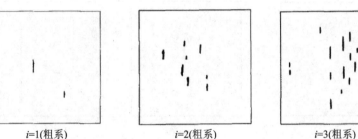

i=1(粗系)　　　　　i=2(粗系)　　　　　i=3(粗系)

图 6-43 A 类(硫化物类)夹杂物(粗系)部分 ISO 评级图　100×

非常规类型夹杂物的评定也可通过将其形状与上述 5 类夹杂物进行比较,并注明其化学特征,例如:球状硫化物可作为 D 类夹杂物评定,但在实验报告中应加注一个下标(如 D_{sulf} 表示球状硫化物;D_{cas} 表示球状硫化钙;D_{RES} 表示球状稀土硫化物;D_{Dup} 表示球状复相夹杂物,如硫化钙包裹着氧化铝)。

沉淀相类如硼化物、碳化物、碳氮化合物或氮化物的评定,也可以根据它们的形态与上述 5 类夹杂物进行比较,并按上述的方法表示它们的化学特征。

(2) GB/T 10561—2015 的夹杂物检测及评定方法

1) 显微镜观察方法

若在投影屏上,在毛玻璃投影屏上面或背后放 1 个清晰的边长为 71 mm 的正方形(实际面积为 0.50 mm²)轮廓线,然后用正方形内的图像与标准图片(标准中附录 A)进行比较;

如果用目镜检验夹杂物,则应在显微镜的适当位置上放置如图 6-48 所示的试验网格,以使在图像上试验框内的面积是 0.50 mm²。

注:在特殊情况下,可采用大于 100 倍的放大倍率,但对标准图谱应采用统一放大倍率,并在试验报告中注明。

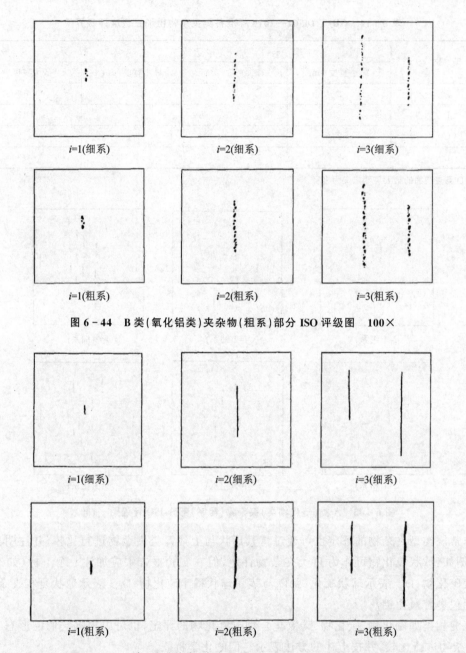

图6-44　B类(氧化铝类)夹杂物(粗系)部分ISO评级图　100×

图6-45　C类(硅酸盐类)夹杂物(粗系)部分ISO评级图　100×

2) 评定通则

试样的抛光面面积应约为200 mm²,夹杂物检验通常采用100倍的放大倍率,每个观察视场的实际面积为0.50 mm²。将每一个观察的视场与标准评级图谱相对比,如果一个视场处于两相邻标准图片之间时,应记录较低的一级。

对于个别的夹杂物和串(条)状夹杂物,如果其长度超过视场的边长(0.710 mm),或宽度或直径大于粗系最大值,则应当作超尺寸(长度、宽度或直径)夹杂物按该(GB/T 10561)附录D进行评定,即确定3级以上的级别,并分别记录。这些夹杂物仍应归入该视场评级。

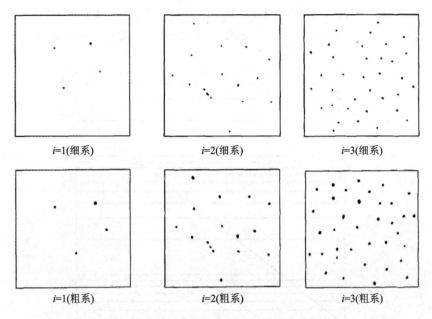

图 6 - 46　D 类(球状氧化物类)夹杂物(粗系)部分 ISO 评级图　100×

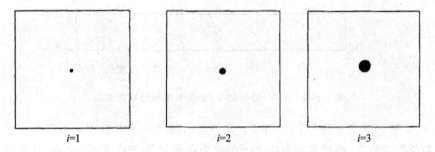

图 6 - 47　DS 类(单颗粒球状类)夹杂物部分 ISO 评级图　100×

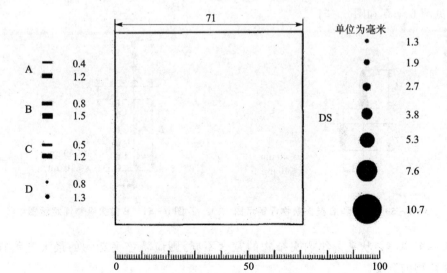

图 6 - 48　格子轮廓线或标线的测量网(0.8×)

由夹杂物的测量值可以计算评级图片级别。例如 A 类硫化物,长度(L)单位为 μm,$\lg(i)=[0.5605\lg(L)]-1.179$。图 6-49 为 A 类(硫化物类)夹杂长度与级别关系图。

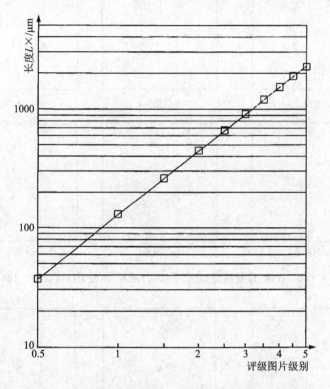

图 6-49 A 类(硫化物类)夹杂长度与级别关系图

对于 A、B 和 C 类夹杂物,用 L_1 和 L_2 分别表示两个在或者不在一条直线上的夹杂物或串(条)状夹杂物的长度,如果两夹杂物之间的纵向距离 d 小于或等于 40 μm 且沿轧制方向的横向距离 S(夹杂物中心之间的距离)小于或等于 10 μm 时,则应视为一条夹杂物或串(条)状夹杂物,见图 6-50 和图 6-51。

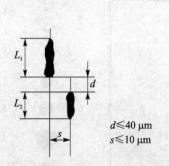

图 6-50 A 类和 C 类夹杂物评定示图

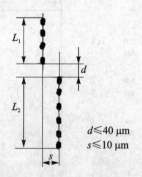

图 6-51 B 类夹杂物评定示图

如果一个串(条)状夹杂物内夹杂物的宽度不同,则应将该夹杂物的最大宽度视为该串(条)状夹杂物的宽度。

为便于对夹杂物分类,推荐 JIS G 0555 提出的相关流程图,见图 6-52。

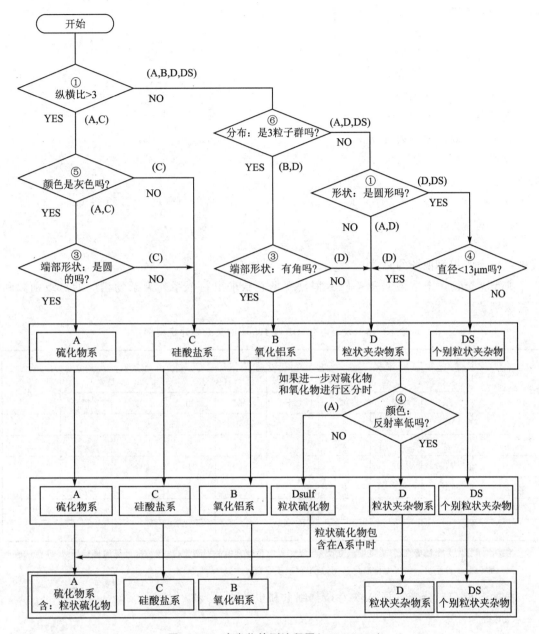

图 6 - 52　夹杂物检测流程图(JIS G 0555)

3）检测与结果表示

实际检测时,根据需要选用下列 A 法或 B 法,其中 A 法较为常用。

A 法应检验整个抛光面。对于每一类夹杂物,按细系和粗系记下与所检验面上最恶劣视场相符合的标准图片的级别数。如果一个视场处于两相邻标准图片之间时,应记录较低的一级。在每类夹杂物代号后再加上最恶劣视场的级别,用字母 e 表示出现粗系的夹杂物,s 表示出现超尺寸夹杂物。例如:A2,B1e,C3,B2.5 s,DS0.5。对于非传统类型的夹杂物下标应注明其含义;

B 法应检验整个抛光面,最少检验 100 个视场。试样每一视场同标准图片相对比,每类夹杂物按细系或粗系记下与检验视场最符合的级别数,然后计算出每类夹杂物和每个系列夹杂

物相应的总级别数 i_{tot} 和平均级别数 i_{moy}。

例如：A 类夹杂物

级别为 0.5 的视场数为 n_1；

级别为 1 的视场数为 n_2；

级别为 1.5 的视场数为 n_3；

级别为 2 的视场数为 n_4；

级别为 2.5 的视场数为 n_5；

级别为 3 的视场数为 n_6；

则

$$i_{tot} = (n_1 \times 0.5) + (n_2 \times 1) + (n_3 \times 1.5) + (n_4 \times 2) + (n_5 \times 2.5) + (n_6 \times 3) \tag{6-1}$$

$$i_{moy} = i_{tot} / N$$

式中：N 为所观察视场的总数。

典型夹杂物评定结果见表 6-15，根据视场总数求出每个系列夹杂物相应的总级别数和平均级别数。

表 6-15 视场总数(GB/T 10561 的夹杂物评定案例)

视场级别	各类夹杂物的视场数								
	A		B		C		D		DS
	细	粗	细	粗	细	粗	细	粗	
0.5	6	2	5	2	6	4	2	2	1
1	2	1	3	2	2	2	1	2	2
1.5	1	1	1	2	1	1	0	0	1
2	1	1	0	0	0	0	0	0	0
2.5	0	0	0	0	0	0	0	0	0
3	0	0	0	1	0	0	0	0	0

注：对于长度大于视场直径，或宽度或直径大于表 6-12 所规定值的夹杂物，应按标准评级图进行评级，并在试验报告中单独注明。为了编排简化起见，这里仅取观察视场总数 N 为 20 个。

根据表 6-15，分别计算 A 类夹杂物细系和粗系的 i_{tot} 和 i_{moy}。

(a) 细系

$$i_{tot} = (6 \times 0.5) + (2 \times 1) + (1 \times 1.5) + (1 \times 2) = 8.5 \tag{6-2}$$

$$i_{moy} = i_{tot} / N = 8.5 / 20 = 0.425$$

(b) 粗系

$$i_{tot} = (2 \times 0.5) + (1 \times 1) + (1 \times 2) = 4 \tag{6-3}$$

$$i_{moy} = i_{tot} / N = 4 / 20 = 0.20$$

6.3 金属材料晶粒度测定

金属材料的晶粒度大小对其力学性能和工艺性能有很大影响。多晶体的屈服强度 R_P 与晶粒平均直径 d 的关系可用著名的霍尔-佩奇(Hall-Petch)公式表示

$$R_P = R_i + Kd^{-\frac{1}{2}} \tag{6-4}$$

式中：K、R_i 是与材料有关的两个常数。上述公式表明，晶粒越细，材料的屈服强度越高。因此，晶粒度是表示材料性能的重要数据之一。

生产中常须测定晶粒大小，了解晶粒的长大规律，以便能控制晶粒尺度，获得所需性能。

6.3.1　金属材料晶粒度

金属学中的晶粒是指晶界所包围的整个区域，即是二维平面原始界面内的区域或是三维物体内的原始界面内所包括的体积。对于有孪生界面的材料，孪生界面忽略不计。

1. 晶粒度的基本概念

（1）晶粒度

晶粒大小的度量称为晶粒度。通常用长度、面积、体积或晶粒度级别数等不同方法评定或测定晶粒的大小。使用晶粒度级别数表示的晶粒度与测量方法和计量单位无关。

（2）实际晶粒度

实际晶粒度是指钢在具体热处理或热加工条件下所得到的奥氏体晶粒大小。实际晶粒度基本上反映了钢件实际热处理时或热加工条件下所得到的晶粒大小，直接影响钢冷却后所获得的产物的组织和性能。平时所说的晶粒度，如不作特别的说明，一般是指实际晶粒度。

（3）本质晶粒度

本质晶粒度是用以表明奥氏体晶粒长大倾向的晶粒度，是一种性能，并非指具体的晶粒。根据奥氏体晶粒长大倾向的不同，可将钢分为本质粗晶粒钢和本质细晶粒钢两类。

测定本质晶粒度的标准方法为：将钢加热到 930±10 ℃，保温 3~8 h 后测定奥氏体晶粒大小，晶粒度在 1 级~4 级者为本质粗晶粒钢，晶粒度在 5 级~8 级者为本质细晶粒钢。加热温度对奥氏体晶粒大小的影响见图 6-53。

一般情况下，本质细晶粒钢的晶粒长大倾向小，正常热处理后获得细小的实际晶粒，淬火温度范围较宽，生产上容易掌握，优质碳素钢和合金钢都是本质细晶粒钢。本质粗晶粒钢的晶粒长大倾向大，在生产中必须严格控制加热温度，以防过热晶粒粗化。值得注意的是，加热温度超过 930 ℃，本质细晶粒钢也可能得到很粗大的奥氏体晶粒，甚至比同温度下本质粗晶粒钢的晶粒还粗。

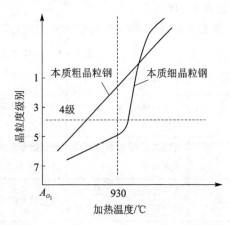

图 6-53　加热温度对奥氏体晶粒尺寸的影响

（4）平均晶粒度和双重晶粒度

实际情况下，金属基体内的晶粒不可能完全一样大小，但其晶粒大小的分布在大多情况下呈近似于单一对数正态分布，常规采用"平均晶粒度"表示。对于某些金属在一定的热加工条件下晶粒大小的分布也可能出现其他形态分布的现象，则采用"双重晶粒度"表示。然而这并不意味着仅存在两种晶粒度的分布。由于晶粒大小与性能相关，因此正确反映晶粒大小及分布是必需的。

对于晶粒尺寸符合单一对数正态分布的样品，可用 GB/T 6394—2017《金属平均晶粒度测定方法》(等效采用 ASTM E112—2013《平均晶粒度测定的试验方法标准》)测定其平均晶粒度或用 ASTM E930－1999(2007)《评价在金相磨片中观察到的最大晶粒(ALA 晶粒)的标准试验方法》测定其最大晶粒度。

6.3.2 常用晶粒度级别测定方法

实际金属晶粒大小的分布形态大多呈单一对数正态分布,可按"平均晶粒度"测定方法测定晶粒级别;但当晶粒大小呈其他形态分布时,则用 GB/T 24177—2009《双重晶粒度表征与测定方法》(等同采用 ASTM E1181—2002(2015)《双重晶粒度表征与测定方法》)来测定双重晶粒度。

各种金属材料、各种工艺条件下的晶粒无论以何种形态分布,都有共性的基本测定方法,对于一部分材料,除通用方法外还有各自特殊的测定方法及相应标准。

测定晶粒度级别通常执行 GB/T 6394—2017(等效采用 ASTM E112—2013)《金属平均晶粒度测定方法》标准,规定测量晶粒度的基本方法有比较法、面积法和截点法。

1. 比较法

比较法是通过将被测试样的图像与标准评级图对比来评定平均晶粒度级别。

采用比较法进行晶粒度测量时,将试样放在显微镜下观察晶粒,首先将试样作全面观察,然后,选择晶粒度具有代表性的视场与标准评级图直接比较,得出评定结果。

GB/T 6394—2017 的标准评级图共分为 4 个系列,分别称为标准评级图Ⅰ、标准评级图Ⅱ、标准评级图Ⅲ和标准评级图Ⅳ,不同系列的标准评级图适用于不同材料种类晶粒度的评定,见表 6－16。

比较法评定晶粒大小简单方便,是目前生产中应用最多的一种方法。

表 6－16 GB/T 6394—2017 标准评级图说明

系列图片	所属类别	适用范围	部分图片示例
Ⅰ	无孪晶晶粒(浅腐蚀)100 倍评级图	评定铁素体钢的奥氏体晶粒、铁素体钢的铁素体晶粒、铝、镁和镁合金、锌和锌合金以及超强合金的晶粒度	图 6－54
Ⅱ	有孪晶晶粒(浅腐蚀)100 倍评级图	评定带孪晶的奥氏体钢及不锈钢的奥氏体晶粒度以及镁和镁合金、镍和镍合金、锌和锌合金及超强合金的晶粒度	图 6－55
Ⅲ	有孪晶晶粒(深腐蚀)100 (75)倍评级图	评定铜及铜合金的晶粒度	图 6－56
Ⅳ	钢中奥氏体晶粒(渗碳法)100 倍评级图	评定渗碳钢及奥氏体钢(无孪晶)的奥氏体晶粒度	图 6－57

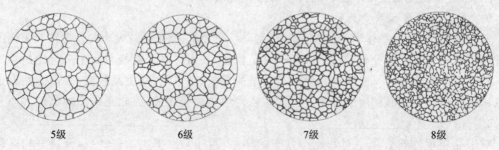

| 5级 | 6级 | 7级 | 8级 |

图 6－54 GB/T 6394—2017 中系列图片Ⅰ,无孪晶晶粒(浅腐蚀)部分标准评级图 100×

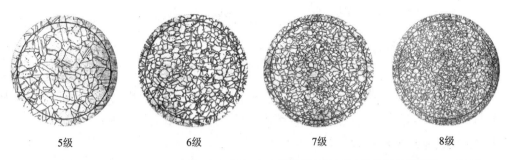

5级　　　　　　6级　　　　　　7级　　　　　　8级

图 6 - 55　GB/T 6394—2017 中系列图片Ⅱ,有孪晶晶粒(浅腐蚀)部分标准评级图　100×

晶粒平均直径0.180 mm　　晶粒平均直径0.090 mm　　晶粒平均直径0.050 mm　　晶粒平均直径0.030 mm
(75倍下为0.25 mm)　　　(75倍下为0.120 mm)　　　(75倍下为0.07 mm)　　　(75倍下为0.035 mm)

图 6 - 56　GB/T 6394—2017 中系列图片Ⅲ,有孪晶晶粒(深腐蚀)100(75)部分标准评级图　100×

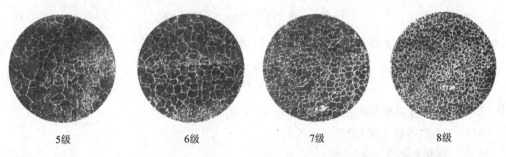

5级　　　　　　6级　　　　　　7级　　　　　　8级

图 6 - 57　GB/T 6394—2017 中系列图片Ⅳ,钢中奥氏体晶粒(渗碳法)部分标准评级图　100×

2. 面积法

面积法是通过统计给定面积内的晶粒数 N 来测定晶粒度。

采用面积法测量晶粒度时,将面积为 A(通常使用 5000 mm^2)的圆形测量网格置于晶粒图像上,选取合适的放大倍数 M 观测,保证视场内至少能获得 50 个晶粒。然后计数完全落在测量网格内的晶粒数记为 $N_内$,被网格所切割的晶粒数记为 $N_交$,则测量网格内的晶粒数 N 为

(a) 对于圆形测量网格

$$N = N_内 + \frac{1}{2}N_交 \tag{6-5}$$

(b) 对于矩形测量网格,$N_交$ 不包括四个角的晶粒

$$N = N_内 + \frac{1}{2}N_交 + 1 \tag{6-6}$$

通过测量网格内晶粒数 N 和观察用的放大倍数 M,可以按照式(6-7)计算出实际试样检测面上(1 倍)的每平方毫米内晶粒数 N_A

$$N_A = M^2 \cdot \frac{N}{A} \tag{6-7}$$

于是,晶粒度级别数 G 为

$$G = 3.321928 \lg N_A - 2.954 \tag{6-8}$$

采用面积法可测量非等轴晶试样的晶粒,测量方法为:在纵向、横向及法向 3 个主平面上进行晶粒计数,放大倍率为 1 倍时每平方毫米内的平均晶粒数分别记为:$\overline{N_{A1}}$、$\overline{N_{At}}$、$\overline{N_{Ap}}$,则每平方毫米内的平均晶粒数 $\overline{N_A}$ 为

$$\overline{N_A} = (\overline{N_{A1}} \cdot \overline{N_{At}} \cdot \overline{N_{Ap}})^{\frac{1}{3}} \tag{6-9}$$

根据平均晶粒数 $\overline{N_A}$ 可计算晶粒度级别数 G

$$G = 3.321928 \lg \overline{N_A} - 2.954 \tag{6-10}$$

3. 截点法

截点法是通过计数给定长度的测量线段(或网格)与晶粒边界相交截点数 P 来测定晶粒度。

截点法测量晶粒度的具体测量方法较多,GB/T 6394—2017 标准根据测量网格的不同,分为直线截点法、单圆截点法和三圆截点法三种,具体测量方法可参见标准相关内容。

采用截点法测定平均晶粒度级别数 G 的基本公式为

$$G = (-6.643856 \lg \bar{l}) - 3.288 \tag{6-11}$$

式中:$\bar{l}$ 为试样检验面上晶粒截距的平均值,可通过下式求得:

$$\bar{l} = \frac{L}{M \cdot P} = \frac{1}{\overline{P_L}} \tag{6-12}$$

式中:L——所使用的测量线段(或网格)长度,mm;

M——观测用放大镜倍率;

P——测量网格上的截点数;

$\overline{P_L}$——1 倍单位长度(mm)试验线与晶界相交的平均截点数。

采用截点法测量非等轴晶粒试样的晶粒度时,须在纵向、横向及法向三个主平面上分别进行测量,各检验面上每毫米内的平均截点数分别记为 $\overline{P_{Ll}}$、$\overline{P_{Lt}}$、$\overline{P_{Ln}}$,则每毫米内晶界截点数平均值 $\overline{P_L}$ 为

$$\overline{P_L} = (\overline{P_{Ll}} \cdot \overline{P_{Lt}} \cdot \overline{P_{Ln}}) \tag{6-13}$$

于是,非等轴晶粒试样的晶粒度级别数 G 可根据以下公式来确定:

$$G = 6.643856 \lg \overline{P_L} - 3.288 \tag{6-14}$$

圆截点法可不必过多的附加视场数,便能自动补偿偏离等轴晶而引起的误差,克服了试验线段端部截点法不明显的缺点。圆截点法作为质量检测评估晶粒度的方法是比较合适的。

推荐使用 500 mm 测量网格,尺寸见图 6-58。说明:直线总长 500 mm;周长总和:$250+166.7+83.3=500.0$ mm;三个圆的直径分别为 79.58 mm、53.05 mm、26.53 mm。

图 6-59 所示为采用三圆截点法测定奥氏体晶粒度的图示。

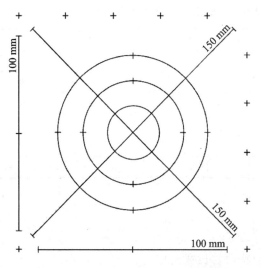

图 6-58　截点法用的 500 mm 测量网格　　　　图 6-59　采用三圆截点法测定奥氏体晶粒度

4. 测定报告

采用上述任何一种方法测定的晶粒度级别,都应不带偏见的随机选取 3 个或 3 个以上代表性视场测量平均晶粒度,并报出测定结果。若试样中有晶粒不均匀现象,且较为普遍时,则应报出各种晶粒度的级别数及其所占的百分比,如：7 级 70%,2 级 30%。

6.3.3　冷轧低碳钢晶粒度级别的测定

对于含碳量小于 0.2%(质量分数)的低碳钢冷轧薄板的铁素体晶粒度,可根据 GB/T 4335—2013《低碳钢冷轧薄板铁素体晶粒度测定法》标准进行测定,晶粒大小用晶粒度级数 N (G)表示。晶粒形状与本标准系列评级图相识的其他金属材料的晶粒度测定也可以参照本标准执行。

测定方法有比较法和三圆截点法两种,一般采用比较法,仲裁时采用截点法。

1. 比较法

采用比较法测定晶粒度级别时,具体测量程序与本章 6.2 节中介绍的比较法基本相同,但标准评级图有所差异。按铁素体晶粒的延伸度不同分为 3 类,每一类有 9 级。标准评级图中的第一标准评级图是晶粒延伸度约等于 1 的图谱;第二标准评级图是晶粒延伸度约等于 2 的图谱;第三标准评级图是晶粒延伸度约等于 3 的图谱,分别用 Ⅰ、Ⅱ、Ⅲ 表示。评定时,应记下图谱的系列号和晶粒度级别。例如,当所观察试样的晶粒度与第三标准评级图中的 6 级相当时,记 Ⅲ-6 级,表示延伸度约等于 3,晶粒度为 6 级。如果晶粒延伸度介于两个系列标准评级图之间,可表示为 Ⅰ～Ⅱ 或 Ⅱ～Ⅲ。如所观察到的晶粒度在相邻两个晶粒度级别之间,可用半级表示。

当基准放大倍数(100 倍)不能满足需要时,可用其他放大倍数进行评定。若采用放大倍数 M 进行评定,将放大倍数 M 的待测晶粒图像与基准放大倍数 100 倍的评级图片比较,评出的晶粒度级别为 G',其晶粒度级别 G 按下式计算：

$$G = G' + 6.6439 \lg \frac{M}{100} \qquad (6-15)$$

也可用表 6-17 进行换算。

表 6－17　不同放大倍数与基准放大倍数(100 倍)的晶粒度换算关系

放大倍数	晶粒度级别															
	−1	0	1	2	3	4	5	6	7	8	9	10	11	12	13	14
100	−1	0	1	2	3	4	5	6	7	8	9	10	11	12	13	14
50	1	2	3	4	5	6	7	8	9							
200					1	2	3	4	5	6	7	8	9			
300						1	2	3	4	5	6	7	8	9		
400							1	2	3	4	5	6	7	8	9	
500								1.5	2.5	3.5	4.5	5.5	6.5	7.5	8.5	9.5

晶粒延伸度可按下式测定：

$$e = \frac{n_1}{n_2} \tag{6-16}$$

式中：e——晶粒延伸度(在二维平面中表征晶粒特性的长宽比)；

n_1——与晶粒的伸长方向垂直的一定长度的测量线段上的截点数；

n_2——与晶粒的伸长方向平行的同一长度的测量线段上的截点数。

低碳钢冷轧薄板铁素体晶粒度测定比较法的部分评级图分别见图 6－60～图 6－62。

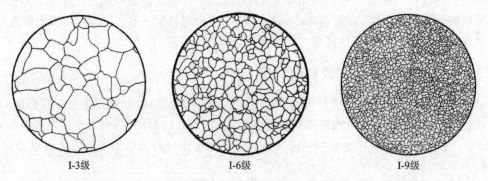

I-3级　　　　　　　　I-6级　　　　　　　　I-9级

图 6－60　GB/T4335—2013 中第一标准评级图部分图片,延伸度为 1　100×

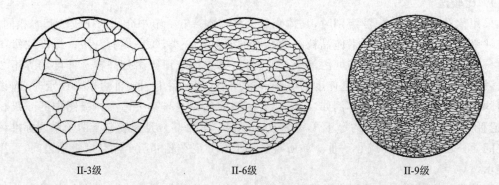

II-3级　　　　　　　　II-6级　　　　　　　　II-9级

图 6－61　GB/T4335—2013 中第二标准评级图部分图片,延伸度为 2　100×

2. 三圆截点法

对于晶粒延伸度 e 小于等于 3 的晶粒度的测量,可以使用圆测量网格在纵向面上进行测量。具体测量方法应符合 GB/T 6394—2017《金属平均晶粒度测定方法》中 8.3.4 小节(三圆截点法)的相关规定。

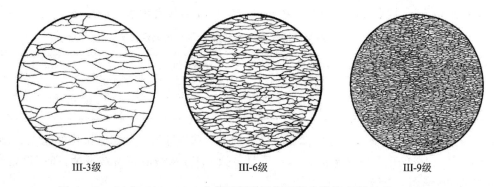

III-3级　　　　　　　　　　III-6级　　　　　　　　　　III-9级

图 6 - 62　GB/T4335—2013 中第三标准评级图部分图片,延伸度为 3　100×

计算截点时,测量网格与晶界相交和相切时,均计为 1 个截点。测量网格通过三个晶粒汇合点时截点计数为 2 个。计算晶粒度级别的相关公式可参见式 6 - 11。

6.3.4　晶粒度形成及显示

金属晶体材料的晶粒是客观存在的,但要测定则需要成为可见的,因此常需要进行"形成及显示"。各种材料的晶粒度的形成及显示的方法不尽相同。除铸造铝合金外,铜、变形铝、钛等有色金属及其合金的晶粒显示相对容易。本小节主要介绍钢铁材料的晶粒显示方法。

1. 铁素体钢奥氏体晶粒度的形成与显示

实际测量晶粒度时,很多时候材料的奥氏体晶粒边界往往难以显示,为显示晶粒的某些特征,需要对材料试样进行相应热处理工艺操作,然后再采用适当的浸蚀剂清晰显示出晶粒。GB/T 6394—2017 标准的附录中介绍了铁素体钢奥氏体晶粒度形成的多种热处理工艺及操作方法,其中有些方法操作较为繁琐,实际应用中较少使用,以下简要介绍实际应用较多的GB/T 6394—2017 中所列的几种晶粒度形成及显示方法。

(1) 相关法

所谓相关法是指试样的热处理工艺与改善该材料使用性能的热处理工艺相关的方法。试样的加热温度应不超过正常热处理温度 30 ℃,且最高加热温度不得高于 930 ℃。保温时间为1～1.5 h,冷却速度以能清晰显示出奥氏体晶界为原则,具体应根据所采用的热处理方法而定。

(2) 渗碳法

渗碳法适用于含碳量≤0.25%的碳钢及合金钢,尤其是渗碳钢采用渗碳法显示奥氏体晶粒度。对于含碳量较高的钢不使用渗碳法。除非另有规定,渗碳试样热处理在(930±10)℃保温 6 h 应保证获得 1 mm 以上的渗碳层,渗碳剂应保证在规定的时间内产生过共析层。试样以缓慢的速度炉冷至下临界温度以下,足以在渗碳层的过共析区的奥氏体晶界上析出渗碳体网,试样冷却后切去新切面,经磨制和腐蚀,显示出过共析区原奥氏体晶粒形貌。

(3) 铁素体网法

铁素体网法适用于含碳量 0.20%～0.60%的碳钢及合金钢。显示晶粒的具体热处理工艺见表 6 - 18。

低碳钢(含碳量大约 0.20%)试样建议加热到 890 ℃,保温 30 min 后移到 730～790 ℃炉内,再保温 3～5 min,随即用水冷却;

中碳钢(含碳量约 0.50%),适合炉冷;

对于在此范围内含碳量较高的碳钢及含碳量 W_C 超过 0.40%的合金钢,建议试样加热到

860 ℃,保温 30 min,将温度降至(730±10)℃保温 10 min,接着用水或油冷却。

表 6-18   铁素体钢铁素体网法晶粒显示热处理工艺

钢的含碳量(W_C)/%	加热温度/℃	保温时间/min	冷却方式
≤0.35	890±10	>30	空冷、炉冷或等温淬火
>0.35	860±10	>30	

经上述方法处理后,奥氏体晶粒被在晶界上析出的铁素体所显示出。试样经抛光后,采用体积分数 3%～4%的硝酸酒精溶液或 5%(质量分数)的苦味酸酒精溶液浸蚀,即可得到清晰的奥氏体晶粒,见图 6-63。

(4) 氧化法

氧化法是根据钢在氧化气氛下加热时,钢表面的氧化作用优先沿晶粒边界发生,该方法适用于含碳量(W_C)0.25%～0.60%的碳钢及合金钢。采用氧化法时,首先要将试样的一个表面预先磨平抛光(推荐使用 400 粒度或 15 μm 研磨剂)。将抛光面朝上置于炉中,除非另有规定,含碳量(W_C)≤0.35%时,试样在 890 ℃±10 ℃加热;含碳量(W_C)>0.35%时,试样在(860±10)℃加热,保温 1 h;在冷水或盐水中淬火。

抛光淬火后的试样显示出氧化表面上的奥氏体晶粒度。

抛光淬火后的试样经轻抛磨后,采用 15%(体积分数)盐酸酒精溶液浸蚀,可清晰显示出氧化表面上的奥氏体晶界,见图 6-64。

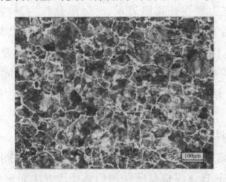

图 6-63   铁素体网显示奥氏体晶粒形貌

图 6-64   氧化法显示晶粒形貌

(5) 直接淬硬法

直接淬硬法适用于含碳量(W_C)≤1.0%的碳钢及合金钢。加热温度的选择与铁素体网法相同,含碳量(W_C)≤0.35%时,试样在(890±10)℃加热;含碳量(W_C)>0.35%时,试样在(860±10)℃加热,保温 1 h 后以完全硬化的冷却速度淬火,可获得马氏体组织。

马氏体晶粒的浸蚀有两种方法,见表 6-19。

表 6-19   马氏体晶粒度浸蚀方法

序 号	方法一		方法二	
试剂	苦味酸	1 g	苦味酸	2 g
	HCl(密度1.19)	5 mL	十三苯亚硝酸钠	1 g
	无水乙醇	95 mL	H_2O	100 mL
应用	先在 230 ℃下回火 15 min,然后浸蚀		直接浸蚀	

（6）渗碳体网法

对于含碳量＞1.00%的过共析钢,可采用渗碳体网法显示奥氏体晶粒。一般在(820±10)℃加热,保温 30 min,然后以足够缓慢的速度随炉冷却至临界温度以下,使奥氏体晶界上析出渗碳体。

试样经磨制、抛光后,采用体积分数为 3%～4%的硝酸酒精溶液或 5%（质量分数）的苦味酸酒精溶液浸蚀,通过沿奥氏体晶界析出的碳化物显示原奥氏体晶粒。

2. 高速工具钢奥氏体晶粒的显示

高速钢淬火后一般需要测定奥氏体晶粒度,作为考察淬火温度合适与否的数据,有时还须测定回火后原奥氏体晶粒度。显示高速工具钢奥氏体晶界的浸蚀剂见表 6-20。

表 6-20 高速工具钢奥氏体晶界浸蚀剂

编号	名 称	成分/体积分数						适用范围及特点
		饱和苦味酸水溶液	浓硝酸	浓盐酸	乙醇	甲醇	海鸥洗净剂	
1	三酸乙醇溶液	15%	10%	25%	50%	/	/	显示淬、回火后的晶界和马氏体形态
2	两酸乙醇洗净剂溶液	/	10%	30%	59.5%	/	0.5%	显示淬、回火的晶界及低温泮火的晶界
3	三酸甲醇溶液	20%	10%	30%	/	40%	/	显示淬、回火后的晶界,深腐蚀可显示马氏体形态
4	两酸乙醇溶液	/	5%	10%	85%	/	/	显示热处理铬合金工具钢晶界
5	硝酸乙醇溶液	/	30%	/	70%	/	/	显示淬火后奥氏体晶界

除化学浸蚀剂显示晶界外,电解浸蚀剂也能显示回火高速钢的奥氏体晶界。用体积分数为 10%的草酸水溶液,对 W18Cr4V 经 1280 ℃淬火＋560 ℃,1 h×3 次回火的试样,取电流密度 0.5 A/cm²,时间 12 s。对 W6Mo5Cr4V2 经 1230 ℃淬火＋560 ℃,1 h×3 次回火的试样,取电流密度 0.5 A/cm²,时间 80 s。

3. 常用显示奥氏体晶粒浸蚀剂

没有一种通用浸蚀剂可显示各种钢铁材料晶粒度。表 6-21 所列为部分常用显示奥氏体晶粒的浸蚀剂。具体应用时要有针对性选择,并可适当调整。

表 6-21 常用显示奥氏体晶粒浸蚀剂

序 号	配 方	应 用
1	酒精　　　100 mL 苦味 酸　　　1 g HCl　　　5 mL	Vilella 浸蚀剂,经 300～500 ℃时,马氏体效果最好。室温下浸蚀。有时能产生晶粒反差(反复几次抛光——浸蚀后,效果提高)。对高合金钢,有时能看到晶界浸蚀,有时在 4%苦味酸乙醇溶液中加入 HCl
2	FeCl₃　　　5 g 水　　　100 mL	用于低碳钢的 Miller,Day 浸蚀剂,FeCl₃:1～10 g 都曾用过;马氏体经 149～204 ℃回火后,反差最好,20 ℃下浸蚀 2～6 s

序 号	配 方		应 用
3	亚硫酸氢钠 水	34 g 100 mL	用于显示细晶粒化的、严重变形钢的晶界,浸蚀1~2 s。表面产生一层黄褐色薄膜,暗视场观察
4	HCl HNO_3 $CuCl_2$ 水	50 mL 25 mL 1 g 150 mL	用于含18% Ni 的马氏体时效钢
5	HCl HNO_3 酒精	10 mL 3 mL 100 mL	适用于高速钢,也适用于淬火高碳钢。偏光下观察。灵敏着色加强晶粒反差效果。也用于浸蚀氧化法处理过的试样
6	$FeCl_3$ HCl 水	25 g 25 mL 100 mL	用于马氏体不锈钢
7	苦味酸 二甲苯 酒精	3 g 100 mL 10 mL	用于淬火、回火钢
8	HNO_3 酒精 氯化苄基·二甲基·烷基胺	6 mL 100 mL 1 mL	用于回火脆化铸态钢
9	水 HCl $FeCl_3$ 氯化苄基·二甲基·烷基胺	400 mL 5 mL 10 g 10 mL	用于马氏体不锈钢和高铬合金钢
10	HCl 酒精 $FeCl_3$ $CuCl_2$	100 mL 120~140 mL 8 g 7 g	用于工具钢,浸蚀10~120 s。用蘸有4%盐酸酒精的棉球擦去表面的沉积物
11	HCl 醋酸 苦味酸 酒精	10 mL 6 mL 1 g 100 mL	用于高速钢
12	酒精 氨水 HCl 苦味酸 氯化铜铵	50 mL 1 mL 1 mL 3 g 1 g	用于显示铸铁或经氧化法处理过的钢中奥氏体晶粒
13	HCl 酒精	15 mL 85 mL	用于浸蚀氧化法处理的试样

6.4 通用结构钢常见组织缺陷及诊断

结构钢除了原材料控制不当会出现缺陷组织外,在铸造、锻造、焊接、热处理等工艺过程中,如工艺控制不当也会产生组织缺陷。铸造、焊接、表面处理等相关内容可参见相关资料,本节仅介绍通用结构钢在锻造及整体热处理中常见的组织缺陷。

6.4.1 过烧及过烧组织

按 GB/T 7232—2012《金属热处理工艺术语》,过热定义为:工件加热温度偏高,而使晶粒过度长大,以致力学性能显著降低现象;过烧定义为:工件加热温度过高,致使晶界氧化和部分溶化现象。图 6-65 所示为 40Cr 钢过热组织。

某型号柴油机连杆调质处理后,在索氏体基体上经苦味酸类试剂浸蚀后,显示出异常粗大的原始奥氏体晶粒度,可评为 -2 级~-1 级,导致该连杆的冲击吸收力明显下降,抗拉强度低于标准值。引起上述事故的原因是该零件经过模锻后外形不合格,再经历一次模锻整形,虽然尺寸符合要求,但是高温下停留时间过长,奥氏体晶粒长大,并通过组织遗传至最终热处理状态,恶化了连杆的力学性能。

图 6-66 所示为 45 钢因正火加热温度过高,空冷后形成的粗大过热组织,即先共析铁素体除沿晶界析出外,在晶粒内部析出片状、针状铁素体,该组织称为魏氏组织。这种组织严重恶化材料的力学性能,特别是会使室温下的冲击韧度大幅下降。

图 6-65 铁素体网显示奥氏体晶粒形貌 25×　　　图 6-66 铁素体网显示奥氏体晶粒形貌 60×

魏氏组织与网状铁素体同属于先共析铁素体。先共析铁素体的形成如图 6-67 所示,当温度下降到 Fe-C 平衡相图 GS 线以下时,一般在奥氏体晶界上形成先共析铁素体晶核。这种晶核与边界一侧的奥氏体晶粒有共格界面,而与另一侧的奥氏体晶粒为无序界面,此后这种晶核可能朝任何一侧方向生长。若通过无序界面推进而生长,则形成沿奥氏体晶界析出网状铁素体;若晶核通过共格晶面向另一侧移动而生长,则先共析铁素体就会沿奥氏体晶粒的特定晶面生长成为平行的片状。这种先共析铁素体状态被称为魏氏体。

魏氏组织的形成主要取决于成分、冷却速度、奥氏体晶粒度。实际生产中,含碳量 >0.50% 的钢通常很少出现魏氏组织。冷却速度过快、过慢对魏氏组织均有遏制作用。奥氏体晶粒粗大,则在空冷时,在适宜的冷却速度下容易形成魏氏组织;若奥氏体晶粒不是过于粗大,冷速比较快的时候也可能形成魏氏组织,但这种较细致的魏氏组织(区别于上述粗大魏氏组织)对材料的力学性能影响较小或无影响。

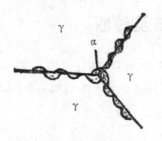 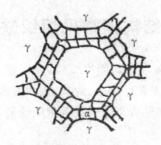 

(a) 铁素体晶核产生　　　　(b) 网状铁素体形成　　　　(c) 铁素体形成魏氏组织

图 6-67　先共析铁素体的形成

为了消除魏氏组织和粗大原始晶粒,可以在淬火前通过正火细化晶粒,改善组织。在锻造中应控制锻造加热温度和时间,避免晶粒过度长大,同时控制冷却速度,避免魏氏组织;高温锻造时,终锻温度不宜过高;或者将锻件坑冷或成堆堆放,尽量降低冷却速度,防止魏氏组织产生。

图 6-68 所示为某柴油机连杆采用 40Cr 淬火后的粗大针状马氏体组织,由于组织的遗传作用,这种组织即使通过非常合理的回火处理,也无法获得良好的力学性能,在实际使用过程中发生疲劳断裂事故的可能性较大。形成这种粗大马氏体的主要原因是淬火加热温度过高,或保温时间过长,导致奥氏体晶粒充分长大,淬火后所得马氏体也相应地粗大。

马氏体针叶的大小显著影响调质后的材料力学性能。有研究表明,调质时每细化 1 级晶粒度,则可提高屈服强度 40~50 MPa,冲击吸收功提高 16~32 J,韧脆转变温度降低 16~17 ℃。

为避免淬火后形成粗大马氏体组织,热处理过程中必须严格控制温度,因为温度对奥氏体晶粒长大的影响大于保温时间的影响;同时也须合理控制保温时间。

图 6-69 所示为 30CrMnSi 螺栓锻造过烧形成的熔融孔形貌,可见孔隙沿晶界交界处分布,表明过烧熔融由晶界,尤其由三角晶界起始。该螺栓由热镦成形,然后正火处理,最终调质热处理,在装配拧紧时发生螺栓头部断裂事故。断面粗糙,呈氧化色、无金属光泽。经金相检查,该螺栓组织基本正常,熔孔仅分布在螺栓头部,表明过烧发生在热镦过程中。

 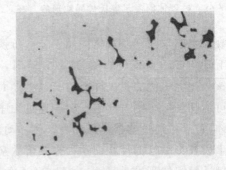

图 6-68　40Cr 连杆粗大马氏体组织　350×　　　图 6-69　30CrMnSi 螺栓过烧形成的熔融孔洞　70×

钢件锻造加热温度过高或时间过长,晶界或非金属夹杂物等低熔物偏聚部位有可能发生重熔,产生熔融孔洞;又因钢件长时间在高温炉内的强烈氧化介质中加热,炉气中的氧会渗透到高温钢的晶界处,使晶界氧化,形成脆壳,严重地破坏了晶粒之间的联结,造成过烧缺陷。

6.4.2　表面脱碳

脱碳是钢加热时表面含碳量降低的现象。其化学过程是钢中碳在高温下(一般钢材加热到 Ac1 以上,最高到 Ac3 以上)与氢或氧发生作用生成甲烷或一氧化碳,即氢、氧和二氧化碳使钢脱碳。

脱碳时氧向钢内部扩散,同时钢中的碳向外扩散。从最后的结果看,当碳向外扩散速度大于氧向内扩散速度时,则钢材表面形成脱碳层;反之,当碳向外扩散速度小于氧向内扩散速度时,则钢材表面不发生明显的脱碳现象,即脱碳层产生后的铁即被氧化而形成氧化铁皮。因此,在氧化作用相对较弱的气氛中,可以形成较深的脱碳层。

调质类零件在锻造加热温度较高时,其表面形成氧化皮,锻打过程中氧化皮脱落,零件表面又可能脱碳,在后续的正火、淬火加热等过程中也可能形成脱碳层或者进一步加深已有的脱碳层。

图 6-70 所示为 35 钢螺母经过调质处理后表面出现脱碳的情况,由表层往心部,其显微组织依次为铁素体、回火索氏体+铁素体、回火索氏体,表层铁素体趋等轴状。经长时间高温过程,表层脱碳后的铁素体会呈柱状晶分布(见图 6-71),有时可根据脱碳后铁素体形态、深度推断脱碳工艺条件。

关于表面脱碳层深度的测定可参阅 6.1.5 小节介绍。

图 6-70　35 钢调质处理后表面脱碳　100×

图 6-71　表层铁素体柱状分布

6.4.3　淬火(调质)组织中存在铁素体

淬火或调质态组织中存在铁素体,可根据其形态推断形成原因。在淬火加温、保温不足时,结构钢原始组织中的铁素体无法充分溶解而成为未熔铁素体,其形态往往为分散的块状。当原材料不均匀时,铁素体局部聚集也有可能形成未熔铁素体,可由其分布形态推断。图 6-72 所示为 40Cr 钢未充分奥氏体化淬火后组织形貌,可见有较多白色、大小不一的块状铁素体。

若淬火冷却速度过小,造成铁素体沿晶先行析出,形成网状铁素体,见图 6-73。

结构钢调质中高温回火温度过高或时间过长,马氏体分解出条状或针状铁素体,同时保持马氏体位向。

图 6-74 所示为 35CrMo 调质后不正常组织形貌,其硬度、力学性能均过低。

图 6 - 72   40Cr 淬火后存在较多未熔铁素体   500×

图 6 - 73   钢淬火后沿晶析出网状铁素体   50×

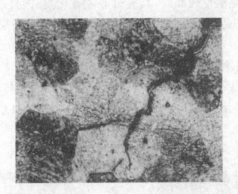

图 6 - 74   35CrMo 调质后显微组织中出现较多铁素体   500×

6.4.4   开裂

热加工中基体组织开裂是由于应力超过材料断裂强度所致。应力过大一般可归纳为加热过程、冷却过程中热应力、组织应力,包括转角、台阶等结构及外表折叠、沟槽等缺陷造成的应力集中效应。材料强度不足可能与材料冶金缺陷(夹杂物等)、组织粗大(过热、过烧)等有关。

图 6 - 75 所示为 35CrMo 钢淬火后发生开裂形貌,裂纹沿晶分布,未见氧化、脱碳及夹杂,可推断为热处理控制不当造成的。

图 6 - 76 所示为 40Cr 钢调质后发现的裂纹,裂纹两侧明显脱碳,表明为热处理淬火前形成的裂纹。

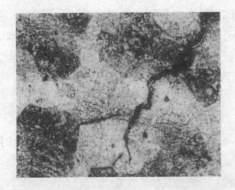

图 6 - 75   35CrMo 钢淬火裂纹形貌   100×

图 6 - 76   40Cr 钢淬火后裂纹形貌   100×

6.4.5　其他缺陷组织

如图 6 - 77 所示,50Mn2 淬火后显微组织中存在较多托氏体,图中灰色针状组织为马氏体,黑色区域的组织即为托氏体。这种情况对材料的硬度影响可能并不明显,但强度指标下降较大。淬火组织中出现托氏体的主要原因有淬火冷却速度不足,零件冷却过程中通过托氏体转变区域;此外,若淬火前未经预热处理,或预热处理不充分,或者淬火加热保温时间不足均可能因显微组织均匀性差,导致淬火后托氏体的出现。

如图 6 - 78 所示,35CrMo 连杆螺栓调质后组织出现较多未溶碳化物形貌。为提高35CrMo 螺栓头部的冷镦成形能力,采用球化退火工艺,使基体组织为粒状珠光体,其中的碳化物主要以球粒状形态存在,但是淬火加热时,这种粒状珠光体的奥氏体化速度远小于通常的片状珠光体;因此,若加热温度偏低、保温时间不足,则粒状碳化物无法充分溶入奥氏体,数量较多的碳化物以原有形态保留至最终显微组织中,材料中的碳与 Cr、Mo 等合金元素未能充分发挥强化作用;同时也降低了螺栓的回火稳定性,正常回火温度下,材料的硬度却大幅下降,最终,该螺栓因强度不足,在使用中疲劳断裂。

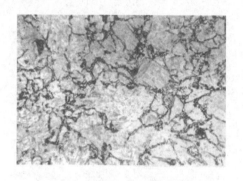 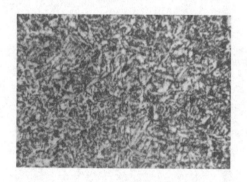

图 6 - 77　50Mn2 淬火后组织中　　　　　　图 6 - 78　35CrMo 钢调质后组织中
的托氏体形貌　500×　　　　　　　　　的未溶碳化物形貌　500×

可见上述粒状碳化物并非回火处理的产物,故欲控制调质组织中的粒状碳化物数量,首先要制定并严格执行合理的淬火工艺。

思考题

1. 在生产中常关注的钢的缺陷有哪些?
2. 什么是带状组织,如何评级?
3. 什么是游离渗碳体,如何评级?
4. 什么是魏氏组织,如何评级?
5. 钢材中的碳化物有哪几种,如何评级?
6. 钢的脱碳层深度有哪几种测量方法,分别是怎么测量的?
7. 共析、过共析钢的球化退火如何评级?

8. 亚共析钢的球化退火如何评级?

9. 高温使用中(珠光体)球化程度如何评定?

10. 钢中非金属夹杂物的种类及形态各有哪些?

11. 钢中非金属夹杂物的鉴别方法有哪几种?

12. 常用晶粒度级别测定方法有哪些?

13. 简述铁素体钢奥氏体晶粒度的形成与显示方法?

14. 通用结构钢常见组织缺陷有哪些?

第7章 金属断口与失效分析

机械等装备整体同时失效的情况很少见,一般是由某个构件先失效进而导致整体失效。因此在失效事故分析中,除要分析整体装备运行状况外,更注重具体失效构件的分析。通过失效分析,可以确定失效的性质,找出失效的原因,明确失效的机理,做出失效的预测,采取失效的预防措施,提高整体装备的服役寿命。

失效分析目前已发展成为一门综合性的学科,涉及力学、断裂学、材料学、化学、数学、断口学、裂纹学、工艺学、摩擦学,以及机械设计、制造、检测、管理等多方面的知识。同时,失效分析的目的不同,其分析的深度、广度及重点不尽相同。本章所论述的失效分析方法主要侧重于材料的理化检测分析。

断口是试样或构件在试验或服役过程中断裂后形成的相匹配的表面,是断裂失效的主要物证。在断口上记录有断裂全过程的有关信息,可由断口的全面分析来推断断裂过程及断裂原因,评定断裂性质。因此,断口分析是失效分析的基础和重要组成部分。

7.1 断口的分析及分析技术

为有利于系统分析研究断口,有必要对断口进行分类。同时,要应用一定的技术手段,以达到不同的断口分析目的。

7.1.1 断口的分类

断口一般从宏观分类或从微观分类。根据宏观形貌来给断口分类,可找到断口形貌最主要的特征和加载方式之间的关系。由断口微观分类分析可推断材料成分、组织结构和环境介质等对断口形貌的影响。因此,对断口进行分类分析时,应该同时进行宏观及微观的分类分析。

1. 断口的宏观分类

在宏观范畴内,按断口表面宏观变形状况和断口的宏观取向进行分类,见表7-1。

表7-1 断口宏观分类说明

断口宏观分类依据	宏观断口类别	特征说明
按断口表面宏观变形状况	脆性断口	断口附近没有明显的宏观塑性变形。形成脆性断口的断裂应变和断裂功(断裂前所吸收的能量)一般都很小
	韧性断口	断口有明显的宏观塑性变形。形成初性断口的断裂应变和断裂功一般都比较大
	韧-脆混合断口	介于脆性断口和韧性断口之间的断口,在电子显微镜下,可观察到解理、准解理和韧窝等多种形貌特征

续表 7－1

断口宏观分类依据	宏观断口类别	特征说明
按断口宏观取向	正断断口	与最大正应力方向垂直的断口称为正断断口。断口宏观形貌较平整,微观形貌有韧窝、解理花样等
	切断断口	与最大切应力方向一致的断口称为切断断口。断口的宏观形貌较平滑,微观形貌为抛物线状的韧窝花样
	混合断口	正断与切断断口相混合的断口。韧性材料圆柱试样拉伸获得的杯锥断口即为混合断口

2. 断口的微观分类

在微观尺度(扫描电镜下)内,按断口微观走向路径和断口的微观形貌分类见表 7－2。

表 7－2　断口微观分类说明

断口微观分类依据	微观断口类别	特征说明
按断口微观路径	沿晶断口	多晶体沿不同取向的晶粒界面分离所形成的断口,沿晶断口大部分是脆性的,但是沿晶断口不等同于脆性断口,如由过热引起的沿原奥氏体晶界开裂的断口是沿晶韧性断口
	穿晶断口	断面穿过晶粒内部扩展,就形成穿晶断口。大多数合金材料在常温下断裂形成的断口一般为穿晶断口。韧窝、解理断口等都属于穿晶断口
按断口微观形貌	解理断口	在正应力作用下,由于原子间结合键的破坏而造成的穿晶断裂。通常沿一定的、严格的晶面(解理面)断裂,有时也可沿滑移面或孪晶界解理断裂
	准解理断口	被认为是一种复杂的解理断裂的变种,与解理面无确定的对应关系,由大量高密度短而弯曲的撕裂棱线条、点状裂纹等组成
	韧窝断口	断面上分布着微坑,由局部微小区域剧烈变形而形成。延性材料断口一般均为韧窝断口,但微观韧窝断口不一定是宏观韧性断口
	沿晶断口	又称晶间断口,由多晶体沿晶粒界面彼此分离而形成,为脆性开裂特征
	疲劳断口	断面上出现有滑移带,扩展区会有平行分布的疲劳辉纹

一般情况下的断口为混合形貌断口,例如同时存在解理、疲劳和韧窝,疲劳和沿晶共存,韧窝和准解理共存。有时宏观断口的不同区域会显示不同的微观断口。

7.1.2　断口的保护及清理

要正确分析断口,必须排除断口上的外来物。一方面要保护好断口不受损伤,另一方面正确清理断口。

1. 断口的保护

断口在取样、运输、保存过程要避免机械损伤及化学(腐蚀、氧化)损伤。

断口要避免相互间或与其他物体的碰击,避免不必要的断口对接。

保护断口并对防止腐蚀较好的方法之一是在断口覆盖涂层,可以用润滑脂直接贴在断口,或用醋酸纤维复型塑料等。不应当用压敏胶带,很多胶黏剂难以清除,而且会吸潮腐蚀断面。

最好用干燥的压缩空气将断口吹干(这样也会将断口表面的外来物吹掉),然后放置在干燥器中,或连同干燥剂一起包好。

2. 断口的清理

在断口清理之前,要对断口进行仔细地宏观观察分析和详细记录。尤其是要了解断口表面附着物的性质,它可能含有诊断断裂原因的重要信息,另外对于确定最佳的清理技术也是很有必要的。无论采用哪种清理方法,都应该以既除去断口表面的附着物又不损伤断口的形貌特征为原则。

断口清理的常用方法及应用范围见表 7-3。

表 7-3　常用断口清理方法

清理方法	清理程序	清理范围
软毛刷和干燥空气	软毛刷轻刷,压缩干燥空气吹拂	清除附着松散的废屑和灰尘
清洗有机溶剂和超声波	用甲苯或二甲苯浸泡	清除油、脂
	用丙酮浸泡	清除漆、胶
	用酒精浸泡或冲洗	清除染料、脂肪酸
AC 纸复膜	用 AC 纸(醋酸纤维)在断口上反复粘贴揭开	清除不溶性废屑和氧化物
涤剂水基洗	适当浓度白猫洗涤剂+超声波清洗	清除腐蚀产物和氧化物
	10%(体积分数)H_2SO_4 水溶液+缓蚀剂+超声波清洗	合金钢、碳钢、不锈钢、耐热钢和铝合金
	0.5%(W_C)乙二胺四醋酸钠水溶液(EDTA)	铝合金、钛合金、合金钢、不锈钢、耐热钢
	50%柠檬酸水溶液+50%柠檬酸铵水溶液 中浸渍或超声波清洗	严重锈蚀的钢制断口
化学浸蚀	丙酮+1%(体积分数)HCl 中浸渍或超声波清洗	严重锈蚀的钢制断口
	正磷酸 70 mL+铬酸 32 g+H_2O 130 mL	铝合金
	70%(体积分数)HNO_3 水溶液	铝合金
	断口在(78 mL H_2O+16 g NaOH + 6 g $KMnO_4$)中煮沸 5～30 min 后,取出放入 60～70 ℃的饱和草酸水溶液中清洗,然后在丙酮溶液中超声波清洗	铁基、镍基、钴基高温合金的高温氧化断口
真空蒸发法	在真空炉中加热蒸发,除去断口表面层的低熔点金属附着物	液态金属致脆断口

7.1.3　断口分析技术

目前,对断口进行系统分析的手段主要有:宏观分析技术、微观分析技术、辅助分析技术以及定量分析技术,相关的应用工具、工作原理、特点以及应用等概况见表 7-4。其中断口宏观分析技术及微观分析技术是目前最常用的断口分析手段。

表 7-4　断口分析用技术一览表

分析用技术		观察工具	工作原理及特点	应　用
宏观分析技术		肉眼 放大镜 体视显微镜	光学 倍数低(一般≤10 倍) 分辨力低	断口全貌观察 一级断裂模式判断 断裂源和裂纹扩展途径的判断 加载类型和相对大小的估计 断口形成环境的初步判断
微观分析技术	光学显微分析技术	光学显微镜	光学 倍数较高(<1000 倍) 分辨力 0.1 μm 景深小	显微组织观察分析 平整解理面局部观察 组织结构的偏振光分析
	透射电子显微分析技术	透射电镜	透射电子或电子衍射 分辨力高(0.2 nm) 放大倍数高($10^3 \sim 10^7$) 薄试样或复型,景深中等	断口关键局部显微形貌观察 断口表面物相分析 纳米尺度的观察(断裂机理研究) 原位动态观察
	扫描电子显微分析技术	扫描电镜	二次电子或背散射电子 分辨力高(0.5 nm) 放大倍数高、范围广(10 ～ 10^6)景深大,可进行三维观察	断口显微分析的主要工具 断口显微形貌观察(断裂模式、断裂原因、断裂机理研究) 断口三维观察
	表面微区成分分析技术	X 射线能谱仪	特征 X 射线	最常用表面微区成分分析技术,但是对超轻元素分析比较困难
		电子探针	背散射电子	平坦表面从铍到铀微区成分分析
		俄歇电子谱仪	俄歇电子	极薄表层(5 个原子)除氢、氦以外的所有元素的微区分析
辅助分析技术	剖面术	光学显微镜 扫描电镜	截取与裂纹扩展方向垂直的剖面进行深度方向的观察	分析断口形貌与显微组织之间的关系,二次裂纹的走向和分布等
	金相术	金相显微镜	光学成像	与断口相关的显微组织分析
	蚀坑术	光学显微镜 扫描电镜	不同晶体在一定的腐蚀介质下产生特定形状的腐蚀坑	判断断裂面晶体学取向,通过位错密度的测定获得断口应变数据
定量分析技术	一维形貌定量分析技术	扫描电镜	利用体视学原理把一维投影尺寸转变为真实一维尺寸	断口一维特征形貌的确定(条带间距、韧窝深度等)
	二维、三维形貌定量分析技术	扫描电镜 激光共焦 扫描显微镜	利用体视学原理把投影像尺寸转变为真实图像	断口二维(面积)、三维形貌(真实相貌)的观测
	分形分析技术	剖面法扫描电镜	分形几何	断口表面粗糙度及分形维数与断裂参数、断裂性质的关系
	组织分析技术	金相显微镜 扫描电镜	图像学原理	组织(尺寸、分布等)的定量分析
	计算机模拟技术	计算机软件	计算机原理	模拟断口形成过程、形成机理等

7.2　断口的宏观分析

断口的宏观分析,是指在不同的照明条件下目视或用 10 倍以下放大镜和体视显微镜等对断口进行直接观察及分析。

断口宏观分析的主要任务如下:确定断裂的类型和方式,为判明断裂失效的模式提供依据;寻找断裂起始区及断裂扩展方向;估算断裂失效件的应力集中程度和名义应力的高低(疲劳断口);观察断裂源区有无宏观缺陷等。同时,断口的宏观分析为断口的微观分析和其他分析工作指明方向、奠定基础,是断裂分析中的关键环节。

7.2.1　宏观断口的观察与记录

宏观断口分析的第一步是目视检测断口形貌特征及相关的失效件的全貌。

对于失效件上与断口相关区域,要检测断口附近的机械损伤痕迹,变形状况以及相关的其他腐蚀等损伤痕迹。

对于断口,重点要关注断口上 6 方面特征:断口的花样特征(人字纹、海滩花样等)、断口粗糙程度、光泽及色彩、断面与最大正应力的倾斜角度、特征区的划分以及可能的材料缺陷等。

最后对主要特征区用放大镜或体视显微镜进一步观察分析,以确定重点分析、电镜微观分析的部位。在宏观分析时,通常要将断裂失效件的外观、断口全貌及重点部位照相记录,或按照适当的比例绘制成详细的草图,测量并表明各部位的尺寸。照相时要根据断口的特点选择最佳的照明条件,包括亮度、衬度、入射灯光的角度,使断口的全貌,重点是源区的特征清晰地显示出来。

由于断口的形貌往往凹凸不平,要将这种起伏形态逼真的拍摄下来,关键是如何选择断口表面的照明条件。在通常情况下,采用斜光照明,可利用其阴影效应有效地将凹凸形貌显现出来。斜光照明的倾斜角,可根据断口表面的起伏情况及性质来确定,一般以 10°～45°角投射到断口表面上为适度,对较复杂的断裂失效件,可用几个侧向照明光源进行照相。具体照明条件应根据实际断口进行布置、调整以达最佳表现效果。

在室外拍摄失效件或断面时,应尽量避免强光照射,可选择在露天遮荫处、多云天气、清晨或傍晚的时候拍摄,就可以避免室外拍摄时产生不和谐的阴影。也可以用相机上的闪光来填补由日光引起的不和谐的阴影。除非迫不得已(如在某些野外工作中),应当避免用闪光灯来做主要光源(特别是相机上的闪光灯),因为可能会带来强烈反差。

在室内拍摄时,对于大件,室内顶上一定宽度的荧光灯可提供满意照明效果;而对于小件,应放在摄影台上。一般照明方法是把一个灯光放在相机的侧上方,用 45°的角度照明物件,并在相机的另一旁,约与相机同水平位置放置第二个灯光作为一个补充灯光。有时在物件稍后处放置第三个灯光作为背照明用。

图 7-1 所示为断口拍摄时的几种照明方式。图 7-1(a)所示为平行照明方式,从两个方向做斜照明,一般一个灯为主光源,另一灯远些或弱些来照亮前一灯光所投的阴影。图 7-1(b)所示为环形照明,可提供柔和的低反差的,甚至是 360°的照明。图 7-1(c)所示为垂直照明,在照相机镜头下方 45°方向放置的玻璃板,它把光束反射到试样表面上。一部分光从试样反射回来通过玻璃板照到相机的透镜上,这样就产生了两种光耗:一部分入射光束穿过了玻璃板,另一部分反射光回到光源去。大约 1/4 的光(甚至还要少些,这取决于玻璃的

反射系数)到达了透镜。这种照明适用于平面(低倍)组织的拍摄。图 7-1(d)所示为帷幕式照明,此种照明方式是把试样放置在半透明罩内,主要用于电镀表面以及高度抛光的或磨光的高反射样品的拍摄。有时也可用白色发泡筒作为帷幕式照明。

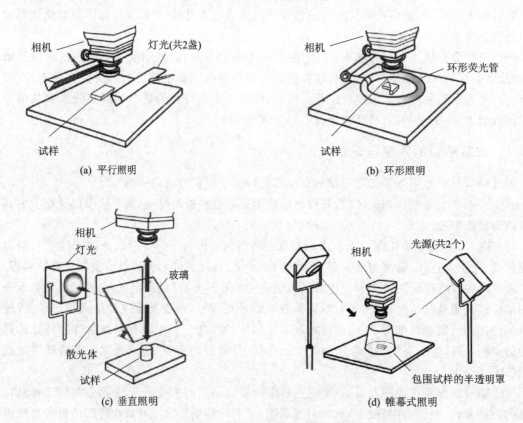

图 7-1　断口拍摄时几种照明方式

当使用多个灯光源时,若拍摄彩照,要注意灯光色温的一致性,否则拍摄的照片会出现无法修正的色差。

图 7-2 所示为同一断口在两种照明条件下的形貌,可见对于这个断口,单斜照明下的形貌能更清晰表达断裂源区的细节。

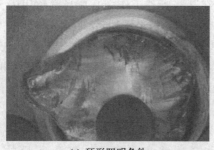

(a) 环形照明条件

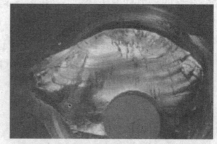

(b) 单斜照明条件

图 7-2　两种照明条件下的断口形貌 1:2

为能很好地记录断口的全貌以及断口所处构件的位置、能很好表达断口局部位的细节,除了要求数码相机具有一定的像素、一定的感光度(ISO),一般还要求具有手动调节拍摄条件功能、较大的光学变焦功能,对于专业检测单位,还应配置近摄镜头。

在拍摄宏观断口时,应注意放置标尺,这对后期进一步量化分析十分重要。

7.2.2　宏观断口的断口要素

根据宏观断口上花样形貌区域划分出宏观断口的要素,除了纤维区、放射区及剪切唇断口基本三要素外,还有人字纹和海滩花样等。

1. 断口的基本三要素

非脆性钢铁圆形拉伸试棒在静拉伸过程中,一般要经历均匀塑变、断面处缩小、长度增加——颈缩、最终断裂的过程,断口处收缩,断口呈杯锥形,见图 7 - 3。

在这种光滑圆试样拉伸断口上,通常可分为 3 个区域:纤维区、放射区和剪切唇,常称为断口特征三要素,见图 7 - 4。

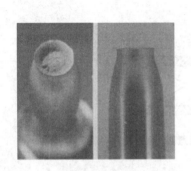

图 7 - 3　拉伸试棒断后形貌　1.8∶1

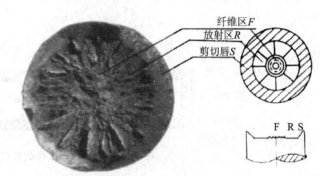

图 7 - 4　光滑圆柱试样拉伸断口　5∶1

（1）纤维区

纤维区一般位于断口中央,呈粗糙纤维状,为裂纹核心形成区。在应力作用下形成显微空洞,并不断长大,相互连接发展,留下纤维状形貌。

（2）放射区

在纤维区外延方向,有明显的放射状花样,表示裂纹扩展速度较快。花样呈 45°山脊状突起长条,由剪切造成,放射方向与裂纹扩展方向一致,亦指裂纹源。放射花样进一步可分为放射纤维和放射剪切。放射纤维呈纤维状,始终很直;而放射剪切有时弯曲呈菊花状,并且山脊顶有裂纹。

（3）剪切唇

通常在断裂最后阶段形成的区域,其表面相对光滑,与拉伸应力轴交角约为 45°。当对称断裂时,一侧断面上剪切唇区域呈杯状,而另一侧呈锥状。

材质不同、试验条件不同则断口三区所占比例、相关形态均会发生变化。如纤维区较大,则表明材质塑、韧性较好;若放射区增大,则表明材料脆性增大。

若圆试样外周带缺口,由于缺口处的应力集中,裂纹直接在缺口或缺口附近产生。此时,其纤维区不再在试样断口的中央,而沿圆周分布。裂纹将从该处向试样内部扩展。若缺口较钝,则裂纹仍可首先在试样中心形成。但由于试样外表受到缺口的约束而大大抑制了剪切唇的形成,如图 7 - 5 所示。

拉伸时不出现缩颈的脆性金属材料,如钢材质有问题或在深低温拉伸,则会出现结晶断口,由一个个穿过晶粒的结晶小平面组成,这种小平面称为微观上解理面,在阳光下转动断口平面时可看到解理小平面的闪光。出现结晶断口表示材料很脆。

2. 人字纹

拉伸试样如果是矩形或 T 形截面,断口表面常出现人字纹,如图 7-6 所示。人字纹相当于圆柱试样的放射区,因裂纹主要向宽度方向发展的缘故。因此可根据人字纹尖端所指方向去找到裂纹源。但如矩形截面极窄,两侧有缺口时,由于裂纹扩展时在两侧缺口处的速率比中间大(无缺口时,中间部分裂纹扩展领先于两侧),因此人字纹尖端指向与裂纹扩展方向

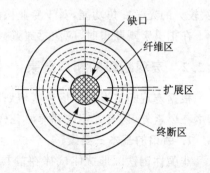

图 7-5 缺口拉伸试样的断口形貌示意图

一致,与上述无缺口的光滑试样正好相反,裂纹源应从人字纹的尖端的反方向去找,如图 7-7 所示。

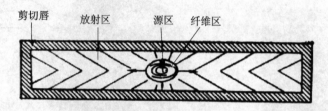

图 7-6 矩形拉伸试样的断口形貌示意图

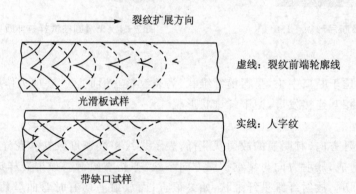

图 7-7 无缺口与有缺口板材的断口上人字纹及裂纹扩展方面

3. 海滩花样

机械构件在交变应力下,裂纹不断扩展形成的断口称为疲劳断口。疲劳断口一般由疲劳核心(源)区,疲劳扩展区(海滩花纹区)以及瞬断区(最终快断区,常呈粗糙纤维状)组成。其中海滩花样(也有称贝壳花样)是疲劳断口的特征要素,海滩弧形凸向裂纹扩展方向,其起始区则为疲劳源区,见图 7-8。

4. 冲击试样断口

在冲击载荷下,试样断裂处受到的应力状态与静载荷下差异很大,致使断口形貌分布有较大差异,但三个基本要素不变。

冲击试样断口的示意图见图 7-9,可见在缺口附近形成裂纹源,然后是纤维区,放射区及剪切唇,剪切唇沿无切口的其他三侧边分布。纤维区同放射区或剪切唇相连接的边界常呈弧形。

冲击断口的另一特征是,由于在摆锤的冲击下,V 形缺口一侧受张应力,不开缺口的另一

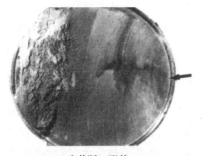
(a) 疲劳断口形貌

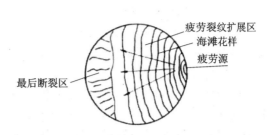
(b) 疲劳断口三个区域示意图

图 7 - 8　疲劳断口及三个区域示意图

侧受压应力,在整个断面上受力方向不同,因此当受张应力的放射区进入受压区时可能消失而重新出现纤维区。于是出现了放射区两侧同时存在纤维区的断口形貌。如若材料的塑性足够好,则放射区完全消失,整个截面上只有纤维及剪切唇两个区域。

　断口上二次出现纤维区的主要原因是,当裂纹进入压应力区时,压缩变形对裂纹的扩展起着阻滞作用,使扩展速度显著降低。如果受压侧的塑性变形区很小,则二次纤维区消失,代之以放射区,但可看到,当快速扩展的放射区进入受压区时,新的放射区与先前的放射区将不在同一平面上,而有某种程度的高度差。

　钢材的冲击断口的形貌可以只有纤维区和剪切区(包括放射区、剪切唇),这是韧性断口;也可以只有结晶区,这是脆性断口;也可以是由韧性断口到脆性断口全都出现的混合断口,见图 7 - 10。这是由于冲击试验有缺口效应,加载速率(或变形速率)大,因此,从冲击试样的断口形貌上更易看到由韧性断口到脆性断口的变化,也就是说,拉伸时出现韧性断口的试样,在冲击时可能表现出脆性断裂的形貌来。

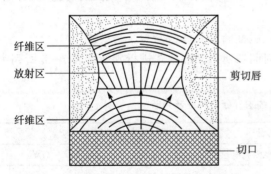

图 7 - 9　V 形缺口试样的冲击断口示意图

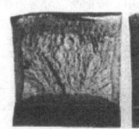

图 7 - 10　不同冲击断口形貌　3∶1

7.2.3　宏观断口的特征及判断

　根据宏观断口的基本要素可以对断口进行区域划分、基本性质的识别,但要进行宏观断口的较全面分析并作出正确判断时,需要全面综合宏观断口的各个特征。

1. 宏观断口的基本特征

在宏观断口分析中,通常把宏观断口的特征归纳为以下六个方面。

（1）宏观断口上的花样

断口上是否存在放射状花样及人字纹。这种特征一方面表征裂纹在该区的扩展是不稳定的、快速的;另一方面,沿着放射方向的逆向或人字纹尖顶,可追溯到裂纹源所在位置。断口上是否存在弧形迹线(海滩花样),这种特征表明裂纹在扩展过程中,由于应力状态(包括应力大小的变化、应力持续时间)的交变、断裂方向的变化、环境介质的影响,以及裂纹扩展速度的明显变化都会在断口上留下此种弧形迹线,如疲劳弧线等

(2)断口的粗糙程度

实际断裂失效件的断口表面由许多微小断面组成,这些小断面的大小、曲率半径以及相邻小断面的高度差(台阶),决定整个断面的粗糙度。不同的材料、不同断裂方式,其粗糙度可有很大的不同。一般的情况而言,断口越粗糙,即表征断口特征的花样越粗大,则剪切断裂所占的比例越大;如果断口细平、多光泽,或者花样越细,则晶间断裂、解理断裂所起的作用也越大。

(3)断面的光泽及色彩

由于构成断面的许多小断面往往具有特有的金属光泽与色彩,所以当不同的断裂方式所造成的这些小断面集合在一起时,断面的光泽及色彩会发生微妙的变化。例如:准解理、解理断裂的金属断口,常可以看到闪闪发光的小刻面。如果断面有相对的摩擦、氧化以及受到腐蚀时,断口的色泽将完全不同。

(4)断面与最大正应力的夹角(倾斜角)

不同的应力状态、不同的材料及外界环境,断口与最大正应力的夹角不同。在平面应变条件下断裂的断口与最大正应力垂直。在平面应力条件下断裂的断口,与最大正应力呈45°交角。

(5)特征区域的信息

断口特征区域的划分和位置,分布及面积的大小等。

(6)材料缺陷在断面上所呈现的特征

若材料内部存在缺陷,则缺陷附近存在应力集中,因而在断口上留下缺陷的痕迹。

2. 宏观断口的基本判断

构件失效分析中一般把断裂分为韧性断裂、脆性断裂及疲劳断裂三类模式。

根据上述断口的各个特征,可从宏观角度对断口所属断裂模式进行判断。表7-5所列为三类断裂模式的宏观断口特征及判断。

表7-5 三类断裂模式的宏观断口特征及判断

特征参量		韧性断裂		脆性断裂		疲劳断裂	
		正断型	切断型	缺口型	低温脆断	低周	高周
花样	放射花样	不出现	一般不出现(高强度钢会有)	明显	不甚明显	较不明显,板材上有近于平行的人字纹	极细
	海滩花纹	—	—	—	—	应力大时明显	有(应力幅小时不明显)
粗糙度		粗糙,粗锉齿状	较光滑	粗糙	粗糙	较光滑	很光滑
						粗糙度在扩展区与扩展速度成正比	
色泽		暗灰色	较弱金属光泽	白亮近金属光泽	结晶状金属光泽	在扩展区,扩展慢则趋白亮	
与最大正应力交角		呈直角	45°	直角	直角	扩展慢:直角 扩展快:约45°	直角

7.3　断口的微观分析

断口的微观分析一般指在数十倍至上万倍显微镜下对断口进行的观察分析。由于断口高低起伏大，目前主要以扫描电子显微镜为手段，分析在电镜下的断口微观形貌。断口的典型微观形貌主要有沿晶断口、解理断口、准解理断口、韧窝断口以及疲劳断口等。实际断口中，单一机制、典型形貌的是少数，不典型形貌占多数，而且常处中间状态，需要抓住实质进行全面推敲。

7.3.1　断口的微观分析方法

扫描电子显微镜在进行断口分析方面具有极大的适应性：景深大、分辨力较高、放大倍率可在一定的范围内连续变化，并且可以直接观察尺寸较大的断口（大样品室扫描电镜可观察的断口尺寸达 80～120 mm）；同时，可进行微区化学成分、晶体取向测定等一系列分析工作。虽然用于直接观察的还有其他的电子仪器，但扫描电镜仍是目前观察断口最实用的工具。在使用扫描电镜观察断口过程中除要充分利用这些特点外，还要掌握一些基本的操作方法。

① 首先对断口在扫描电镜较低的放大倍率（5～50 倍）下作初步的观察，以求对断口的整体形貌、断裂特征区有较全局性的了解与掌握进而确定重点观察部位，切忌一开始就在高倍率下进行局部观察；

② 在断口宏观分析的基础上，找出断裂起始区，并对断裂源区（包括源区的位置、形貌、特征、微区成分、材质冶金缺陷、源区附近的加工刀痕以及异常外物损伤痕迹等）进行重点深入的观察和分析；

③ 对断裂过程不同阶段的形貌特征要逐一加以观察。以疲劳断口为例，除了对疲劳源区要进行重点观察外，对扩展区和瞬断区的特征均要依次进行仔细观察，找出各区域断裂形貌的共性与特性；

④ 识别断裂特征。在断口观察过程中，发现和识别断裂形貌特征是断口分析的关键。在观察未知断口时，往往是和已知的断裂形貌加以比较来进行识别。各种材料在不同的外界条件下的断裂机制不同，留在断口上的形貌特征不同。掌握这方面的知识与经验，是进行断口观察的前提与基础。在识别断裂形貌特征的基础上，还要注意观察各种形貌特征的共性与特性。例如对疲劳条带要区分是塑性还是脆性条带以及条带间距的疏密；

⑤ 拍摄断口照片。一般地讲，一个断口的观察结果要用以下几个部分的照片来表述：断口的全貌、断裂源区照片，以及反映扩展区、瞬断区特征的典型照片；

⑥ 对于判定断裂机理的微观形貌特征要用合适的放大倍率拍摄，以充分显示形貌特征细节为原则。对于不同区域疲劳条带间距的变化，最好采用同一放大倍率拍摄，使人一目了然。

7.3.2　沿晶断口

金属材料沿晶界开裂的现象称沿晶界断裂或晶界断裂。晶界往往是析出相、夹杂物和元素偏析较集中的地方，因此，晶界强度会削弱，例如，不锈钢中的 $M_{23}C_6$ 沿晶界析出，常引起沿晶脆断。某些合金钢中的 P、Sn、As、Sb 等元素沿晶界偏析时会导致回火脆性而导致沿晶界断裂等。

沿晶断裂多属脆性，微观上为冰糖状断口，见图 7-11。在某些情况下，例如由于过热而导致的沿原奥氏体晶界开裂的石状断口，在石状颗粒的表面上有明显的塑性变形存在，呈韧窝特征,而且韧窝中常有夹杂物,这种断口成为延性沿晶断口。贝壳状断口亦属这种延性沿晶断口。

很多金属在环境介质侵袭下发生脆断时,如应力腐蚀开裂、氢脆和液态金属脆化等,常形成晶界断裂断口,图7-12所示为氢脆导致的沿晶开裂。

图7-11 沿晶开裂断口形貌(SEI) 750× 　　图7-12 氢脆断口形貌(SEI) 700×

虽然碳化物沿晶界析出、氢致脆化、应力腐蚀等引发的断裂均可形成沿晶断口,但仍然可以从晶面上的形态等方面找到差异,见图7-13。

图7-13 几种沿晶开裂形貌差异示意图

7.3.3 解理断口

解理是金属或合金沿某些严格的结晶学平面发生开裂的现象。一般呈脆性特征,很少发生塑性变形,宏观上为结晶状。

解理断裂通常发生在体心立方点阵和密排六方点阵的金属或合金中。在特殊情况,例如,应力腐蚀条件下,在面心立方点阵的金属中也会发生。在体心立方点阵的金属中,解理主要沿{100}晶面发生,有时也可能沿基体和形变孪晶的界面{112}面发生。在密排六方点阵的金属中,解理则沿{0001}面。

低温、高应变速率、应力集中(如有缺口时)及粗大晶粒均有利于解理的发生,裂纹一经形成,就会迅速传播,往往会造成灾难性的破坏。

金属解理断口的微观形态特征以河流花样最为突出,其形成原因是解理往往并不是像云母解理那样,沿单一的结晶学平面进行,而是沿着相互平行的许多平面以不连续的方式开裂的。不在一个平面上的解理裂纹在向前扩展时,通过二次解理或与螺型位错相交时产生割阶,即解理台阶,后者在裂纹扩展过程中逐渐会合,直至最后断裂。河流花样就是裂纹扩展中的解理台阶在图像上的表现,见图 7-14。

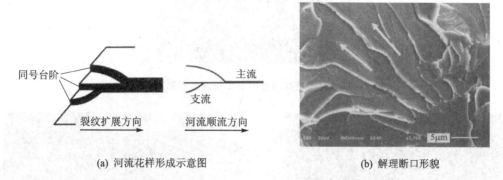

(a) 河流花样形成示意图　　　　　(b) 解理断口形貌

图 7-14　河流花样形成示意图及解理断口形貌

形成台阶后会消耗一定的额外能量,因此河流花样会趋于合并,河流花样从支流汇合成主流,这样一来,河流的流向恰好与裂纹的扩展方向一致。逆流而上就能找到裂纹的起始区。通常河流花样起源于晶界或孪晶处。

当解理裂纹越过倾斜晶界时,河流花样呈连续变化,从前一个晶粒延伸到下一个晶粒,如图 7-15(a)所示;当解理裂纹越过扭转晶界时,河流花样呈现不连续变化,在晶界边界上出现许多小裂纹,在扩展过程中汇合成大裂纹,小解理台阶汇合成大解理台阶,这个晶粒边界就成了河流的起始点,如图 7-15(b)所示。在实际的多晶体组织中,小角度晶界与扭转晶界没有截然的区别,因此在晶界或亚晶界处经常可以观察到河流花样越过或停止这两个混合形态同时存在的现象。图 7-16 所示为解理的河流花样通过小角度扭转晶界的形貌。

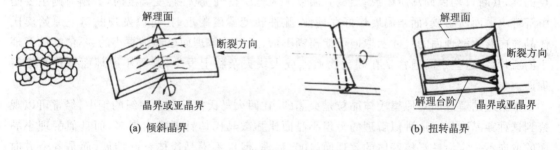

(a) 倾斜晶界　　　　　　　　　　(b) 扭转晶界

图 7-15　晶界与河流花样示意图

解理断口的另一个特征是舌状花样。它的形成机理大致是:沿主解理面{100}面扩展的裂纹与孪晶面{112}面相遇时,裂纹在孪晶处沿{112}面分出一个二次裂纹,即二次解理,而孪晶以外的裂纹仍沿{100}面扩展。二次裂纹扩展一段距离后,当主裂纹与二次裂纹之间的材料因形变增大而破裂时,整个裂纹又回到{100}面上继续扩展。因此,获得外貌类似舌头的特征花样,称为舌状花样,见图 7-17。

在解理断口上有时还可见到羽毛花样,或称解理扇花样,以及青鱼骨状花样,见图 7-18。在青鱼骨状花样中,其中部为沿{100}面⟨100⟩方向解理,而两侧为沿{100}面⟨110⟩方向或沿{112}面⟨110⟩方向解理。

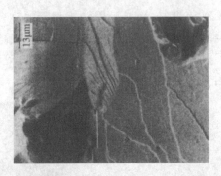

图 7 - 16　河流花样通过小角度扭转晶界形貌(SEI)

图 7 - 17　解理舌状花样　6000×

图 7 - 18　解理鱼骨状花样

7.3.4　准解理断口

　　准解理断口是一种基本上属于脆性断裂范围的微观断口,也是介于解理断裂和韧窝断裂之间的一种过渡断裂的形式。例如在已经淬火形成马氏体及随后回火析出细小网状碳化物质点的钢,其断口均由韧窝所组成;当试验温度大大低于韧性-脆性转变温度时,其断口则主要是由解理小平面所组成;而当温度恰好在韧性-脆性转变温度附近时,可以发现断口上原始奥氏体晶粒内有效解理面的尺寸及取向可能模糊不清,真正的解理面已经被更小的、不清晰的解理小面所代替,这些小面通常是在碳化物质点或大块夹杂物上发生,这些小解理面被称为准解理面。

　　准解理的解理面对原奥氏体晶粒是穿晶的,在回火马氏体等复杂组织的钢中,经常可以观察到这种穿晶断裂。这种似解理的平坦小晶面比弥散马氏体针要粗大得多,而且似解理小晶面的取向不一定沿铁素体基体的解理面{100}解理,但也不沿马氏体针叶伸展,而是各个方向都有可能解理。通常把这种既似于解理断裂又不同于解理断裂的断裂方式称为准解理断裂。

　　准解理过程为不连续的断裂过程,各隐藏裂纹连接时常发生较大的塑性变形,形成所谓撕裂棱,或形成微孔聚合的韧窝,有时甚至形成韧窝带。至今被人们普遍接受的准解理模型如图 7 - 19 所示:首先在不同部位同时产生许多解理小裂纹,然后这种解理小裂纹不断长大,最后以塑性方式撕裂残余连接部分。按上述模型断裂的断口上最初和随后长大的解理小裂纹即成为解理小平面,而最后的塑性方式撕裂则表现为撕裂棱(或韧窝、韧窝带)。

　　准解理的特征如下:大量高密度的短而弯曲的撕裂棱线条、点状裂纹源由准解理断面中部向四周放射的河流花样、准解理小断面与解理面不存在确定的对应关系及二次裂纹等。图 7 - 20 为典型的准解理断口图,在该图中可以看到撕裂棱和解理面同时存在。

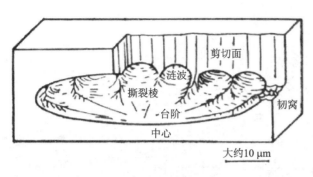

图 7 - 19 准解理断面的示意图

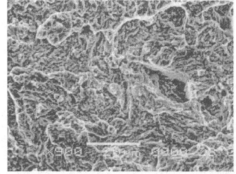

图 7 - 20 典型准解理断口(SEI) 800×

解理断口与准解理断口之间的主要区别见表 7 - 6。

表 7 - 6 解理断口及准解理断口主要区别

特征点	准解理断口	解理断口
生核的位置	夹杂、空洞、硬质点,晶内	晶界或其他界面
扩展面	不连接、局部扩展、碳化物及质点影响路径、非标准解理面	标准解理面连接
连接	撕裂棱、韧窝、韧窝带	次解理面解理、撕裂棱
断口形态尺寸	原奥氏体晶粒大小,呈凹盆状	以晶粒为大小,解理平面

7.3.5 韧窝断口

韧窝断口是一种断裂过程中伴随大量塑性形变的断口,纤维状断口、剪切断口均属于该类断口。当应力超过材料的屈服强度之后,材料开始塑性形变。在材料内部的夹杂物、析出相、晶界、亚晶界或其他塑性流变不连续的地方发生位错塞积,产生应力集中,进而开始形成显微缩孔。随着应变的增加,显微孔洞不断增大,相互吞并,直到材料发生缩颈和破断。结果在断口上形成很多酒杯状微孔坑,一般称为韧窝。

韧窝的形状与材料断裂时的受力状态有关。单轴拉伸造成等轴韧窝,见图 7 - 21。剪切和撕裂均造成拉长的或呈抛物线状韧窝,见图 7 - 22。它们的区别仅在于前者的匹配断口上的韧窝指向相反,而后者指向相同,如图 7 - 23 所示。

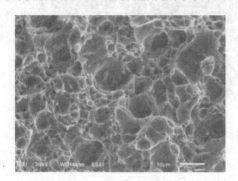

图 7 - 21 正韧窝形貌(SEI)

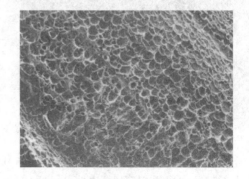

图 7 - 22 抛物线状韧窝(SEI) 300×

韧窝的大小和深浅取决于材料断裂时微孔生核数量和材料本身的相对塑性。如果微孔生

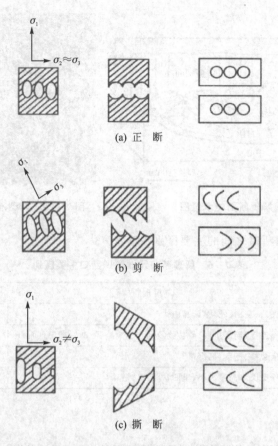

图 7 - 23　韧窝形成的 3 种基本形式

核数量很多或材料的相对塑性较低,则韧窝的尺寸就较小或较浅;反之,尺寸较大或较深。通常韧窝越大越深,材料塑性越好。

图 7 - 24 所示为由夹杂物生核的韧窝,可见韧窝尺寸与夹杂物的大小有直接关系。

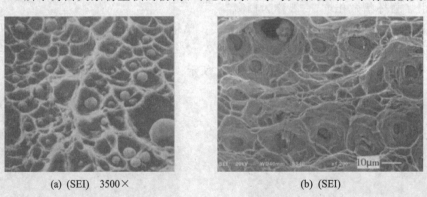

　　(a) (SEI)　3500×　　　　　　　　　(b) (SEI)

图 7 - 24　韧窝大小与夹杂物尺寸的关系

　　断口上韧窝花样形态变化与材料性能有关,还与应力状态有关,如某些塑性很好的材料,在大的韧窝中可以观察到范性形变过程的痕迹——蛇形滑移等。

　　当金属在外载荷作用下产生塑性变形时,在金属内就会沿着一定的晶体学平面和方向产生滑移。由于绝大多数金属材料为多晶体,位向不同的晶粒间相互约束,滑移必然是沿着多个

滑移系进行,滑移系相互交叉。结果在断口上
呈现出蛇行滑动特征,如图 7-25 所示。若形变
加剧,则蛇行滑动花样因变形而平滑,形成涟波
花样。继续形变,涟波花样也将进一步平坦化,
在断口上形成无特征的平坦面,称为延伸区或
平直区。

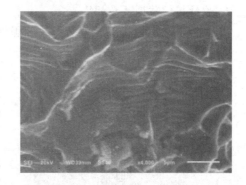

图 7-25　韧性断口上蛇行滑移形貌

　　实际工程合金材料总是存在着缺陷,滑移
总沿阻力最小方向进行。由于滑移分离而产生
新的表面,在多次滑移中这些新表面弯曲交错
而形成蛇行滑动;进一步变形,蛇行滑动平坦化
而变成涟波状,同时又有新的滑移系在最有利
的位置处产生,形成新的蛇行滑动区;继续变形,涟波变得模糊,成为无特征的延伸区。

　　有时在比较大的韧窝的壁上也可看到蛇行滑动、涟波、延伸区特征。

7.3.6　疲劳断口

　　疲劳断裂是一种断裂方式,疲劳裂纹的产生和扩展随材料及其均匀性、晶体取向、应力水
平、循环频率以及环境等的变化而变化。

　　疲劳断口由疲劳源区、疲劳裂纹扩展区和瞬时断裂区组成。在疲劳扩展区裂纹扩展缓慢,
断口较为平滑,颜色常较深,这是因为疲劳裂纹常与外界相通,有空气或其他介质侵入,使之发
生氧化或腐蚀所致。疲劳断口的特征形貌主要表现在疲劳扩展区。

　　疲劳断口表面的最明显的微观特征是在扩展区的疲劳条纹(疲劳辉纹),它们是一些弯曲
的条纹,其特征如下:

　　① 本质上相互平行,并与裂纹传播方向相垂直;

　　② 在断面的局部地区总是成组存在,是连续的并且有基本相等的长度;

　　③ 由于材料内部显微组织(晶粒取向、晶界和第二相质点等)的差异,裂纹扩展可能会由
一个平面转移至另一个平面,因此不同区域的疲劳条带有时分布在高度不同、方向有别的平面
上,见图 7-26;

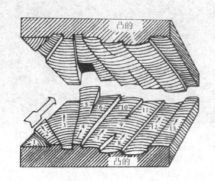

(a) 疲劳条带分布示意图

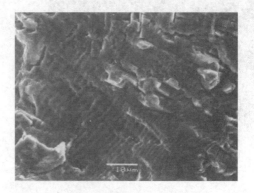

(b) 高温合金疲劳断口上的疲劳条带

图 7-26　不同平面不同方向上的疲劳条带

　　④ 随应力循环振幅而改变其间距;

⑤ 数量与加载循环数相等。

疲劳条纹有两种,即韧性疲劳条纹和脆性疲劳条纹,其示意图见图 7-27。

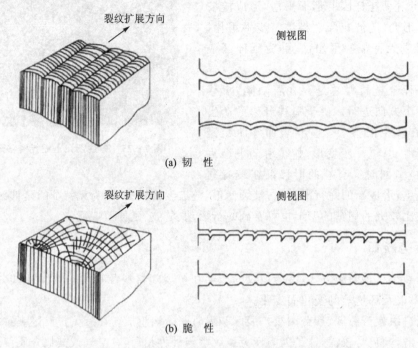

(a) 韧 性

(b) 脆 性

图 7-27　塑性疲劳条带和脆性疲劳条带示意图

　　韧性疲劳条纹较为常见,它的形成与材料的结晶学之间无明显联系,有较大的塑性变形,表现条纹间距均匀规则,见图 7-28。

　　脆性疲劳条纹的形成与裂纹扩展中沿某些解理面发生解理有关。在疲劳条纹上可看到把疲劳条纹切割成一段段的解理台阶,因此,脆性疲劳条纹的间距表现不均匀,断断续续的,见图 7-29。一般脆性疲劳条纹不常见,有时会与韧性疲劳条纹共存。

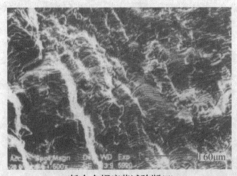

(低合金钢疲劳试验断口)

图 7-28　塑性疲劳条带

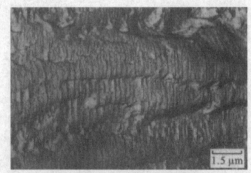

(302不锈钢425 ℃缺口拉伸疲劳断口)

图 7-29　脆性疲劳条带

　　在疲劳断口上有时还可见到与疲劳带平行相伴的二次裂纹,似与材料局部较脆有关,见图 7-30。

　　在超高强度钢中或在低周疲劳断口上,难以见到疲劳条纹,但在低、中强度钢中或在高周疲劳的断口上则较为容易出现疲劳条纹。

除疲劳条纹以外,在疲劳断口上有时还可见到类似汽车轮胎走过泥地时留下的痕迹,称为轮胎压痕花样,图 7 - 31 所示为 GH2132 高温合金在室温下的光滑疲劳断口。它是由于疲劳断口的两个匹配断裂面之间重复冲击和相互运动所造成的机械损伤,亦可能是由于松动的自由粒子(硬质点)在匹配断裂面上作用的结果。轮胎压痕不是疲劳本身的形貌,但却是疲劳断裂的一种表征。

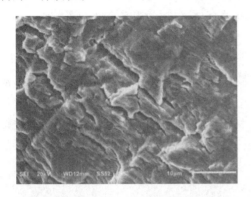 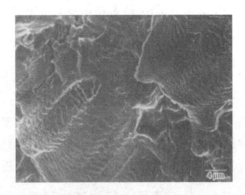

图 7 - 30　与疲劳辉纹相伴的二次裂纹形貌(SEI)　　　　图 7 - 31　疲劳断口上的轮胎花样(SEI)

另一种类似疲劳条纹的花样是摩擦痕迹。它是两个匹配断口表面在压应力作用下发生切变位移时造成的,是一次载荷作用的结果,属于机械伤痕,因此,不能作为疲劳断裂的可靠表征,应注意区别。

7.4　失效分析的思路、原则和程序

金属构件失效分析的目的是找出导致构件失效的原因及其影响因素,由此制定改进及防患措施,以防同类失效现象重复发生。

失效模式的诊断是金属构件失效分析中重要的以及主要环节。在具体的失效分析过程中应遵循一定的思路、原则和程序。

7.4.1　失效分析基本思路

金属构件的失效过程往往是多因素协同、损伤累积的过程,其"因"与"果(失效)"往往不是单一对应关系,常是一"果"多"因"(当然有主、次)。而具体的失效分析往往受到时间、空间以及试样有限等约束,这就要求必须有一个正确的思路来指导分析全过程,才能减少失效分析工作中的盲目性、片面性和主观随意性,提高工作的效率和质量,获得失效的本质认识。

几种失效分析思路:

(1) 按失效模式的分析思路

首先判断失效模式,再分析推断失效原因。如轴的断裂失效,往往先确定是疲劳断裂还是过载断裂,然后在开裂起源处分析推断裂纹产生的原因。这是应用较多的一种分析思路。

(2) 逻辑推理分析思路

以现实的失效事实信息为前提,根据失效分析基础理论及判据,通过严谨逻辑思维,推断出构件失效的过程和原因。实际上,在失效分析的各个阶段都可用推理方法,一系列的推理链组成了失效分析全过程。因此,逻辑推理思路是失效分析的基本思路。常用的逻辑推理方法具体有：归纳推理、演绎推理、类比推理、假设性推理和选择性推理等。

（3）全因素失效分析思路

一个构件从原材料直到失效,其中要经历许多环节：设计、选材、机加工、热加工、安装、使用、环境等。对每个环节可能出现的问题进行分析,逐个因素排除,最后找出失效主要原因。这种分析思路工作量往往很大,一般用于大型复杂系统失效分析的前期工作,可初步确定与失效相关的一两个环节；也常用于是仲裁分析中,对有关环节的各方都有一个评估,确定主要原因。

（4）失效树分析法

用从结果到原因的有方向逻辑路径(主杆及分枝)→逻辑树描绘事件发生,是一种图形演绎分析方法,缩写为 FTA(Fault Tree Analysis)。它可围绕某些特定的状态作层层深入分析,表达系统内在联系,指出失效件与系统间逻辑关系。定性分析可找出系统的薄弱环节,确定事故原因的各种可能组合方式。由于这种思路往往止于定性分析,因此常用于失效分析工作的后期,作为辅助的审查方法以发现失效分析中漏洞。

7.4.2 分析思维过程的基本原则

不同的构件失效事件可选择不同的失效分析思路。采用不同的分析手段,但为保证失效分析工作的顺利、结论可靠,具体分析思维应把握一些基本原则。

（1）整体观念原则

把失效件放到"人、机、物、料、法、环"的整体环境中考察,找出相互间的互动关系,逐个核对排查,从整体考虑列出的可能性问题。

（2）从现象到本质的原则

从失效现象可推断出失效类型,但无法推断出失效原因,必须深入研究分析,找出失效本质,才能提出有效防止同类失效的措施。

（3）动态性原则

失效过程常常是一个渐进、动态累积的过程,分析思维中要考虑到"装备—环境—工况—人"是动态的,互动的。

（4）两分法原则

对任何事物、事件、相关人证、物证应坚持两分法思考,即要考虑正与反、利与弊、好与坏等两方面的作用、影响等。

（5）紧抓信息异常的原则

构件失效过程中必然有一系列异常因素、异常变化、异常现象、异常后果等,这些异常信息是系统失控的客观反映。紧抓这些异常信息,是达到正确分析的必要条件。

7.4.3 失效分析基本程序

构件的失效分析过程犹如破案过程,其分析过程的复杂性、困难性在接受任务时往往难以预料。为保证失效分析工作顺利而有效地进行,首先必须制订一个科学而严密的分析程序。尽管构件失效情况千变万化,分析要求不尽相同,因而难以规定一个统一的具体程序,但仍可归纳出基本分析程序：明确分析要求,收集、归纳失效分析的现场、背景信息,检测分析,综合归纳,并提出结论(有时需验证),写出分析报告(包括建议等)。

（1）明确分析要求

具体构件失效分析的目的不同，其分析的深度和广度不尽相同，因此其着力研究的方向也不相同。

如有的仅须分析失效类型，有的要求分清责任（仲裁），有的要求分析原因并提出改进措施等。因此，首先应根据要求选择最经济的方法，取得最能满足需求的分析结果。

（2）收集、归纳失效件的现场、背景信息

① 了解失效件的服役环境、运行过程及失效过程，并把整体形貌（环境）拍摄记录；

② 失效件的失效部位、失效处宏观形貌（痕迹），检测并拍摄记录；

③ 了解失效件的材料、设计、工艺过程等背景信息；

④ 根据对现场收集的失效件（碎片组合等）宏观检测分析，选取实验室检测分析样品（注意编号），特别注意对失效部位（断口等）的保护。

（3）失效件的检测、分析

① 失效件的材料成分检测；

② 失效处损伤面或断裂面等痕迹分析、形貌分析（电镜分析）、组织分析（金相分析）、异常微区（夹杂、腐蚀等）成分分析（能谱分析）等；

③ 根据需要进行力学性能检验、探伤检测或残余应力测定等；

④ 根据需要进行应力分布分析。

（4）综合归纳提出分析结论

根据宏观、微观的检测分析结果、一些基本判据，有时还要根据力学（应力分布）分析，结合分析经验，参考历史案例，综合归纳出失效形式和失效原因。

（5）出具报告

失效分析报告应包括以下内容：

① 失效件的基本信息；

② 所进行的检测分析及结果；

③ 推断过程及结论；

④ 改进措施的建议。

7.5　断裂失效的诊断

断裂诊断要点如下：断裂类别、断裂的起始、断裂的发展路径以及裂纹起始区的相关信息（须经痕迹分析、电镜分析、金相分析等）。

断裂往往由开裂（裂纹）起始。裂纹是完整的金属在应力作用下，某些薄弱部位发生局部破裂而形成的一种极不稳定的缺陷。由于裂纹的存在不仅直接破坏了构件材料的连续性，而且多数裂纹尾端很尖锐，产生很大的应力集中而使金属在低应力下发生破坏。在特定的载荷或环境条件下裂纹产生并逐步扩展，当裂纹尺寸达一定临界尺寸时，构件就发生完全破断——断裂。

断裂处的自然表面称为断口，亦即造成构件完全破断的一条主裂纹所扫过的一个断面。因此，断口（面）是三维的，而裂纹是断面的某一截面，是二维的。

断口的结构和外形直接记录了断裂起因、过程和断裂时多种影响因素等综合信息。断口是断裂全过程最好的纪录者和见证者。因此，在分析裂纹时，往往打开裂纹以获更多破断的信息。有些时候,有的构件可能破断成许多块,这时可以把破坏构件的残骸拼凑起来,根据裂缝的分布规律,判断最先发生断裂的部位。

7.5.1 裂纹的分类及走向

按照裂纹形成的时期可分为生产过程形成的"工艺裂纹"和使用过程中形成的"使用裂纹"。裂纹分析诊断的主要内容是裂纹的走向及起始原因。

1. 裂纹的分类、特征及诊断

各主要类型的裂纹的形态特征以及形成原因简要介绍见表7-7。可根据各类裂纹的特征进行初步鉴别,并经比对进一步诊断。

表7-7 金属常见裂纹的名称、形成原因和形态特征

裂纹名称		裂纹形成原因	裂纹形态特征					其他特征
类别	名称		宏观形貌	源区位置	扩展途径	周围情况	末端	
铸造裂纹	热裂纹	形成于1250～1450℃的高温下,原因:① 在浇铸后的冷却过程中,金属冷却收缩应力过大;② 铸件在铸型中收缩受阻;③ 冷却严重不均匀;④ 铸型设计不合理,几何尺寸突变;⑤ 有害杂质多,并在晶界富集降低金属的强度和塑性	龟裂状(网状)	铸件最后凝固区或应力集中区	沿晶界扩展	有严重的氧化脱碳,有时还有明显的偏析、疏松、杂质和孔洞等缺陷	圆秃	
	冷裂纹	形成于较低温度,主要是由于热应力和组织应力造成		应力集中区	穿晶扩展	基本无氧化脱碳,两侧组织无异常	尖锐	
锻造裂纹	过烧裂纹	轧、锻前的加热温度过高	龟裂状	表面或形状突变处	沿晶扩展	有内氧化和脱碳	严重时呈豆渣状	基本组织也有过热过烧特征
	冷裂纹	终锻温度过低或锻造温度在A_{r3}～A_{r1}两相之间,铁素体沿晶析出,进一步锻造时沿铁素体开裂	呈对角线或扇形	应力集中处或在晶界铁素体处	穿晶扩展		无明显组织变化	
	热脆裂纹	钢内含硫量过高,锻造加热时在晶界处的FeS-Fe共晶熔化,锻造时开裂	龟裂状	表面或应力集中处	沿晶扩展	有硫化物夹杂		硫化物级别高,分布在晶界
	铜脆裂纹	钢内含铜量较高,或锻造加热时,铜渗入毛坯表面	龟裂状	表面或应力集中处	沿晶扩展	有铜或氧化铜夹杂	圆浑	晶界有铜
	折叠	表面突起部位被折叠	由表面开始倾斜	表面层		有氧化皮及脱碳层		

裂纹名称		裂纹形成原因	裂纹形态特征					其他特征
类别	名称		宏观形貌	源区位置	扩展途径	周围情况	末端	
锻造裂纹	欠热裂纹	轧、锻前加热保温时间不够,心部未热透;高合金钢中心碳化物偏析严重	放射状、爪状	锻件心部	穿晶扩展	稍有氧化脱碳或碳化物偏析		有的碳化物偏析严重
	皮下气泡裂纹	皮下气泡未清除干净	与表面垂直	次表面皮下气泡处	穿晶扩展	有时有氧化现象		一般较浅
	铸胚缩孔裂纹	钢锭切头不足,连铸钢拉制速度过快	缩孔顺变形方向变形	中心部位	沿晶	表面有氧化物		
	锻热裂纹	由锻比大、锻速快变形热升温引起	方坯对角线部位由中心交叉开裂	锻件心部开始	穿晶	有氧化层	尖锐	
焊接裂纹	冷裂纹	在温度100~300 ℃,因热应力和组织应力的共同作用产生,特别是由于该温度范围内氢气析出及聚集作用的结果	较刚直	应力集中处或组织过渡区(在热影响区内)	一般穿晶扩展	很少氧化脱碳	尖	
	热裂纹	在1100~1300 ℃,钢因热应力作用产生,与基体及焊条金属的成分有关,一般合金钢或含碳量高、强度高的钢、含氧量大的铜合金及使用低熔点焊条的铝合金容易产生裂纹	有时呈蟹脚状、网络状或曲线状	一般起源于焊缝区内	沿晶界扩展	有氧化脱碳,有时还有焊料		
	熔合线裂纹	热应力过大或表面有残留氧化物等		一般在熔合线处	一般穿晶扩展			
热处理裂纹	淬火龟裂纹	表面脱碳的高碳钢件,在淬火相变时,因表面层金属的比容相对小,受拉应力作用下所致	龟裂纹	脱碳表面层	沿晶扩展	很少氧化		一般限于脱碳层内,一般较浅
	淬火直裂纹	细长零件,在心部完全淬透的情况下,由于热应力和组织应力共同作用所致	纵向直线裂纹	应力集中或夹杂处	穿晶扩展	很少氧化	尖细	

续表 7-7

裂纹名称		裂纹形成原因	裂纹形态特征					其他特征
类　别	名　称		宏观形貌	源区位置	扩展途径	周围情况	末端	
热处理裂纹	过热裂纹	淬火加热温度过热或过烧,晶界弱化,在组织和热应力作用下沿晶开裂	网状或弧形	应力集中处	沿晶扩展	很少氧化	尖细	
热处理裂纹	淬火弧形裂纹	因冷却速度不足,产生(局部)未淬透或软点,在组织拉应力作用下开裂	一般呈弧形裂纹	应力集中处或组织过渡区	穿晶扩展	很少氧化	尖细	
热处理裂纹	回火裂纹	具有回火脆性的钢在回火脆性范围内回火,因冷却速度小,引发脆性	与应力有关	一般在应力集中处	主要沿晶扩展	呈喇叭口状	尖	
加工裂纹	磨削裂纹	由于磨削热引起组织转变(二次淬火)和应力再分配等原因引起	龟裂状,大部分垂直磨痕	被磨削的金属表层内	主要沿晶扩展	稍有氧化		
加工裂纹	皱裂纹	由于表面张力而引起	龟裂纹	沿纤维方向	穿晶		尖细	
使用裂纹	应力腐蚀裂纹	在腐蚀介质和拉应力的共同作用下产生	有时呈网络状	腐蚀介质并受拉应力的表面	穿晶或沿晶,呈树根状分布	近表的裂缝内有腐蚀物		
使用裂纹	蠕变裂纹	金属在高温下工作时产生	蜿蜒状	应力集中处	沿晶扩展	严重氧化		
使用裂纹	疲劳裂纹	在交变应力作用下产生	较平缓	多数在表面应力集中处	主要呈穿晶扩展	有时可观察到金属磨屑	尖	
使用裂纹	延性撕裂	所受载荷超过金属的强度极限而开裂	与剪切应力平行	一般在应力集中处	穿晶扩展			

2. 几种典型的裂纹分布形貌

(1) 淬火后发现的裂纹

构件的开裂很大一部分在热处理后发现。这些裂纹可能是热处理中形成的,也可能热处理前已生成的。对热处理中形成的裂纹,可能是热处理工艺不当引发的,也可能是原材料等方面的原因诱发的。大部分裂纹根据裂纹分布的形态等特征可推断出开裂的诱发原因。

图 7-32 所示为 65Mn 钢制成的销轴淬火后开裂的裂纹分布形貌,可见裂纹刚直,呈闪电状,端部纤细尖锐,两侧组织无氧化脱碳现象,为典型的淬火裂纹。其基体组织无过热、过烧迹象,可推断是冷却不当等原因诱发的淬火裂纹。

图 7-33 所示为近表层裂纹分布形貌。该样品为 40Cr 钢制成的轴套,淬火后发现表面局部有网状裂纹。可见裂纹曲折、沿晶状分布,裂纹与不规则脱碳区(铁素体)相伴,可推断是与表面局部残留有脱碳层有关的淬火裂纹。

注:经4%(体积分数)硝酸酒精溶液浸蚀。

图 7-32　淬火裂纹　200×

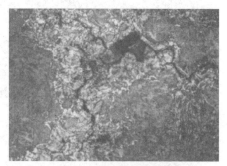

注:经4%(体积分数)硝酸酒精溶液浸蚀。

图 7-33　表面残留脱碳层诱发淬火裂纹　200×

图 7-34 所示为先期裂纹在热处理后的分布形貌,裂纹斜向直线状分布,裂面表层氧化脱碳,尾端由于高温呈圆浑,表明该热处理前的裂纹在热处理并无扩展。

图 7-35 所示为先期裂纹在热处理中进一步扩展的形貌,尾段无脱碳且刚直、尖锐,为热处理中进一步扩展所致;前段裂缝宽,两侧脱碳明显,为热处理高温所致。若裂纹经长期高温过程,裂面脱碳层的铁素体会趋柱状晶分布。

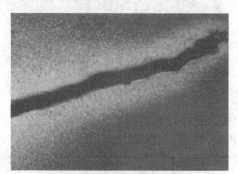

注:经4%(体积分数)硝酸酒精溶液浸蚀。

图 7-34　先期裂纹热处理后分布形貌　16×

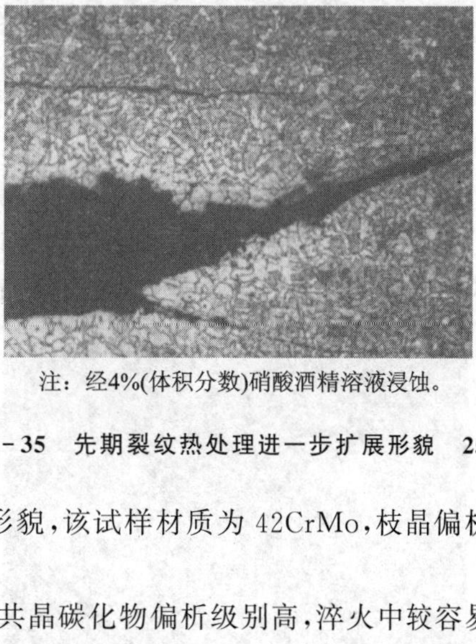

注:经4%(体积分数)硝酸酒精溶液浸蚀。

图 7-35　先期裂纹热处理进一步扩展形貌　250×

图 7-36 所示为淬火裂纹沿组织枝晶偏析分布形貌,该试样材质为 42CrMo,枝晶偏析发达,在淬火时,在很大的组织应力下发生开裂。

图 7-37 所示为 Cr12 模具淬火开裂形貌。由于共晶碳化物偏析级别高,淬火中较容易引发沿共晶碳化物网发展的裂纹,该试样已开裂至部分断裂。

(2) 锻造、轧制裂纹

锻造过程中过热、过烧引发的裂纹与热处理过程过热、过烧相似。锻造、轧制变形加工过程中裂纹以组织不协同流变为特征。

图 7-38 所示为 35CrMo 锻压过程中表层折叠裂纹形貌,裂纹一般不深,与外表呈斜向(约 45°)分布,裂纹两侧组织独立流变。

注：经4%(体积分数)硝酸酒精溶液浸蚀。

图7-36　沿枝晶偏析淬火开裂形貌　100×

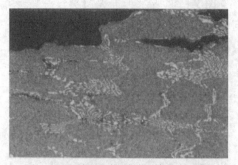

注：经4%(体积分数)硝酸酒精溶液浸蚀。

图7-37　沿网状共晶碳化物淬火开裂形貌　100×

图7-39所示为42CrMoS4钢锻件心部局部组织不协同变形产生剪切应力而开裂。

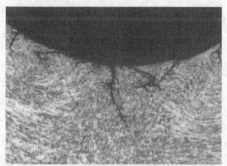

注：经4%(体积分数)硝酸酒精溶液浸蚀。

图7-38　锻压件表层折叠裂纹　200×

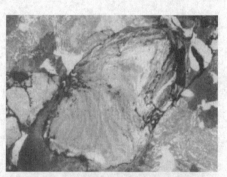

注：经4%(体积分数)硝酸酒精溶液浸蚀。

图7-39　锻件心部流变状裂纹　500×

（3）磨削加工裂纹

磨削裂纹在磨削表面呈细纹状，有时趋网状，但基本均垂直磨削道痕分布，见图7-40。在截面上裂纹大多与表面垂直，也有斜向沿晶状朝内伸展，均较浅，约0.5 mm，见图7-41。

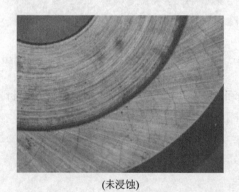

(未浸蚀)

图7-40　磨削面上磨削裂纹分布形貌　1:1

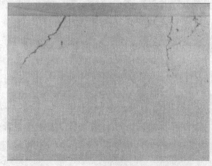

(未浸蚀)

图7-41　磨削裂纹在截面上分布形貌　50×

（4）使用中产生的裂纹

金属构件服役中表面若受到异常摩擦，瞬时产生高温，导致表面二次淬火，并造成次表层高温回火，表面二次淬火层因脆而开裂。图7-42所示为GCr15钢的大轴承外表，受异摩擦二次淬火形貌,表面白亮层为淬火马氏体区,次表层为回火区,表层依稀可见组织流变,表层的裂纹沿流变组织发展,随后垂直表面向内延伸。

图 7 - 43 所示为高温蠕变裂纹形貌,该试样为 Cr25Ni20Si2 铸件,在加热炉内高温下服役,由于碳化物沿晶偏析,晶界强度下降,发生蠕变开裂,裂纹蜿蜒沿晶状,两侧氧化严重。

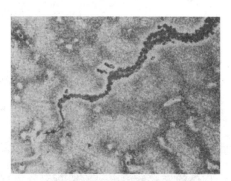

经4%(体积分数)硝酸酒精溶液浸蚀　　　　　　　　经4%(体积分数)硝酸酒精溶液浸蚀

图 7 - 42　GCr15 轴承表层　　　　　　　　　　　　图 7 - 43　Cr2SNi20Si2 铸件

二次淬火开裂形貌　100×　　　　　　　　　　　　高温蠕变裂纹形貌　200×

3. 主裂纹及裂纹走向、裂纹源的判断

如果某一失效构件只是部分断裂,或者虽完全断裂但只破断成两部分,此时问题比较简单,只要对断口进行分析找出裂纹源,确定断裂性质,就可初步判断导致断裂的原因。实际上,失效构件上的裂纹常常有好几条,这就要求先判断出主裂纹及裂纹,然后判断走向、裂纹源区,再进一步分析判断裂纹类别及裂纹起始原因。

裂纹的扩展方向主要遵循两个原则:其一,应力原则——裂纹的走向与主应力的垂线重合;其二,强度原则——裂纹总是沿阻力最小路线(如缺陷处)发展。实际裂纹走向就是这两原则的综合作用。

主裂纹判别的 3 个法则如下:

① T 形法则。如果失效件上有一条裂纹与另一条裂纹相遇并垂直,因为在同一零件上,后来产生的裂纹是不可能穿越原有裂纹而扩展的,所以这条裂纹是后来产生(晚生)的,如图 7 - 44(a)所示,因此,裂纹源只能是在主裂纹上,这就是 T 形法则。根据裂纹源区的裂纹相对较宽的特点及其他信息可判断源区位置(图中"O"处)。

② 分枝法则。在相对较大载荷下引发的快速扩展的裂纹,在扩展中有时会出现分枝(即二次裂纹),通常主裂纹较二次裂纹宽而长,裂纹源区一定在主裂纹上,且通常在二次裂纹扩展的反方向上,这种判断方法称为分枝法则,如图 7 - 44(b)。

③ 变形法则。裂纹扩展过程中,有效承载面积不断减小,实际承载应力也随之增大,因此韧性材料随着裂纹的扩展,表面残留变形也随之增加,这也是判断裂纹发展顺序的变形法则。图 7 - 44(c)所示构件断裂过程为 A→B→C。

裂纹走向除上述 3 个判别法则外,还有氧化法,即氧化腐蚀区为先期裂纹。

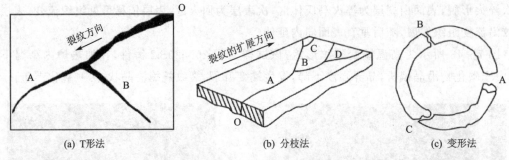

(a) T形法　　　　　　(b) 分枝法　　　　(c) 变形法

注：O—裂源；A—主裂纹；B、C、D—二次裂纹。

图 7-44　主裂纹判别方法

7.5.2　三种典型断裂模式特征及诊断

构件的失效分析中一般把断裂分为韧性断裂、脆性断裂以及疲劳断裂三大类。这种诊断分类是失效分析中主要的内容,但仅是分析的第一步,有些文献中称之为一级失效模式分析。

有关断口的宏观、微观特征、形成机理在 7.1~7.3 节中已作介绍,本节进一步结合三类断裂模式的金相组织、应力状态等方面的特征,形成综合判断依据。

韧性断裂、脆性断裂以及疲劳断裂三类典型断裂的形貌、特征等见表 7-8,可同时参考表 7-5,并通过比较,可为最终判断提供较充分的依据。

表 7-8　三类断裂模式特征

检测分析项目	韧性断裂	脆性断裂	疲劳断裂
断裂处宏观特征	断裂位置附近有明显的宏观塑性变形	断裂位置及其附近均无明显(或很小)的宏观塑性变形	断裂位置附近没有明显的宏观塑性形
断口宏观形貌	粗糙、色泽灰暗、呈纤维状;边缘有与零件表面呈45°角的剪切唇	可呈结晶状(有反光)、石状或放射状。断口匹配面吻合好,断面粗糙	断口齐平、光滑,有海滩花样和放射棱线,有的有疲劳台阶特征。可分为疲劳源区、扩展区和瞬断区三部分。疲劳源区颜色相对于瞬断区较暗,氧化较重,较光滑
断口微观形貌	以韧窝花样为主	通常可见解理、准解理、沿晶等特征	疲劳条痕特征,如疲劳条带、平行的二次裂纹带、韧窝带、轮胎花样等
起始部位	应力最大处	在应力集中部位或有表面缺陷、内部缺陷处	疲劳源区一般位于零件表面应力集中处或缺陷处、内部缺陷处
近断口金相组织	表面金相组织有明显的变形层,若有脆性镀覆层,会有破裂现象	表层组织无变形。可能晶粒粗大,夹杂多,脆性沿晶分布等	可能有变形层,若有脆性镀覆层,有破裂现象
应力状态	静应力大于材料的屈服强度	断裂发生时常有动载荷存在,或有冲击载荷作用	交变动载荷,一般大于材料破断处的疲劳极限
其他	可能在韧—脆转变温度以上	断裂具有突然性,可能在材料的韧—脆转变温度以下	可能有腐蚀的促进作用

7.5.3　断裂的走向及负荷状态的判断

1. 断裂的走向及起始判断

判断断裂走向,寻找断裂的源区是失效分析的重点内容之一。判断断裂的走向一般在宏观断口上,而微观分析常作为佐证或补充。由断裂的走向反向追寻到源区。

断口走向的信息主要源于断口上的典型花样及分布:放射线的发散方向、剪切唇、人字纹以及海滩花样推进方向等。

(1) 杯-锥状断口的走向

典型的断口有 3 个区:断裂起始于纤维区,由纤维区起始的断裂扩展至放射线区以及最后断裂的剪切唇区。放射线的发散方向指向断裂扩展方向,放射条纹的收敛处为断裂源区。剪切唇可判断为终断区。纤维区和放射区均与应力轴线基本垂直,而剪切唇区一般与应力轴呈 45°角。

(2) "人"字花样走向

在矩形的放射状断口上,其放射条纹往往呈现人字花样,"人"字纹的头部指向断裂源,见图 7-45。当板材断口的两侧有预先缺口时,其"人"字纹方向与无缺口板材的相反,即人字纹头部指向断裂发展方向。

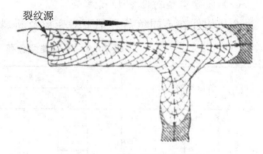

(a) 断口形貌　　　　　　　　　　　(b) 断口走向示意

图 7-45　"人字"纹分布形貌

(3) "海滩"花样走向

海滩花样是疲劳断口的基本特征,海滩的扩展方向即为断裂扩展方向,其平行弧线的起始区即为疲劳断裂的源区,见图 7-8。

2. 多个断裂源区的先后顺序判断

一个断口上有时不止一个源区,尤其是疲劳断口,会有多个起始区。有时一个起始区内会有多个源头(多个小台阶),称为多源启动。当一个断口有多个起始区时,就要求判断各个断裂源的先后顺序,找出作为最初源区分析重点。当然,最初裂源不一定会发展为主断面,在失效分析中要具体掌控分析重点。

多个断裂源区的先后顺序判断方法如下:

(1) 根据断面氧化程度判断

先期开裂处氧化相对严重,可根据氧化色(尤其经高温过程)、氧化产物等进行判断。

(2) 根据断面的粗细程度判断

先期开裂处断面相对细密,后期开裂处断面相对粗糙。这是由于先期开裂时应力相对小,而后期开裂时有效截面已减小,承载应力相对大(在外载荷不变情况下),断面就会相对粗糙。

（3）疲劳断口上按疲劳弧线疏密程度判断

在同一个断面上,若同时存在几个点状疲劳源时,应根据疲劳弧线的疏密程度,疲劳源区的光泽度和次生台阶情况来确定疲劳源的起始次序。由于最初疲劳源区相对其他疲劳源区所受的应力小、裂缝扩展速率慢、经历交变载荷作用的时间长(摩擦次数多)等。因此,一般疲劳弧线密度大,且密度越大,起源的时间越早、经历疲劳摩擦时间越长,断面一般更光亮平细。图7-46为疲劳断口上有3个源区的示意图,由于疲劳源1处的疲劳弧线密度最大,因此疲劳源1产生在先,其次是疲劳源2,最后是疲劳源3。

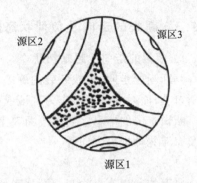

图7-46　疲劳断口上裂源次序示意图

3. 断裂的负荷状态诊断

断面的形貌、源区位置基本可反映应力状况及应力分布。

（1）应力大小对断面形貌影响

相对于具体材料的强度,应力高时断面粗糙,应力低时断面平细。对于疲劳断口,终断区比例高,则应力高,反之则应力低。

（2）负荷类型对断裂形式影响

金属构件在不同负荷类型下对变形及断裂形式的影响见表7-9。

表7-9　不同类型负荷下的变形方向及断裂形式

负荷类型		变形方向		断裂形式	
		正 向	切 向	正 断	切 断
压 缩					
拉 伸					
剪 切					
扭 转					
纯弯曲					

负荷类型		变形方向		断裂形式	
		正　向	切　向	正　断	切　断
切弯曲					
压　入					

不同负荷、应力状态对疲劳断口形貌的影响见表 7-10。

表 7 - 10　负荷类型、应力集中程度和负荷大小对疲劳断口形态的影响

特征点	高负荷			低负荷		
	无应力集中	中应力集中	大应力集中	无应力集中	中应力集中	大应力集中
负荷类型						
抗压或单向弯曲						
平面对称弯曲						
旋转弯曲						
扭　转						

7.5.4 断裂诱发因素分析

任何金属构件断裂(包括开裂)的发生,均是构件所承受的外力超过了构件本身所具备的抗力的结果,这可能是外力超出了设计时的界定,也可能构件材料强度低于了设计要求。其中外力包括外加载荷(含异常冲击等)、磨损、腐蚀和损伤等,而抗力是指强度、抗磨损及抗腐蚀等。

无论是因为载荷过大还是构件材料强度不足,都要以断裂的综合判断为基础,再进行深入分析,找到具体原因:环境因素估计不足、不全面或出现异常,材料有缺陷、加工不当导致附加应力(应力集中、残余应力)、使用不当等。

图 7-47 为断裂诱发因素分析示意图。

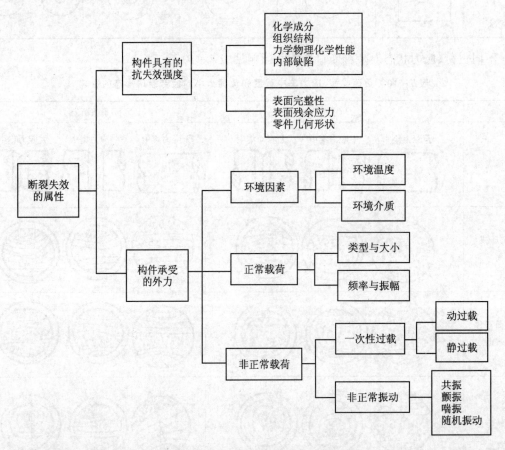

图 7-47 断裂诱发因素分析示意图

从理论上讲,若为非偶然因素造成的断裂,可以在相同条件下进行验证,但断裂失效是个概率事件,一般重复验证较困难。然而,在已断裂失效件上,在已断裂处的对称区域(相同应力条件)往往可找到相似的裂纹,可能处于萌生阶段,很细小,仅因未进一步扩展而未引起注意。图 7-48 所示为工业用链的链板,该链板在使用中在孔腰部应力最大处开裂,根据对称原理,经探伤发现在右孔的对应区域也存在微裂纹。

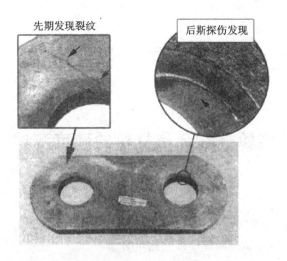

图 7 - 48　链板双孔上对称分布裂纹形貌 1∶2

思考题

1. 断口的宏观和微观分类各有哪些？
2. 断口的保护及清理要注意什么？
3. 如何进行宏观断口的观察与记录？
4. 断口特征的基本三要素是什么？
5. 如何根据宏观断口的特征进行判断？
6. 简述断口微观分析的基本操作方法。
7. 断口的微观形貌可分为几种？各有何特征？
8. 简述失效分析的基本思路。
9. 简述失效分析的基本程序。
10. 简述断裂裂纹各主要类型的形态特征及各自成因。
11. 主裂纹判别的 3 个法则是什么？
12. 如何判断断裂走向、寻找断裂的源区？

第8章 实验

实验一 金属材料的硬度测试

一、实验目的

(1) 了解布氏、洛氏和维氏硬度计的原理、构造、适用范围、使用方法及校正方法。

(2) 学会使用硬度计并掌握相应硬度的测量方法。

(3) 了解碳钢的含碳量与其硬度间的关系,初步建立热处理能改变材料硬度的概念。

二、实验内容

(1) 分为三组分别进行布氏硬度、洛氏硬度、维氏硬度测试,并相互轮换。

(2) 实验前先阅读并了解布氏硬度计、洛氏硬度计和维氏硬度计的结构及注意事项。

(3) 按硬度计使用规定,依次测定各试样的硬度值。

三、实验设备及材料

(1) 设备:布氏硬度计(读数显微镜)、洛氏硬度计和维氏硬度计。

(2) 试样:待测硬度试样、金相砂纸等。

四、实验原理

硬度是衡量材料软硬程度的一种力学性能,硬度试验具有设备简单、操作迅速方便、对试样要求低、测试中不会破坏被测试的工件等诸多优点。此外,金属材料的硬度值与强度、塑性等力学性能及某些工艺性能(如切削加工性、冷成形性等)都有一定的联系,可以采用硬度试验评估金属材料的其他力学性能指标。因此,在机械产品的设计中,硬度是一项主要技术指标。此外,在工业生产中,被广泛应用于产品质量的检验。

硬度测定简便,造成的表面损伤小,基本上属于"无损"检测的范畴。目前,在测定硬度的方法中,最常用的是压入硬度法,压入法就是把一个很硬的压头以一定的压力压入试样的表面,使金属产生压痕,然后根据压痕的大小来确定硬度值。压痕越大,则材料越软;反之,则材料越硬。由于压头类型和几何尺寸等条件的不同,故布氏硬度、洛氏硬度、维氏硬度等硬度测试方法应用较为广泛。

1. 布氏硬度

测试原理:按照 GB/T 231.1—2018 试验方法,用载荷 P 把直径为 D 的淬火钢球或硬质合金球压入试件表面,并保持一定时间,之后卸除载荷,测量钢球在试样表面上所压出的压痕直径 d,从而计算出压痕球面积 F,然后再计算出单位面积所受的力(P/F 值),用此数字表示试件的硬度值,即为布氏硬度,用符号 HB 表示。在实际测试中都是用读数显微镜测出压痕直径 d,再根据 d 值,查对照表得出所测的硬度值。

当压头为淬火钢球时,硬度符号为 HBS,适用于布氏硬度值低于 450 的金属材料;当压头为硬质合金球时,硬度符号为 HBW,适用于布氏硬度值在 450～650 范围内的金属材料。

布氏硬度表示方法:符号 HBS 或 HBW 之前的数字表示硬度值,符号后面的数字按顺序分别表示球体直径、载荷及载荷保持时间。如:120HBS10/1000/30 表示直径为 10 mm 的淬火钢球在 1000 kgf(9.807 kN)载荷作用下保持 30 s 测得的布氏硬度值为 120。

布氏硬度特点:

(1) 优点:测量数值稳定、准确,能较真实地反映材料的平均硬度。

(2) 缺点:压痕较大,操作慢,不适用于批量生产的成品件和薄型件。

布氏硬度测量范围:用于原材料与半成品硬度测量,也可用于性能不均匀的材料(如铸铁)的硬度测量;非铁金属(有色金属)、硬度较低的钢(如退火、正火、调质处理的钢)。

2. 洛氏硬度

测试原理:按照 GB/T 230.1—2018 试验方法,用顶角为 120°的金刚石圆锥体或淬火钢球压头,在试验压力 F 的作用下,将压头压入材料表面,保持规定时间后,卸除主试验力,保持初始试验力,用残余压痕深度增量计算硬度值。实际测试时,可通过试验机的表盘直接读出洛氏硬度的数值。

洛氏硬度测量条件:洛氏硬度可以测量从软到硬较大范围的硬度值,根据被测对象硬度值大小不同,可选用不同的压头和试验力,如表 8-1 所列。

表 8-1　常用洛氏硬度的试验条件和应用范围

硬度符号	压头类型	总试验力 F/N(kgf)	硬度范围	应用举例
HRA	120°金刚石圆锥	588.4(60)	20～95	硬质合金、表面淬火层、碳化物、淬火工具钢
HRB	φ1.5875 mm 淬火钢球	980.7(100)	10～100	退火及正火钢,铝合金、铜合金、铸铁
HRC	120°金刚石圆锥	1471(150)	20～70	调质钢、淬火钢、深层表面硬化层

洛氏硬度特点:

(1) 优点:测量迅速、简便、压痕小,硬度测量范围大。

(2) 缺点:数据准确性、稳定性、重复性不如布氏硬度试验法。

洛氏硬度测量范围:可用于成品和薄件,但不宜测量组织粗大不均匀的材料。

3. 维氏硬度

测试原理:按照 GB/T 4340.1—2009 试验方法,采用相对面夹角为 136°的金刚石正四棱锥压头,以规定的试验力 F 压入材料的表面,保持规定时间后卸除试验力,压头会在试样表面压出一个正方棱锥压痕,用正四棱锥压痕单位表面积上所受的平均压力表示硬度值。维氏硬度值与试验力除以压痕表面积的商成正比。

维氏硬度测试的压痕是正方形,轮廓清晰,对角线测量准确。因此,维氏硬度测试精度高,重复性好。维氏硬度最大的优点在于其硬度值与试验力的大小无关,只要是硬度均匀的材料,可以任意选择试验力,其硬度值不变。这就相当于在一个很宽广的硬度范围内具有一个统一的标尺。

维氏硬度特点:

(1) 优点:压痕清晰,测量准确,精度是常见硬度测试方法中最高的,重复性好,测量范围较广,可以测量不同厚薄不同材料的硬度。

(2) 缺点:维氏硬度试验法对于试样的光洁度要求较高,要求较高的测试技术,不便于测定,工作效率没有洛氏硬度试验法高。

维氏硬度测量范围:可测量较薄的材料,适合被测零件表面淬硬层及化学热处理的表面层,测量范围较广。

上述三种硬度测试法,相互间没有理论换算关系,故试验结果不能直接进行比较,应查阅本书附录 B 的对照表进行换算比较。

各种硬度的换算经验公式:

硬度在 200～600 HBW 时,1 HRC≈10 HBW;硬度小于 450 HBW 时,1 HBS≈1 HV。

五、实验步骤

1. 布氏硬度

(1)在测量前通过标准硬度块对布氏硬度计进行校准,测出其布氏硬度值误差应在±1个硬度值单位内。

(2)清理试样表面。被测表面应是无氧化皮及外来污物的光洁表面,以保证能准确测量压痕直径。

(3)将试样置于试样台上,顺时针转动手轮,使试样上升直到钢球压紧并听到"咔"一声为止。

(4)按下电钮,此时电动机通过变速箱使曲轴转动,连杆下降,负荷通过吊环和杠杆系统施加于钢球上,保荷一定时间后,电动机自动运转,连杆上升,卸除负荷,使杠杆及负荷恢复到原始状态,同时电动机停止运转,再反向回转手轮,使试样台下降,取出试样。

(5)通过读数显微镜进行压痕直径的测量,查 GB/T 231.4—2009 硬度值表即得 HB 值。电子型布氏硬度计可以通过测微计测量压痕直径,在显示屏上直接读出相应布氏硬度值。

(6)记录数据,完成表格。

2. 洛氏硬度

(1)在测量前通过标准硬度块对洛氏硬度计进行校准,测出其洛氏硬度值误差应在±1个硬度值单位内。

(2)清理试样表面。被测表面应无油脂、氧化皮、裂纹、凹坑、显著的加工痕迹以及其他外来污物。

(3)按资料选择适用的压头及载荷。

(4)根据试样大小和形状选用载物台。

(5)将试样上下两面磨平,然后置于载物台上。

(6)加预载,按顺时针方向转动升降机构的手轮,使试样与压头接触,并观察读数百分表上小针移动至小红点为止。

(7)调整读数表盘,使百分表盘上的长针对准硬度值的起点。如:试验 HRC,HRA 硬度时,把长针与表盘上黑色 C 处对准;试验 HRB 时,使长针与表盘上红字 B 处对准。

(8)加主载,平稳地扳动加载手柄,手柄自动升高至停止位置(时间为 5～7 s)并停留 10 s。

(9)卸主载,扳回加载手柄至原来位置。

(10)读硬度值,表上长针指示的数字为硬度的读数,HRC、HRA 读黑色数字,HRB 读红色数字。

(11)下降载物台,当试样完全离开压头后,才可取下试样。

(12)移动试样,并在另一位置继续进行试验,两相邻压痕中心距离或任一压痕中心距试样边缘距离一般不得小于 3 mm。共测三个点,取其算术平均值为试样的硬度。

(13)记录数据,完成表格。

3. 维氏硬度

(1)在测量前通过标准硬度块对维氏硬度计进行校准,测出其维氏硬度值误差应在 GB/T 4340.2—2012 规定的误差范围内。

(2)打开电源开关,主屏幕点亮,转动试验力变换手轮,选择试验力。负荷的力值应和主屏幕上显示的力值一致,如力值显示不一致会导致计算公式错误而影响示值,旋动变荷手轮时,应小心缓慢地进行,防止速度过快发生冲击。

(3)首次压痕测试时必须对零位,视场内两条刻线重合,按下"清零"。

(4)将试样放置于试样台上,并保证试面与主轴垂直。

(5)将物镜转至正前方,旋转升降手轮,在目镜中观察看到清晰表面加工痕迹。

(6)将压头转至正前方,按下加荷键,随之完成"施加→保持→卸除"试验力过程。将已经选择好的物镜转到正前,进行压痕测量、打印试验数据。

(7)记录数据,完成表格。

六、实验报告要求

(1)实验名称、学生班级、姓名、学号和实验日期。

(2)实验目的和要求。

(3)实验仪器、设备与材料。

(4)实验原理。

(5)测定 45 号钢退火状态的布氏硬度值并填入表 8-2 中。

表 8-2　45 号钢退火状态试样的硬度值

试样材料	热处理	硬度测试结果				
		硬度测试法	1	2	3	平均值
45 号钢	退火	HBW				

(6)测定 45 号钢正火+淬火试样的洛氏和维氏硬度值并填入表 8-3 中。

表 8-3　45 号钢正火+淬火状态试样的硬度值

试样材料	热处理	硬度测试结果				
		硬度测试法	1	2	3	平均值
45 号钢	正火+淬火	HRC				
		HV				

(7)测定 T10 钢淬火+回火试样的洛氏和维氏硬度值并填入表 8-4 中。

表 8-4　T10 号钢淬火+回火状态试样的硬度值

试样材料	热处理	硬度测试结果				
		硬度测试法	1	2	3	平均值
T10 号钢	淬火+回火	HRC				
		HV				

七、实验注意事项

（1）安全操作设备仪器,杜绝危害人身安全和损坏实验室设备的事故发生。

（2）进行试样的硬度测试前,需要在教师的指导下,用标准硬度块校准硬度计。

（3）应根据硬度计使用范围,按照不同硬度测试国家标准,合理选用压头及载荷,超出使用范围将不能获得准确的精度值。

（4）完成布氏硬度、洛氏硬度测试后,应及时卸载载荷,等压头完全离开试样后再取出试样,避免压头长时间受力失效;维氏硬度计在工作时,忘记切换物镜按下 START 键后,不能强行转动手柄,须等到该次试验结束后方可移动切换手柄,否则将会造成仪器严重损坏。

八、思考题

（1）为下列零件选择合适的硬度检测方法:锻造件、淬火钢件和电镀表层。

（2）比较布氏硬度、洛氏硬度与维氏硬度试验法的优缺点。

（3）查阅本书附录 B,换算表 8-2 中的布氏硬度、洛氏硬度与维氏硬度值。

（4）用普通锉刀对淬火后的工件表面进行试挫,来判断该工件表层是否硬化,并说明其原理。

实验二　铁碳合金平衡组织观察

一、实验目的

（1）观察和分析铁碳合金在平衡状态下的显微组织(相及组织组成物),熟练运用铁碳合金相图,提高分析铁碳合金平衡凝固过程及组织变化的能力。

（2）分析含碳量对铁碳合金显微组织的影响,从而加深理解成分、组织和性能之间的相互关系。

二、实验内容

观察表 8-5 中所列试样的显微组织,画出所观察组织的示意图。显微镜的使用可参见本书第 1 章有关内容。

表 8-5　铁碳合金平衡组织试样

试样材料		状　态	浸蚀剂	显微组织
工业纯铁		退火状态	4%硝酸酒精	铁素体 F
亚共析钢	20 钢	退火状态	4%硝酸酒精	铁素体 F+珠光体 P
	45 钢			
	60 钢			
共析钢	T8 钢	退火状态	4%硝酸酒精	珠光体 P
过共析钢	T12 钢	退火状态	4%硝酸酒精	珠光体 P+二次渗碳体 C_{m2}
亚共晶白口铸铁		铸造状态	4%硝酸酒精	珠光体 P+二次渗碳体 C_{m2}+莱氏体 L_d'
共晶白口铸铁		铸造状态	4%硝酸酒精	莱氏体 L_d'
过共晶白口铸铁		铸造状态	4%硝酸酒精	一次渗碳体 C_{m1}+莱氏体 L_d'

三、实验设备及材料

（1）设备：金相显微镜。

（2）试样：表 8-5 所列为各种铁碳合金的金相试样。

四、实验原理

1. 平衡状态

所谓平衡状态的组织是指合金在极为缓慢的冷却条件下所得到的组织。一般退火状态就接近平衡状态，可以根据 Fe-Fe$_3$C 相图来分析铁碳合金在平衡状态下的显微组织。室温下铁碳合金的组织都由铁素体和渗碳体两个基本相组成。但由于含碳量的不同，铁素体和渗碳体的相对数量、分布状况均有所不同，从而不同成分的铁碳合金呈现不同的组织形态。

（1）工业纯铁在室温下为单相铁素体组织，呈白亮色多边形晶粒，块状分布。有时在晶界处可观察到不连续的薄片状三次渗碳体。

（2）亚共析钢的室温组织为铁素体和珠光体。当含碳量较低时，白色的铁素体包围黑色的珠光体。随着含碳量的增加，铁素体量逐渐减少，珠光体量逐渐增多。

（3）共析钢的室温组织全部为珠光体。在显微镜下看到铁素体和渗碳体呈层片状交替排列。若显微镜分辨率低，则分辨不出层片状结构，看到的则是指纹状或暗黑块组织。

（4）过共析钢的室温组织为珠光体和二次渗碳体。经质量分数为 4％硝酸酒精溶液浸蚀后，Fe-Fe$_3$C 为白色细网状，暗黑色的是珠光体。若采用苦味酸钠溶液浸蚀，渗碳体将被染成黑色，铁素体仍保留白色。

（5）亚共晶白口铁的室温组织为珠光体、二次渗碳体和低温莱氏体。在显微镜下，珠光体呈黑色块状或树枝状，莱氏体为白色基体上散布黑色麻点和黑色条状，二次渗碳体则分布在珠光体枝晶的边缘。

（6）共晶白口铁的室温组织为低温莱氏体。显微镜下看到的是黑色粒状或条状珠光体散布在白色渗碳体基体上。

（7）过共晶白口铁由先结晶的一次渗碳体与低温莱氏体所组成。显微镜下看到的是一次渗碳体呈亮白色条状分布在莱氏体基体上。

2. 晶界网状铁素体与渗碳体的区分方法

铁碳合金平衡组织都是由铁素体 F 和渗碳体 Fe$_3$C 两相组成。F 和 Fe$_3$C 经 3％～5％硝酸酒精溶液浸蚀后均呈白亮色，有时为了区别晶界网状铁素体和渗碳体，可选用染色剂着色。通常用碱性苦味酸钠水溶液（2 g 苦味酸、25 g 氢氧化钠、100 mL 水）煮沸 15 min，渗碳体被染成黑色，铁素体仍为白色，即可区分它们。这也说明同一组织用不同的浸蚀剂浸蚀时可显示不同的特征。Fe-Fe$_3$C 相图如图 8-1 所示。

五、实验步骤

（1）实验前复习铁碳合金相图，并了解显微镜的操作过程。

（2）按观察要求，选择物镜和目镜。

（3）将试样磨面对着物镜放在显微镜载物台上。

（4）接通电源。

（5）用手缓慢旋转显微镜粗调焦手轮，视场由暗到亮，直至看到组织为止。然后再旋转微

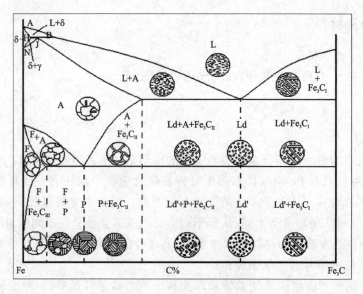

图 8 - 1 Fe - Fe₃C 相图

调焦手轮,直到图像清晰为止。调节动作要缓慢,不允许试样与物镜相接触。

(6)逐个观察全部试样。

(7)绘出所观察样品的显微组织示意图,可以参考本书二维码:常用金相图谱(1)碳钢平衡显微组织(见附图1~32)。画图时要抓住各种组织组成物形态的特征,并用箭头和符号标出各组织组成物。

六、实验报告要求

(1)实验名称、学生班级、姓名、学号和实验日期。

(2)实验目的和要求。

(3)实验仪器、设备与材料。

(4)实验原理。

(5)实验内容记录:画出所观察的金相试样的显微组织示意图。把所观察到的显微组织分别画在直径为 40 mm 的圆内,并标明材料名称、材料状态、显微组织、浸蚀剂和放大倍数,格式如下。

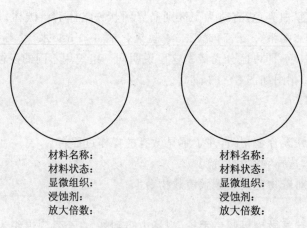

材料名称:
材料状态:
显微组织:
浸蚀剂:
放大倍数:

材料名称:
材料状态:
显微组织:
浸蚀剂:
放大倍数:

(6) 实验结果分析,讨论实验指导书中提出的思考题,写出心得与体会。

七、实验注意事项

(1) 操作时,切勿用口对目镜讲话,以免镜头受潮模糊不清。

(2) 已浸蚀好的试样观察面,切勿用手去擦拭、触摸或贴放在桌面上,以免损坏或污染而影响实验效果。

(3) 实验完毕后,要关掉电源,将试样卸下上交,然后将显微镜用防尘罩盖好。

八、思考题

(1) 珠光体组织在低倍观察和高倍观察时有何不同? 为什么?

(2) 含碳量对钢的组织及性能有何影响?

(3) 思考所观察组织平衡凝固的形成过程。

实验三　铁碳合金非平衡组织观察

一、实验目的

(1) 观察碳钢经不同热处理后的显微组织。

(2) 了解热处理工艺对钢组织和性能的影响。

(3) 熟悉碳钢几种典型热处理组织(M、T、S、$M_回$、$S_回$等)的形态及特征。

二、实验内容

观察表 8-6 中所列试样在不同热处理状态下的显微组织,识别其显微组织及形态特征。

表 8-6　铁碳合金非平衡组织试样

试样材料	热处理工艺	浸蚀剂	显微组织
45 钢	正火	4%硝酸酒精	铁素体 F+索氏体 S
45 钢	淬火	4%硝酸酒精	隐针马氏体 $M_{隐针}$
45 钢	淬火+低温回火	4%硝酸酒精	回火马氏体 $M_回$
45 钢	淬火+中温回火	4%硝酸酒精	回火屈氏体 $T_回$
45 钢	调质	4%硝酸酒精	回火索氏体 $S_回$
T12	球化退火	4%硝酸酒精	球化珠光体 $P_球$
T12	淬火+低温回火	4%硝酸酒精	未溶碳化物+回火马氏体 $M_回$+残奥 A_R
T12	过热淬火	4%硝酸酒精	粗针马氏体 $M_{粗针}$
T10	350 ℃等温	4%硝酸酒精	上贝氏体 $B_上$
T10	280 ℃等温	4%硝酸酒精	下贝氏体 $B_下$
20 钢	渗碳和缓冷	4%硝酸酒精	表层渗碳层变化
20 钢	淬火	4%硝酸酒精	板条马氏体 $M_板$

三、实验设备及材料

（1）设备：金相显微镜。

（2）试样：表8-6所列为各种铁碳合金的金相试样。

四、实验原理

碳钢经退火、正火后可得到平衡或接近平衡的组织，经淬火得到的是不平衡组织。因此，研究热处理后的组织时，不仅要参考铁碳相图，而且更主要的是参考C曲线（钢的等温转变曲线）。

铁碳相图能说明慢冷时合金的结晶过程和室温下的组织以及相的相对量，C曲线则能说明一定成分的钢在不同冷却条件下的结晶过程以及所得到的组织。

1. 共析钢连续冷却时的显微组织

为了简便起见，不用CCT曲线（连续冷却转变曲线）而用C曲线来分析，如图8-2所示。例如共析钢奥氏体，在慢冷时（相当于炉冷，见图8-2中的V_1），应得到100%珠光体。与由铁碳相图所得的分析结果一致；当冷却速度增大到V_2时（相当于空冷），得到的是较细的珠光体，即索氏体或屈氏体；当冷却速度增大到V_3时（相当于水冷），得到的是屈氏体和马氏体；当冷却速度增大至V_4、V_5时（相当于水冷），很大的过冷度使奥氏体骤冷到马氏体转变始点（M_S），瞬时转变成马氏体。其中与C曲线鼻尖相切的冷却速度（V_4）称为淬火的临界冷却速度。

2. 亚共析和过共析钢连续冷却时的显微组织

亚共析钢的C曲线与共析钢的C曲线相比，在珠光体转变开始前多一条铁素体析出线，如图8-3所示。当钢缓慢冷却时（相当于炉冷，见图8-3中的V_1），得到的组织为接近于平衡状态的铁素体＋珠光体；随着冷却速度逐渐增加，由$V_1 \rightarrow V_2 \rightarrow V_3$时，奥氏体的过冷程度增大，生成的过共析铁素体量减少，并主要沿晶界分布；同时珠光体量增多，含碳量下降，片层变得更细。因此，与V_1、V_2、V_3对应的组织将为：铁素体＋珠光体、铁素体＋索氏体、铁素体＋屈氏体。当冷却速度增大到V_4时，只析出很少量的网状铁素体和屈氏体（有时可见很少量的贝氏体），奥氏体则主要转变为马氏体。当冷却速度V_5超过临界冷速时，钢全部转变为马氏体组织。

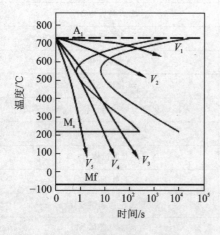

图8-2　共析钢的C曲线

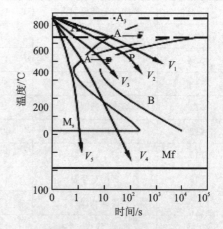

图8-3　亚、过共析钢的C曲线

过共析钢转变与亚共析钢相似,不同之处是亚共析钢先析出的是铁素体,而过共析钢先析出的是渗碳体。亚共析钢、共析钢和过共析钢的 C 曲线、生成产物及硬度比较见图 8-4。

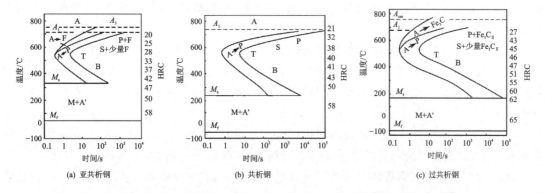

图 8-4 亚共析钢、共析钢和过共析钢的 C 曲线、生成产物及硬度比较

3. 基本组织的金相特征

(1) 索氏体(S)是铁素体与渗碳体的机械混合物。其片层比珠光体更细密,在显微镜的高倍(700 倍以上)放大时才能分辨。

(2) 屈氏体(T)也是铁素体与渗碳体的机械混合物,片层比索氏体还细密,在一般光学显微镜下也无法分辨,只能看到如墨菊状的黑色形态。当其少量析出时,沿晶界分布,呈黑色网状,包围着马氏体;当析出量较多时,呈大块黑色团状,只有在电子显微镜下才能分辨其中的片层。

(3) 贝氏体(B)为奥氏体的中温转变产物,它也是铁素体与渗碳体的两相混合物。在金相形态上,贝氏体主要有两种形态:

① 上贝氏体是由成束平行排列的条状铁素体和条间断续分布的渗碳体所组成的非层状组织。当转变量不多时,在光学显微镜下为成束的铁素体条向奥氏体内伸展,具有羽毛状特征。在电镜下观察,铁素体以几度到十几度的小位向差相互平行,渗碳体则沿条的长轴方向排列成行。

② 下贝氏体是在片状铁素体内部沉淀有碳化物的两相混合物组织。它与淬火马氏体易受浸蚀,在显微镜下呈黑色针状。在电镜下可以见到,在片状铁素体机体中分布有很细的碳化物片,大致与铁素体片的长轴呈 $55°\sim60°$ 角。

(4) 马氏体(M)是碳在 α-Fe 中的过饱和固溶体。马氏体的形态按含碳量主要分两种,即板条状和针状。

① 板条状马氏体一般为低碳钢或低碳合金钢的淬火组织。其组织形态是:由尺寸大致相同的细马氏体平行排列,组成马氏体束或马氏体区,各束或区之间的位间差较大,一个奥氏体晶粒内可有几个马氏体束或区。板条状马氏体的韧性较好。

② 针状马氏体是含碳量较高的钢淬火后得到的组织。在光学显微镜下,其呈竹叶状或针状,针与针之间成一定角度。最先形成的马氏体较粗大,往往横穿整个奥氏体晶粒,将其分割,使以后形成的马氏体针的大小受到限制。因此,马氏体针的大小不一,并使针间残留有奥氏体。针状马氏体的硬度较高,韧性较差。

(5) 残余奥氏体(A_R)是含碳量大于 0.5% 的奥氏体淬火时被保留到室温不转变的奥氏体。它不易受硝酸酒精溶液的浸蚀,在显微镜下呈白亮色,分布在马氏体之间,无固定形态。未经回火时,残余奥氏体与马氏体很难区分,都呈白亮色;只有马氏体回火变暗后,残余奥氏体才能被辨认。

(6) 回火马氏体。马氏体经低温回火(150~250 ℃)所得到的组织为回火马氏体。它仍具有原马氏体形态特征。针状马氏体由于由极细的碳化物析出,容易受浸蚀,在显微镜下为黑针状。

(7) 回火屈氏体。马氏体经中温回火(350~500 ℃)所得到的组织为回火屈氏体。它是铁素体与粒状渗碳体组成的极细的混合物。铁素体基体基本上保持原马氏体的形态(条粒或针状),第二相渗碳体则析出在其中,呈极细颗粒状,用光学显微镜极难分辨,只有在电镜下才可观察到。

(8) 回火索氏体。马氏体经高温回火(500~650 ℃)所得到的组织为回火索氏体。它的金相特征是,铁素体上分布着粒状渗碳体。此时,铁素体已经再结晶,呈等轴细晶粒状。

回火屈氏体和回火索氏体是淬火马氏体的回火产物,它的渗碳体呈粒状,且均匀分布在铁素体基体上。而屈氏体和索氏体是奥氏体过冷时直接形成的,它的渗碳体呈片状。所以,回火组织同直接冷却组织相比,在相同的硬度下具有较好的塑性及韧性。

五、实验步骤

(1) 实验前复习碳钢在冷却时的组织转变,并了解显微镜的操作过程。

(2) 按观察要求,选择物镜和目镜。

(3) 将试样磨面对着物镜放在显微镜载物台上。

(4) 接通电源。

(5) 用手缓慢旋转显微镜粗调焦手轮,视场由暗到亮,直至看到组织为止。然后再旋转微调焦手轮,直到图像清晰为止。调节动作要缓慢,不允许试样与物镜相接触。

(6) 逐个观察全部试样。

(7) 绘出所观察样品的显微组织示意图。画图时要抓住各种组织组成物形态的特征,并用箭头和符号标出各组织组成物。

六、实验报告要求

步骤(1)~步骤(4)与实验二相同。

(5) 实验内容记录:画出所观察的金相试样的显微组织示意图,可以参考本书二维码:常用金相图谱(2)碳钢非平衡显微组织(见附图33~48)。把所观察到显微组织分别画在直径为40 mm 的圆内,并标明材料名称、热处理工艺、显微组织、浸蚀剂和放大倍数,格式如下所示:

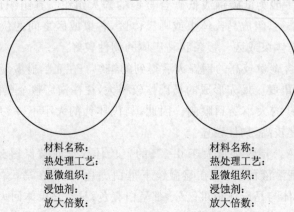

材料名称: 材料名称:
热处理工艺: 热处理工艺:
显微组织: 显微组织:
浸蚀剂: 浸蚀剂:
放大倍数: 放大倍数:

（6）实验结果分析,讨论实验指导书中提出的思考题,写出心得与体会。

七、实验注意事项

（1）操作时,切勿对着目镜讲话,以免镜头受潮模糊不清。

（2）已浸蚀好的试样观察面,切勿用手去擦拭、触摸或贴放在桌面上,以免损坏或污染而影响实验效果。

（3）实验完毕后,要关掉电源,将试样卸下上交,然后将显微镜用防尘罩盖好。

八、思考题

（1）45 钢淬火后硬度不足,如果根据组织来分析其原因是淬火加热不足,还是冷却速度不够?

（2）分析比较 T12 钢经 750 ℃加热,水冷和 200 ℃回火,与 T12 钢经 1100 ℃加热,水冷和 200 ℃回火组织的差别及性能特点。

（3）以某一钢种试样为例,分析并讨论直接水冷却得到的 M、T、S 等组织,与淬火回火得到的 M回、T回、S回 的组织形态和性能差异。

实验四　热处理对钢的组织和性能的影响

一、实验目的

(1) 熟悉与掌握钢的 4 种基本热处理工艺(退火、正火、淬火及回火)及钢热处理后的显微组织。

(2) 了解加热温度、冷却速度、回火温度及合金元素对钢的组织和性能的影响。

二、实验内容

(1) 按试样编号及所拟热处理规范进行热处理工艺操作。

(2) 观察样品的显微组织。

(3) 测量经热处理的试样的洛氏硬度(在测量硬度前先了解洛氏硬度计的操作规程)。

三、实验设备及材料

(1) 设备:箱式电阻炉、金相显微镜、洛氏硬度计、水桶、夹钳。

(2) 试样:经退火处理的尺寸为 $\Phi20$ mm×15 mm 左右大小的 45 钢圆柱状试样 5 块、15 mm×15 mm 左右的 T10 钢立方状试样 5 块。

(3) 其他材料:砂纸若干。

四、实验原理

钢的热处理就是利用其具有固态相变这一特性,将其加热至某一温度,保温一定时间,然后以某种方式冷却下来,改变其内部组织,从而获得所需性能的一种热加工工艺。热处理的基本工艺有 4 种:退火、正火、淬火与回火。进行热处理的操作具有 3 个基本的工艺参数:加热温度、保温时间和冷却方式。正确选择这 3 个参数,是热处理成功的基本保证。

1. 加热温度的选择

(1) 退火加热温度。一般亚共析钢加热至 $A_{c3}+(20\sim30)$ ℃(完全退火)。共析钢和过共析钢加热至 $A_{c1}+(20\sim30)$ ℃(球化退火),目的是得到球状渗碳体,降低硬度,改善钢的切削性能。

(2) 正火加热温度。一般亚共析钢加热至 $A_{c3}+(30\sim50)$ ℃;共析钢加热至 $A_{c1}+(30\sim50)$ ℃;过共析钢加热至 $A_{ccm}+(30\sim50)$ ℃,即加热到奥氏体单相区。

(3) 淬火加热温度。一般亚共析钢加热至 $A_{c3}+(30\sim50)$ ℃,共析钢和过共析钢加热至 $A_{c1}+(30\sim50)$ ℃。

(4) 回火温度。钢淬火后都要回火,回火温度取决于最终所要求的组织和性能(工厂中常常是根据硬度的要求)。按加热温度高低回火可分为以下三类:

① 低温回火。在 $150\sim250$ ℃的回火称为低温回火,所得组织为回火马氏体,硬度约为 60 HRC。其目的是降低淬火应力,减少钢的脆性并保持钢的高硬度。低温回火常用于高碳钢制造的切削刀具、量具和滚动轴承件。

② 中温回火。在 $350\sim500$ ℃的回火称为中温回火,所得组织为回火屈氏体,硬度约为 45HRC。中温回火目的是获得高弹性极限,同时有高韧性,主要用于碳的质量分数为 $0.5\%\sim0.8\%$ 的弹簧钢热处理。

③ 高温回火。在 $500\sim650$ ℃的回火称为高温回火,所得组织为回火索氏体,硬度约为 30HRC。高温回火的目的是获得既有一定强度、硬度,又有良好冲击韧性的综合力学性能。所以把淬火后经高温回火的处理称为调质处理,用于中碳结构钢。

2. 保温时间的确定

为了使工件内外各部分温度达到指定温度,并完成组织转变,使碳化物溶解和奥氏体成分均匀化,必须在淬火加热温度下保温一定的时间。通常将工件升温和保温所需时间算在一起,统称为加热时间。实际工作中多根据经验大致估算加热时间。一般规定,在空气介质中,升到规定温度后的保温时间,对碳钢来说,按工件厚度每毫米需 $1\sim1.5$ min 估算,而合金钢按每毫米需 2 min 估算。在盐浴炉中,保温时间则可缩短为空气介质中保温时间的 $1/2\sim1/3$。

3. 冷却方法

退火一般采用随炉冷却。正火采用空气冷却,大件可采用吹风冷却。淬火冷却方法非常重要,一方面冷却速度要大于临界冷却速度,以保证全部得到马氏体组织;另一方面冷却应尽量缓慢,以减少内应力,避免变形和开裂。为了解决上述矛盾,可以采用不同的冷却介质和方法,使淬火工件在奥氏体最不稳定的温度范围内($600\sim550$ ℃)快冷,而在 M_s 点($300\sim100$ ℃)以下温度时冷却较慢。

碳钢经热处理后的组织,可以是平衡或接近平衡状态(如退货、正火)的组织,也可是不平衡组织(如淬火组织),因此在研究热处理后的组织时,不但要参考铁碳相图,还要利用 C 曲线。铁碳相图能说明慢冷时不同碳质量分数的铁碳合金的结晶过程和室温下的组织,计算相的质量分数。C 曲线则能说明一定成分的铁碳合金在不同冷却条件下的转变过程及能得到哪些组织。

4. 钢冷却时所得的各种组织组成物的形态

(1) 珠光体 P 是铁素体与渗碳体的机械混合物,层片较粗。

(2) 索氏体 S 是铁素体与渗碳体的机械混合物,其层片比珠光体更细密,通过显微镜(700 倍以上)放大才能分辨。

（3）屈氏体 T 也是铁素体与渗碳体的机械混合物。片层比索氏体更细密，在一般光学显微镜下无法分辨，只能看到如墨菊状的黑色组织。当其少量析出时，沿晶界分布呈黑色网状包围马氏体。当析出量较多时，呈黑色块状。只有在电子显微镜下才能分辨其中的片层。

（4）马氏体 M 是碳在 α-Fe 中过饱和固溶体，马氏体可分为两大类，即板条状马氏体和针状马氏体。

① 板条状马氏体。在光学显微镜下，板条状马氏体的形态呈现为一束相互平行的细长条状马氏体群，在一个奥氏体晶粒内可有几束不同取向的马氏体群。每束内的条与条之间以小角度晶界分开，束与束之间具有较大的位向差。板条状马氏体的立体形态为细长的板条状，其横截面据推测呈近似椭圆形。由于板条状马氏体形成温度较高，在形成过程中常有碳化物析出，即产生自回火现象，故在金相试验时易被腐蚀呈现较深的颜色。在电子显微镜下，马氏体群由许多平行的板条所组成，其亚结构是高密度的位错。含碳低的奥氏体形成的马氏体呈板条状，故板条状马氏体又称低碳马氏体，因亚结构为位错又称位错马氏体。

② 针状马氏体。在光学显微镜下，片状马氏体呈针状或竹叶状，片间有一定角度，其立体形态为双凸透镜状。因形成温度较低，没有自回火现象，故组织难以浸蚀，所以颜色较浅，在显微镜下呈白亮色，其亚结构为孪晶。含碳高的奥氏体形成的马氏体呈片状，故片状马氏体又称高碳马氏体；根据亚结构特点，又称孪晶马氏体。

马氏体的粗细取决于淬火加热温度，即取决于奥氏体晶粒的大小。高碳钢在正常淬火温度下加热，淬火后得到细针状马氏体，在光学显微镜下呈布纹状，仅能隐约见到针状，故又称为隐晶马氏体。如淬火温度较高，奥氏体晶粒粗大，则得到粗大针状马氏体。

（5）残余奥氏体 A_R。当奥氏体中碳的质量分数大于 0.5% 时，淬火时总有一定量的奥氏体不能转变成为马氏体，而保留到室温，这部分奥氏体即为残余奥氏体。它不易受硝酸酒精溶液的浸蚀，在显微镜下呈白亮色，分布在马氏体之间，无固定形态，淬火后未经回火时，残余奥氏体与马氏体很难区分，都呈白亮色。只有回火后才能分辨出马氏体间的残余奥氏体。

5. 钢淬火回火后的组织

淬火钢经不同温度回火后，所得的组织通常分为三种：

（1）回火马氏体是淬火钢在 150～250 ℃ 范围内进行低温回火时，在显微镜下回火马氏体仍保持针（片）状形态。因回火马氏体易受浸蚀，所以为暗色针状组织；回火马氏体具有高的强度和硬度，而韧性和塑性较淬火马氏体有明显改善。

（2）回火屈氏体是淬火钢在 350～500 ℃ 进行中温回火，所得的组织是铁素体与粒状渗碳体组成的极细密混合物，铁素体基本上保持原来针（片）状马氏体的形态，而在基体上分布着极细颗粒的渗碳体，仅在电子显微镜下可观察到渗碳体颗粒。回火屈氏体有较好的强度，最佳的弹性，韧性也较好。

（3）回火索氏体是淬火钢在 500～650 ℃ 高温回火时所得到的组织。它是由粒状渗碳体和等轴形铁素体组成的混合物。在光学显微镜下可观察到渗碳体小颗粒，均匀分布在铁素体中，此时铁素体经再结晶已消失针状特征，呈等轴细晶粒。回火索氏体组织具有强度、韧性和塑性较好的综合力学性能。

五、实验步骤

（1）全班分成 10 个小组（1～5 组每组一块 45 钢试样，6～10 每组一块 T10 钢试样）。

（2）各组按表 8-3 的要求将试样放入相应温度的炉子内加热、保温后（45 钢组在炉温达到 840 ℃后继续保温 15 min,T10 钢组在炉温达到 790 ℃后继续保温 15 min),分别进行空冷、水冷操作。

(3)第 3/8 两组、4/9 两组、5/10 两组将试样分别放入 200 ℃、400 ℃、600 ℃的炉内进行回火,回火保温时间为 30 min。

(4)用金相显微镜观察表 8-7 中各试样的显微组织。

(5)各组用洛氏硬度计测量经热处理后试样的硬度。

表 8-7 试验材料、热处理工艺及实验数据

试 样	组 号	热处理工艺			硬度值 HRC				预计组织
		加热温度	冷却方式	回火温度	1	2	3	均值	
45 钢 (圆柱状)	1	840 ℃	空冷	—					F+S
	2		水冷	—					板条状和针状马氏体 M
	3		水冷	200 ℃					回火 M
	4		水冷	400 ℃					回火 T
	5		水冷	600 ℃					回火 S
T10 钢 (立方状)	6	790 ℃	空冷	—					S+粒状 Fe_3C
	7		水冷	—					M+A_R+粒状 Fe_3C
	8		水冷	200 ℃					回火 M+A_R+粒状 Fe_3C
	9		水冷	400 ℃					回火 T+A_R+粒状 Fe_3C
	10		水冷	600 ℃					回火 S+A_R+粒状 Fe_3C

六、实验报告要求

(1)列出全部实验数据,并填写表 8-7。

(2)画出所观察样品的显微组织图,格式与实验二的要求相同。可参考本书二维码:常用金相图谱(3)工模具钢显微组织(见附图 53~58)。

(3)分析含碳量、淬火温度、冷却方式及回火温度对碳钢性能(硬度)的影响,根据数据画出它们同硬度的关系曲线,并阐明硬度变化的原因。

七、实验注意事项

(1)淬火时,用钳子夹住试样,动作要快,并不断在淬火介质中搅动,以免影响热处理质量。

(2)放取试样时可将炉子电源关闭,注意不要将试样或夹钳碰到电阻丝。

(3)测硬度时,事先要用砂纸磨去试样两端面的氧化皮。每个试样测 3 个点,取平均值填入表 8-7 中。

(4)实验完成后,关闭电源,整理设备和样品,打扫卫生。

八、思考题

(1)45 钢与 T10 钢的热处理工艺与性能有何差异?

（2）退火状态的 45 钢试样分别加热到 650 ℃、760 ℃、860 ℃、1000 ℃后，在水中冷却，其硬度随加热温度如何变化？为什么？

（3）为什么淬火、回火是不可分割的工序？确定工件回火温度规范的依据是什么？

实验五　化学热处理渗层组织观察

一、实验目的

（1）熟悉渗碳、氮化渗层组织特征。

（2）掌握金相法测定渗层厚度的方法。

二、实验内容

（1）固体渗碳工艺操作。

（2）渗碳、氮化处理后的金相试样制备及渗层组织观察与厚度测定。

三、实验设备及材料

（1）设备：金相切割机、砂轮机、金相镶嵌机、抛光机、吹风机、箱式电阻炉、烧杯、金相显微镜和显微硬度计。

（2）材料：金相砂纸、抛光粉、抛光布、浸蚀剂、试样夹、渗碳试样和氮化试样。

四、实验原理

将金属工件置于一定温度的活性介质中保温，使一种或多种元素渗入工件表面，从而改变表面层的化学成分、组织和性能，这种热处理的工艺称为化学热处理。化学热处理就是改变金属表面层的化学成分和性能的一种热处理工艺。

（一）钢的渗碳层组织

将低碳合金工件在增碳的活性介质（渗碳剂）中加热至高温（900～950 ℃），使活性炭原子渗入工件表面层，形成一定的渗层厚度，获得高碳的表层。随后缓冷或淬火后，再低温回火的化学热处理工艺称为渗碳。

对要求表面硬而中心韧的零件，可选用低碳钢进行渗碳、淬火和低温回火处理来达到。经渗碳后其心部仍为低碳钢，而渗层相当于高碳钢。一般零件渗碳层厚度在 0.5～1.2 mm 范围内，当有特殊要求时，零件的渗层深度甚至更高。零件渗碳后的含碳量从表面的高含碳量递减过渡到心部的原始含碳量，即：过共析成分＋共析成分→亚共析成分（过渡层）→心部含碳量。渗碳后缓冷的显微组织符合 $Fe-Fe_3C$ 平衡相图，其组织组成从表面到心部依次是：渗碳体＋珠光体→珠光体＋铁素体→心部的钢材原始组织。

（二）钢的氮化

经氮化的零件，不仅可以提高表面的硬度及耐磨性，还可以提高零件的疲劳强度及抗腐蚀性能。这是由于氮原子渗入钢中能与铁原子形成一些氮化物而引起的。氮化层的组织取决于渗氮层的化学成分，氮化钢中经常加入铬、钼、铝等元素，这些元素和氮均能形成氮化物，但氮化过程主要还是铁和氮的作用。因此，分析 Fe-N 相图可以帮助我们了解钢在氮化时及冷却后氮化层的组织、相结构及氮浓度沿渗层的分布等。图 8-5 所示为 Fe-N 状态图。

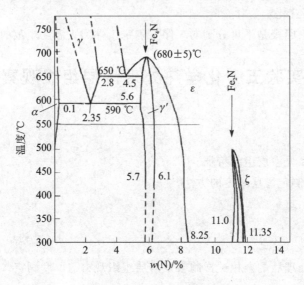

图 8-5　Fe-N 状态图

由图 8-5 可见,Fe-N 可以形成以下五种相:

(1) α 相——氮在 α-Fe 中的间隙固溶体,亦称含氮铁素体。氮在 α-Fe 中的最大溶解度(590 ℃)约为 0.1%。

(2) γ 相——氮在 γ-Fe 中的间隙固溶体,即含氮奥氏体,在共析温度 690 ℃ 以上存在,共析点的组成为 W_N2.35%,若对含氮奥氏体快冷,则转变为含氮马氏体。

(3) γ' 相(Fe_4N)——可变成分的间隙相化合物。在化合物中氮原子有序地占据由铁原子组成的面心立方晶格的间隙位置。它存在于 W_N5.7% ～6.1% 的范围内。当含氮量 W_N 为 5.9% 时,化合物为 Fe_4N。γ' 相在 680 ℃ 以上,将发生分解并溶于 ε 相中。

(4) ε 相(Fe_3N)——含氮量范围宽广的化合物。在化合物中氮原子有序地占据由铁原子组成的密集六方晶格的间隙位置。在一般氮化温度下,ε 相大致在 W_N8.25%～11.0% 范围内变化。因此它是以氮化物 Fe_3N 为基的固溶体。

(5) ζ 相(Fe_2N)——斜方晶格的间隙相化合物(密集六方晶格的间隙相化合物),含氮量在 11.0%～11.35% 范围,分子式为 Fe_2N,它的性质硬而脆。ε 相和 ζ 相的抗腐蚀性能均较强,在显微镜下两相不易区分,均呈白亮色。ζ 相在 500 ℃ 以上转变成 ε 相。所以,如氮化温度在 500 ℃ 以上,表层氮的质量分数达到 11.0% 以上时,在缓冷过程中就会发生 $\varepsilon \rightarrow \zeta$ 相的转变。由于 ζ 相很脆,因此,氮化层的氮的质量分数不能太高以免 ζ 相出现。

生产中的氮化温度,多采用 500～590 ℃。从 Fe-N 相图可以看出,铁在此温度下,当表层氮的质量分数为 10% 时,其渗层组织由表及里依次为 ε、γ'、α 三层所组成。从氮化温度缓冷到室温,则渗层组织由表及里依次为 ε 相、$\varepsilon+\gamma'$ 双相区、γ' 相(γ' 相很薄,在金相显微镜下往往观察不到)、$\alpha+\gamma'$ 双相区(γ' 针叶状相是在 α 相一定的晶面上析出,γ' 相的针之间互呈一定的角度)。因此,室温下的纯铁氮化层组织由表面到中心依次为 $\varepsilon \rightarrow \varepsilon+\gamma' \rightarrow \gamma' \rightarrow \gamma'+\alpha \rightarrow \alpha$。在金相显微镜下,$\varepsilon$ 相和 $\varepsilon+\gamma'$ 双相层浸蚀后均呈白亮色,这两层难以被分开,故常把这两层组织统称为白亮层。α 相是很好观察的,$\gamma'+\alpha$ 两相区容易被浸蚀,在白亮层内呈暗黑色,若在高倍显微镜下观察,可以看到在 α 相基体上分布着具有一定位向关系的黑色针叶状 γ' 相。所以,整个氮化层由表及里是由白亮层(ε、$\varepsilon+\gamma'$)、$\gamma'+\alpha$、α 三层组成(见图 8-5)。

(三)渗碳层深度的测定

渗碳层的组织检验主要评定马氏体、奥氏体、碳化物。国家标准有 GB/T 9450—2005《钢件渗碳淬火硬化层深度的测定和校核》,GB/T 25744—2010《钢件渗碳淬火回火金相检验》等。不同行业有不同的行业标准,较常用的有 QC/T 262—1999《汽车渗碳齿轮金相检验》,JB/T 6141.3—1992《重载齿轮渗碳金相检验》,HB 5492—2011《航空钢制件渗碳、碳氮共渗金相组织分级与评定》等。组织评定时依照标准要求进行,虽然标准不同,但方法基本相同。如马氏体的评级,根据马氏体针叶长度(测量并对照标准图)评定,针叶越长,级别越高。汽车齿轮1~5 级为合格,6~8 级必须返修。残余奥氏体、碳化物及心部铁素体级别均对照标准图评定。

渗碳后对渗层深度的常用测定方法有四种:断口法、金相法、显微硬度法和剥层化学分析法。下面重点介绍金相法和显微硬度法。

1. 金相法

目前金相法在各种标准中的测量渗层深度的结束位置还不统一,常用的有以下三种方法。

(1)过共析层+共析层+亚共析过渡层作为渗碳层总深度。使用这种方法时应注意过共析层与共析层之和不小于总渗碳深度的50% ~75%。这就是说亚共析层要求有一定厚度,不能过渡太陡,表层的高碳区域要足够深,以保证淬火后表层有高强度和高的耐磨性。

(2)过共析层+共析层+1/2亚共析过渡层作为渗碳层总深度。这种方法与断口法和显微硬度法比较一致,因此这种测量方法应用也最广,如图 8-6 所示。

(3)从表面测至50%珠光体处作为渗碳层总深度。这种方法比较快,但有时候50%珠光体有一定的区域范围,找测量的界线往往误差较大。

本实验采用显微组织法,介绍如下:测量的试样应为渗碳后缓冷的金相试样,用 4%硝酸酒精浸蚀,然后在显微镜下观察渗层组织。碳素渗碳钢与合金渗碳钢渗层深度计算方法不同:碳素钢渗碳件从表面向里测到过渡层(由表层共析成分处到心部组织处称为过渡层)的 1/2处,此处含碳量大约为 0.5%,这段距离为碳素钢渗碳件的渗碳层深度。合金渗碳钢由表面测到原始组织处为渗碳层深度。

2. 显微硬度法

显微硬度法是从淬火后试样的边缘起,测量显微硬度值的分布梯度。GB/T 9450—2005《钢件渗碳淬火硬化层深度的测定和校核》中规定了测量方法。选用 9.8 N(1 kgf)负荷,也可采用 4.9~49 N(0.5~5 kgf)的负荷,在 400 倍电镜下,从表面测至 550 HV 处的距离即为有效硬化层深度。此法适用于有效硬化层深度大于 0.3 mm、基体硬度小于450 HV 的零件。显微硬度法测量渗碳层深度示意图见图 8-7。

所谓基体硬度,是指离表面三倍于硬化层处的硬度值。当基体硬度大于 450 HV 时,一般从表面测至 550 HV 高一个级(25 HV 为一级)处作为测量的终点,即 575 HV 的地方。在对测量结果有争议的情况下,显微硬度法是仲裁方法。

当有效硬化层深度小于等于 0.3 mm 时,采用标准为 GB/T 9451—2005《钢件薄表面总硬化层深度或有效硬化层深度的测定》。此方法使用努氏显微硬度计,长形棱锥压头可使测量精度大大提高。

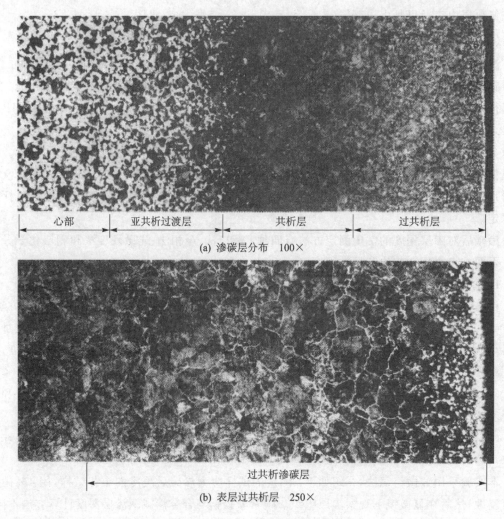

(a) 渗碳层分布　100×

(b) 表层过共析层　250×

图 8-6　20CrMnTi 钢渗碳坑冷组织

(四) 氮化层深度的测量

氮化层深度测量常用的方法有断口法、金相法、显微硬度法。

1. 断口法

断口法将试样制成规定尺寸的缺口试块,渗氮后在缺口处冲断,用肉眼观察试块表面四周有一层很细的瓷状断口区,而心部的断口组织较粗,用 10～20 倍放大镜测量表面瓷状断口的深度,即是渗氮层深度。

2. 金相法

在随炉试样有代表性部位,截取垂直渗

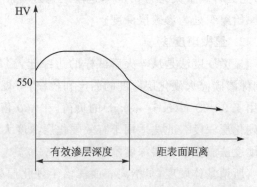

图 8-7　显微硬度法测量渗碳层深度示意图

层表面的试面,经制样及渗层显示后,在放大 100 倍或 200 倍金相显微镜下,从试样表面沿垂直方向测至与基体心部组织有明显分界处的距离,即为渗氮层深度,包括化合物层及扩散层。

金相法测定渗氮层包含了化合物白亮层和扩散层,当扩散层与基体交界不清时,需要采取其他手段,比如采用其他化学浸蚀试剂或热处理的方法使界限清楚显示,才能测定准确。否则应改用其他检测方法测量。

对于合金钢,尤其是合金含量较高的钢材,渗氮后氮在扩散层中与铁形成化合物,与氮化物元素结合成极稳定的高硬度的合金氮化物,均以弥散度很高的细小质点分布在基体中,因此用硝酸酒精溶液浸蚀后的扩散层比基体更易受蚀变黑,使渗层与基体界限明显,见图 8-8(a)。

对于渗氮层中氮浓度偏低时,或中碳钢、中碳铬钢、高碳钢及轴承钢等渗氮后,用上述试剂难以区分扩散层与心部组织。这时可试用硫酸铜盐酸水(或酒精)溶液擦蚀,扩散层由于含有氮,不易磨蚀,而心部组织很容易腐蚀(白亮层也被腐蚀),这就能区分扩散层与心部组织。为了使过渡层与心部组织分界线更加明显,往往把试样进行反复擦蚀和抛光,加大过渡层与心部的反差,便于进行深度测量,但各区的显微组织却看不清楚,见图 8-8(b)。

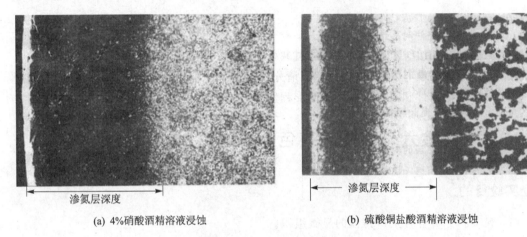

(a) 4%硝酸酒精溶液浸蚀　　　　　　　　(b) 硫酸铜盐酸酒精溶液浸蚀

图 8-8　38CrMoAl 钢气体渗氮后渗层分布　100×

3. 显微硬度法

GB/T 11354—2005《钢铁零件渗氮层深度测定和金相组织检验》规定了硬度法测定渗氮层深度的方法。要求用 2.94 N(0.3 kgf) 载荷下,维氏硬度从表面测至高出心部硬度值为 50 (过渡层平缓时可测至高出心部 30)处的垂直距离作为渗氮层深度界限。

同渗碳层的测定一样,当有争议时,渗氮层的深度测定以显微硬度法为唯一仲裁方法。

五、实验步骤

(1) 每组 5 人领取一组试样(渗碳、渗氮)。

(2) 事先学习金相制备技术,可参见本书第 3 章有关内容。

(3) 沿垂直于试样表面用砂轮切割机切开,然后镶嵌试样。

(4) 制备金相试样:磨样→抛光→腐蚀→热风吹干。

(5) 观察组织,观察各试样的渗层至心部组织的变化情况,仔细观察各渗层组织的特征。

(6) 进行渗层厚度的测定。

六、实验报告要求

(1) 写出渗碳、氮化的化学热处理原理。

(2) 比较渗碳层、氮化层的金相组织特征及组织变化情况。

（3）绘出各渗层组织由表面到心部变化情况示意图，并标出渗层深度。可以参考本书二维码：常用金相图谱(2)碳钢非平衡显微组织(见附图 49～52)。

（4）写出实验操作的详细操作过程、实验收获和体会。

七、实验注意事项

（1）使用电炉等要注意用电安全，开炉前听指导老师讲解设备安全使用方法；腐蚀试样时注意不要溅到眼睛，安全操作设备仪器，杜绝危害人身安全的事故发生。

（2）试样观察时如确认出现假象，通常是金属表面扰乱层的原因，对此试样宜采用交替抛光腐蚀，并重复两三次以上。对腐蚀过度试样应重新抛光后腐蚀，严重时还须从细磨开始，重新制样。

八、思考题

（1）如何从金相组织上区分渗碳层的过共析组织、共析组织和过渡层？

（2）如果渗碳层没有发现过共析组织，请分析其原因。

（3）试比较渗碳件和渗氮件前后的变形程度并分析原因。

实验六　铸铁与有色金属的显微组织观察

一、实验目的

（1）观察和分析各种灰口铸铁的显微组织。

（2）熟悉常用的铝合金、铜合金及轴承合金的显微组织。

二、实验内容

观察分析金相组织。试样状态、腐蚀及金相组织见表 8 - 8。

表 8 - 8　铸铁及有色金属试样

编　号	样品名称	处理状态	腐蚀剂	金相组织
1	灰口铸铁(P 基)	铸造	4% 硝酸酒精	P+片状石墨
2	可锻铸铁(F 基)	可锻化退火	4% 硝酸酒精	F+团絮石墨
3	球墨铸铁(F+P)基	锻造	4% 硝酸酒精	牛眼睛
4	球墨铸铁	等温淬火	4% 硝酸酒精	$M + B_F$+球状石墨
5	硅铝明(ZL102)	铸造未变质	0.5HF 水溶液	(Si 粗针+α 基体)共晶
6	硅铝明(ZL102)	铸造变质	0.5HF 水溶液	α 枝晶+(Si 细+α)
7	硬铝(ZY12)	淬火自然时效	混合酸水溶液 $HNO_3 \cdot HCl \cdot HF$	单相 α 固溶体
8	单相黄铜(H70)	冷加工退火	3% $FeCl_3$ + 10% HCl 水溶液	单相 α(孪晶)
9	两相黄铜(H63)	铸造退火	3% $FeCl_3$+10% HCl 水溶液	$\alpha+\beta$
10	锡青铜(QSn10)	铸造	3% $FeCl_3$+10% HCl 水溶液	α 枝晶+($\alpha+\delta$)共析体

编　号	样品名称	处理状态	腐蚀剂	金相组织
11	锡基巴比合金 ZChSnSb11-6	铸造	4%硝酸酒精	α(黑基体)$+\beta'$(白方块 $+$ Cu_3Sn 白星状
12	铅基巴比合金 ZChPbSb16-16-2	铸造	4%硝酸酒精	$(\alpha+\beta)$基$+$白方块 SnSb $+$ Cu_2Sn 针状

三、实验材料及设备

（1）设备：金相显微镜。

（2）试样：铸铁和有色金属的金相试样。

四、实验内容讨论

（一）灰口铸铁的组织分析

（1）普通灰口铸铁：普通灰口铸铁的组织是由片状石墨和钢的基体两部分组成的。在光学显微镜下观察，灰口铸铁中碳全部或部分以片状石墨形式存在，石墨呈不连续的片状，或直或弯，断口呈现灰色。其基体可分为铁素体、铁素体＋珠光体、珠光体三种。由于片状石墨无反光能力，故试样未经腐蚀即可看出呈灰黑色。石墨性脆，在磨制时容易脱落，此时在显微镜下只能见到空洞。在灰铸铁的显微组织中，除基体和石墨外，还可以见到具有菱角状沿奥氏体晶界连续或不连续分布的磷共晶（又称为斯氏体）。磷共晶主要有三种类型，即二元磷共晶（在 Fe_3P 的基体上分布着粒状的奥氏体分解产物——铁素体或珠光体）、三元磷共晶（在 Fe_3P 的基体上分布着呈规则排列的奥氏体分解产物的颗粒及细针状的渗碳体）和复合磷共晶（二元或三元磷共晶基体上嵌有条块状渗碳体）。

用硝酸酒精或苦味酸腐蚀时 Fe_3P 不受腐蚀，呈白亮色，铁素体光泽较暗，在磷共晶周围通常是珠光体。由于磷共晶硬度很高，故当二元或三元磷共晶以少量均匀孤立分布时，有利于提高耐磨性，而并不影响强度。磷共晶如形成连续网状，则会使铸铁强度和韧性显著降低。

（2）可锻铸铁：可锻铸铁又称为马铁或展性铸铁，其中石墨呈团絮状，与普通灰铸铁相比，具有较高的力学性能，尤其具有较高的塑性和韧性。根据基体不同，可锻铸铁可分铁素体可锻铸铁及珠光体可锻铸铁。

（3）球墨铸铁：球墨铸铁析出的石墨呈球状。球墨铸铁（F＋P）基的显微组织如图 8-9 所示，俗称牛眼睛。

（4）蠕墨铸铁：蠕墨铸铁的石墨介于片状和球状之间。蠕墨铸铁的石墨短而厚，端部较圆，形同蠕虫。

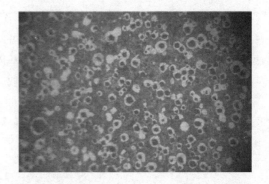

图 8-9　球墨铸铁(F＋P)基显微组织　50×

（二）有色金属组织分析

1. 铝合金

（1）铸造铝合金：应用最广泛的铸造铝合金，含有大量硅的铝合金。典型的硅铝明牌号为 ZL102。含硅 11％～13％,成分在共晶成分附近。铸造后几乎全部得到共晶组织即灰色的粗大针状的共晶硅分布在发亮的铝的 α 固溶体的基体上,这种粗大的针状硅晶体严重降低合金的塑性。

(2) 变形铝合金:硬铝 Al-Cu-Mg 系时效合金,是重要的变形铝合金。由于它的强度大和硬度高,故称为硬铝,国外又称为杜拉铝。其在近代机器制造和飞机制造业中得到广泛应用。在合金中形成了 $CuAl_2$(θ 相)和 $CuMgAl_2$(S 相)。这两个相在加热时均能溶入合金的固溶体内,并在随后的时效热处理过程中通过形成"富集区""过渡相"而使合金达到强化。

2. 黄铜

(1) α 单相黄铜:锌含量在 36％以下的黄铜属单相 α 固溶体,典型牌号有 H70(即三七黄铜)。铸态组织:α 固溶体呈树枝状(用氯化铁溶液腐蚀后,枝晶主轴富铜,呈亮色,而枝间富锌呈暗色),经变形和再结晶退火其组织为多边形晶粒,有退火变晶。由于各种晶粒方位不同,所以具有不同的颜色。退火处理后的 α 黄铜能承受极大的塑性变形,可以进行冷加工。

(2) α＋β 两相黄铜:锌含量为 36％～45％的黄铜为 α＋β 两相黄铜,典型牌号有 H62(即四六黄铜)。在室温下,β 相较 α 相硬得多,因而只能承受微量的冷态变形,但 β 相在 600 ℃以上即迅速软化,因此可以进行热加工。

3. 锡青铜

铜与锡所组成的合金称为锡青铜。常用的锡青铜含锡量为 3％～4％,锡青铜的实际组织与平衡状态相差很大。铸态下的组织为树枝状 α 固溶体及(α＋δ)共析体,如图 8-10 所示。

4. 巴比合金

以锡、铅等为基体的抗磨轴承合金称为巴比合金。此合金为易溶轴承合金,通常直接浇铸于轴承上,分锡基、铅基两种轴承合金。

图 8-10　锡青铜铸造组织(真空镀膜)　53×

锡基巴比合金:主要有 ZChSnSb11-6,含 Sb 量为 11％,含 Cu 量为 6％。含 Sb 量为 11％的合金可以形成软的 α 固溶体(锑在锡中的 α 固溶体)基体及少量镶嵌在基体上的 β'(以化合物 SnSb 为基的固溶体)两相组织。黑色基体 α(软基)和具有方形和三角形的白色粗晶为 β' 固溶体(硬质点),白色针状和星状的是化合物 Cu_3Sn 晶体,也是硬质夹杂。

铅基巴比合金:ZChPbSn16-16-2 属于过共晶合金,白色方块为初生相 β 相(SnSb),花纹状软基体是 α(Pb)＋β 共晶体。白色针状晶体是化合物 Cu_2Sb。化合物 Cu_2Sb,SnSb 是合金中的硬质点。这种轴承合金含锡量少,成本较低,铸造性能及耐磨性较好。一般用于中、低载荷的轴瓦。

五、实验步骤

(1) 观察几种铸铁中石墨的形状、基体的特征,分析其组织的形成。
(2) 比较黄铜(单相、两相黄铜)及锡青铜的显微组织的特征。
(3) 比较变质处理与未变质处理的硅铝明的显微组织。
(4) 比较锡基及铅基轴承合金组织的特征。

六、实验报告要求

(1) 明确本次实验目的。

(2) 根据观察,综合分析铸铁及有色合金的显微组织特征,以及组织对性能的影响。

(3) 根据所观察到的金相组织,画出示意图。可参考本书二维码:常用金相图谱(5)铸铁显微组织(见附图 85～108),(6)有色合金显微组织(见附图 109～116)。

七、实验注意事项

(1) 操作时,切勿对着目镜讲话,以免镜头受潮模糊不清。

(2) 已浸蚀好的试样观察面,切勿用手去擦拭、触摸或贴放在桌面上,以免损坏或污染而影响实验效果。

(3) 实验完毕后,要关掉电源,将试样卸下后上交,然后将显微镜用防尘罩盖好。

八、思考题

(1) 分析并讨论灰铸铁、球墨铸铁、可锻铸铁及蠕墨铸铁中的石墨形态有何不同,对材料性能有何影响?

(2) 变形铝合金与铸造铝合金在显微组织方面有何具体区别?

实验七 合金钢的显微组织观察

一、实验目的

(1) 观察合金钢的显微组织,了解其组织缺陷原因。

(2) 分析合金钢的组织和性能的关系。

二、实验内容

(1) 观看多媒体计算机所演示的常用合金钢的显微组织,并且分析其组织形态的特征。

(2) 在显微镜下观察和分析常用合金钢的显微组织,并画出组织示意图。

三、实验设备和材料

(1) 设备:多媒体计算机、金相显微镜。

(2) 试样:常用合金钢的金相试样及组织照片一套。

四、实验原理

合金钢是在碳钢中加入一定的合金元素而制得的。当合金元素含量较多时,其显微组织比碳钢要复杂些,组织中除了有合金铁素体、合金奥氏体、合金渗碳体外,还有金属间化合物等。一般将合金钢分为三大类:合金结构钢、合金工具钢和特殊性能钢。

1. 合金结构钢

(1) 轴承钢。GGr15 钢是生产中应用最广泛的轴承钢,其热处理工艺主要为球化退火,如图 8-11 所示;淬火及低温回火,显微组织是回火隐晶马氏体(黑色)和碳化物(白亮色颗粒),

如图8-12所示。碳化物有网状、带状和液析三种。

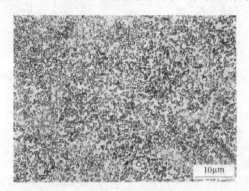

图8-11 GGr15钢退火态粒状珠光体

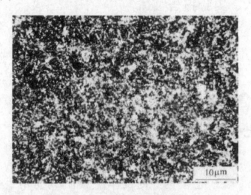

图8-12 GGr15钢淬火回火态
(回火隐晶马氏体+碳化物)

(2)渗碳钢。20CrMnTi是常用的合金渗碳钢,主要用于制造汽车和拖拉机的渗碳件。根据渗碳的温度、渗碳的时间及渗碳介质活性的不同,钢的渗碳层厚度与含碳量的分布也不同。一般渗碳层的厚度为0.5~1.7 mm。渗碳层的含碳量,从表层向中心含碳量逐渐下降。渗碳后钢的表面含碳量在0.85%~1.05%范围内。

经渗碳后的退火态组织由表面到心部依次是过共析钢组织(珠光体+网状渗碳体)、共析钢组织(片状珠光体)、亚共析钢组织(铁素体+珠光体)和心部原始组织。如果表面渗碳浓度不高,就可能没有过共析区出现;如果表面渗碳浓度太高,表层就出现块状碳化物。渗碳后直接淬火的组织由表面到心部依次是高碳片状、针状马氏体和残余奥氏体+少量碳化物、混合马氏体、低碳马氏体+少量铁素体和心部原始组织。

2. 合金工具钢

为了获得高的硬度、抗热震性和耐磨性以及足够的强度和韧性,在化学成分上应具有高的含碳量(通常0.6%~1.3%),以保证淬火后获得高碳马氏体;加入合金元素 Cr、W、Mo、V 等与碳形成合金碳化物,可使钢具有高硬度和高耐磨性,并增加淬透性和回火稳定性。

(1)高速钢。W18Cr4V 是一种常用的高合金工具钢,因为它含有大量合金元素,使铁碳相图中的 E 点左移较多,以致它虽然含碳量只有0.7%~0.8%,但已含有莱氏体组织,所以称为莱氏体钢。

① 铸态的高速钢的显微组织。铸态的高速钢的显微组织为共晶莱氏体、黑色组织、马氏体和残余奥氏体。其中鱼骨状组织是共晶莱氏体分布在晶界附近,黑色的心部组织为δ共析相(片状的γ相和 M_6C 相间组成组织),晶粒外层为马氏体和残余奥氏体,见图8-13。

② 锻造退火的显微组织。由于铸造组织中碳化物的分布极不均匀,且有鱼骨状,因此必须采用反复锻造、多次锻拔的方法将碳化物击碎使其分布均匀。然后进行去除锻造内应力退火,得到的组织为索氏体和碳化物,见图8-14。

③ 淬火与回火后的组织。高速钢只有经过淬火和回火,才能获得所要求的高硬度与高的红硬性。W18Cr4V 通常采用的淬火温度较高,为1270~1280 ℃,可以使奥氏体充分合金化,以保证最终有较高的红硬性,淬火时可在油中或空气中冷却。淬火组织由60%~70%马氏体和25%~30%残余奥氏体及接近10%加热时未溶的碳化物组成,见图8-15。由于淬火组织中存在较多的残余奥氏体,一般都在560 ℃进行3次回火。经淬火和3次回火后得到的组织为回火马氏体+碳化物+少量残余奥氏体(2%~3%),见图8-16。

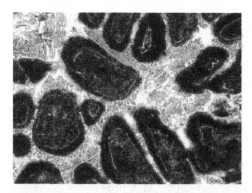
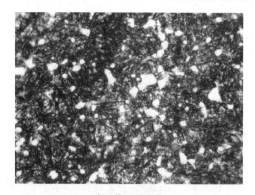

共晶莱氏体＋黑色组织＋马氏体＋残余奥氏体

图 8-13 W18Cr4V 铸态 500×

索氏体＋碳化物

图 8-14 W18Cr4V 退火态 500×

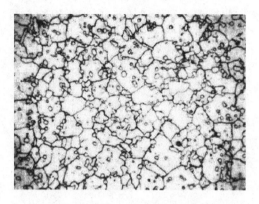

60%～70%马氏体＋25%～30%残余奥氏体＋未溶碳化物

图 8-15 W18Ci4V 淬火态 500×

回火马氏体＋碳化物＋少量残余奥氏体 2%～3%

图 8-16 W18Cr4V 淬火回火态 500×

④ 热处理缺陷。由于淬火温度过高等原因,造成晶粒过大,碳化物数量减少,并向晶界聚集,以块状、角状沿晶界网状分布,这是过热现象。如温度超过 1320 ℃,晶界熔化,出现莱氏体及黑色组织,称为过烧。当两次淬火之间未经充分退火,易产生萘状断口,断口呈鱼鳞状白色闪光,如萘光,晶粒粗大或大小不匀。

(2) 模具钢。Cr12MoV 是常用的冷变形模具钢。因其是高碳高铬钢,在铸造组织中有网状共晶碳化物,须通过轧制或锻造破碎共晶碳化物,以减少碳化物的不均匀分布。经 1000～1075 ℃淬火后,可获得较好的强塑性。淬火组织为隐晶马氏体＋碳化物。淬火回火组织为回火隐晶马氏体＋碳化物。其缺陷组织有网状碳化物、带状碳化物和碳化物液析。

3. 不锈钢

不锈钢是在大气、海水及其他浸蚀性介质条件下能稳定工作的钢种,大都属于高合金钢,应用最广泛的是 1Cr18Ni9。较低的含碳量、较高的含铬量是保证耐蚀性的重要因素;镍除了进一步提高耐蚀能力外,主要是为了获得奥氏体组织。这种钢在室温下的平衡组织是奥氏体＋铁素体＋$(Cr,Fe)_{23}C_6$。为了提高耐蚀性以及其他性能,须进行固溶处理。固溶处理是将钢加热到 1050～1150 ℃使碳化物等全部溶解,然后水冷,即可在室温下获得单一奥氏体组织。

1Cr18Ni9 在室温下的单一奥氏体状态是过饱和的、不稳定的组织,当钢使用温度达到 400～800 ℃,或者加热到高温后缓冷,从奥氏体晶界上析出,造成晶间腐蚀,使钢的强度大大降低。目前,防止这种晶间腐蚀的办法有两种:一是尽可能降低含碳量;二是加入与碳亲和力很强的元素,如 Ti、Nb 等。因此,出现了 1Cr18Ni9,0Cr18Ni9Ti 等牌号的奥氏体镍铬不锈钢。

五、实验步骤

(1) 观察试样的显微组织。

(2) 画出组织示意图,并对照金相图谱判断材料的种类。

六、实验报告要求

(1) 实验目的。

(2) 画出所观察的显微组织示意图,标明材料名称、状态、组织、放大倍数、浸蚀剂,并将组织组成物名称以箭头引出标明。可参考附录 A"常用金相图谱"二维码:(3)工模具钢显微组织(见附图 59～68),(4)不锈钢显微组织(见附图 69～84)。

(3) 分析讨论各类合金钢组织的特点,并与相应的碳钢组织作比较,同时把组织特点同性能和用途联系起来。

七、实验注意事项

(1) 操作时,切勿对着目镜讲话,以免镜头受潮而模糊不清。

(2) 已浸蚀好的试样观察面,切勿用手去擦拭、触摸或贴放在桌面上,以免损坏或污染而影响实验效果。

(3) 实验完毕后,要关掉电源,将试样卸下上交,然后将显微镜和计算机用防尘罩盖好。

八、思考题

(1) 轴承钢中碳化物对性能有何影响?

(2) 为什么比较重要的大截面结构零件,如重型运输机械和矿山机器的轴类,大型发电机转子轴等都必须用合金钢制造?与碳钢相比,合金钢有何优、缺点?

实验八　合金元素对淬透性的影响

一、实验目的

(1) 深入理解淬透性的概念,测定 45 钢及 40CrNiMo 钢的端淬曲线并进行比较。

(2) 求出两种钢的临界淬火直径,了解合金元素对淬透性的影响。

二、实验内容

(1) 选取样品进行端淬实验,对样品进行标定和硬度测定。

(2) 根据标准计算出淬透深度,对相关结果进行分析、讨论。

三、实验设备及材料

1. 设备

(1) 中温箱式电炉。

(2) 端淬试验机,具体尺寸如图 8-17(a)图所示,主要由支架和喷水管组成。试样吊挂在支架上,用向上喷射的水流使试样端面淬火。要求喷水管至试样下端面的距离应按照标准设置,支架应保证试样的轴线与喷水口的中心线在同一直线上,而且在淬火期间保持位置不变。未放置试样时,从喷水管射出水流的自由高度应稳定在(65±5) mm。

(3) 砂轮机。

(4) 洛氏硬度计及专用夹具,游标卡尺,标定工具。

2. 试样

端淬试样(尺寸见图 8 - 17(b)图),材料为 45 号钢,40CrNiMo 钢。

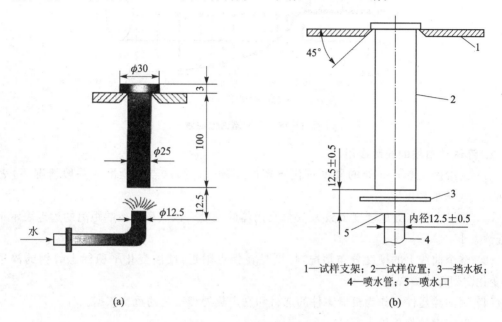

1—试样支架;2—试样位置;3—挡水板;
4—喷水管;5—喷水口

(a)　　　　　　　　　　　　　　　　(b)

图 8 - 17　端淬装置示意图

四、实验原理

淬透性是钢重要的热处理工艺性能之一,是钢的一种属性,也是评价钢的重要指标。由于淬透性的大小直接影响到力学性能,特别是对于一些要求综合性能较高的机械零件,一般选择淬透性好的材料制造。所以了解和掌握淬透性的测定方法是具有实际意义的。

1. 钢的淬透性定义及其测定方法

钢接受淬火时形成马氏体的能力称作钢的淬透性。在实际生产中,往往要测定淬火工件的淬透层深度。淬透性的评定标准通常认为:除马氏体外,允许含有一定量的非马氏体组织。一般采用表面至半马氏体组织(即该层是由 50%马氏体和 50%非马氏体组织组成)的距离作为淬硬层深度,并用这个淬硬层深度作为评定淬透性标准。在同样淬火条件下,淬透层深度越大,表明钢的淬透性越高。钢淬火后硬度会大幅度提高,能够达到的最高硬度称为钢的淬硬性,它主要取决于马氏体的含碳量。

根据 GB/T 225—2006《钢淬透性的末端淬火试验方法》规定,钢的淬透性用末端淬火法测定。测定时将标准试样(Φ25 mm×100 mm)按规定的奥氏体化条件加热后,迅速取出放入末端淬火试验机的试样架孔中,立即由末端喷水冷却。因试样是一端喷水冷却,故水冷端的冷速最快,越往上冷得越慢,头部的冷速相当空冷。因此沿试样长度方向上由于冷却条件的不同,获得的组织和性能也将不同。冷却完毕后将试样相对两侧平行地磨去 0.5 mm,然后沿试样两侧长度方向每隔一定间距测量一个硬度值,即可得到沿长度方向上的硬度变化,所得曲线即为该钢的淬透性曲线,如图8-18所示。对同一牌号的钢,由于化学成分和晶粒度的差异,淬透性曲线实际上为一定波动范围的淬透性带。

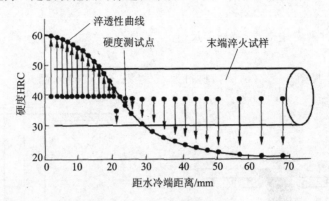

图 8-18 钢的淬透性曲线

2．淬透性曲线的实际应用

(1)近端面1.5 mm处的硬度可代表钢的淬硬性。因这点的硬度在一般情况下,表示99.9%马氏体的硬度。

(2)曲线上拐点处的硬度大致为50%马氏体的硬度。该点离水冷端距离的远近表示钢的淬透性大小。

(3)整个曲线上的硬度分布情况,特别是在拐点附近,硬度变化平稳标志着钢的淬透性大,变化剧烈标志着淬透性小。

(4)钢的淬透性可作为机器零件的选材和制定热处理工艺的重要依据。

(5)确定钢的临界淬火直径。

(6)确定钢件截面上的硬度分布。

3．合金元素对钢的淬透性的影响

增加淬透性的合金元素主要有 Ni、Si、Cr、Mo、Mn、B、C 等,其中主加元素有 Cr、Mn、Si、Ni,此类合金元素能显著提高淬透性和力学性能;辅加元素有 Mo、W、V 等,能显著降低过热敏感性、回火脆性,同时提高钢的淬透性。一般而言,合金元素添加量有一定范围,结构钢中常见合金元素的常用范围为:含 Si 量小于 1.2%,含 Mn 量小于 2%,含 Cr 量为 1%～2%,含 Ni 量为 1%～4%,含 Mo 量小于 0.5%,含 V 量小于 0.2%,含 Ti 量小于 0.1%,含 W 量为 0.4%～0.8%。合金元素可单独加入,也可复合加入,复合添加的效果最好。

五、实验步骤

1．试样加热

把试样放入预先加热到规定温度[亚共析钢,A_{c3}＋(30～50) ℃,过共析钢,A_{c1}＋(30～50) ℃]的电炉中加热,在有关产品技术条件或特殊协议中规定的温度下保温(30±5)min,并采取预防措施防止试样脱碳、渗碳或产生明显的氧化。

2．淬火

用钳子夹住试样顶头(Φ30 mm)处,很快地(时间不超过 5 s)将试样放在端淬设备架孔上,立即打开水龙头对试样一端(Φ25 mm)进行喷水冷却,如图 8-17 所示。喷水过程必须仔细控制水柱的稳定性,喷水时间不得少 10 min,然后将试样投入水中冷却,为了固定冷却条件,规定喷口直径为 12.5 mm,喷口离试样距离为 12.5 mm,喷水柱的自由高度为(65 ± 10) mm,冷却水温尽量不超过 25 ℃。

要求从炉中取出试样到开始向试样端面喷水延迟的时间不得超过 5 s;喷水时间至少应为 10 min,此后可将试样浸入水中完全冷却。水温应在 10～30 ℃ 范围内。此外,要求试样支架应保持干燥,在试样安放到支架上的过程中应防止水溅到试样上,可在喷水管口上方添加活动挡水板,以使水的射流快速喷出和切断。在淬火过程中应防止向试样吹风。

3. 硬度测量

待试样全部冷却后,首先在平行于试样轴线方向上磨制出两个相互平行、磨削深度为 0.4～0.5 mm、宽为 2～5 mm 的平面。再将试样放在专用夹具上进行硬度测试,专用夹具上带有刻度,每隔一定距离测定一次硬度,依次向内推进,直到硬度值稳定为止。通常测量离开淬火端面 1.5 mm、3 mm、5 mm、7 mm、9 mm、11 mm、13 mm、15 mm 八个点和以后间距为 5 mm 的各点的硬度值,直至 30～50 mm 处。淬火硬度与末端距离关系记录在表 8 - 9 中。

表 8 - 9　淬透性实验数据

40 钢		40CrNiMo 钢		40 钢		40CrNiMo 钢	
距淬火端距离/mm	HRC	距淬火端距离/mm	HRC	距淬火端距离/mm	HRC	距淬火端距离/mm	HRC
1.0		1.0		10.0		10.0	
2.0		2.0		11.0		11.0	
3.0		3.0		12.0		12.0	
4.0		4.0		13.0		13.0	
5.0		5.0		14.0		14.0	
6.0		6.0		15.0		15.0	
7.0		7.0		16.0		16.0	
8.0		8.0		17.0		17.0	
9.0		9.0		—		—	

六、实验报告要求

描述所观察到的组织,须说明钢号、奥氏体温度,记录硬度数据,对实验结果进行分析。

七、实验注意事项

(1) 为了防止试样在加热时顶端脱碳,所以将试样放在一个套筒内,筒内装有木炭加以保护,到温取出后很快地将试样顶端的木炭屑去除干净。

(2) 端淬设备在喷淬前,将水柱高度调整好,使水压保持稳定,并将龙头开关做好标记。

(3) 高温设备应严格遵守有关操作规程,并在教师指导下完成。

八、思考题

(1) 根据测得的淬透性曲线,分析所试验材料的淬透性和特点。

(2) 讨论淬透性与淬硬性的区别,并说明淬透性的实际意义。

实验九　热处理工艺设计及组织观察

一、实验目的

（1）根据工件要求设计热处理工艺，并进行热处理工艺操作和组织与性能分析。

（2）训练实际动手能力及对工程设计中问题的分析和处理能力。

二、实验内容

（1）在下列热处理工艺"退火、正火、淬火＋回火和表面处理"中，根据工件的实际要求设计热处理工艺。

（2）进行热处理工艺操作，并做金相分析和硬度测试。

三、实验设备及材料

（1）设备：电阻炉、切割机、砂轮机、抛光机、金相显微镜、硬度计。

（2）材料：冷却介质、金相砂纸、无水乙醇、试样夹、防氧化涂料。

（3）试样：45、40Cr/42CrMo、T10/T12、GCrl5 等，从中选取 2～3 种。

四、实验原理

1. 退火

将组织偏离平衡状态的金属或合金加热到适当的温度，保持一定时间，然后缓慢冷却以达到接近平衡状态组织的热处理工艺称为退火。退火按加热分为两类：一类是在临界温度 A_{C1} 或 A_{C3} 以上的退火，包括完全退火、不完全退火、扩散火和球化退火；另一类是在临界温度以下的退火，包括软化退火、再结晶退火及去应力退火等。本实验要求对亚共析成分钢和过共析成分钢分别设计第一类退火工艺。

在生产上对退火工艺的选用，应该根据钢种、前后连接的冷加工和热加工工艺以及最终零件使用条件等来进行。根据钢中含碳量不同，一般按如下原则选择：

（1）对含碳量小于 0.25％的钢，只有形状复杂的大型铸件，才用退火消除铸造应力，降低加工硬度。

（2）对含碳量 0.25％～0.50％的钢，只有对合金元素含量较高的钢才采用完全退火。

（3）对含碳量 0.50％～0.75％的钢，一般采用完全退火。因为含碳量较高，正火后硬度太高，不利于切削加工，而退火后的硬度正好适宜于切削加工。此外，该类钢多在淬火、回火状态下使用，因此一般工序安排以退火降低硬度，然后进行切削加工，最终进行淬火、回火。

（4）含碳量 0.75％ ～1.0％的钢，有的用来制造弹簧，有的用来制造刀具。前者采用完全退火做预备热处理，后者则采用球化退火。当采用不完全退火法使渗碳体球化时，应先进行正火处理，以消除网状渗碳体，并细化珠光体片。

（5）含碳量大于 1.0％的钢用于制造工具，均采用球化退火做预备热处理。

2. 正火

正火是工业上常用的热处理工艺之一，是将亚共析钢 A_{C3} ＋（30～50）℃ 或过共析钢 A_{Ccm} ＋（30～50）℃，保温一段时间，然后在空气中冷却，对于大件也可采用鼓风或喷雾等方法冷却，以得到珠光体型组织的热处理工艺。正火既可作为预备热处理工艺,为下道续热处理工艺提供适宜的组织状态,例如为过共析钢的球化退火提供细片状珠光体,消除网状碳化物等;也可作为最终热处理工艺,提供合适的力学性能,例如碳素结构钢零件的正火处理等。此外,正火处理也常用来消除某些处理缺陷,例如,消除粗大铁素体块,消除魏氏组织等。

一般正火加热温度为一般正火保温时间以工件透烧(即心部达到要求的加热温度)为准。正火所得到的均是珠光体型组织。正火与退火比较时,正火的珠光体是在较大的过冷度下得到的,因而对亚共析钢来说,析出的先共析铁素体较少,珠光体数量较多,珠光体片间距较小。此外,由于转变温度较低,珠光体形核率较大,因而珠光体团的尺寸较小。对过共析钢来说,与完全退火相比较,正火钢不仅珠光体的片间距及团直径较小,而且可以抑制先共析网状渗碳体的析出。由于退火(主要指完全退火)与正火在组织上有上述差异,因而在性能上也不同。

3. 淬火

把钢加热到临界点 A_{c1} 或 A_{c3} ＋(30~50) ℃,保温并随之以大于临界冷却速度 V_c 冷却,以得到马氏体组织的热处理工艺方法称为淬火。保温时间实际上只要考虑碳化物溶解和奥氏体成分均匀化所需时间即可。在具体生产条件下,淬火加热时间常用经验公式计算,通过试验最终确定。

常用经验公式为

$$\tau = \alpha \cdot K \cdot D$$

式中:τ——加热时间,min;

　　α——加热系数,min/mm;

　　K——装炉修正系数,1~1.5;

　　D——零件有效厚度,mm。

α 的取值与加热介质有关,可参考表 8 - 10 计算加热时间。

表 8 - 10　常用钢的加热系数 α(min/mm)

工件材料	工件直径 /mm	箱式炉中加热 <600 ℃	盐浴炉中加热、预热 750~850 ℃	箱式炉或井式炉中加热 800~900 ℃	高温盐炉加热 1100~1300 ℃
碳钢	≤50		0.30~0.40	1.0~1.2	
	>50		0.40~0.50	1.2~1.5	
合金钢	≤50		0.45~0.50	1.2~1.5	
	>50		0.50~0.55	1.5~1.8	
高合金钢		0.35~0.40	0.30~0.35	1.8~2.0	0.17~0.20
高速钢			0.30~0.35 0.65~0.85	1.8~2.0	0.16~0.18 0.16~0.18

淬火介质的选择:常用淬火介质有水或油,通常碳素结构钢、碳素工具钢选用水或盐水,合金钢选用油。水是最常用的淬火介质,不仅来源丰富,而且具有良好的物理和化学性能。其有以下特点:

① 水温对冷却特性影响很大,随着水温的升高,水的冷却特性降低,特别是蒸汽膜阶段延长,特性温度降低;

② 水的冷却速度快,特别是温度在 40~100 ℃范围内的冷却速度特别快;

③ 循环水的冷却能力大于静止水,特别是蒸汽膜阶段的冷却能力提高得更多。

油：目前工业上主要采用的是矿物油，它是从天然石油中提炼出来的。油的特性温度较水高，在 $500\sim350$ ℃处于沸腾阶段，冷却速度最快，350 ℃以下就比较慢。

4. 回火

（1）钢淬火后都要回火，回火温度取决于最终所要求的组织和性能。

① 低温回火（$150\sim250$ ℃）：工具、量具要求硬度高、耐磨，足够的强度和韧性，因此一般采用低温回火获得回火马氏体组织。

② 中温回火（$350\sim500$ ℃）：弹簧钢要求获得疲劳极限，弹性极限及强度与韧性的良好配合，采用中温回火获得回火屈氏体组织。

③ 高温回火（$500\sim650$ ℃）：中碳结构钢或低合金结构钢要求获得良好的综合力学性能，采用高温回火获得回火索氏体组织。

（2）回火时间的确定。回火时间应包括按工件截面均匀地达到回火温度所需加热时间以及达到要求回火硬度完成组织转变所需的时间。回火时间参数可参考表 8-11。

表 8-11 回火时间参数

低温回火（$150\sim250$ ℃）						
有效厚度/mm	<25	25~50	50~75	75~100	100~125	125~150
保温时间/min	30~60	60~120	120~180	180~240	240~270	270~300
中温、高温回火（$350\sim650$ ℃）						
有效厚度/mm		<25	25~50	50~75	75~100	100~125	125~150
保温时间/min	盐炉	20~30	30~45	45~60	75~90	90~120	120~150
	空气炉	40~60	70—90	100~120	150~180	180~210	210~240

（3）回火后的冷却。回火后工件一般在空气中冷却。对于具有第二类回火脆性的钢件，回火后应进行油冷，以抑制回火脆性。

五、实验步骤

根据对材料的硬度要求，让学生制定符合技术要求的热处理工艺及参数，完成热处理独立操作，组织观察和性能检验全过程。

1. 操作步骤

（1）分析合金元素的作用，根据热处理技术要求，查阅相关资料，试样准备。

（2）计算热处理工艺参数、确定加热设备、冷却方式、冷却介质。

（3）绘制热处理工艺曲线。

（4）热处理操作。

（5）硬度检验。

（6）金相试样制备及组织观察与分析。

2. 结果分析

（1）分析加热温度和保温时间对组织与性能的影响。

（2）分析冷却速度对组织与性能的影响。

（3）分析回火温度和回火保温时间对组织与性能的影响。

（4）分析热处理不合格产生的原因、并制订返修方案。

六、实验报告要求

(1) 写出设计目的、热处理原理、热处理工艺参数计算过程、附上相应的工艺参数表、操作过程、硬度及金相分析和检验结果、画出金相组织示意图等。

(2) 热处理组织出现不合格的样品,应分析原因,写出返修处理的方法、工艺参数和处理过程。

(3) 写出本次设计和操作的收获和体会。

(4) 列出主要参考资料。

七、实验注意事项

(1) 热处理操作时注意安全用电和防止烫伤。

(2) 打砂轮和抛光注意操作安全,穿着收口长袖服装,戴好护目镜和安全帽。

(3) 试样腐蚀时注意不要溅到眼睛。

(4) 安全操作设备仪器,杜绝危害人身安全的事故发生。

八、思考题

(1) 常用热处理工艺分哪几种类型,各有何特点?

(2) 怎样合理计算热处理工件的加热时间?

(3) 如何选择冷却方式和冷却介质?

(4) 如何确定回火温度和回火保温时间?

(5) 通过本设计和操作的实践教学训练,有哪些收获和建议?

实验十　未知钢样分析及钢种鉴定

一、实验目的

(1) 对常见合金钢进行火花和金相鉴别。

(2) 掌握未知牌号钢材的物理鉴别方法(不用化学方法鉴别)。

二、实验内容

(1) 对常见碳钢、合金钢进行火花鉴别和金相组织鉴别,初步确定钢种或钢的类型。

(2) 综合火花鉴别和金相组织鉴别的结果,最终准确鉴别出所有实验的钢种。

三、实验设备及材料

(1) 设备:砂轮机、金相显微镜、抛光机、研磨机。

(2) 试样:11 种钢铁样品:20、45、T12、20CrMnTi、30CrMo、40Cr、65Mn、GCrl5、60Si2Mn、3Cr2W8V、W18Cr4V。

(3) 材料:各种规格的金相砂纸、抛光膏、各种腐蚀剂。

四、实验原理

1. 火花法

火花鉴别是根据钢铁经砂轮磨削所发生的火花爆裂的形状、流线、色泽和发光点来粗略地鉴别其化学成分的方法。此方法简便易行。有色金属及合金经砂轮磨削后一般不发生或只发生极小的火花,不适于火花鉴别。

(1) 火花的形成。钢铁在砂轮的磨削下呈粉末状被抛射于空气中,高温粉末在空气摩擦氧化,温度升高,最后粉末处于熔融颗粒状态,这种熔融颗粒状态在运行中形成了流线。而颗粒表面迅速形成一层氧化膜,内部的碳元素也相继于氧化合生成 CO 气体,当 CO 气体的压力超过氧化膜的表面张力时,CO 气体就冲破其表面氧化膜,颗粒就爆裂产生火花。

火花由流线、节点、爆花(节花)、芒线和尾花等部分组成,全部火花称作火束。火束分为根部火花、中部火花和尾部火花三部分,高温磨削颗粒形成的线条状轨迹称为亮线,如图 8-19(a)所示。

流线上明亮而又较粗的点称为节点。火花在爆裂时,产生的若干短线条称为芒线。芒线所组成的火花称为节花,如图 8-19(b)所示。

随着含碳量的增加,在芒线上继续爆裂产生二次花、三次花等。在芒线附近所呈现的明亮的小点称为花粉,如图 8-19(c)所示。

由于钢铁材料化学成分不同,流线尾部呈现不同形状的火花称为尾花。尾花有苞状尾花、狐尾状尾花、羽状尾花和菊状尾花,分别如图 8-19(d)、(e)、(f)、(g)所示。

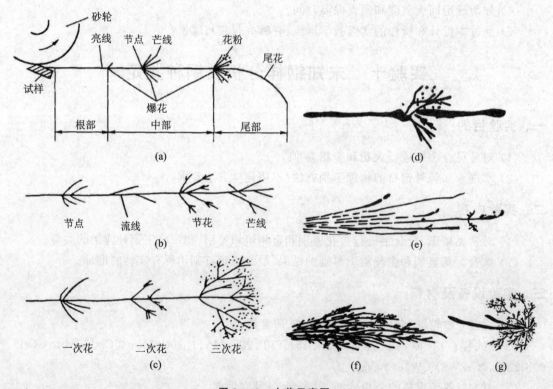

图 8-19　火花示意图

流线是线条状的火花,有三种类型:

① 直线流线。一般结构钢及工具钢(合金元素量少)中常见。

② 断续流线。钨钢、高合金钢及铸铁中常见。

③ 波状流线。一般不易见到,有时在火束中夹杂一、两条。节点与爆花属于流线的尾部、在爆花附近的流线上较流线明亮而稍粗大的亮点。节点与爆核连在一起,而爆花与爆核间有一微小不明显的距离。但在钨钢火花中,它们的呈现位置会移到爆花的前面以一亮点的形象呈现在尾花中。各种爆花形象都是"节点"的畸变形象,所以爆花的色泽亮度均逊于节点。节点色白亮,爆花色泽趋向微黄。

(2) 碳钢的火花形式。碳钢的火花形式被认为是火花的基本形态,以此为基础可进一步了解合金元素对火花的影响。碳钢的火束呈草黄色,火花是直线流线(见图 8-20)。

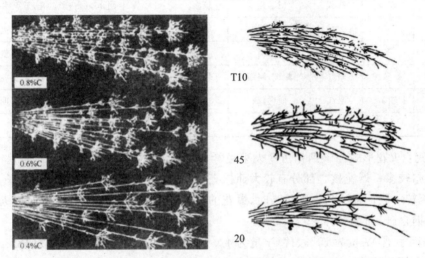

图 8-20　普通碳钢的火花示意图

① 纯铁:火束较长,流线尽头出现明显的枪尖形尾花,又似蘸墨水笔尖,流线细且少,火束根部有极不明显的波状流线与断续流线。

② 低碳钢:流线粗且较长,其有一次为分叉爆花,芒线粗而长,色泽较暗。

③ 中碳钢:流线稍细,多而长,具有二次爆花,芒线较粗,能清楚地看到爆花间有少量花粉,火束较为明亮。

④高碳钢:流线短而细密,有三次和多次爆花,芒线较细,其中花粉较多,整个火束根部较暗,中、尾部明亮。

总之,随着含碳量增加,流线增多、变细,芒线也增多、变细,爆花数量增多而密。整个火束的色泽趋于明亮。当含碳量大于 0.7% 以后,色泽变暗。

(3) 几种常见合金钢的火花。

能够用火花法鉴别的合金元素有钨、钼、锰、硅、镍、铬 6 种。钨、钼、硅、镍抑制火花产生,锰、铬(低铬)促进火花发生。火花鉴别举例见表 8-12。

① 铬钢:在低铬时,火束色泽较碳钢明亮而呈白亮色,流线较碳钢挺直而稍长,量亦增多。含碳量小于 0.5% 时流线比碳钢细,大于 0.5% 时流线比碳钢粗。爆花较碳钢大而整齐,爆裂强度大。铬是促进火花爆裂的,因此估计钢含碳量时,需要加以修正,适当减少些。需要注意:当铬含量高时,会抑制火花的发生。

表 8-12　火花鉴别举例

钢 样	流线特征			火花特征		
	数量	根部色泽	形 态	数量	大 小	形 态
20	较少	橙红	长,粗	较少	小	树枝状,一次分叉,无花粉
45	较多	亮红	长,粗	较多	大	树枝状,三次分叉,少量花粉
T12	多	暗红	短,细	多	小	树枝状,多次分叉,大量花粉
20CrMnTi	较少	亮红	长,细	较少	较大	同20,但花形整齐,少量花粉
30CrMo	较少	亮红	长,细	较少	小	同20,但有枪尖形尾花
40Cr	较多	红黄	长,细	较多	大	同45,但花形整齐,节点明亮
65Mn	多	亮红	长,粗	多	大	同T8,但爆裂强烈,尾部火花大
GCr15	多	亮红	短,粗	多	小	同T8,但节点明亮,花形整齐
60Si2Mn	多	暗红	根细,尾细	较少	小	苞状,苞尾可有树枝状火花
3Cr2W8V	较多	暗红	断续,细	无		有狐尾状尾花,尾中央有明亮膨胀
W18Cr4V	多		断续或波状,细	无		有狐尾状或玉花状尾花

② 锰钢:火花形式与碳钢相仿。火束色泽较碳钢黄亮(含碳量少时呈白亮)。流线较碳钢粗长,量亦较多。爆花核心部分有较大而白亮色的节点,花形较大,芒线较细而长,芒线与芒线间的间距较一般钢稀。当含碳量高时,爆花的芒线间花粉较碳钢多。锰是促进火花爆裂的元素,估计钢含碳量时要稍低些。

③ 高速钢(含W量为18%、含Cr量为4%、含V量为1%):因含W量为18%,整个火束呈赤橙色,根部色较暗。流线大部分呈断续状态,长而量少。钨是抑制火花产生的,所以有时无爆花。尾部有短促狐尾状尾花。

火花法的优点是鉴别迅速、简便,但鉴别的准确性有赖于实践经验,一般初学者很难鉴别成分差别不大的钢种。最好配备一套钢号已知的试样进行对比验证。

火花鉴别一般还规定砂轮的规格与转速,通常选用直径为150 mm、中硬度的氧化铝砂轮,砂轮的速度一般为2800~4000 r/min。打火花一般要在暗处进行,用力要均匀适中,火束水平,利于观察。有经验的操作者用此法鉴别钢的成分,含碳量的精确度可达0.20%以内,铬、钒、钨等合金元素的含量精确度可达1%以内。

2. 金相分析法

合金钢是在碳钢的基础上,加入适当和适量合金元素而得到的。对于低合金钢而言,由于加入合金元素,铁碳相图发生一些变动,但其平衡状态的显微组织与碳钢的显微组织并没有本质的区别。低合金钢热处理后的显微组织与碳钢的显微组织也没有根本的不同,差别只是在于合金元素都使C曲线右移(Co除外),即以较低的冷却速度可以获得马氏体组织。对于热轧、退火或正火组织,可以通过定量出珠光体的量,由杠杆定律确定出含碳量定出钢号。对于淬火+回火组织需要根据马氏体类型和量来初步判断。

合金工具钢为了获得高的硬度、抗热震性和耐磨性以及足够的强度和韧性,含碳量较高,一般为0.6%~1.3%,并加入合金元素Cr、W、Mo、V等与碳形成合金碳化物,并增加淬透性和回火稳定性。一般组织为回火马氏体,通过组织的确定和硬度分析可以初步判断钢种。

　　W18Cr4V 是一种常用的高合金工具钢,因为它含有大量合金元素,使铁碳相图中的 E 点左移较多,它虽然含碳量只有 0.7％～0.8％,但平衡铸态含有莱氏体组织,所以称为莱氏体钢,Cr12MoV 是常用的冷变形模具钢,因其是高碳高铬钢,在铸造组织中有网状共晶碳化物。不锈钢是在大气、海水及其他浸蚀性介质条件下能稳定工作的钢种,大都属于高合金钢,应用最广泛的是 1Cr18Ni9。较低的含碳量、较高的含铬量是保证耐蚀性的重要因素。镍除了进一步提高耐蚀能力外,主要是为了获得奥氏体组织。这种钢在室温下的平衡组织是奥氏体＋铁素体＋$(Cr,Fe)_{23}C_6$。

五、实验步骤

　　(1) 关上砂轮机电源,对样品进行火花鉴别,并将鉴别结果记录下来。
　　(2) 按照金相试样的制备过程制取样品。
　　(3) 按照金相显微镜操作规程进行金相组织观察并将观察到的组织以示意图形式记录下来,并进行鉴别。

六、实验报告要求

　　(1) 画出所观察的显微组织示意图和鉴别结果,标明材料名称、状态、组织、放大倍数、浸蚀剂,并将组织组成物名称以箭头引出标明。
　　(2) 写出本次实验及操作的收获和体会。

七、实验注意事项

　　特别提醒,在砂轮旁工作需要注意安全、穿着收口长袖服装、戴好护目镜和安全帽。

八、思考题

　　(1) 分析讨论各类试样组织的特点,并与相应的组织作比较,同时把组织特点同性能和用途联系起来。
　　(2) 什么是钢的"红硬性"? 有何意义?

实验十一　晶粒度的测定

一、实验目的

　　(1) 了解定量金相的基础知识及其操作方法。
　　(2) 了解测量晶粒度的几种方法,掌握比较法和截点法。
　　(3) 掌握普通光学金相显微镜测算金属材料平均晶粒度的方法。

二、实验内容

　　(1) 用比较法测定晶粒度级别。
　　(2) 用平均截距法测定晶粒度级别,每个试样测 3 个视域。

（3）用配有图像分析软件的计算机自动测定晶粒度级别,每个试样测量 5 个视域。

三、实验设备及材料

（1）设备：金相显微镜、配有图像分析软件的计算机。
（2）试样：显示出晶界的合金钢试块。

四、实验原理

1. 概述

定量金相的基础是体视学,由于金属不透明,不能直接观察三维空间的组织图像,故只能在二维截面上得到显微组织的有关几何参数,然后运用数理统计的方法推断三维空间的几何参数,这门学科称为"体视学"。

凡是能显示测量对象的各类显微镜均可做定量测量,其中光学显微镜和自动图像分析仪的使用最为广泛。测量可通过装在目镜上的测量模板直接测量观察到的组织,也可以在投影显微镜的投影屏幕上或在显微组织照片上进行测量。

晶粒常采用晶粒直径的大小来表示。对于形状不规则的晶粒一般可用平均截距来表示。平均截距是指在截面上任意测量直线穿过每个晶粒长度的平均值。在二维平面上截取的平均截距为 L_2,三维空间的平均截距为 L_3,当测量的晶粒数目足够多时,它们的值相等,即 $L_2 = L_3$。对于单相晶粒其平均截距：

$$L = L_2 = L_3 = 1/N_L = 1/P_L$$

式中,N_L——单位长度测量线上截到的晶粒数;

P_L——单位长度测量线与晶界的交点数。

"晶粒度"是晶粒大小的量度。通常使用长度、面积或体积等来表示不同方法评定或测定晶粒的大小。而使用晶粒度级别指数表示的晶粒度与测量方法无关。

2. 晶粒度的显示方法

（1）铁素体钢的奥氏体晶粒度显示方法有：渗碳法、网状铁素体法、氧化法、淬火＋回火法、网状渗碳体法和网状珠光体法。

（2）奥氏体钢的晶粒度：应采用适当的腐蚀剂使奥氏体晶粒边界显清晰。

3. 晶粒度的测定方法

根据 GB/T 6394—2017《金属平均晶粒度测定方法》规定,测量晶粒度的方法有：比较法、面积法和截点法。对于非等轴晶粒不能使用比较法,有争议时截点法是仲裁方法。

金属平均晶粒度测定的具体方法可以参见本书 6.3 章节的有关内容。

（1）比较法：通过与标准晶粒度评级图对比来确定材料的晶粒度。

晶粒度级别指数 G：在 100 倍下,每平方英寸(645.16 mm²)的面积内包含的晶粒个数 n,它与 G 有如下关系：

$$n = 2^{G-1}$$

通常使用与标准评级图相同的放大倍数进行评定。如在不同的放大倍数下,也可与标准评级图比较。折合对照见表 8-13。

表 8 − 13 不同倍数晶粒度级别对照

放大倍数	晶粒度级别 G											
50×	1	2	3	4	5	6	7	8				
100×	−1	0	1	2	3	4	5	6	7	8	9	10
200×				1	2	3	4	5	6	7	8	
300×					1	2	3	4	5	6	7	
400×						1	2	3	4	5	6	

（2）面积法：通过测定给定面积内晶粒数目来确定晶粒度。

（3）截点法：通过统计给定长度的测量网格上的晶界截点数来测定晶粒度。

晶粒的平均截距： $$L=L_T/MP$$

$$G=-3.2877+6.6439\lg(MP/L_T)$$

式中，M——所用放大倍数；

　　　P——测量网格 L_T 上的截点数；

　　　L_T——所使用的测量网格长度，mm。

（4）晶粒度的软件评级法。用计算机进行自动测量所使用的"金属平均晶粒度评级"软件，也是采用上述"截点法"评定单相组织的平均晶粒度。

五、实验步骤

1. 用比较法测定晶粒度级别

将放大倍数调至 100×，观察制备好的金相样品，对照标准晶粒度评级图评级。将数据填入表 8 − 14 中。

表 8 − 14 比较法测定晶粒度级别

试样编号	放大倍数	n	G
S_1	100×		
S_2	100×		

2. 用平均截距法人工测定晶粒度级别

观察制备好的金相样品，每人分别对两种钢的晶粒度进行测定，每个试样随机测 3 个视域，并计算出晶粒的平均截距 L 及其晶粒度级别 G，将数据填入表 8 − 15。

表 8 − 15 截点法测定晶粒度级别

试样编号	测量次数	L_T	M	P	L	G
S_1	1					
	2					
	3					
S_2	1					
	2					
	3					

3. 使用图像分析评级软件测定晶粒度级别

(1) 采集试样图像并加载标尺,打开"金属平均晶粒度评级"程序。

(2) 选择测量所需的测量线数,调入视场文件及数据文件。

(3) 单击"执行"按钮,计算机自动处理图像并输出测量结果。

六、实验报告要求

将试验数据填写到绘制的表格里,给出测量得到的晶粒度。

七、实验注意事项

(1) 操作时,切勿对着目镜讲话,以免镜头受潮模糊不清。

(2) 切勿用手擦拭已浸蚀好的试样观察面或将其放在桌面上,以免损伤或污染而影响实验效果。

(3) 实验完毕后,关掉电源,将试样和镜头卸下,然后将显微镜和计算机用防尘罩盖好。

(4) 配有图像分析软件的计算机须在老师指导下使用。

八、思考题

(1) 什么是钢的本质晶粒度?

(2) 常用晶粒显示方法有哪些?

实验十二　钢中夹杂物分析

一、实验目的

(1) 了解钢中非金属夹杂物的检验和评定方法。

(2) 掌握明场下夹杂物的鉴别,在明场下观察夹杂物的形状、大小、分布、反光能力等。

(3) 了解 X 射线能谱仪的结构特点及分析钢中夹杂物的方法。

二、实验内容

(1) 用金相法鉴定氧化物、硫化物、硅酸盐等常见非金属夹杂物的类型。

(2) 用配有图像分析软件的计算机自动测定夹杂物的大小、数量、形状及分布。

三、实验设备及材料

(1) 设备:扫描电子显微镜、金相显微镜和能量分散谱仪、配有图像分析软件的计算机。

(2) 试样:金相试样。

四、实验原理

钢中的非金属夹杂物主要是指钢中的氧化物、硫化物、硅酸盐和氮化物等,这些化合物一般不具有金属的性质,并机械地混杂在钢的组织之中。非金属夹杂物在钢中一般为数很少,但对钢材性能的影响不可忽视。已有的研究表明,夹杂物对钢的强度影响较小,但对疲劳性能、冲击韧性和塑性影响很大,其影响程度的大小又与夹杂物的类型、大小、数量、形态和分布有关。为了减少夹杂物对材质的危害,需要鉴定夹杂物的类型,观察其形态和分布,测定其大小和数量,并追溯根源,采取相应措施加以控制。

1. 对非金属夹杂物的研究

对非金属夹杂物的研究包括定性和定量两个方面:

(1) 定性研究:鉴定夹杂物的类型。

(2) 定量研究:测定夹杂物的大小、数量、形状及分布并给出其级别。

2. 夹杂物的鉴定方法

(1) 化学法:此法是先把夹杂物从金属中分离出来,然后再进行微量化学分析。

(2) 岩相法:此法亦须先把夹杂物分离出来,然后在透射显微镜下研究,根据其光学物理特性进行研究。

(3) 金相法:此法应用金相显微镜来研究夹杂物的微观形态和分布。

(4) 扫描电镜法:此法可分析夹杂物结构、类型、形态及分布。

目前常用的方法是金相法。即用金相显微镜来研究夹杂物的微观形态和分布。金相法在鉴定夹杂物时虽有种种局限,如不能确定未知夹杂物的正确组成及某些物理性和结构。但由于金相法操作简便、直观、能迅速确定已知夹杂物,故目前工厂中仍普遍使用。金相法鉴别夹杂物是以非金属夹杂物的大小、形状、分布以及它的光学、力学和化学特性等为依据的。

定量测定是优质钢及高级优质钢材的常规检验项目之一。钢中非金属夹杂物采用与标准评级图谱进行比较的方法评定,以判定钢材质量的高低或是否合格。

试样经抛光、夹杂物保证完好、不经浸蚀,在放大 100× 显微镜下观察,以试样上夹杂物最严重的视场来评定其等级。GB/T 10561—2005《钢中非金属夹杂物含量的测定标准评级图显微检验法》将钢中非金属夹杂物分为 A、B、C、D、DS 五大类,即 A 类(硫化物类)、B 类(氧化铝类)、C 类(硅酸盐类)、D 类(球状氧化物类)、DS 类(单颗粒球状类)。其中又将 A 类~D 类按夹杂物粗、细(宽度或直径)分为两类,分别评定,用字母 e 表示粗系的夹杂物。每类夹杂物随含量(递增)级别从 0.5 级至 3 级,级差为 0.5 级,共 6 个级别。

钢中非金属夹杂物测定的具体方法可以参见本书 6.2 节的有关内容。

利用特征 X 线能量不同来展谱的能量色散谱仪,简称能谱仪(Energy Dispersive Spectrometer,EDS)。在高能量电子束照射下,样品原子受激发就会产生特征 X 射线,不同元素所产生的 X 射线一般都不同,所以相应的 X 射线光子能量就不同,只要能测出 X 射线光子的能量,就可以找到相对应的元素,这就是对元素进行定性和定量分析的理论基础。当不同能量的 X 射线光子进入探测器后,产生电子-空穴对,放大后的信号进入多道脉冲高度分析器,把不同能量的 X 射线光子分开来,并在输出设备(如显像管)上显示出脉冲数-脉冲高度曲线,这样就可以测出 X 射线光子的能量和强度,从而得出所分析元素的种类和含量。

X 射线能谱仪的具体应用可以参见本书 4.2 节的有关内容。

五、实验步骤

(1) 试样制备。

(2) 将准备好的样品用导电胶粘在样品座上,放入样品室抽真空。

(3) 选择夹杂物进行能谱微区成分分析,保存谱线及数据。

(4) 试样制备,在明场下观察夹杂物的形状、大小及分布,判断夹杂物种类。

(5) 采用配有图像分析软件的计算机自动测定钢中的非金属夹杂物级别:采集试样图像

并加载标尺,打开"钢中的非金属夹杂物评级"程序。

(6) 从图像中提取夹杂物。

(7) 调入视场文件及数据文件,计算机将自动处理图像并输出测量结果。

六、实验报告要求

(1) 给出用不同方法测量出的夹杂物形状、大小及分布。

(2) 根据扫描电镜所观察的样品微观形貌及能谱仪所测的能谱曲线,对样品中夹杂物的类型和分布进行综合分析。

七、实验注意事项

(1) 注意扫描电子显微镜的安全操作。

(2) 配有图像分析软件的计算机须在老师指导下使用。

八、思考题

(1) X射线能谱仪为什么不能分析轻元素(氢、氦、锂和铍)?

(2) 举例说明能谱仪的三种工作方式(点、线、面)在显微成分分析中的应用。

(3) 钢中夹杂物的主要来源是什么? 不同类型的夹杂物对钢材质量有哪些影响?

(4) 如果不借助图像分析软件,那么能不能对夹杂物的大小、数量进行测试?

实验十三　焊接接头显微组织分析

一、实验目的

(1) 观察与分析焊缝的各种典型结晶形态。

(2) 分析与熟悉低碳钢、中碳钢焊接接头各区域的显微组织特征。

(3) 掌握低碳钢、中碳钢焊接接头各区域的显微组织变化对其性能的影响。

二、实验内容

观察分析20钢、45钢焊接接头的金相组织。两种钢焊接接头的金相组织见表8-16。

表 8-16　20 钢、45 钢焊接接头金相组织

样品名称	观察区域	处理状态	浸蚀剂	金相组织
20钢	焊缝组织	熔化焊	4%硝酸酒精	铁素体F+少量珠光体P
	熔合区组织	熔化焊	4%硝酸酒精	铁素体F+珠光体P
	过热区组织	熔化焊	4%硝酸酒精	粗大铁素体F+珠光体P
	正火区组织	熔化焊	4%硝酸酒精	等轴铁素体F+珠光体P
	部分相变区组织	熔化焊	4%硝酸酒精	大小不等的铁素体F+珠光体P
	母材组织	熔化焊	4%硝酸酒精	铁素体F+珠光体P

样品名称	观察区域	处理状态	浸蚀剂	金相组织
45 钢	焊缝组织	熔化焊	4%硝酸酒精	先共析铁素体 F＋珠光体 P
	熔合区组织	熔化焊	4%硝酸酒精	铁素体 F＋珠光体 P
	过热区组织	熔化焊	4%硝酸酒精	先共析铁素体 F＋珠光体 P
	正火区组织	熔化焊	4%硝酸酒精	块状铁素体 F＋珠光体 P
	部分相变区组织	熔化焊	4%硝酸酒精	块状铁素体 F＋珠光体 P＋魏氏体 W
	母材组织	熔化焊	4%硝酸酒精	铁素体 F＋珠光体 P

三、实验设备及材料

（1）设备：金相显微镜。

（2）试样：20 钢、45 钢焊接接头的金相试样。

四、实验原理

在焊接过程中，由于焊接接头各部分经受了不同的热循环，相当于经受了不同规范的热处理，因而所得组织各异。组织的不同，导致机械性能的变化。对焊接接头进行金相组织分析，是对其机械性能鉴定的不可缺少的环节。

熔化焊是通过加热使被焊金属的连接处达到熔化状态，焊缝金属凝固后实现金属的焊接，连接处的母材和焊缝金属具有交互结晶的特征。焊接接头由焊缝、熔合区、热影响区组成。焊接接头各区域组织的变化，不仅与焊接热影响区有关，也和所用的焊接材料和被焊母材有密切关系。现以低碳不易淬火钢焊接接头为例，其典型组织特征如图 8 - 21 所示。

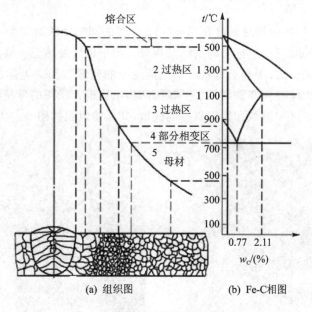

(a) 组织图　　(b) Fe-C相图

图 8 - 21　20 钢焊接接头焊缝区显微组织　100×

（一）焊缝区

其组织决定于焊接材料、焊条类型、焊接方法和焊接规范等。低碳钢的焊缝金属含碳量很低,故二次结晶后的组织大部分是铁素体 F ＋少量珠光体 P。因结晶时各方向冷却速度不同,垂直于熔合线方向的冷却速度最大,所以晶粒由垂直于熔合线向熔池中心生长,最终呈柱状晶。柱状 F 晶粒十分粗大。此外,焊缝中的一部分铁素体 F 还可能具有魏氏体 W 的形态。见图 8 - 22。

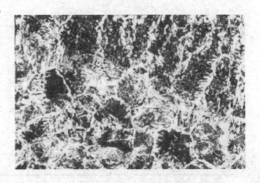

图 8 - 22　低碳钢焊接接头组织变化

(二) 熔合区

熔合区是焊缝与基体的交界区,相当于加热到固相线和液相线之间的区域。由于该区域温度高,基体金属部分熔化,故也称为半熔化区。在一般熔化焊的情况下,此区仅有 2～3 个晶粒的宽度,甚至在显微镜下也难以辨认,见图 8 - 21 中的 1 区。熔化的金属凝固成固态铸态,但是存在接头断面变化,将引起应力集中,从而影响接头性能。对于碳素钢(尤其低碳钢)的熔合区,由于母材与焊缝金属的化学成分基本相似,因此熔合区的组织形态与母材相似。

(三) 热影响区

热影响区可分为过热区、正火区和部分相变区。

1. 过热区

过热区是热影响区中最高加热温度在 1100 ℃以上至固相线温度之间的区域(图 8 - 21 中 2 区),该区域在焊接时,由于加热温度过高,奥氏体晶粒急剧长大,形成过热组织,故也称为"粗晶区",冷却以后形成粗大的铁素体和珠光体组织,甚至还形成魏氏体组织。因而过热区是热影响区中力学性能最差的部位。过热区的显微组织如图 8 - 23 所示。

2. 正火区

正火区是指热影响区中加热温度在 Ac_3～1100 ℃之间的区域。加热过程中,铁素体和珠光体全部转变为奥氏体,即产生金属的重结晶现象。由于该区加热温度略高于 Ac_3,加热时间较短,奥氏体晶粒尚未长大,冷却后可获得均匀而细小的铁素体和珠光体,相当于热处理时的正火组织,故称为正火区或相变重结晶区。该区的组织比退火状态的母材细小,其力学性能优于母材,该区是热影响区中组织和性能最好的区域,其显微组织如图 8 - 24 所示。

图 8 - 23　20 钢焊接接头过热区显微组织　100×

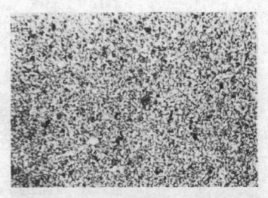

图 8 - 24　20 钢焊接接头正火区显微组织　100×

3. 部分相变区

部分相变区是指热影响区中加热温度在 $Ac_1 \sim Ac_3$ 之间的区域。焊接加热时,首先珠光体向奥氏体转变,随着温度的进一步升高,部分铁素体逐步向奥氏体中溶解,温度越高,溶入越多,至 Ac_3 时,全部转变为奥氏体。焊接加热时,由于时间短,该区只有部分铁素体溶入奥氏体,而未溶的铁素体则晶粒长大,变成粗大的铁素体组织,其显微组织为大小不等的铁素体 F+珠光体 P(见图 8-25)。该区由于组织不均匀,故力学性能稍差。

(四) 母材

当母材为热轧状态供应的钢材时,则该区组织为沿轧制方向分布的铁素体和珠光体,如图 8-26 所示。如果焊前母材为冷轧状态供应的钢材,则在加热温度为 Ac_1 以下的金属中还存在一个再结晶区。处于再结晶区的金属,在加热的过程中将发生金属的再结晶过程,即经过冷变形后的碎晶粒在再结晶温度作用下重新排列的过程。

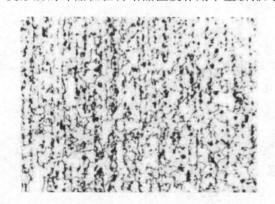 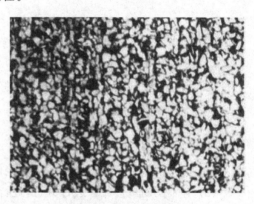

图 8-25 20 钢焊接接头部分相变区显微组织 100×   图 8-26 20 钢焊接接头母材显微组织 100×

五、实验步骤

(1) 样品经浸蚀后在显微镜较低倍数(50~300 倍)下进行全面分析,确定焊接接头的组织性质、晶粒大小及近似含碳量。

(2) 样品经浸蚀后在显微镜较高倍数(400~800 倍)下进行全面分析,确定焊接接头的组织类型及特点。

(3) 比较分析 20 钢、45 钢焊接接头各区段的显微组织特征。

六、实验报告要求

(1) 实验目的、设备和原理等。

(2) 实验内容记录:绘出 20 钢、45 钢焊接接头各区段显微组织示意图。

(3) 实验结果分析:讨论实验指导书中提出的思考题,写出心得与体会。

七、实验注意事项

(1) 操作时,切勿对着目镜讲话,以免镜头受潮模糊不清。

(2) 已浸蚀好的试样观察面,切勿用手去擦拭、触摸或放在桌面上,以免损坏或污染而影响实验效果。

(3) 实验完毕后,要关掉电源,将试样卸下后上交,然后将显微镜用防尘罩盖好。

(4) 试样腐蚀时注意不要溅到眼睛。

(5) 安全操作设备仪器,杜绝危害人身安全的事故发生。

八、思考题

(1) 分析低碳钢、中碳钢焊接接头各部分显微组织特征、形成原因及其对性能的影响。

(2) 魏氏体组织使钢的力学性能尤其是塑性和冲击韧性显著降低,焊接低碳钢时,如何消除过热区经常出现的魏氏体组织?

(3) 中碳钢的焊接性比低碳钢差,简述中碳钢焊接时易出现的问题及改进的工艺措施。

实验十四　扫描电镜断口形貌分析

一、实验目的

(1) 了解扫描电子显微镜在断口形貌分析中的作用。

(2) 通过对不同断口形貌的分析,掌握扫描电子显微镜分析断口形貌的方法。

(3) 了解分辨不同断裂机理的方法。

二、实验内容

(1) 用扫描电子显微镜进行断口形貌像观察。

(2) 对不同断口形貌像进行分析,进行断裂机理的分析。

三、实验设备及材料

(1) 设备:扫描电子显微镜 SEM。

(2) 试样:多种不同断裂机理下断裂的拉伸、冲击试样或其他失效件试样。

四、实验原理

断口的微观观察经历了光学显微镜(观察断口的实用倍数是在 50～500 范围)、透射电子显微镜(观察断口的实用倍数在 1000～40000 范围)和扫描电子显微镜(观察断口的实用倍数在 20～10000 范围)三个阶段。因为断口是一个凹凸不平的粗糙表面,观察断口所用的显微镜要具有最大限度的焦深,且尽可能宽的放大倍数范围和高的分辨率。扫描电子显微镜最能满足上述的综合要求,故近年来对断口观察大多用扫描电子显微镜进行。

通过断口的形貌观察与分析,可以研究材料的断裂方式(穿晶、沿晶、解理、疲劳断裂等)与断裂机理,这是判别材料断裂性质和断裂原因的重要依据,特别是在材料的失效分析中,断口分析是最基本的手段。通过断口的形貌观察,还可以直接观察到材料的断裂源、各种缺陷、晶粒尺寸、气孔特征及分布、微裂纹的形态及晶界特征等。

几种典型断口的扫描电子显微图像如下:

(1) 晶间断裂断口:晶间断裂通常是脆性断裂,其断口的主要特征是有晶间刻面的冰糖状花样,见图 7-11。但某些材料的晶间断裂也可显示出较大的延性,此时断口上除呈现晶间断裂的特征外,还会有"韧窝"等存在,出现混合花样。

（2）解理断口：典型的解理断口有"河流花样"，如图 7 - 14 所示。众多的台阶汇集成河流状花样，"上游"的小台阶汇合成"下游"的较大台阶，河流的流向就是裂纹扩展的方向。"舌状花样"或"扇贝状花样"也是解理断口的重要特征。

（3）准解理断口：准解理断口实质上由许多解理面组成，如图 7 - 20 所示。在扫描电子显微镜图像上有许多短而弯曲的撕裂棱线条和由点状裂纹源向四周放射的河流花样，断面上也有凹陷和二次裂纹等。

（4）韧性断裂断口：韧性断裂断口的重要特征是在断面上存在"韧窝"花样，见图 7 - 21。韧窝的形状有等轴形、剪切长形和撕裂长形等。

（5）疲劳断口：疲劳断口在扫描电子显微镜图像上呈现一系列基本上相互平行、略带弯曲、呈波浪状的条纹，如图 7 - 26 所示。每一个条纹是一次循环载荷所产生的，疲劳条纹的间距随应力场强度因子的大小而变化。

断口形貌的微观分析可以参见 7.3 节的有关内容。

五、实验步骤

1. 试样准备

要求断口保存得尽量完整、特征原始；尽量不产生二次损伤。对断口上附着的腐蚀介质或污染物，还须进行适当清理。当失效件体积太大时，还须分解或切割。

2. 断口形貌观察

将准备好的样品用导电胶粘在样品座上，抽真空然后进行断口形貌观察。

断口形貌观察一般遵循以下基本技术原则。

（1）对断口做低倍观察，全面了解和掌握断口的整体形貌和特征，确定重点观察部位。

（2）找出断裂起始区，并对断裂源区进行重点分析。

（3）对断裂过程不同阶段的形貌特征逐一进行观察，找出它们的共性与个性。

（4）断裂特征的识别。发现、识别和表征断裂形貌特征是断口分析的关键。在观察未知断口时，往往是和已知的断裂形貌加以比较来进行识别。

（5）扫描电子显微镜断口照片的获得。一般一个断口的观察结果要用断口的全貌照片、断裂源区照片和扩展区、瞬断区的照片来描述。

（6）结合断口的宏观分析确定断裂起源和扩展方向，最终确定断裂机理。

六、实验报告要求

（1）要求给出某个断口形貌从低倍到高倍的系列图像。

（2）要求给出不同断裂机理断口形貌的图像，并对它们进行比较分析。

（3）分析不同断口形貌所对应的断裂机理。

七、实验注意事项

（1）注意扫描电子显微镜的安全操作。

（2）对于带有磁性的合金钢，还应对样品事先给予消磁（脱磁）处理，防止扫描电镜电子束偏转，导致最终成像模糊。

（3）对试样断口先进行宏观全貌拍照，并且打印出来，以便于在扫描电镜微区拍照时及时在该全貌照片上标注对应位置的 SEM 照片文件名。

(4) 注意保护试样断口以及实验数据。

八、思考题

(1) 扫描电子显微镜在观察拉伸和冲击断口形貌时有哪些优势？
(2) 断口形貌的宏观分析与微观分析各有什么作用？
(3) 思考断口形貌分析在材料研究中的作用。

实验十五　典型零件材料的选择及应用

一、实验目的

(1) 了解并掌握典型零件材料的选用原则。
(2) 掌握典型零件的热处理工艺和加工工艺。
(3) 能够分析每道热处理工序后的金相组织。

二、实验内容

(一) 典型零件的选材

在金属材料 Q235 钢、45 钢、65 钢、T10、HT200、GCr15、W18Cr4V、60SiMn、20CrMnTi、H70 黄铜、1Cr18Ni9、ZCHSnSb11 - 6、5CrNiMo、Cr12MoV 中选择适合制造机床主轴、机床齿轮、汽车板簧、轴承滚珠、高速车刀、手用丝锥、冷冲模 7 种零件或工具的材料,制定每种材料所对应的热处理工艺并填入表 8 - 17 中。

表 8 - 17　典型零件材料的热处理工艺

零件(或工具)名称	选用材料	热处理工艺
机床主轴		
机床齿轮		
汽车板簧		
轴承滚珠($\Phi < 10$ mm)		
高速车刀		
手用丝锥		
冷冲模		

(二) 热处理工艺的制定

根据 Fe - Fe_3C 相图、C 曲线及回火转变的原理,参考有关教材热处理工艺部分的内容,给出 45 钢和 T10 钢应获得组织的热处理工艺参数,并选择合适的热处理设备、冷却方法及介质,并填入表 8 - 18 中。

机床主轴在工作时承受交变扭转和弯曲载荷,但载荷和转速不高,冲击载荷也不大,轴颈部位受到摩擦磨损。机床主轴整体硬度要求为 25～30HRC,轴颈、锥孔部位硬度要求为 45～50HRC。

手用丝锥在工作时受到扭转和弯曲的复合作用,不受振动与冲击载荷。手用丝锥(≤M12)

的硬度为 60~62 HRC,手用丝锥(≤M12)的金相组织要求淬火马氏体针不大于 2 级。

表 8 - 18 45 钢和 T10 钢的组织和热处理

材料名称	应获得组织	热处理工艺参数	热处理设备	冷却方法及介质
45 钢				
T10 钢				

三、实验设备及材料

(1) 设备:箱式电阻炉、洛氏硬度计、金相切割机、金相抛光机、金相显微镜、水桶、夹钳等。

(2) 试样:经退火处理的尺寸为 $\phi 20$ mm×15 mm 左右大小的 45 钢圆柱状试样、15 mm×15 mm 左右的 T10 钢立方状试样。

(3) 材料:冷却介质(水或淬火油)、金相砂纸、抛光布、抛光粉、浸蚀剂等。

四、实验原理

(一) 选材的一般原则

机械零件产品的设计不仅要完成零件的结构设计,还要完成零件的材料设计。零件的材料设计包含两方面的内容:一是选择适当的材料满足零件的设计及使用性能要求;二是根据工艺和性能要求设计最佳的热处理工艺和零件加工工艺。

选材的一般原则是材料具有可靠的使用性和良好的工艺性,制造产品的方案具有最高的劳动生产率、最少的工序周转和最佳的经济效益。

1. 材料的使用性能

材料的使用性能包括物理性能、化学性能、力学性能。工程设计人员主要关心的是材料的力学性能。力学性能指标包括屈服强度(屈服点 R_e 或 $R_p 0.2$)、抗拉强度 R_m、疲劳强度 σ_{-1}、弹性模量 E、硬度 HBW 或 HRC、断后伸长率 A、断面收缩率 Z、冲击韧性 a_k、断裂韧性 K_{IC} 等。

零件在工作时会受到多种复杂载荷。选择材料时应根据零件的工作条件、结构因素、几何尺寸和失效形式来提出制造零件的材料性能要求,并确定主要性能指标。

分析零件的失效形式并找出失效原因,可为选择合适材料提供重要依据。在选材料时还应该考虑零件在工作时短时间过载、润滑不良、材料内部缺陷、材料性能与零件工作性能之间的差异。

2. 材料的工艺性能

材料的工艺性能包括铸造性能、锻造性能、切削加工性能、冲压性能、热处理工艺性能和焊接性能。

一般的机械零件都要经过多种工序加工,技术人员须根据零件的材质、结构、技术要求来确定最佳的加工方案和工艺,并按工序编制零件的加工工艺流程。对于单件或小批量生产的零件,零件的工艺性能不是十分重要,但在大批量生产时,材料的工艺性能则非常重要,因为它直接影响产品的质量、数量及成本。因此,在设计和选材时应在满足力学性能的前提下使材料具有较好的工艺性能。

材料的工艺性能可以通过改变工艺规范、调整工艺参数、改变结构、调整加工工序、变换加工方法或更换材料等方法进行改善。

3．材料的经济效益

应在满足各种性能要求的前提下,使用价格低廉、资源丰富的材料。此外还要求具有最高的劳动生产率和最少的工序周转,从而达到最佳的经济效益。

(二)典型零件材料的选择

1．轴类零件材料选择

(1) 工作条件:主要承受交变扭转载荷、交变弯曲载荷或拉压载荷,局部部位(如轴颈)承受摩擦磨损,有些轴类零件还受到冲击载荷。

(2) 失效形式:断裂(多数是疲劳断裂)、磨损、变形失效等。

(3) 性能要求:具有良好的综合力学性能,有足够的刚度以防止过量变形和断裂,有较高的断裂疲劳强度以防止疲劳断裂,受到摩擦的部位应具有较高的硬度和耐磨性。此外还应有一定的淬透性,以保证淬硬层深度。

2．齿轮类零件的选材

(1) 工作条件:齿轮在工作时因传递动力而使齿轮根部受到弯曲应力,齿面存在相互滚动和滑动摩擦的摩擦力,齿面相互接触处承受很大的交变接触压应力,并受到一定的冲击载荷。

(2) 失效形式:主要有疲劳断裂、点蚀、齿面磨损和齿面塑性变形等失效。

(3) 性能要求:具有高疲劳断裂强度、高表面硬度和耐磨性、高抗弯曲强度,同时心部应有适当的强度和韧性。

3．弹簧类零件的选材

(1) 工作条件:弹簧主要在动载荷下工作,即在冲击、振动或周期均匀改变应力的条件下工作,起到缓和冲击力的作用,使与其配合的零件不致受到冲击力而出现早期破坏现象。

(2) 失效形式:常见的是疲劳断裂、塑性变形和弹簧失效变形等失效。

(3) 性能要求:必须具有高疲劳极限与弹性极限,尤其是高屈强比 R_{el}/R_m。此外,它还应具有一定的塑性和韧性。

4．轴承类零件的选材

(1) 工作条件:滚动轴承在工作时承受着集中和反复的载荷。轴承类零件的接触应力大,通常为 $150\sim500$ kgf/mm^2,其应力交变频率每分钟高达数万次。

(2) 失效形式:过度磨损破坏、接触疲劳破坏等失效。

(3) 性能要求:具有高抗压强度和接触疲劳强度,高而均匀的硬度和耐磨性。此外,还应具有一定的冲击韧性,弹性和尺寸稳定性。因此要求轴承钢具有高耐磨性及抗接触疲劳性能。

5．工模具类零件的选材

(1) 工作条件:车刀的刃部与工件切削摩擦产生热量,使温度升高,有时可达到 $500\sim600$ ℃,在切削的过程中还要承受冲击、振动。冷冲模具一般制作落料冲孔模、修边模、冲头、剪刀等,在工作时刃口部位承受较大的冲击力、剪切力和弯曲力,同时还与配料发生剧烈反应。

(2) 失效形式:主要有磨损、变形、崩刃、断裂等失效。

(3) 性能要求:具有高硬度和红硬性,高强度和耐磨性,足够的韧性和尺寸稳定性以及良好的工艺性能。

五、实验步骤

1. 机床主轴

(1) 查阅有关资料,试从 HT200、45 钢、T10 钢、20CrMnTi、Cr12MoV 材料中选定一种最合适的材料制造机床主轴。

(2) 写出加工工艺流程,制定预先热处理和最终热处理工艺,写出各热处理工艺的目的和获得的组织结构。

(3) 经指导教师认可后进行实验操作,利用实验室现有装备,将选好的材料按制定的热处理工艺进行操作,测量热处理后的硬度,用金相显微镜观察、拍摄热处理工艺后的组织,判断是否达到预期的目的。如有偏差,分析原因。

2. 手用丝锥

(1) 查阅有关资料,试从 65 钢、T10 钢、9CrSi、W18Cr4V、H70 材料中选定一种最合适的材料制造手用丝锥(≤M12)。

(2) 写出加工工艺流程,制定预先热处理和最终热处理工艺,写出各热处理工艺的目的和获得的组织结构。

(3) 经指导教师认可后进行实验操作,利用实验室现有装备,将选好的材料按制定的热处理工艺进行操作,测量热处理后的硬度,用金相显微镜观察、拍摄热处理工艺后的组织,判断是否达到预期的目的。如有偏差,分析原因。

六、实验报告要求

(1) 实验目的、设备和原理等。

(2) 实验内容记录:选择典型零件制造的材料及热处理工艺,填入表 8-17 和表 8-18 中。根据机床主轴和手用丝锥的实验步骤,写出实验的详细过程(包括材料选用、加工工艺线路、热处理工艺、测试的硬度值,附热处理工艺后的显微组织照片)。

(3) 实验结果分析,讨论实验指导书中提出的思考题,写出心得与体会。

七、实验注意事项

(1) 热处理操作时注意安全用电和防止烫伤。

(2) 使用切割机和抛光注意操作安全,穿着收口长袖服装,戴好护目镜和安全帽。

(3) 试样腐蚀时注意不要溅到眼睛。

(4) 安全操作设备仪器,杜绝危害人身安全的事故发生。

八、思考题

(1) 机械零件的选材原则有哪些?

(2) 汽车发动机的活塞销要求有较高的疲劳强度和冲击韧性且表面耐磨,一般用什么材料来制造?写出加工工艺流程和主要热处理工艺。

(3) 实验中出现哪些问题?为什么会出现这些问题?

附录 A　常用金相图谱

（1）碳钢平衡显微组织-1

（1）碳钢平衡显微组织-2

（1）碳钢平衡显微组织-3

（2）碳钢非平衡显微组织

（3）工模具钢显微组织

（4）不锈钢显微组织

（5）铸铁显微组织

（6）有色合金显微组织

附录 B 洛氏、布氏、维氏硬度与抗拉强度对照表

洛氏硬度（HRC）	洛氏硬度（HRA）	布氏硬度（HB）30D²	维氏硬度（HV）	近似强度 σ/MPa
70.0	86.6	—	1037.0	—
69.5	86.3	—	1017.0	—
69.0	86.1	—	997.0	—
68.5	85.8	—	978.0	—
68.0	85.5	—	959.0	—
67.5	85.2	—	941.0	—
67.0	85.0	—	923.0	—
66.5	84.7	—	906.0	—
66.0	84.4	—	889.0	—
65.5	84.1	—	872.0	—
65.0	83.9	—	856.0	—
64.5	83.6	—	840.0	—
64.0	83.3	—	825.0	—
63.5	83.1	—	810.0	—
63.0	82.8	—	795.0	—
62.5	82.5	—	780.0	—
62.0	82.2	—	766.0	—
61.5	82.0	—	752.0	—
61.0	81.7	—	739.0	—
60.5	81.4	—	726.0	—
60.0	81.2	—	713.0	2607
59.5	80.9	—	700.0	2551
59.0	80.6	—	688.0	2496
58.5	80.3	—	676.0	2443
58.0	80.1	—	664.0	2391
57.5	79.8	—	653.0	2341
57.0	79.5	—	642.0	2293
56.5	79.3	—	631.0	2247
56.0	79.0	—	620.0	2201
55.5	78.7	—	609.0	2157
55.0	78.5	—	599.0	2115
54.5	78.2	—	589.0	2074

续表

洛氏硬度(HRC)	洛氏硬度(HRA)	布氏硬度(HB)30D²	维氏硬度(HV)	近似强度 σ—MPa
54.0	77.9	—	579.0	2034
53.5	77.7	—	570.0	1995
53.0	77.4	—	561.0	1957
52.5	77.1	—	551.0	1921
52.0	76.9	—	543.0	1885
51.5	76.6	—	534.0	1851
51.0	76.3	—	525.0	1817
50.5	76.1	—	517.0	1785
50.0	75.8	—	509.0	1753
49.5	75.5	—	501.0	1722
49.0	75.3	—	493.0	1692
48.5	75.0	—	485.0	1662
48.0	74.7	—	478.0	1635
47.5	74.5	—	470.0	1608
47.0	74.2	449	463.0	1581
46.5	73.9	442	456.0	1555
46.0	73.7	436	449.0	1529
45.5	73.4	430	443.0	1504
45.0	73.2	424	436.0	1480
44.5	72.9	413	429.0	1457
44.0	72.6	407	423.0	1434
43.5	72.4	401	417.0	1411
43.0	72.1	396	411.0	1389
42.5	71.8	391	405.0	1368
42.0	71.6	385	399.0	1347
41.5	71.3	380	393.0	1327
41.0	71.1	375	388.0	1307
40.5	70.8	370	382.0	1287
40.0	70.5	365	377.0	1268
39.5	70.3	360	372.0	1250
39.0	70.0	355	367.0	1232
38.5	69.7	350	362.0	1214
38.0	69.5	345	357.0	1197
37.5	69.2	341	352.0	1180
37.0	69.0	336	347.0	1163
36.5	68.7	332	342.0	1147
36.0	68.4	327	338.0	1131

续表

洛氏硬度（HRC）	洛氏硬度（HRA）	布氏硬度（HB）30D²	维氏硬度（HV）	近似强度 σ/MPa
35.5	68.2	323	333.0	1115
35.0	67.9	318	329.0	1100
34.5	67.7	314	324.0	1080
34.0	67.4	310	320.0	1070
33.5	67.1	306	316.0	1056
33.0	66.9	302	312.0	1042
32.5	66.6	298	308.0	1028
32.0	66.4	294	304.0	1015
31.5	66.1	291	300.0	1001
31.0	65.8	287	296.0	989
30.5	65.6	283	292.0	976
30.0	65.3	280	289.0	964
29.5	65.1	276	285.0	951
29.0	64.8	273	281.0	940
28.5	64.6	269	278.0	928
28.0	64.3	266	274.0	917
27.5	64.0	263	271.0	906
27.0	63.8	260	268.0	895
26.5	63.5	257	264.0	884
26.0	63.3	254	261.0	874
25.5	63.0	251	258.0	864
25.0	62.8	248	255.0	854
24.5	62.5	245	252.0	844
24.0	62.2	242	249.0	835
23.5	62.0	240	246.0	825
23.0	61.7	237	243.0	816
22.5	61.5	234	240.0	808
22.0	61.2	232	237.0	799

附录 C 常用金相标准目录

(1) 钢的低倍组织

(2) 钢的显微组织

(3) 弹簧钢

(4) 轴承钢

(5) 工具钢与模具钢

(6) 不锈钢与耐热钢

(7) 高温合金

(8) 铸 钢

(9) 铸　铁

(10) 粉末冶金与硬质合金

(11) 有色金属

(12) 热处理

(13) 表面处理

(14) 焊　接

(15) 金属力学性能

(16) 其他有关标准

(17) 相关国家标准、行标准的网站

参考文献

[1] 戴丽娟.金相分析基础[M].北京:化学工业出版社,2015.

[2] 张博.金相检验[M].2版.北京:机械工业出版社,2014.

[3] 屠海令,干勇.金属材料理化测试全书[M].北京:化学工业出版社,2007.

[4] 葛利玲.光学金相显微技术书[M].北京:冶金工业出版社,2017.

[5] 杨辉其.新编金属硬度试验[M].北京:中国计量出版社,2005.

[6] 韩德伟.金属硬度检测技术手册[M].长沙:中南大学出版社,2003.

[7] 韩德伟,张建新.金相试样制备与显示技术[M].2版.长沙:中南大学出版社,2014.

[8] 施明哲.扫描电镜和能谱仪的原理与实用分析技术[M].北京:电子工业出版社,2015.

[9] WILLIAMS D B,CARIER C B.透射电子显微学上册[M].李建奇等,译.北京:高等教育出版社,2015.

[10] 杨序纲.聚合物电子显微术[M].北京:化学工业出版社,2015.

[11] 许庆太,王文仲.连铸钢坯低倍检验和缺陷图谱[M].北京:中国标准出版社,2009.

[12] 王志道.低倍检验在连铸生产中的应用和图谱[M].北京:冶金工业出版社,2010.

[13] 于庆波,刘相华,赵贤平.控轧控冷钢的显微组织形貌及分析[M].北京:科学出版社,2010.

[14] 陈洪玉.金相显微分析[M].哈尔滨:哈尔滨工业大学出版社,2013.

[15] 胡义祥.金相检验实用技术[M].北京:机械工业出版社,2012,

[16] 任颂赞,叶俭,陈德华.金相分析原理及技术[M].上海:上海科学技术出版社,2012.

[17] 钟群鹏,赵子华.断口学[M].北京:高等教育出版社,2006.

[18] 李平平.机械零部件失效分析典型60例[M].北京:机械工业出版社,2016.

[19] 钟群鹏.材料失效诊断、预防和预测[M].长沙:中南大学出版社,2009.

[20] 孙智.失效分析——基础与应用[M].2版.北京:机械工业出版社,2017.

[21] 廖景娱.金属构件失效分析[M].北京:化学工业出版社,2003.

[22] 胡美些.金属材料失效分析基础与应用[M].北京:机械工业出版社,2016.

[23] 王岚,杨平,李长荣.金相实验技术[M].2版.北京:冶金工业出版社,2010.

[24] 王志刚,徐勇,石磊.金相检验技术实验教程[M].北京:化学工业出版社,2014.

[25] 吴润,刘静.金属材料工程实践教学综合实验指导书[M].北京:冶金工业出版社,2008.

[26] 杨明波.金属材料实验基础[M].北京:化学工业出版社,2008.

[27] 燕样样,刘晓燕.金相热处理综合实训[M].北京:机械工业出版社,2013.

[28] 王渊博.工程材料实验教程[M].北京:机械工业出版社,2019.

[29] 高红霞.工程材料实验与创新[M].北京:机械工业出版社,2019.

[30] 房强汉.机械工程材料实验指导[M].哈尔滨:哈尔滨工业大学出版社,2016.

[31] 蒋亮,李涌泉,秦春.金属材料及热处理实验指导书[M].北京:北京大学出版社,2019.

[32] 李炯辉.金属材料金相图谱[M].北京:机械工业出版社,2006.

[33] 任颂赞,张静江,陈质如,等.钢铁金相图谱[M].上海:上海科学技术文献出版社,2003.

[34] DAVIS J R.金属手册案头卷(原书第2版)[M].陆济国,金锡志,译.北京:机械工业出版社,2010.

[35] CARDARELLI F.材料手册2:常用的有色金属及其合金[M].哈尔滨:哈尔滨工业大学出版社,2014.

[36] 李成栋,赵梅,刘光启.金属材料速查手册[M].北京:化学工业出版社,2018.

[37] 杨子润,刘学然.金属材料工程专业实验实训[M].北京:化学工业出版社,2019.

[38] 游文明.工程材料与热加工[M].3版.北京:高等教育出版社,2021.